QC検定® 2級

一発合格！最強テキスト＆問題集

株式会社グローバルテクノ 編

Ohmsha

はじめに

本書の目的は，品質管理検定®（略称はQC検定®）2級の試験に合格するための基礎理解の習得です．

2級の試験は3級と比べ著しく出題範囲が広がり，難解な計算問題も増えます．3級合格者でも2級は大苦戦です．3級合格者ではない方にとってはなおさらです．しかし，学生時代を思い出してください．勉強のやり方次第で変わります．

大学などの受験に向けた勉強の王道は，学習すべき範囲を絞り込み，絞り込んだ範囲は論理的に理解し，理解によって暗記を減らすことです．検定の受検も同じです．範囲の絞り込みや理解への手助けは本書で行います．読者の皆様は勉強時間を確保してください．本書は，“理解が進み納得していく”学習により合格点を獲得しようとする方に最適です．

《本書の特色》

- **3級を受検していない方が，2級に挑戦しても合格できる**
- **過去問を徹底分析し，複数回の出題論点は可能な限り掲載**
- **計算式は，“なんで”がわかるように文章でも解説**
- **理解度確認と練習の2本立てにより，基礎知識の定着を強化**
- **2級一発合格に必要な学習計画と対策を紹介**

《合格のポイント》

2級の試験の合格には，基礎の理解に加え，過去問題の反復練習が必須です．過去問題集は市販の書籍を“必ず”購入し，お取り組みください．

本書のベースとなっているのは，編者が開催する「QC検定®2級・直前対策講座」の教材です．多くの講座受講者が抱える疑問への回答や，練り込まれた受検ノウハウが満載の講座教材を，試験合格の決定版として書籍化しました．また，3級を受検していない2級受検者を考慮し，既刊の『QC検定®3級　一発合格！最強テキスト＆問題集』（オーム社）の内容の多くを本書に組み込みました．

本書を上手に活用して，無事に合格の栄冠を勝ち取ることができるよう，編者一同応援しています．

2024 年 5 月

株式会社グローバルテクノ

※このコンテンツは，一般財団法人日本規格協会の承認や推奨，その他の検討を受けたものではありません．

※品質管理検定® および QC 検定® は，一般財団法人日本規格協会の登録商標です．

目次

試験を知る，合格基準を知る

■ QC 検定® 2 級の試験概要†

品質管理検定®レベル表（Ver.20150130.2）では，次のように記されています．

（1） 対象となる人材像

・ 自部門の品質問題解決をリードできるスタッフ
・ 品質にかかわる部署の管理職・スタッフ《品質管理，品質保証，研究・開発，生産，技術》

（2） 認定する知識と能力のレベル

・ 一般的な職場で発生する品質に関係した問題の多くを QC 七つ道具及び新 QC 七つ道具を含む統計的な手法も活用して，自らが中心となって解決や改善をしていくことができ，品質管理の実践についても，十分理解し，適切な活動ができるレベルです．
・ 基本的な管理・改善活動を自立的に実施できるレベルです．

■ QC 検定® 2 級の試験日程や形式等†

- **日　　程：毎年 3 月と 9 月の 2 回，日曜日に実施**
- **時　　間：10:30〜12:00（90 分）**
- **形　　式：マークシート**
- **持 ち 物：受検票，黒の鉛筆・シャープペンシル（HB または B に限る），消しゴム，時計，電卓（√‾（ルート）付の一般電卓に限る）**
- **合格基準：出題を手法分野と実践分野に分類し，各分野の得点が概ね 50 % 以上，かつ，総合得点が概ね 70 % 以上**

本書の情報は，2024 年 5 月 31 日現在のものです．
また，受検に関する最新情報は，必ず，日本規格協会内・QC 検定® センターの Web サイト（https://www.jsa.or.jp/）でご確認ください．

† 日本規格協会内・QC 検定® センターの Web サイト，2024 年 5 月 31 日閲覧，https://www.jsa.or.jp/

本書の使い方

→ **Step2 合格力養成** → **Step3 合格対策**

<u>各節の解説</u>：過去問の出題範囲に限定したわかりやすい解説で，用語や計算方法を習得！

<u>理解度確認</u>：合格に必須の知識に絞り込んだ正誤問題で，理解度を確認！

<u>練習問題</u>：過去問を徹底分析した本番レベルの練習問題で実践！

2 級の受験が初めての方は，Step1を 1 章～21 章を通して取り組んだ後，各章の練習問題に取り組むのが効果的です．

<u>直前対策</u>：試験 2 か月前から当日までの間に，合格に向けた戦略の立案と実行！

計算問題への対策として，計算知識をまとめた「計算確認ノート」を準備しました．知識の記憶や振り返りに役立ちます．

Step1 実力養成

1.1 データの収集と種類

出題頻度 ★☆☆

1 品質管理とは

品質管理とは，顧客の要求に合った品質をもつ製品やサービスを経済的に作り出すための手段であるといわれます[1]．

経済的とは，ムダを省いてコストを下げる，という意味です．このように考えると，品質管理とは，会社・組織の仕組みそのものであることがわかります．仕組みとは仕事のやり方です．例えば，製造業であれば，**図 1.1** のような仕組みの中で行われています．

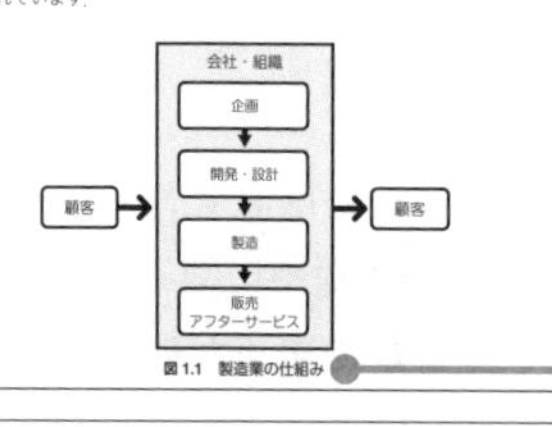

図 1.1　製造業の仕組み

出題頻度

直近 10 回の試験の徹底分析に基づき出題頻度を明示．★が多いほど頻出です．

★★★：6～10 回の出題
★★☆：3～5 回の出題
★☆☆：1～2 回の出題

記憶しやすい図

項目間の関係や構造は，イメージできると記憶しやすいもの．そこで，図をふんだんに取り入れています．

1 中心位置を表す基本統計量の概要

分布の中心位置を表す基本統計量の概要は，**表 1.3** のとおりです．

表 1.3　分布の中心位置を表す基本統計量

名称	記号	意味	計算例
平均値	バー「$\overline{\ }$」を付けて表す 例：$\overline{X}$	個々の測定値の総和を全個数で割った値	測定値「3 5 6 9」の平均値は $\frac{3+5+6+9}{4}=\frac{23}{4}=5.75$
中央値（メディアン）	チルダ「～」を付けて表す 例：$\tilde{X}$	測定値を<u>大きさの順に並べたとき</u>に中央に位置する値．ただし，測定値が偶数個ならば中央の 2 個の値の平均値	測定値「3 5 6 9」の中央値は $\frac{5+6}{2}=\frac{11}{2}=5.5$
最頻値（モード）	－	その値が起こる頻度が最も大きい値	測定値「3 5 9 9」の最頻値は 9

2 平均値と中央値の計算

中央値は，単純に，数値を大きさの順に並べた場合の真ん中の値ですから，平均値と比べると精度が落ちます．しかし，データ数が奇数の場合には計算せずに

知識の整理に役立つ表

項目間の相異を整理した形で理解できるよう，随所で表を活用しています．

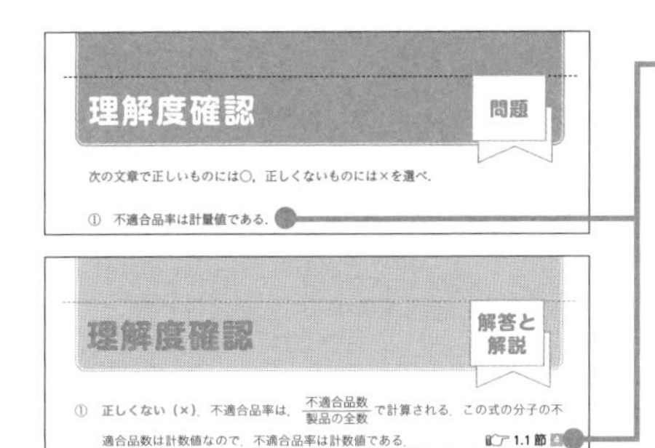

理解度確認

章ごとに，基礎知識の理解度を確認するための正誤問題があります．
「解答と解説」には，問題に関連する項目の振り返り先を載せました．正解できなかった問題については，この振り返り先で復習しましょう．

Step2 合格力養成

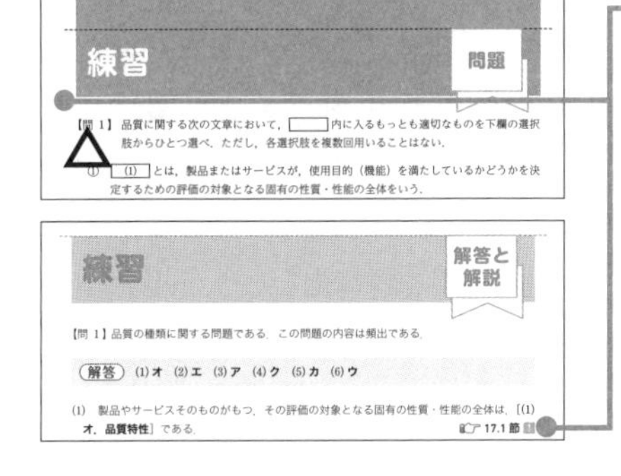

練習

章ごとに，本番と同形式・同レベルの練習問題があります．本番に準じて，章をまたいだ内容の出題もあります．
正解できなかった問題では，【問 1】等の問題番号の下に△のマークを記しておきましょう．Step3 で復習する際に役立ちます．
「解答と解説」には，問題に関連する項目の振り返り先を載せました．正解できなかった問題については，この振り返り先で復習しましょう．

Step3 合格対策

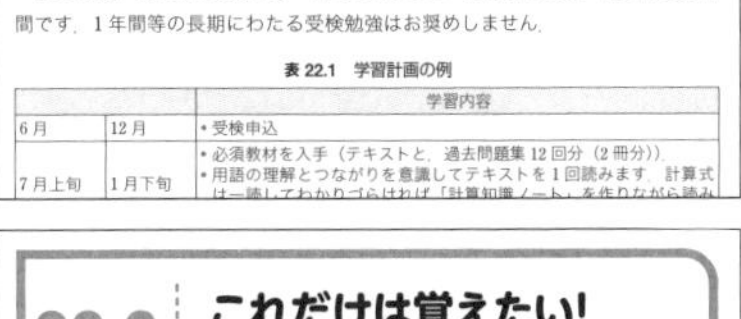
2 お奨めの学習計画

ここでは，社会人にお奨めの一発合格スケジュールを示します．期間は2か月間です．1年間等の長期にわたる受検勉強はお奨めしません．

表 22.1 学習計画の例

		学習内容
6月	12月	・受検申込
7月上旬	1月下旬	・必須教材を入手（テキストと，過去問題集12回分（2冊分））． ・用語の理解とつながりを意識してテキストを1回読みます．計算式は一読してわかりづらければ「計算知識ノート」を作りながら読み

本番で合格点をとるために

試験2か月前～試験当日に行うべき，合格に向けた各種対策を紹介します．
さらに，試験本番で合格点を確保するための「時間計画」と「解法計画」を詳述し，合格に向けて万全を期すことができます．

22.2 これだけは覚えたい！計算式

(2) 基本統計量

・偏差平方和 $S = \sum x_i^2 - \frac{(\sum x_i)^2}{n}$

カッコなし	カッコあり
2乗の合計	合計の2乗

試験直前の復習コンテンツ

知識の整理と記憶に役立つ計算式をまとめています．2級はかなり多くの計算式を記憶・理解しないと合格が困難です．「計算確認ノート」は試験当日まで役立ちます．

本書で学習いただく際の注意点

・本書で使用する用語や記号は，できるだけ試験問題に合わせました．統計手法，品質管理，高校の教科書などでは，本書や試験問題と意味は同じでも，異なる用語，記号，付表（正規分布表などの数表）が使用されていることがあります．いずれも間違いではありませんが，学習に際して混乱する要因でもありますので，ご注意ください．

・試験問題でも同じ意味の用語や記号について，実施回により異なる用語や記号を使用していることがあります．過去問題の学習に際してはご注意ください．

・例えば，正規分布の標準化は，既刊『QC 検定®3 級　一発合格！　最強テキスト＆問題集』（オーム社）では，「規準化（標準化ともいう）」と記述しましたが，本書では最近の試験問題の傾向を踏まえ「標準化（規準化ともいう）」としています．過去問題や専門書では，“正規分布の標準化”と“正規分布の規準化”の両方の記述がありますので，ご注意ください．

・標準化という用語については，正規分布の標準化（4.3 節）と実践分野での標準化（19.5 節）という使用例があります．「標準化」という同じ字句ですが，意味や使用する場面は異なります．どちらの「標準化」のことを求めているかは問題文からご判断ください．

手法分野

1章 データの収集と計算

1.1 データの収集と種類
1.2 サンプリング
1.3 サンプリング誤差と測定誤差
1.4 基本統計量の概要
1.5 中心位置を表す基本統計量
1.6 ばらつきの程度を表す基本統計量

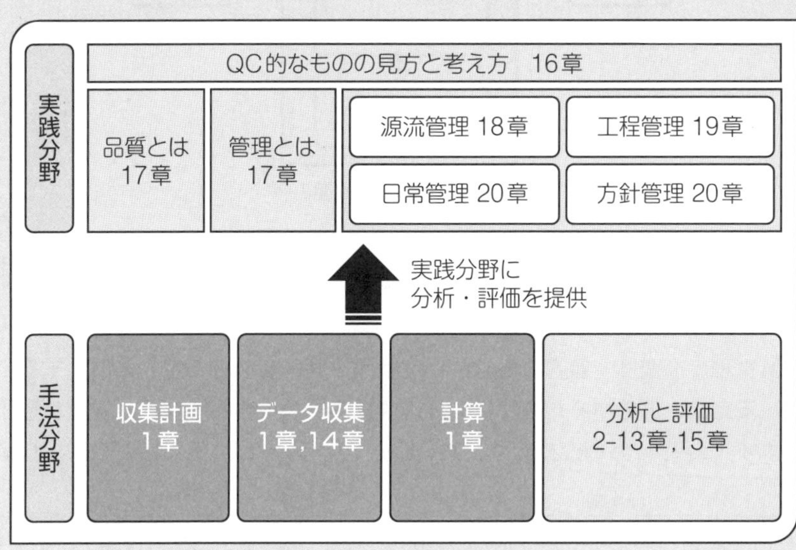

1.1 データの収集と種類

出題頻度

1 品質管理とは

品質管理とは，顧客の要求に合った品質をもつ製品やサービスを経済的に作り出すための手段であるといわれます†.

経済的とは，ムダを省いてコストを下げる，という意味です．このように考えると，品質管理とは，会社・組織の仕組みそのものであることがわかります．仕組みとは仕事のやり方です．例えば，製造業であれば，**図 1.1** のような仕組みの中で行われています．

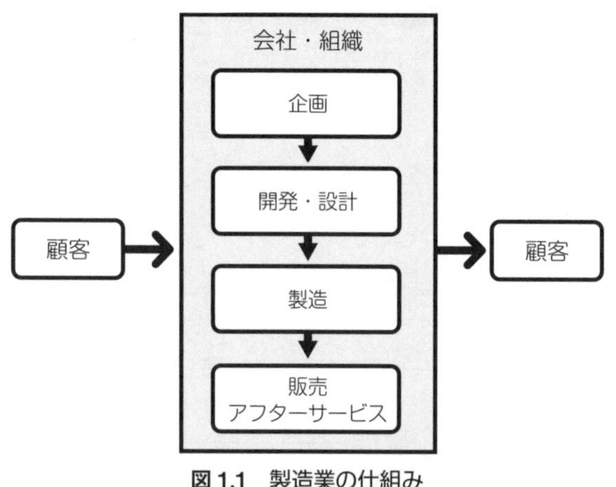

図 1.1　製造業の仕組み

2 事実に基づく管理（ファクトコントロール）

品質管理の役割は，顧客の要求に合う製品・サービスを安定的に供給することです．安定的に供給するため，複数の人や部門で構成される会社・組織が必要となります．製品・サービスの供給側がたった 1 人ならば，例えば入院により業務

† JIS Z 8101:1981「品質管理用語」（日本規格協会）．現在この規格は廃止されています．

ができなくなると，製品・サービスの安定的な供給は困難になるからです．そして製品・サービスの規模が大きくなるほど，安定した供給のために，会社・組織の人数は多くなります．

しかし，人数が多くなると弊害も出てきます．例えば，言葉や基準が曖昧だと，受け止め方が多様になるので社内に意図が適切に伝わらないことがあります．「ここの加工は気持ち短め」といった基準は，ベテラン同士でなければ通じないのです．曖昧な言葉や基準では製品・サービスの統一性が失われ，会社・組織として顧客の要求に合った製品･サービスを安定的に供給することができなくなります．

このような弊害を避けるため，品質管理では，勘や経験のような曖昧さを含む要素だけで判断することを排除し，客観的な**「事実に基づく管理」**（**ファクトコントロール**）を強く求めます．事実は1つであり，人により異なるものではないからです．本書で解説するデータは，この「事実」の中で最も重要な要素です．

3 データの活用法

データは，評価と行動を行うための重要な手段であり，通常，**図1.2**のような手順により活用します．

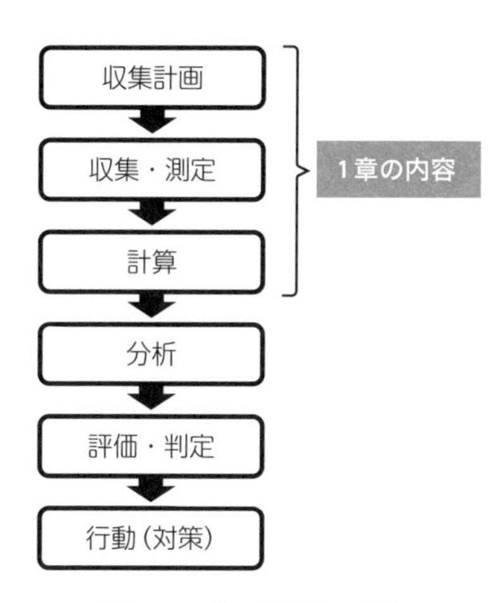

図1.2　データ活用の手順

生データは単なる数値・言葉の羅列ですから，それ自体を見てもデータの変化や傾向を評価することは困難です．また，データは多ければ良いというものではありません．目的に合ったデータの収集計画が重要です．例えば，製品企画では，あらゆる人々に対してではなく，その製品を利用しそうな（対象になりそうな）層に対しアンケート調査を行います．

4 データの種類

品質管理において，データは，**図 1.3** のように分類します．データの種類によって，分析に使う道具（ツール）が異なるからです．データの収集計画では，どんな種類のデータを収集するのかを予め決めておくことが必要です．

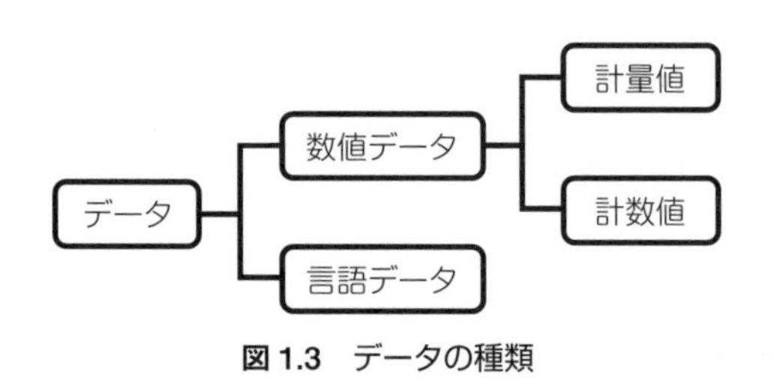

図 1.3　データの種類

データは，図 1.3 のとおり，**数値で表される数値データ**と，**言葉で表される言語データ**に大別できます．さらに，数値データは，長さ・時間・温度のように，数値が連続的で測定器で測ることで得られる**計量値**（連続値ともいう）と，人数・故障回数・不適合品の数・不適合品率のように，数えて得られる**計数値**（離散値ともいう）に分類されます．

表 1.1 は，数値データの分類例です．

表 1.1　数値データの分類例

数値データの例	分類	分類の理由
銅板の厚さ（mm）	計量値	測定器で測ることで得られるデータ
液体の濃度（%）	計量値	分母（内容量），分子（成分量）とも測定器で測ることで得られるデータ
機械の故障回数（回）	計数値	回数を数えることで得られるデータ
不適合品率（%）	計数値	分母（製品の全数），分子（不適合品数）とも数えることで得られるデータ

データの種類で注意点することは，次の 2 点です．

- 分数で定義される値は，分母にかかわらず分子が計量値ならば計量値とし，分子が計数値ならば計数値とする

【例 1】 $(\text{製品1個あたりの重量})=\dfrac{(\text{製品重量の総和：計量値})}{(\text{製品の全数：計数値})}$ は計量値

【例 2】 $(1\,\mathrm{m}^2\text{あたりのキズの数})=\dfrac{(\text{キズの総数：計数値})}{(\text{製造した板の面積：計量値})}$ は計数値

- 計量値と計数値の積は，計量値とする

5 データの収集方法

データの収集は，**母集団**への調査・測定を行うことが理想です（母集団とは，データ収集を行いたい全体のことです）．ただし，母集団の全体は膨大である可能性があり，その場合，調査・測定は時間やコストの負担が大きく，不都合です．そこで，通常行われるのが，母集団から一部を抽出して行う**サンプリング**という収集方法です．サンプリングしたデータを用いて，母集団の姿を推測するわけです．母集団とサンプリングの関係は，**図 1.4** のとおりです．

データ収集に関する次の用語の理解と記憶は必須です．

- **母集団**
  データ収集を行いたい全体
- **標本**（サンプル，試料ともいう）
  抽出したデータの集合体
- **サンプリング**（抜取ともいう）
  母集団から標本を抽出する行為
- **標本の大きさ**（サンプルサイズともいう）
  1 つの標本に含まれるデータの数

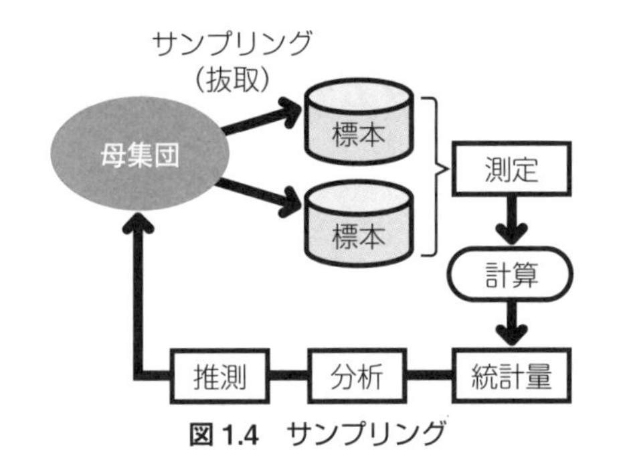

図 1.4　サンプリング

サンプリングは，母集団の測定が困難である場合の代替手段ですから，母集団の正しい姿を推測できるように標本を抽出することが大切です．サンプリングの方法は，次節で解説します．

1.2 サンプリング

出題頻度

1 サンプリングの方法

サンプリングは母集団の姿を推測するために行うものです．そこで，まずは対象とする母集団がどんなものかを知る必要があります．

母集団には，無限個と考えられる無限母集団と，有限個と考えられる有限母集団があります．工程の状態を推測する場合は無限母集団，抜取検査で**ロット**の品質を推測する場合は有限母集団です．試験では無限母集団と考えます．ロットとは，等しい条件で生産された製品の最小単位です．例えば，「100 個単位で製造する」という場合には，「1 ロット＝100 個」と表現します．

サンプリングの方法，すなわち標本の抽出方法には，次の 2 種類があります．

- **復元サンプリング**：抽出した標本を母集団に戻した後，次の抽出を行う方法
- **非復元サンプリング**：抽出した標本を母集団に戻さず，次の抽出を行う方法

2 ランダムサンプリング法と有意抽出法

サンプリングの目的は母集団の姿を推測することですから，母集団を代表する標本を抽出することが重要です．代表するとは，母集団と標本で平均値がほぼ一致することです．この要求を満たす標本の抜取方法が，**ランダムサンプリング法**です．

ランダムサンプリング法とは，無作為（ランダム）に標本（サンプル）を抜き取る方法のことです．

無作為とは，調査・測定者の意図を入れずに行うという意味です．無作為という点が重要であり，**有意抽出法**（調査・測定者の知識や経験に基づく抽出方法）とは異なります．初物検査の場合など，意図して有意抽出法を利用することもありますが，ランダムサンプリング法がサンプリングの典型です．

3 ランダムサンプリングの種類

ランダムサンプリングには，以下に述べる種類があります（サンプリングの名称と意味は試験頻出）．どのサンプリング法を採用するかは，サンプリングの目的，コスト，母集団の実状などの情報により決定します．

- **単純ランダムサンプリング**：母集団を層や部分に分けることなく，乱数表等を用いて，そのまま母集団からランダムに標本を抽出する方法です．対象となる母集団についてほとんど情報がない場合に用います．
- **系統サンプリング**：**図 1.5** のように母集団が同質の製品である場合，順に並んだ製品を，一定間隔ごとに標本として抽出する方法です．ただし，最初の 1 つは，乱数表等を用いてランダムに決定します．

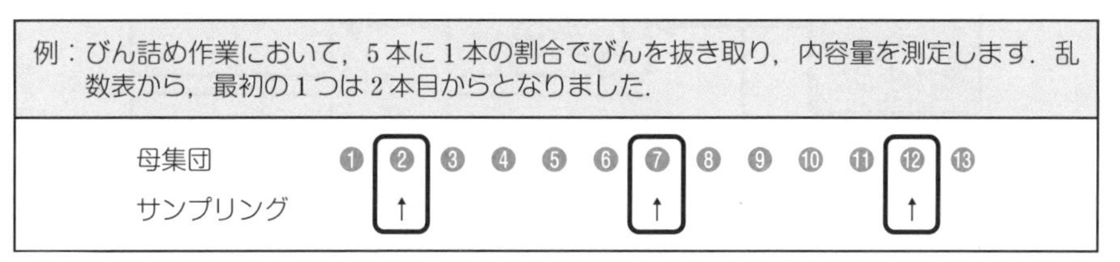

図 1.5 系統サンプリング

- **2 段サンプリング**：母集団が同質の部分集団に分かれる場合，まずは 1 つ以上の部分集団をランダムに選び，次にその中からいくつかを標本としてランダムに抽出する方法です（**図 1.6**）．

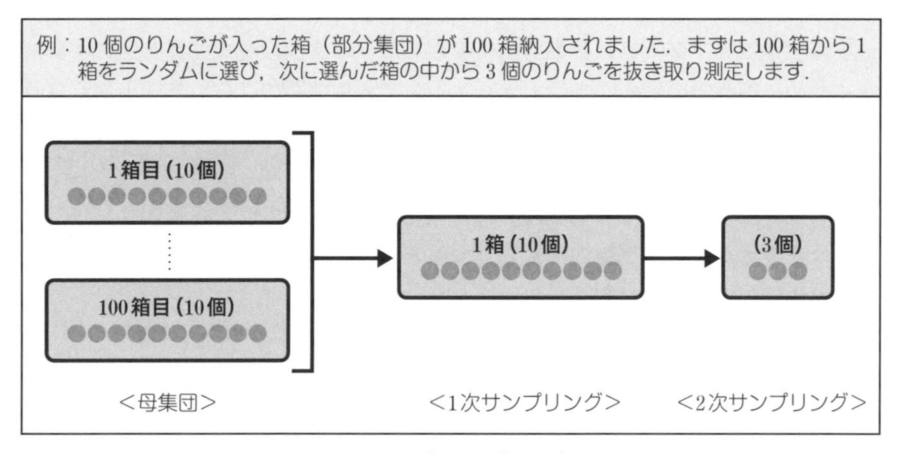

図 1.6 2 段サンプリング

- **層別サンプリング**：**図 1.7** のように，母集団が異質な部分集団である場合，あらかじめ母集団を層別し，その各層からランダムに 1 つ以上を標本として抽出する方法です．層別とは，均一なものどうしをグループ化する方法です（2.8 節）．層内は均一であることが必要なので層内のばらつきは小さく，一方で層間のばらつきは大きくなるように，部分母集団を設定します．

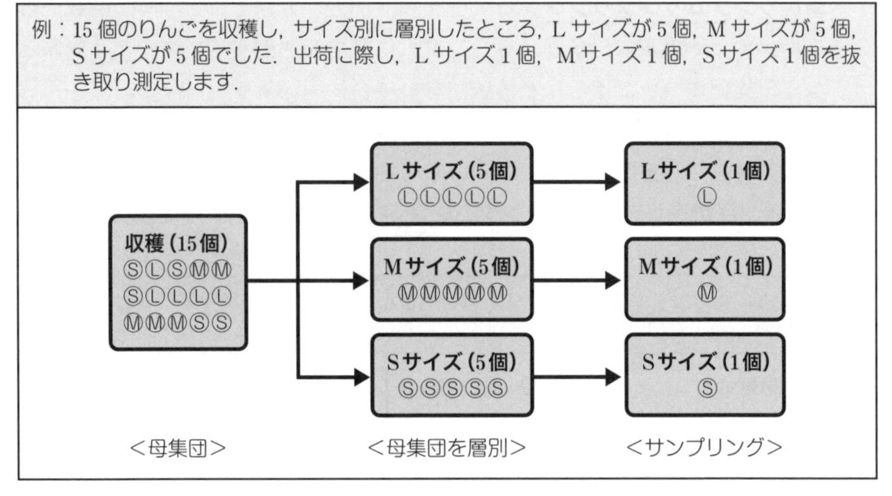

図 1.7　層別サンプリング

- **集落サンプリング**：母集団がいくつかの集落（クラスターともいいます）に分かれている場合，**図 1.8** のように，集落のうちいくつかをランダムに抽出し，選んだ集落のすべてを標本として抽出する方法です．

集落サンプリングでは，各集落内にできるだけ母集団のもつ性質を含むようにするために集落内のばらつきは大きく，一方で各集落間のばらつきは小さくなるように，部分母集団（集落）を設定します．これにより，一部の集落を調査することで母集団の姿を推測できるようになります．

集落サンプリングの部分母集団の設定方法は，**表 1.2** のように層別サンプリングとは真逆になります．層別サンプリングと集落サンプリングのどちらを選ぶかは，母集団の実状により判断します．

例：2 個のりんご，2 個のメロン，2 個のパイナップルが入った箱（集落）が 100 箱納入されました．まずは 100 箱から 1 箱をランダムに抜き取り，選んだ 1 箱についてすべてを測定します．

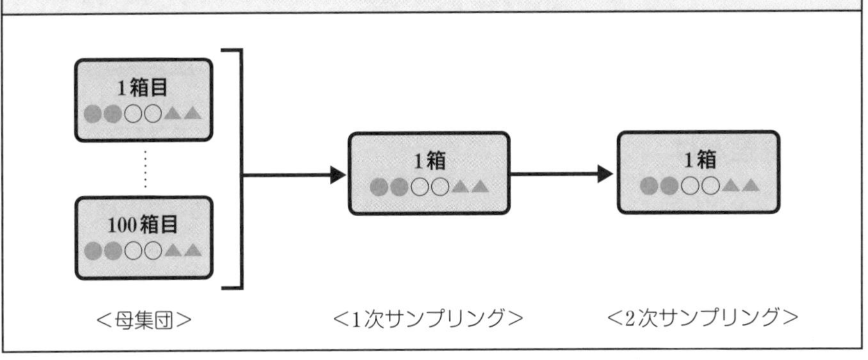

図 1.8　集落サンプリング

表 1.2　層別サンプリングと集落サンプリングの比較

層別サンプリング	層内 ばらつき「小」	層間 ばらつき「大」	母集団を層別し，すべての層から「1 つ以上」を抜き取り調査
集落サンプリング	集落内 ばらつき「大」	集落間 ばらつき「小」	一部の集落全体を抜き取り，選んだ集落の「すべて」を調査

1.3 サンプリング誤差と測定誤差

1 誤差とは

誤差とは，測定値と真の値との差のことです（**誤差＝測定値－真の値**）．

サンプリング時と測定時には誤差を伴うので，データ収集では 2 つの誤差を含むことを前提に，その後の計算を行います．

誤差を評価する尺度としては，かたより（偏り）とばらつき（変動ともいいます）があります．

- **かたより**は，平均値と真の値との差であり，**真度**ともいう．
- **ばらつき**は，測定値と平均値との差である．また，ばらつきが小さいことを「**精度**が高い」という．

図 1.9 は，かたよりとばらつきの関係を表す例です．また，誤差，かたより，ばらつきの関係は，**図 1.10** のように表されます．

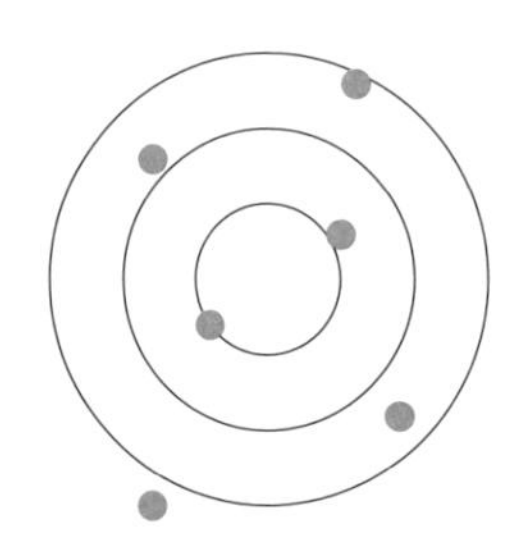

(a)　かたより：小
ばらつき：大

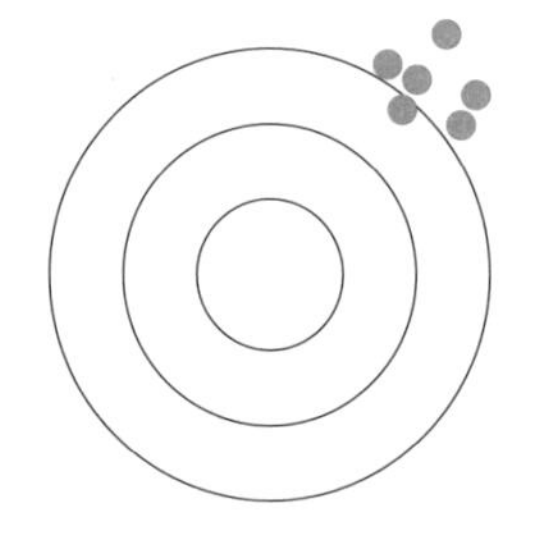

(b)　かたより：大
ばらつき：小

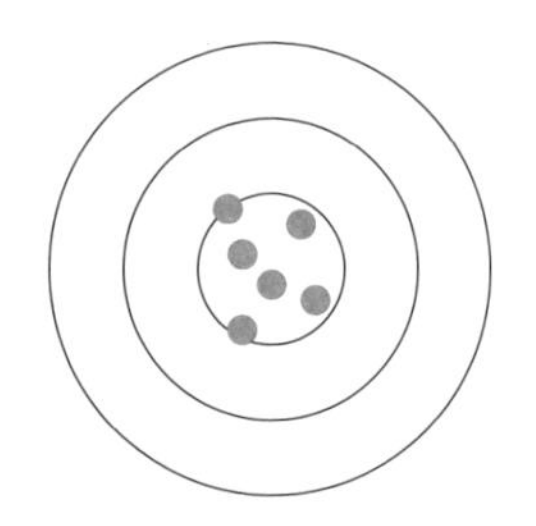

(c)　かたより：小
ばらつき：小

図 1.9　かたよりとばらつきの関係

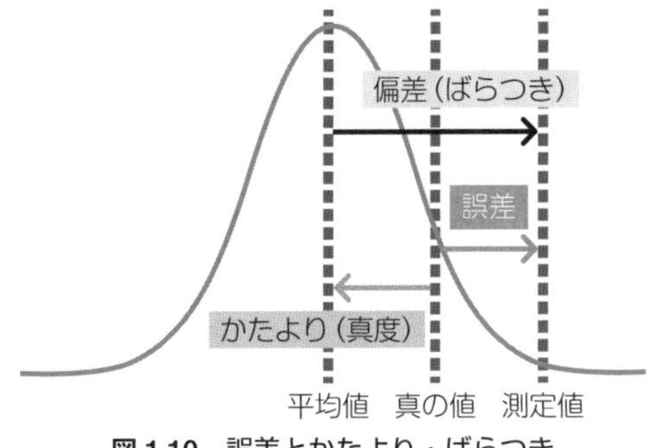

図 1.10　誤差とかたより・ばらつき

2　サンプリング誤差と測定誤差

サンプリング誤差はサンプリングを行うことにより，**測定誤差**は測定を行うことにより生じる誤差です．サンプリングは，特定の母集団から複数個の標本を採取して行います（図 1.4）．標本は抽出するたびに値が変わりますので，サンプリング誤差が生じます．

測定の重要性は，材料の調達から加工，組立て，検品，出荷に至るまで，各工程で同一の基準で行うことです．同一の基準で行うからこそ，製品を設計どおりに作ることができるのです．しかし，実際の測定値と真の値との間には誤差があります．測定誤差は次のような原因により生じます．

- 測定器による誤差：例えば，測定器が校正されていない場合
- 測定を行う作業者による誤差：例えば，測定器の使用方法の間違い
- 測定条件・環境による誤差：例えば，温度・湿度・照度の違い

このように，サンプリングや測定を行う場合には，誤差を避けることができないのです．誤差を小さくする工夫が必要です．

1.4 基本統計量の概要

1 基本統計量とは

基本統計量とは，データ分布の特徴を要約する統計量です．**統計量**とは標本から計算された数値であり，母集団から計算される**母数**と区別します．サンプリングによりデータを得ても，生データでは何もわかりません．複数のデータを計算し，分布の中心位置やばらつきの程度といった分布の特徴を探ります．ばらつきの程度とは，中心位置からの離れ具合のことです．基本統計量は，**図 1.11** のように分類できます．

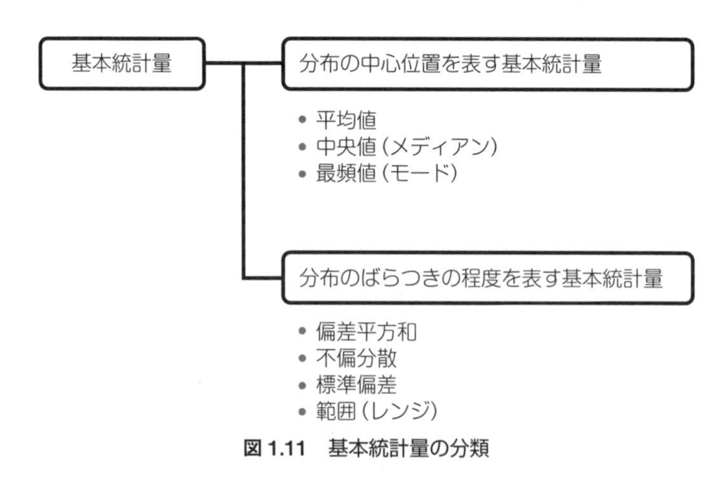

図 1.11　基本統計量の分類

2 データの分布状態は，中心位置とばらつきの程度で見えてくる

データの分布状態（現状や傾向）は，分布の中心位置（平均値）と，ばらつきの程度（標準偏差）を，図で表すとわかりやすくなります．

例えば，現在の分布の中心位置（平均値）がわかれば，**図 1.12** (a) のように，当初のねらいの位置からのずれの程度がわかります．また，ばらつきが大きくなると，図 1.12 (b) のように，ばらつきの程度を表す曲線は曲線①から曲線②のように変化して左右に広がります．

　このように，ねらいの位置からのずれがあったり，ばらつきが大きくなったりすると，規格限界（規格限界を超えると顧客の要求品質を満たさない不適合品になる．9.1節 4 ）を外れる危険が増加します．この場合には，「規格限界を外れないように，ばらつきを小さくする対策を講じて予防しよう」という判断が必要です．こういった判断も，図解により，誰もが行いやすくなります．

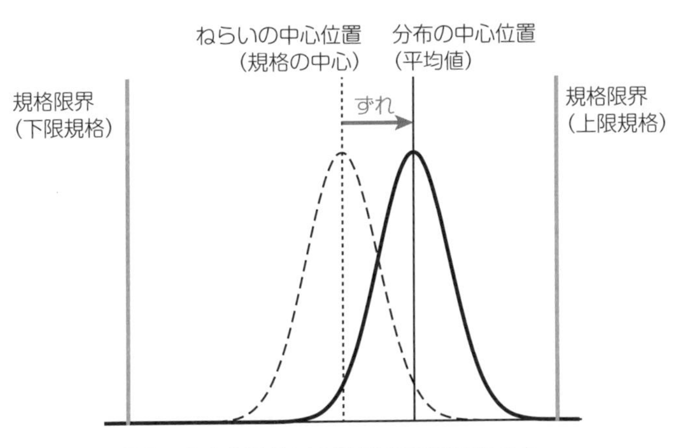

(a) 中心位置のずれ

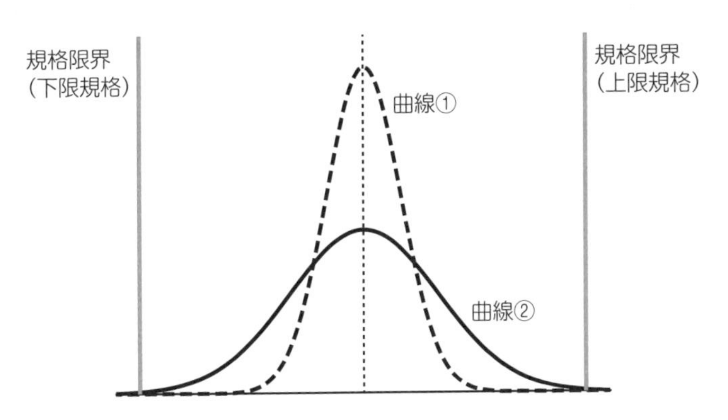

(b) ばらつきの程度

図 1.12　基本統計量の図示

1.5 中心位置を表す基本統計量

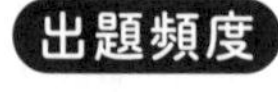

1 中心位置を表す基本統計量の概要

分布の中心位置を表す基本統計量の概要は，**表 1.3** のとおりです．

表 1.3　分布の中心位置を表す基本統計量

名称	記号	意味	計算例
平均値	バー「￣」を付けて表す 例：$\overline{X}$	個々の測定値の総和を全個数で割った値	測定値「3 5 6 9」の平均値は $\dfrac{3+5+6+9}{4}=\dfrac{23}{4}=5.75$
中央値 （メディアン）	チルダ「～」を付けて表す 例：$\widetilde{X}$	測定値を大きさの順に並べたときに中央に位置する値，ただし，測定値が偶数個ならば中央の 2 個の値の平均値	測定値「3 5 6 9」の中央値は $\dfrac{5+6}{2}=\dfrac{11}{2}=5.5$
最頻値 （モード）	―	その値が起こる頻度が最も大きい値	測定値「3 5 9 9」の最頻値は 9

2 平均値と中央値の計算

中央値は，単純に，数値を大きさの順に並べた場合の真ん中の値ですから，平均値と比べると精度が落ちます．しかし，データ数が奇数の場合には計算せずに求めることができるので，中心の位置の大雑把な把握には便利です．

例題 1.1

次のデータは，A 工場のラインで抽出した製品の重さ（g）である．

3　5　1

平均値と中央値を求めよ．

解答

平均値：$\dfrac{3+5+1}{3}=\dfrac{9}{3}=3$ より，平均値は 3

中央値：大きさの順に並べ直すと「1　3　5」より，中央値は 3

1.6 ばらつきの程度を表す基本統計量

出題頻度

1 分布のばらつきの程度を表す基本統計量の概要

分布のばらつきの程度を表す基本統計量の概要は，**表 1.4** のとおりです．

表 1.4　分布のばらつきの程度を表す基本統計量

名称	記号	意味	計算式
偏差平方和	S 大文字の エス	個々の測定値が平均値からどれくらい離れているかは，偏差（= 測定値 − 平均値）の計算でわかる．しかし，偏差の総和はゼロとなるため，測定値全体の姿が見えない．そこで，個々の測定値の偏差を 2 乗して正の値にし，その総和により全体としてのばらつきを見ることとする．	偏差平方和 =(測定値−平均値)^2 の総和 測定値が x_1，x_2，x_3，x_4で，平均値が $\overline{x}$ならば，偏差平方和は $(x_1-\overline{x})^2+(x_2-\overline{x})^2$ $+(x_3-\overline{x})^2+(x_4-\overline{x})^2$
不偏分散	V 大文字の ヴイ	偏差平方和は，偏差の 2 乗の総和であるから，データ数が多くなると，ばらつきの大小に関係なく大きくなってしまう．これではデータ数が異なるグループのばらつきの比較に適さない．そこで，偏差平方和を「データ数 −1」で除して調整する．	不偏分散 $=\dfrac{\text{偏差平方和}}{\text{データ数}-1}$
標準偏差	s 小文字の エス	不偏分散は，偏差の 2 乗の総和からなるから，測定値と単位が異なる．そこで，不偏分散の平方根をとり，測定値の単位と一致させた値を用いると便利である．	標準偏差 $=\sqrt{\text{不偏分散}}$
変動係数	CV 大文字の シーヴイ	標準偏差では単位が異なるデータ間のばらつきを比較できない．そこで，標準偏差を平均値で除して単位をなくし，比較できるようにする．	変動係数 $=\dfrac{\text{標準偏差}}{\text{平均値}}$

表 1.4　分布のばらつきの程度を表す基本統計量（つづき）

名称	記号	意味	計算式
範囲 （レンジ）	R 大文字の アール	ばらつきが大きいほど範囲は大きく，ばらつきが小さいほど範囲は小さい．ばらつきを見る簡易な方法である．	範囲＝最大値－最小値
四分位範囲	IQR	範囲は外れ値を含むことが多くなる．そこで，外れ値の影響を受けないように中心付近 50% のばらつき範囲を表す．	四分位範囲 ＝第 3 四分位数 －第 1 四分位数

2　偏差平方和の計算

偏差平方和（へんさへいほうわ）は，次のように用語を分解して意味を理解しましょう．

- 「**偏差**」とは，測定値－平均値，つまり各測定値のばらつきのこと（**図 1.13**）
- 「平方」とは，2 乗のこと
- 「和」とは，合計のこと

つまり，偏差平方和は，測定値と平均値の差を 2 乗した値の合計（総和）であり，測定値の全体としてのばらつきを表します．

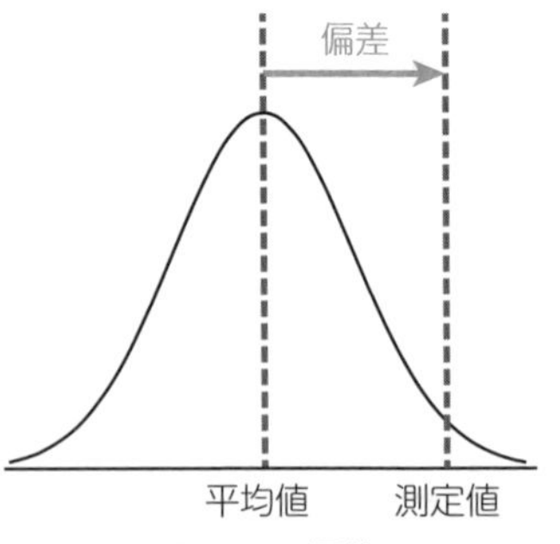

図 1.13　偏差

例題 1.2

例題 1.1 の場合における偏差平方和を計算せよ．

解答

例題 1.1 で扱ったデータは「3　5　1」である．

まず，平均値を計算すると，$\frac{3+5+1}{3}=3$（例題 1.1）

次に，偏差平方和を計算すると

$$(3-3)^2+(5-3)^2+(1-3)^2=0+4+4$$
$$=8$$

3 不偏分散の計算

偏差平方和は，偏差の2乗をデータ数の分だけ合計した値なので，データ数が多いほど値は大きくなります．そのため，データ数が異なるグループ間では，偏差平方和でばらつきの大きさを比較することは困難です．そこで，偏差平方和を「データ数－1」で割ってばらつきを平均化し，データ数が異なるグループ間のばらつきを比較できるようにします．この「データ数－1」のことを**自由度**，偏差平方和を「データ数－1」で割った値を**不偏分散**(ふへんぶんさん)といいます．

例題 1.3

例題1.1の場合における不偏分散を計算せよ．

解答

例題1.1で扱ったデータは「3　5　1」である．

まず，平均値を計算すると，$\frac{3+5+1}{3}=3$（例題1.1）

次に，偏差平方和を計算すると，$(3-3)^2+(5-3)^2+(1-3)^2=8$（例題1.2）

最後に，不偏分散を計算すると

$$\frac{8}{3-1}=\frac{8}{2}=4$$

4 標準偏差の計算

偏差平方和や不偏分散は，偏差の2乗を合計した値からなり，その単位も2乗となります．例題1.1～例題1.3では，平均値の単位は「g」ですが，偏差平方和や不偏分散の単位は「gの2乗」です．「gの2乗」では数値の大きさがイメージしにくいので，単位を「g」に戻すと都合が良さそうです．そこで，不偏分散の平方根（ルート）を計算して単位を「g」に戻します．この計算結果を**標準偏差**(ひょうじゅんへんさ)といいます．

例題 1.4

例題1.1の場合における標準偏差を計算せよ．

解答

例題1.1で扱ったデータは「3　5　1」である．

まず，平均値を計算すると，$\frac{3+5+1}{3}=3$（例題 1.1）

次に，偏差平方和を計算すると，$(3-3)^2+(5-3)^2+(1-3)^2=8$（例題 1.2）

さらに，不偏分散を計算すると，$\frac{8}{3-1}=4$（例題 1.3）

最後に，標準偏差を計算すると

$$\sqrt{4}=2$$

例題 1.4 からわかるように，標準偏差を求めるには

平均値→偏差平方和→不偏分散→標準偏差

の順に計算することが必要となります．

ところで，例題 1.4 の計算結果である「標準偏差は 2 g」とは，どのような意味があるのでしょうか．

標準偏差は，各測定値が平均値からどれくらい離れているかという，分布のばらつきの程度を表す基本統計量です．例題 1.4 の場合は，「平均値 3 ±2 g」，すなわち，ばらつきの程度は「1 g〜5 g」であることを意味します．もちろん，偏差平方和や不偏分散もばらつきの程度を表しますが，標準偏差は，測定値と同じ単位「g」にそろえたことにより，ばらつきの程度をイメージしやすくなるわけです．

5 変動係数の計算

変動係数は，単位が異なるデータどうしでばらつきの程度を比較するために用います．変動係数に単位はありませんが，通常は % で示します．変動係数の計算式は次のとおりです．

$$\text{変動係数} = \frac{\text{標準偏差}}{\text{平均値}}$$

例題 1.5

次の身長と体重では，平均値からのばらつきはどちらが大きいか．

身長：平均値 158.3 cm，標準偏差 9.5 cm

体重：平均値 52.7 kg，標準偏差 6.2 kg

(解答)

身長の変動係数＝$\frac{9.5}{158.3}$＝0.06（6％），体重の変動係数＝$\frac{6.2}{52.7}$＝0.12（12％）

よって，変動係数が大きい**体重**のほうが，平均値からのばらつきは大きい．

6 範囲の計算

範囲は，レンジ（Range）ともいい，最大値と最小値の差によって分布のばらつきの程度を表します．範囲の値が大きいほど，ばらつきが大きいと判断できます．指標として簡易的ですが，引き算だけで済むことがメリットです．

例題 1.6

例題 1.1 の場合における範囲を計算せよ．

(解答)

例題 1.1 で扱ったデータは「3　5　1」である．

範囲は，最大値－最小値＝5－1＝**4**

7 四分位範囲の計算

範囲の最大値と最小値は，外れ値（8）を含むことが多くなります．そこで，外れ値の影響を受けないように中心付近 50％のばらつき範囲を表すために用いるのが，**四分位範囲**です．四分位範囲は，四分位数を利用して求めます．

四分位数とは，データを小さい順に並べたときに，そのデータの数を 4 等分した区切り値（25％，50％，75％）のことです．小さいほうから第 1 四分位数（Q1），第 2 四分位数（Q2），第 3 四分位数（Q3）といいます．第 2 四分位数は中央値です．また，四分位範囲は，第 3 四分位数と第 1 四分位数の差「Q3 － Q1」のことで，データの中ほど 50％がばらついている範囲を示します．具体的な計算手順は，例題 1.7 で紹介します．

例題 1.7

ある中学校における生徒 5 人の身長（cm）を低い順に並べた次のデータにつき，四分位範囲を求めよ．

160　161　162　163　165　167

（解答）

手順❶ 中央値（Q2：第 2 四分位数）**を求める**

データ数が偶数の場合は，中央の 2 つの値の平均値を中央値とする．ここでは

$$Q2 = \frac{162+163}{2} = 162.5$$

手順❷ 第 1 四分位数（Q1）**と第 3 四分位数**（Q3）**を求める**

図 1.14 のように，中央値（Q2）を除き，小さいグループと大きいグループに半分ずつ分ける．小さいグループの中央値が第 1 四分位数（Q1），大きいグループの中央値が第 3 四分位数（Q3）である．ここでは

$$Q1 = 161,\quad Q3 = 165$$

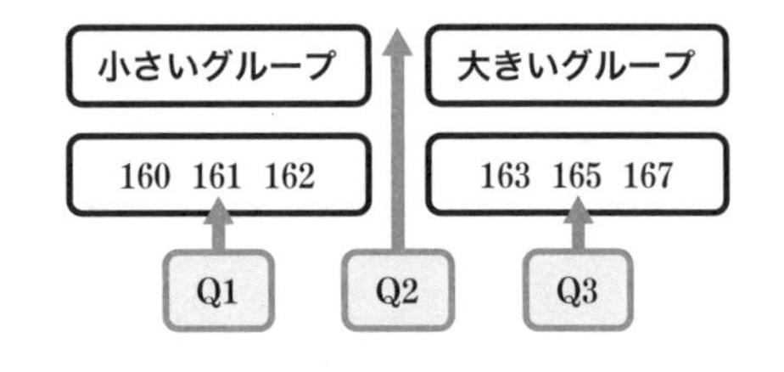

図 1.14　四分位数

手順❸ 四分位範囲を求める

$$四分位範囲 = Q3 - Q1 = 165 - 161 = 4$$

四分位範囲を計算する際には，最小値と最大値は計算の対象外となるので，外れ値の影響を受けることがなくなる．

8 基本統計量の補足

（1）母数と統計量で使用する用語

母数と統計量（1.4 節 1）は，**表 1.5** のように表します．試験問題で使われるので慣れることが必要です．

表 1.5　母数と統計量

母数		統計量	
母平均	μ（ミュー）	標本平均	$\bar{x}$
母分散	σ^2	不偏分散	V
母標準偏差	σ（シグマ）	標本標準偏差	s
母比率	P（大文字）	標本比率	p（小文字）

(2) Σ(シグマ)の計算方法

2級ではΣ記号の理解が必要です．Σは「1+2+3+…+100」のように，足し算をする式を簡単に書くための記号なので，総和記号ともいわれます．Σは「足し算をする」というだけの意味なのです．例を示します．

$$\sum_{i=1}^{3} x_i = x_1 + x_2 + x_3$$

iは添字であり，様々な数値が入ります．そこで，iの数値の範囲をΣの上と下で示し限定します．Σの下は始まりの値，上式では「1」です．Σの上は終わりの値，上式では「3」です．添字の数値を1から1つずつ増やしながら3まで足し算する，という意味です．例題1.2の場合，「x_1，x_2，x_3」は「3，5，1」ですから，$\sum_{i=1}^{3} x_i = 3+5+1 = 9$となります．なお，前後の関係から明らかな場合は，Σの上下に表示する値を省略し，$\sum x_i$と表すこともあります．

(3) 偏差平方和の計算

偏差平方和の計算は，次の計算公式により行うこともできます．2級試験では，1.6節 2 の計算式と総和記号Σを用いた計算式の両方の記憶が必須です．

測定値をx_1，x_2，…，x_nとし，まとめてx_i（$i=1, 2, \cdots, n$）と表すと

$$偏差平方和 = \sum x_i^2 - \frac{\left(\sum x_i\right)^2}{n}$$

$$\textbf{偏差平方和} = x_i^2\,\textbf{の総和} - \frac{(x_i\,\textbf{の総和})^2}{\textbf{データ数}}$$

例題1.2の場合は

x_i^2の総和 $= 3^2 + 5^2 + 1^2 = 9 + 25 + 1 = 35$

$(x_i$の総和$)^2 = (3+5+1)^2 = 9^2 = 81$

データ数 $= 3$

偏差平方和 $= 35 - \dfrac{81}{3} = 35 - 27 = 8$ （例題1.2の結果と同じ）

この公式には，平均値が現れません．そのため，この公式を活用することで，平均値の計算を間違えても，偏差平方和の計算に影響が及ばないというメリットがあります．

（4）外れ値から受ける影響

外れ値とは，ごく簡単にいえば，極端に大きな値または小さな値です．測定ミスや記入ミス等，何らかの理由で外れ値が発生していることがわかっている場合，その外れ値は**異常値**といいます．外れ値が1つでもあると，例えば平均値は外れ値を計算の対象としますので影響を受け，データを代表する値とはいえなくなってしまうことがあります．それに対し最頻値は，外れ値が計算に入らないので影響を受けません．また，中央値も，外れ値の影響をほぼ受けません．

外れ値の影響を受けやすい順番は平均値＞中央値＞最頻値であり，**図1.15**のように図示できます．なお，外れ値がない場合でも，分布が左や右に尾を引く場合，平均値，中央値，最頻値の配置は図1.15と同様です．

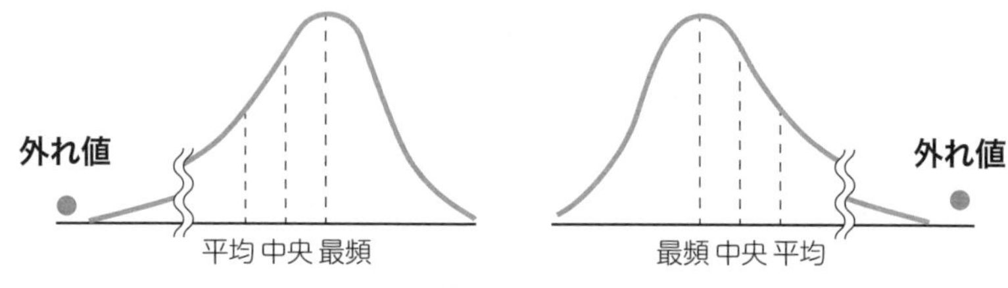

図1.15　外れ値から受ける影響

理解度確認 問題

次の文章で正しいものには○，正しくないものには×を選べ.

① 不適合品率は計量値である.
② サンプリングとは，母集団から標本を抽出する行為である.
③ 層別サンプリングとは，「母集団からいくつかのサンプルを取り，さらに各サンプル内でいくつかのサンプルを取ること」である.
④ データ「5　7　3」の中央値は7である.
⑤ データ「1　2　3」の偏差平方和は3である.
⑥ 不偏分散は，偏差平方和を，「データ数 −1」で割った値である.
⑦ 不偏分散が9である場合，標準偏差は4である.
⑧ 標準偏差を2乗した値は，不偏分散である.
⑨ 変動係数は，平均値を標準偏差で割って算出する.
⑩ 誤差が発生する代表的な場面としては，サンプリング時や測定時がある.
⑪ 測定誤差には，ばらつきとかたよりがある．ばらつきが小さいことは，真度が高いと表現される.

理解度確認 解答と解説

① **正しくない（×）**．不適合品率は，$\dfrac{\text{不適合品数}}{\text{製品の全数}}$ で計算される．この式の分子の不適合品数は計数値なので，不適合品率は計数値である． ☞ 1.1 節 4

② **正しい（○）**．母集団の一部を標本として抜き出し，標本データを分析することで，母集団の姿を推定する．この，一部を抜き出す行為を，サンプリングという． ☞ 1.1 節 5

③ **正しくない（×）**．問題文は 2 段サンプリングの記述である．層別サンプリングは，母集団をいくつかの層に分け，その分けた層からサンプリングすることである． ☞ 1.2 節 3

④ **正しくない（×）**．中央値は，データを大きさの順に並べ替えたときの，中央に位置するデータである．与えられたデータを並べ替えると「3　5　7」となるので，中央値は 5 である． ☞ 1.5 節 1，2

⑤ **正しくない（×）**．平均値は $\dfrac{1+2+3}{3}=2$ なので，偏差平方和は $(1-2)^2+(2-2)^2+(3-2)^2=2$ である． ☞ 1.6 節 1，2

⑥ **正しい（○）**．不偏分散は，$\dfrac{\text{偏差平方和}}{\text{データ数}-1}$ で計算される．「データ数 -1」は，自由度といわれる． ☞ 1.6 節 1，3

⑦ **正しくない（×）**．標準偏差は，$\sqrt{\text{不偏分散}}$ で計算される．不偏分散が 9 の場合，標準偏差は $\sqrt{9}=\sqrt{3^2}=3$ である． ☞ 1.6 節 1，4

⑧ **正しい（○）**．標準偏差 $=\sqrt{\text{不偏分散}}$ であるから，この両辺を 2 乗すると，標準偏差^2=不偏分散である． ☞ 1.6 節 1

⑨ **正しくない（×）**．変動係数 $=\dfrac{\text{標準偏差}}{\text{平均値}}$ により計算する． ☞ 1.6 節 5

⑩ **正しい（○）**．サンプリング誤差や測定誤差は避けることが困難であるため，小さくすることが必要になる． ☞ 1.3 節 2

⑪ **正しくない（×）**．誤差には，かたよりとばらつきがある．ばらつきが小さいことは，「精度が高い」と表現される． ☞ 1.3 節 1

練習問題

【問 1】 基本統計量に関する次の文章において，[ ]内に入るもっとも適切なものを下欄の選択肢からひとつ選べ．

ある部品製造プロセスから部品サイズのデータをランダムに抽出し，小さい順に並べ替え，データを 2 乗した値を表 1.A に示す．

表 1.A　部品データのランダムサンプリング結果

No.	1	2	3	4	5	6	7	8	9	10	合計
測定値 x	2	2	4	4	4	5	5	5	5	6	42
x^2	4	4	16	16	16	25	25	25	25	36	192

① データの基本統計量を求める．

項目	値
平均値	(1)
中央値	(2)
最頻値	(3)
偏差平方和	(4)
不偏分散	(5)
標準偏差	(6)
範囲	(7)
変動係数	(8)

【(1) の選択肢】 ア．4.0　イ．4.2
【(2) の選択肢】 ア．4.5　イ．5.0
【(3) の選択肢】 ア．4.0　イ．5.0
【(4) の選択肢】 ア．15.6　イ．16.5
【(5) の選択肢】 ア．1.7　イ．2.0
【(6) の選択肢】 ア．1.3　イ．1.5
【(7) の選択肢】 ア．3.0　イ．4.0
【(8) の選択肢】 ア．0.3　イ．0.4

② データの基本統計量を求める．

項目	値
第1四分位数	(9)
第2四分位数	(10)
第3四分位数	(11)
四分位範囲	(12)

【(9) の選択肢】 ア．4　イ．5
【(10) の選択肢】 ア．4.5　イ．5
【(11) の選択肢】 ア．4　イ．5
【(12) の選択肢】 ア．1　イ．2

【問 2】 サンプリングに関する次の文章において，□内に入るもっとも適切なものを下欄の選択肢からひとつ選べ．ただし，各選択肢を複数回用いることはない．

① 製造された順に製品に番号を付けて，一定の間隔で検査を行う．例えば，検査開始の製品を1番，最後の製品を100番として番号を付け，10番ごとに10個をサンプリングする． (1)

② ある製品を原料，機械，人，時間等で層別した後，各層から1つ以上のランダムサンプリングを行う．層間のばらつきは大きく，層内のばらつきが小さくなるように，層を設定することが大切である． (2)

③ ある製品がいくつかのロットで生産されている場合，そのロットをランダムに選択する．その後，選んだロットをすべて調査対象とする．サンプリングの誤差を小さくするために，ロット間のばらつきは小さく，ロット内のばらつきは大きくなるように設定する． (3)

④ 第1段階として，生産品をいくつかのロットに分け，それらの生産ロットからいくつかをランダムに選択する．第2段階として，選ばれたロットからさらにランダムサンプリングを行う． (4)

⑤ 1つのサンプリング単位が取られて測定され，次のサンプリング単位が取られる前に母集団に戻しサンプリングを行う． (5)

⑥ 必要な数のサンプリング単位の母集団に戻すことなくサンプリングを行う． (6)

【選択肢】

ア．2段サンプリング　イ．集落サンプリング　ウ．層別サンプリング
エ．系統サンプリング　オ．非復元サンプリング　カ．復元サンプリング

【問 3】 基本統計量に関する次の文章において，[　　] 内に入るもっとも適切なものを下欄の選択肢からひとつ選べ．ただし，各選択肢を複数回用いることはない．

① ばらつきの程度を表す基本統計量とは，[(1)] から，どれくらい離れているかを表す量である．統計量とは [(2)] を計算した値のことをいう．

② 個々のデータが平均値からどれくらい離れているかは，[(3)]（＝測定値－平均値）の計算でわかる．しかし，[(3)] の総和はゼロとなるため，測定値全体のばらつきの大きさは見えないので，ばらつきの大きさを表す尺度としては不適切である．そこで，個々のデータの [(3)] を [(4)] して正の値にし，その総和により全体のばらつきを見ることにする．この基本統計量は，[(5)] という．

③ 個々のデータの合計が 43，個々のデータの [(4)] の合計が 193，データの大きさが 10 の場合，[(5)] は [(6)] になる．

④ データの集まりから極端に離れたデータの値を外れ値という．平均値と中央値を比較すると，外れ値の影響を受けやすいのは [(7)] である．分散も [(7)] からの離れ具合なので，やはり外れ値の影響を受けやすい．ばらつきを表す基本統計量であっても，データの中ほど 50 % がばらついている範囲を示す [(8)] は，外れ値の影響を受けない統計量である．

【[(1)] ～ [(3)] の選択肢】
ア．データ　イ．標準偏差　ウ．平均値　エ．偏差　オ．規格

【[(4)] ～ [(6)] の選択肢】
ア．偏差平方和　イ．8.1　ウ．2 乗　エ．150　オ．2 倍

【[(7)] [(8)] の選択肢】
ア．平均値　イ．範囲　ウ．中央値　エ．四分位範囲

【問 4】 サンプリングに関する次の文章において，[　　] 内に入るもっとも適切なものを下欄の選択肢からひとつ選べ．

① サンプリングは，[(1)] からサンプルを抜き取り，サンプルから得られた測定データが [(1)] を表していることが大切である．

② サンプリングは，データの [(2)] が高いことが求められるが，データの測定値には，サンプリング誤差や [(3)] が含まれる．

③ サンプリング誤差とは，サンプリングによるデータの [(4)] やばらつきを示すものである．

④ 標準的なサンプリング方法は，[(5)] サンプリング法であり，[(1)] とサンプルの構成要素が同じ確率で構成されていることが大切である．

【[(1)] の選択肢】ア．母集団　イ．父集団
【[(2)] の選択肢】ア．精度　イ．高度
【[(3)] の選択肢】ア．測定誤差　イ．平均誤差

【 (4) の選択肢】ア．かたより　　イ．連続性
【 (5) の選択肢】ア．固定　　イ．ランダム

練習 解答と解説

【問 1】 基本統計量の計算に関する問題である．

解答 (1) **イ** (2) **ア** (3) **イ** (4) **ア** (5) **ア** (6) **ア** (7) **イ** (8) **ア** (9) **ア** (10) **ア** (11) **イ** (12) **ア**

(1) 平均値 $= \dfrac{\text{データの総和}}{\text{データ数}} = \dfrac{42}{10} =$［**イ．** 4.2］ ☞ 1.5 節 1

(2) 中央値（メディアン）は，データが偶数の場合，No.5 と No.6 の平均値であるので，

$\dfrac{4+5}{2} =$［**ア．** 4.5］ ☞ 1.5 節 1

(3) 最頻値（モード）は，もっとも頻繁に現れている数値なので，［**イ．** 5.0］である．
☞ 1.5 節 1

(4) 偏差平方和は（測定値 − 平均値)^2 の総和であるが，本問のように 2 乗の合計値が示されている場合は，公式を使うのがよい．

$$\text{偏差平方和} = \sum x^2 - \frac{\left(\sum x\right)^2}{n} = 192 - \frac{42^2}{10} = [\text{ア．} 15.6]$$ ☞ 1.6 節 8

(5) 不偏分散 $= \dfrac{\text{偏差平方和}}{\text{データ数}-1} = \dfrac{15.6}{10-1} =$［**ア．** 1.7］ ☞ 1.6 節 1

(6) 標準偏差 $= \sqrt{\text{不偏分散}} = \sqrt{1.7} =$［**ア．** 1.3］ ☞ 1.6 節 1

(7) 範囲 ＝ 最大値 − 最小値 $=6-2=$［**イ．** 4.0］ ☞ 1.6 節 1

(8) 変動係数 $= \dfrac{\text{標準偏差}}{\text{平均値}} = \dfrac{1.3}{4.2} =$［**ア．** 0.3］ ☞ 1.6 節 5

(9) 四分位数の計算は，まずは第 2 四分位数から求める．第 2 四分位数とは中央値のことなので 4.5 である．第 1 四分位数は，最小値と中央値の間の中央にある値なので，No.1 から No.5 の真ん中である No.3 の［**ア．** 4］である． ☞ 1.6 節 7

(10) 第 2 四分位数は，［**ア．** 4.5］である． ☞ 1.6 節 7

(11) 第 3 四分位数は，No.8 の［**イ．** 5］である． ☞ 1.6 節 7

(12) 四分位範囲は，第 3 四分位数 − 第 1 四分位数 $=5-4=$［**ア．** 1］である．
☞ 1.6 節 7

【問 2】 サンプリング手法に関する基本問題であり，頻出である．

解答 (1) **エ** (2) **ウ** (3) **イ** (4) **ア** (5) **カ** (6) **オ**

① 母集団に番号を付けて一定の間隔でサンプリングを行うのは，［(1) **エ．系統サンプリング**］である． ☞ 1.2 節 3

② 母集団を原料，機械，人，時間等で層別した後，各層から1つ以上のランダムサンプリングを行うのは，［(2) **ウ．層別サンプリング**］である． ☞ 1.2 節 3

③ 母集団をいくつかの集落に分け，その集落をランダムに選び出す．その後，選んだ集落をすべて調査対象とするのは，［(3) **イ．集落サンプリング**］である． ☞ 1.2 節 3

④ 第1段階として母集団をいくつかの集落に分け，それらの集落からいくつかをランダムに選択．第2段階として選ばれた集落からさらにランダムサンプリングを行うのは，［(4) **ア．2段サンプリング**］である． ☞ 1.2 節 3

⑤ 抽出したものを母集団に戻してから次のサンプリングを行っているのは，［(5) **カ．復元サンプリング**］である． ☞ 1.2 節 3

⑥ サンプリングしたものを母集団に戻さずに，次のサンプリングを行うのは，［(6) **オ．非復元サンプリング**］である． ☞ 1.2 節 3

【問 3】 基本統計量に関する問題である．類似の過去問もあるので確実に得点したい．

解答 (1) **ウ** (2) **ア** (3) **エ** (4) **ウ** (5) **ア** (6) **イ** (7) **ア** (8) **エ**

① ばらつきの程度を表す基本統計量は，［(1) **ウ．平均値**］からどれくらい離れているかを表す量である．統計量とは［(2) **ア．データ**］から所定の計算を行い得られる値のことをいう． ☞ 1.5 節 1

② 個々のデータが平均値からどれくらい離れているかは，［(3) **エ．偏差**］（＝ 測定値 － 平均値）の計算でわかる．しかし，偏差の総和はゼロとなるため，測定値全体を見た場合，偏差の総和ではばらつきの様子は判断できない．そこで，個々のデータの偏差を［(4) **ウ．2乗**］して正の値にし（2倍しても正にはならない），その総和により全体のばらつきを見る．個々のデータの偏差を2乗した値の総和は基本統計量であり，［(5) **ア．偏差平方和**］という．なお，偏差平方和は分散分析（8章参照）で活用される． ☞ 1.6 節 1

③ 個々のデータの合計が43，個々のデータの2乗の合計が193，データの大きさが10の場合，

$$偏差平方和 = \sum x^2 - \frac{(\sum x)^2}{n} = 193 - \frac{43^2}{10} = [(6)\quad \textbf{イ．} 8.1]$$

である． ☞ 1.6 節 8

④ データの集まりから極端に離れたデータの値を，外れ値という．［(7) **ア．平均値**］は外れ値を含むすべてのデータから計算される基本統計量であるから，外れ値の影響を受けやすい．一方，中央値は，データを小さい順に並べたときの中央のデータであるから，外れ値の影響を受けない．また，分散は平均値を起因とするので，平均値と同様，外れ値の影響を受

けやすい．

ばらつきを表す基本統計量であっても，［(8)　**エ．四分位範囲**］は，中央値と同様にデータを小さい順に並べたときのデータの中ほど 50 % がばらついている範囲を示すものであるから，外れ値の影響を受けない統計量である．

☞ 1.6 節 8

【問 4】 データの収集方法であるサンプリングと誤差の混合問題である．

解答 (1) **ア**　(2) **ア**　(3) **ア**　(4) **ア**　(5) **イ**

① サンプリングの目的は，母集団の姿を推定することであるから，［(1)　**ア．母集団**］からサンプルを抜き取り，その測定データが母集団を表していることが大切である．

☞ 1.1 節 5

② サンプリングは，データの［(2)　**ア．精度**］の高さが求められるが，データの測定値には，サンプリング誤差や［(3)　**ア．測定誤差**］が含まれる．

☞ 1.3 節 1

③ サンプリング誤差とは，サンプリングによるデータの［(4)　**ア．かたより**］やばらつきを示すものである．かたよりとは，中心位置のずれのことである．

☞ 1.3 節 1

④ 標準的なサンプリング方法は［(5)　**イ．ランダム**］サンプリング法であり，母集団とサンプルの要素が同確率で構成されるようにする．

☞ 1.1 節 5

手法分野

2章 QC七つ道具

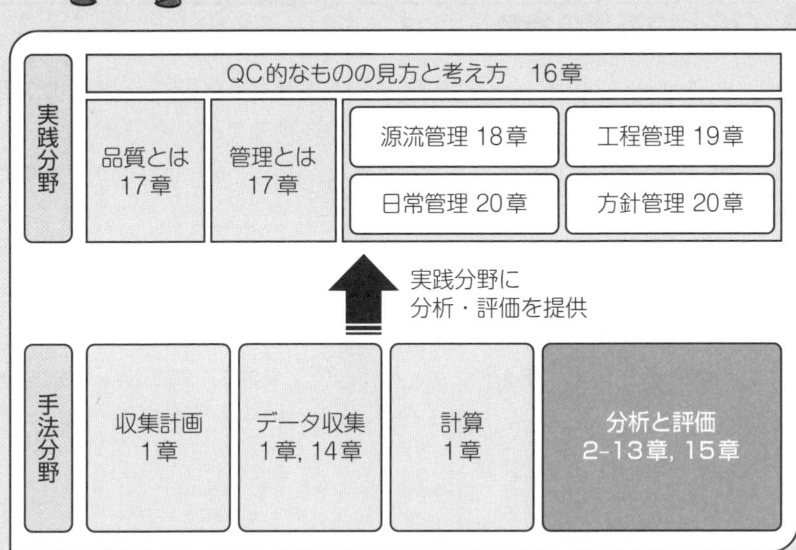

2.1 QC 七つ道具の概要

1 QC七つ道具の位置付け

1章では，データ活用手順のうち，収集計画から計算までを解説しました．2章から15章では，次のステップの分析を扱います．

分析とは，現状や傾向を知るための活動です．この分析を行うために便利なのが，**QC 七つ道具**です（**図 2.1**）．

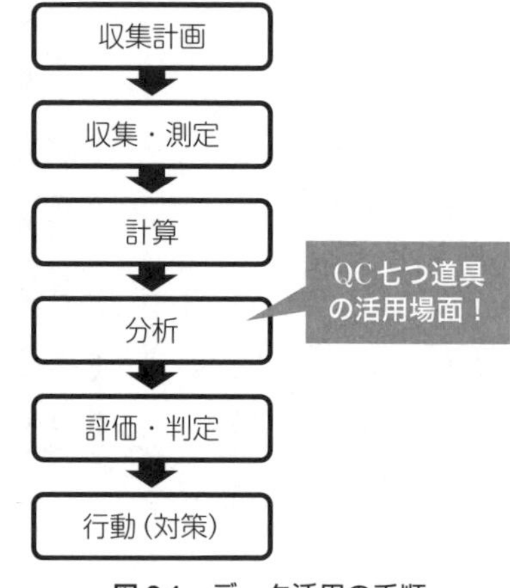

図 2.1　データ活用の手順

2 QC七つ道具の特色

「QC」は Quality Control（品質管理）の頭文字を取った語です．**QC 七つ道具**とは，文字どおり，品質管理でよく使う7つの道具のことです．QC七つ道具の特色は，データの傾向を視覚化（見える化）し，誰にでもわかりやすくしていることです．

3 QC七つ道具の概要

2章の重要ポイントを，**表 2.1** にまとめました．手法名・概念図・内容をセットで押さえましょう．

表 2.1　QC 七つ道具

手法名	概念図	内容
チェックシート (2.2 節)		不具合の出現状況を把握する為のデータの記録，集計，整理をするための方法. • 記録・調査用 • 点検・確認用
グラフ (2.3 節)	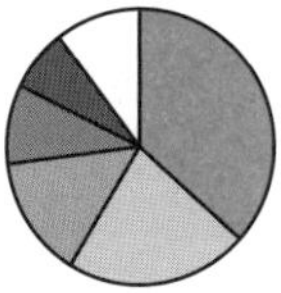	データを図形に表し，数量の大きさや割合，数量が変化する状態をわかりやすくする方法.
パレート図 (2.4 節)		重要な問題や原因が何であるか，**重点化**のための方法.
ヒストグラム (2.5 節)	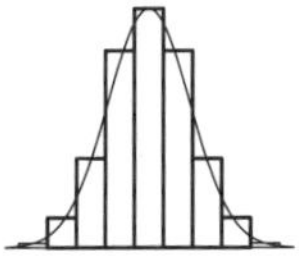	データの**ばらつき具合**を捉えるための方法. • 分布の形状 • 規格との比較（平均値，C_p）
散布図 (2.6 節)		「対」になったデータ間の関係をつかむ方法. • 相関分析 • **代用特性の探索**
特性要因図 (2.7 節)	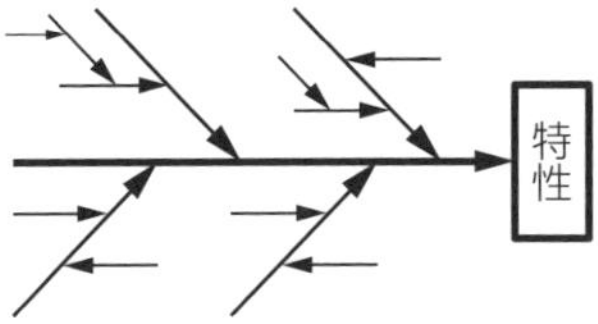 特性	**特性**（結果）と**要因**（原因）の関係を整理する方法. • 4M：人，機械，材料，方法 • ブレーンストーミング（批判禁止）
層別 (2.8 節)	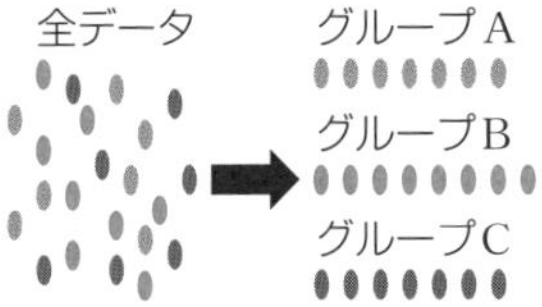 全データ グループA グループB グループC	データの共通点やクセなどに着目し，同じ共通点や特徴を持ついくつかの**グループ**に分けて原因の糸口を見つけるための方法.

2.2 チェックシート

1 チェックシートとは

チェックシートとは，目的に合ったデータが簡単にとれ，また整理しやすいように，あるいは，点検・確認項目が合理的にチェックできるように，あらかじめ設計してある記入様式です．

チェックシートは，大きく，調査用（記録用），点検用（確認用）に分類できます．

2 チェックシートの特色

チェックシートには，次のような特色があります．

- **正しいデータを簡単に収集するための工夫がある**
  品質管理では，事実（データ）に基づく管理が重要です（1.1 節）．多忙な現場にデータ収集を依頼することになるので，簡単に，漏れやミスなくデータ収集ができるようにするために，あらかじめ調査項目を記入します．
- **QC 七つ道具はチェックシートから始まる**
  QC 七つ道具はデータ分析の道具ですが，チェックシートは，データ分析の前提となるデータの収集や分析後の検証の場面で活用します．そのため，他の QC 七つ道具との組合せで用いることが多くなります．

3 チェックシートの種類と使い方

チェックシートの種類と使い方は，**表 2.2** のとおりです．出題頻度が高い箇所なので，名称，用途，図表の形をしっかりと把握することが必要です．

チェックシートは記録として残すため，データとしての履歴がわかるように，5 W1 H を含む項目を記載する欄を作成しておくことが大切です．

表 2.2　チェックシートの種類

<table>
<tr><th>名称と用途</th><th>図表例</th></tr>
<tr><td>不適合項目調査用チェックシート

工程で，どのような不適合項目が，どれくらい発生しているかを調べるために用いる．</td><td>
<table>
<tr><td>不適合項目</td><td>月</td><td>火</td></tr>
<tr><td>A</td><td>卌</td><td>////</td></tr>
<tr><td>B</td><td>/</td><td>///</td></tr>
</table>
</td></tr>
<tr><td>不適合要因調査用チェックシート

原材料別，機械別，作業者別，作業方法別などの項目別に，不適合発生数を採取するために用いる．</td><td>
<table>
<tr><td>作業者</td><td>月</td><td>火</td></tr>
<tr><td>A</td><td>○○</td><td>○○□</td></tr>
<tr><td>B</td><td>□</td><td>□□</td></tr>
</table>
不適合要因　○キズ，□汚れ
</td></tr>
<tr><td>不適合位置調査用チェックシート

不適合が発生している位置を明確にするために用いる．</td><td>不適合の位置を特定「×」
×　×　×</td></tr>
<tr><td>度数分布調査用チェックシート

計量値データをいくつかの区間に分け，各区間の出現度数をカウントし，ばらつき状態を調べるために用いる．ヒストグラムの作成に向けたデータ収集で利用する．</td><td>
<table>
<tr><td>区間</td><td colspan="2">度数</td></tr>
<tr><td>78.25－78.75</td><td>卌 ////</td><td></td></tr>
<tr><td>78.75－79.25</td><td>卌 卌</td><td>///</td></tr>
</table>
</td></tr>
<tr><td>点検・確認用チェックシート

設備管理に必要な点検を，漏れなく確実に行うために用いる．</td><td>
<table>
<tr><td colspan="2">点検項目</td><td>8/1</td><td>8/2</td></tr>
<tr><td rowspan="2">タイヤ</td><td>空気圧</td><td>✓</td><td></td></tr>
<tr><td>損傷</td><td>✓</td><td></td></tr>
</table>
</td></tr>
</table>

2.3 グラフ

1 グラフとは

グラフは，QC七つ道具の中でも最も身近なもので，数値データを目的に応じて図解し，データの全体像をわかりやすく表現します．グラフの特色は何といっても簡単に作成できることです．

グラフには，折れ線グラフ，円グラフ，棒グラフなどいくつかの種類があり，それぞれのグラフの特徴に合わせ，目的によって使い分けをします．代表的なグラフとその特徴は，次のとおりです．

2 代表的なグラフの種類と特徴†

折れ線グラフ：目的は時系列による変化を見ること

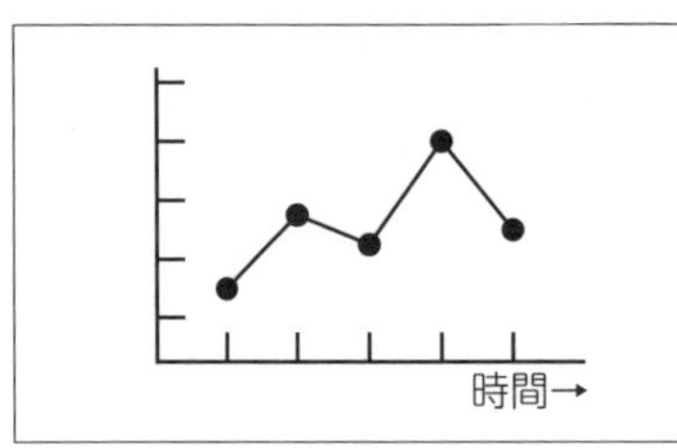

- 折れ線グラフは，横軸に年や月といった時間を，縦軸に数量をとり，それぞれのデータを折れ線で結んだグラフです．
- 時系列（時間の流れ）によるデータの増減を見るのに適しています．

棒グラフ：目的はデータの大小を比較すること

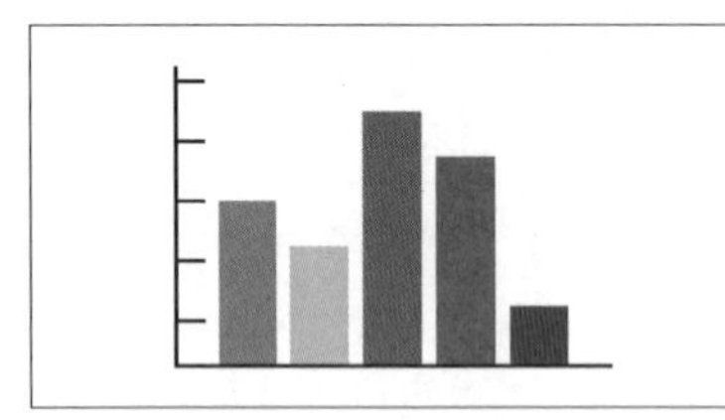

- 棒グラフは，縦軸に数量をとり，棒の高さでデータの大小を表したグラフです．
- データの大小が，棒の高低だけでわかるので，データの大小を比較するのに適しています．

† 「統計をグラフにあらわそう」，統計学習の指導のために（先生向け）補助教材，総務省統計局のWebサイトを改変
https://www.stat.go.jp/teacher/graph.html

円グラフ：目的は構成比を明らかにすること

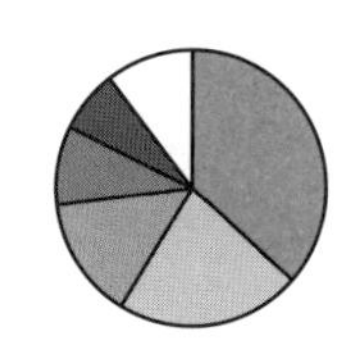

- 円グラフは，円を全体として，その中に占める構成比を扇形で表したグラフです．
- 扇形の面積により構成比の大小がわかるので，構成比を表すのに使われます．データは時計回りに大きい順に並べます．

帯グラフ：目的は構成比を比較すること

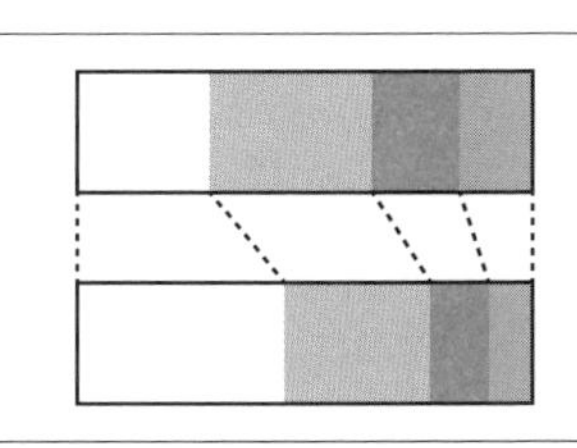

- 帯グラフは，長さをそろえた棒を並べ，それぞれの棒の中に構成比を示すグラフです．
- 構成比を比較するのに最適です．

レーダーチャート：目的は全体傾向の把握や競合比較

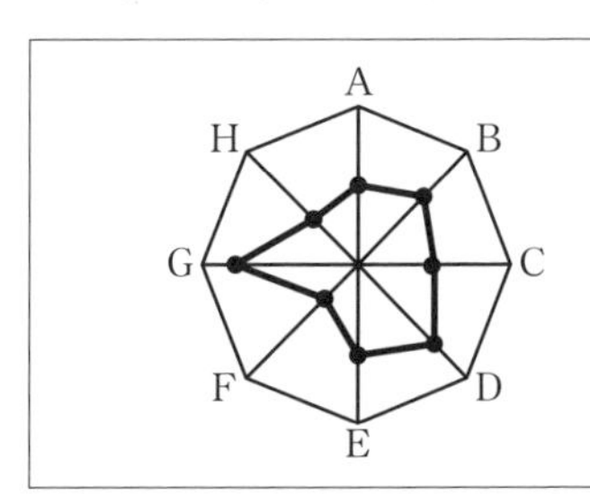

- レーダーチャートは，複数のデータ（指標）を1つのグラフに表示することにより，全体の傾向をつかむのに用いられるグラフです．
- 競合との優劣を比較するのに最適です．

ガントチャート：目的は日程計画や進捗管理をすること

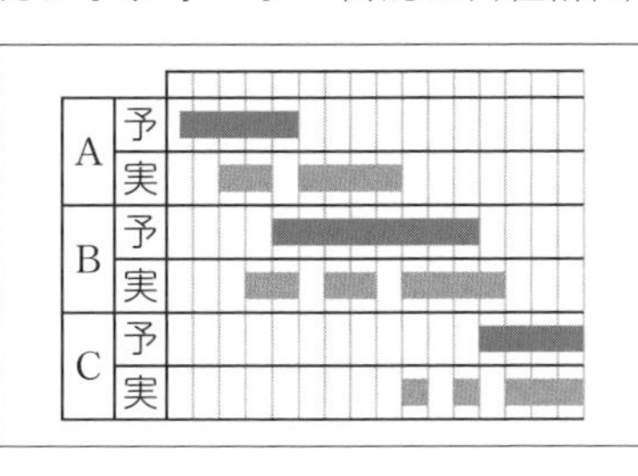

- ガントチャートは，縦軸に項目，横軸に日付をとり，計画と実績の関係を棒や線で表したグラフです．
- 日程計画や進捗管理に適しています．

2.4 パレート図

1 パレート図の特色

パレート図とは，不適合，故障，クレームなどの件数，損失金額などの現象や原因などを項目別に分類（層別という．2.8 節）し，出現頻度の大きい順に棒グラフで並べるとともに，累積比率を折れ線グラフで示した図です．

パレート図の特色は，次の 2 点が一目でわかることです．

- 影響が大きな項目の順番（出現頻度）
- 全体に占める割合（累積比率）

パレート図を活用した分析により，優先して行動（対策）すべき項目が視覚化（見える化）され，誰にでもわかりやすくなります．

2 パレート図は重点指向を反映

パレート図の基礎となる考え方は，「パレートの原則」と「重点指向」です．

パレートの原則とは，多くの項目があっても，結果に大きな影響を与えるのは 2，3 の項目であるという考え方です．経済学理論ですが，経済的な行為である品質管理にも適用でき，重点指向という用語で活用されています．

重点指向とは，限られた経営資源（例えば，時間，コスト，人数）のもとで問題解決を行う場合，結果に大きな影響を与える少数の要因を見つけ出し，この要因への対応を優先的に行うのが効率的（経済的）であるという考え方です．パレート図は，この重点指向の考え方を反映した分析図なのです．

3 パレート図の作成方法

パレート図は，次の手順で作成します．

手順❶ チェックシートを活用して生データを収集する

手順❷ データを原因や内容により分類（層別，2.8節）**し，集計表（表2.3）を作成する**

表2.3 データ集計表

不適合項目	不適合数
塗装のムラ	20
ブツ	6
ボケ	2
凹凸	8
よごれ	21
ゆがみ	1
ピンホール	4
色違い	1
キズ	11
寸法違い	1
合計	75

手順❸ 分類したデータを整理し，パレート分析表（表2.4）を作成する

- 集計表（表2.3）の分類項目をデータ数の大きい順に並べ替えます．
- 項目数は7程度とし，それ以外は「その他」で1つにまとめます．
- 「その他」の項目は最後に配置します．

表2.4 パレート分析表

番号	項目	不適合数	累積数	不適合品%	累積%
1	よごれ	21	21	28.0	28.0
2	塗装のムラ	20	41	26.7	54.7
3	キズ	11	52	14.7	69.3
4	凹凸	8	60	10.7	80.0
5	ブツ	6	66	8.0	88.0
6	ピンホール	4	70	5.3	93.3
7	ボケ	2	72	2.7	96.0
8	その他	3	75	4.0	100.0
合計		75	−	−	−

手順❹ グラフ用紙に縦軸と横軸を記入する

- 横軸には，左から右にデータ数の大きい順に分類項目を記入します．
- 左側の縦軸には，特性値である件数を記入します．
- 右側の縦軸には，累積比率（%）を記入します．

手順❺ 棒グラフを描く

棒と棒の間隔は開けないようにします．

手順❻ 累積比率の線（累積曲線，パレート曲線という）を記入する

折れ線グラフで記入します．終点は「100%」です．

手順❼ 表題，収集期間，データ数の合計，作成日，作成者等を記入する

手順❽ 考察を行う

パレート図を読み取り，優先的に対策すべき項目などを記載します．

このような手順で作成されたパレート図は，**図2.2**のようになります．

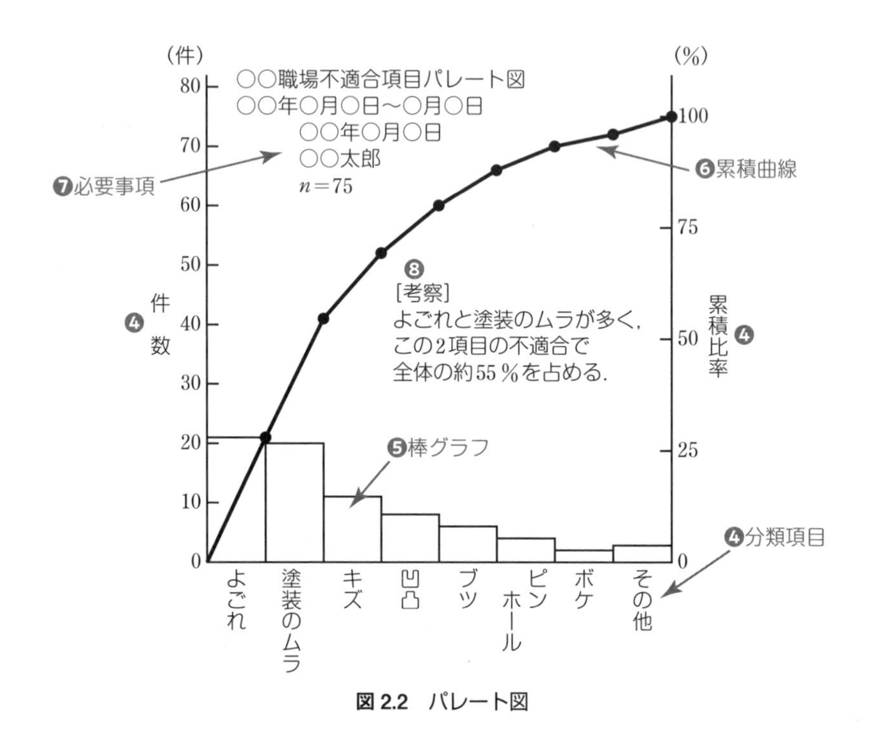

図 2.2　パレート図

4　パレート図の応用ポイント

パレート図の応用ポイントは，次のとおりです.

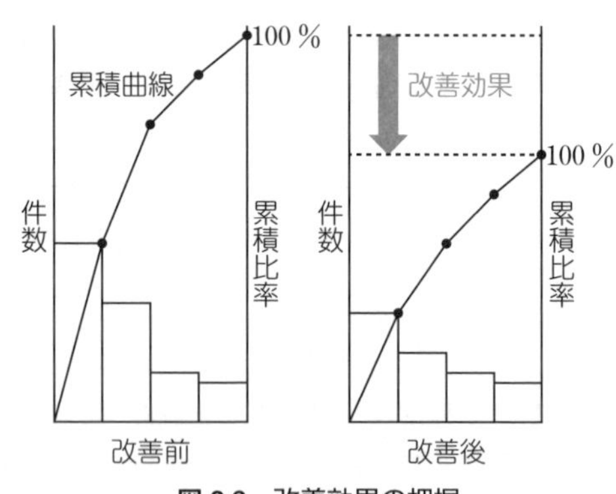

図 2.3　改善効果の把握

- 改善前後のパレート図を比較することで，改善効果を把握できます．この場合，件数の目盛をそろえることが大切です（**図 2.3**）.
- 原因別パレート図を活用すると，不適合品の発生や故障の原因の解決の糸口がつかめ，対策が立てやすくなります.
- 「その他」の項目がきわめて大きい場合には，重点化のねらいから外れているので，層別（2.8 節）や分類方法を再検討します.

2.5 ヒストグラム

1 ヒストグラムとは

ヒストグラムとは，横軸にデータの区間，縦軸に各区間に属するデータの個数（度数といいます）をとって棒グラフにしたものです（**図 2.4**）．

ヒストグラムを描くことにより，**母集団の中心の位置やばらつきの大きさ（分布）が一目でわかる**ようになり便利です．また，規格値を記入することにより不適合品発生の有無も推測することができます（図 2.4 の右図）．

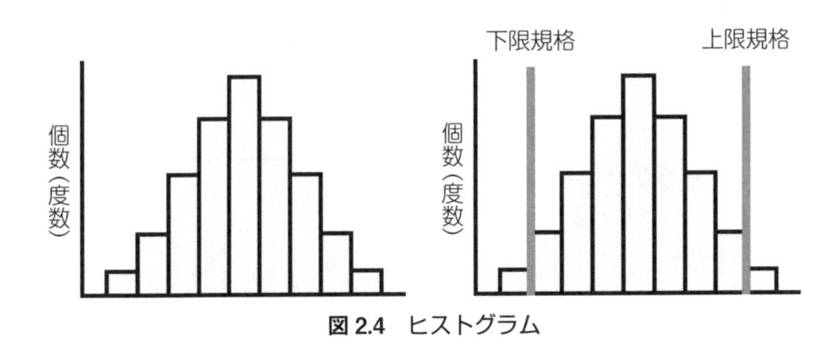

図 2.4　ヒストグラム

2 ヒストグラムの特色

品質管理の役割は，ばらつきの最小化による適合品の安定供給です（顧客満足）．ねらい値に対するずれやばらつきは必ず発生し，なくなることはありません．それでも企業は，不適合品の流出を防止しなければなりません．ですから最小化が必要なのです．

完成品に対する最小化の範囲は事前に決めてから製造します．例えば，100±2 mm という場合，ねらい値（中心の位置）が 100 mm，上限が 102 mm，下限が 98 mm です．この範囲内であれば適合品となります．はみ出たら不適合品です．この上限から下限の範囲のことを**公差**といいます．

測定データだけでは完成品の傾向を把握することは困難ですが，ヒストグラムを作成しデータを視覚化することで，完成品は公差の範囲内で安定しているのか，ばらつきの程度により不適合品がどの程度発生しているのか等が，誰にでも一目でわかるようになります．これがヒストグラムの大きな特色です．

ヒストグラムの特色を整理すると，次のようになります．

- 分布の中心位置からのずれを把握できる
- 分布のばらつきの大きさを把握できる
- 公差からはみ出す不適合を把握できる

また，ヒストグラムの形状による特徴は，**図 2.5** のように整理できます．不適合は，ずれが大きくてばらつきが小さい場合（図 2.5(b)）や，ずれがなくてもばらつきが大きい場合(図 2.5(c))でも発生します．ずれとばらつきの両方の把握は，製品の安定供給を目指す品質管理にとって重要です．

(a) **標準のヒストグラム**

規格に対してばらつきが小さく，平均値も規格の中心にあり，最も望ましい状態．

(b) **中心からずれがある場合**

ばらつきの程度は (a) と同じだが，中心の位置が左にずれ，不適合が発生している．中心の位置を規格の中心にもっていく必要がある．

(c) **ばらつきが大きい場合**

中心の位置は (a) と同じだが，ばらつきが大きすぎるために不適合が発生している．ばらつきを小さくする必要がある．

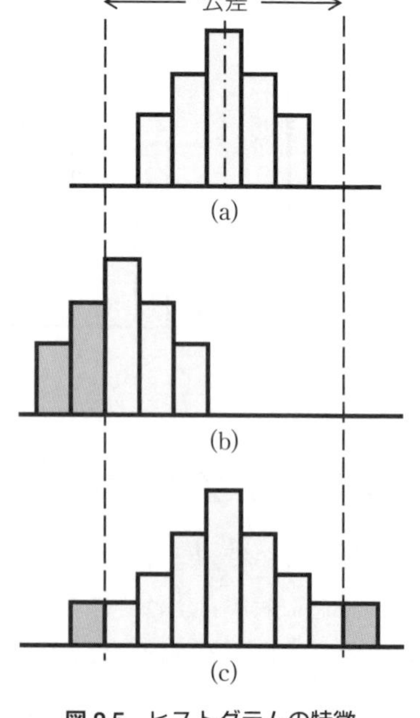

図 2.5 ヒストグラムの特徴

3 ヒストグラムの作り方

ヒストグラムの作成手順を，次の例を通して理解しましょう．手順に加え，図の用語も出題されますので注意してください．

【例】表 2.5 は，S 社が製造した部品の厚さ寸法である．このデータを用いて，ヒストグラムを作成せよ．

表 2.5　部品の厚さ（単位：mm）

101.4	96.4	99.0	104.9	99.7
94.7	93.9	100.5	97.0	100.0
101.6	95.6	96.6	97.5	98.2
100.3	100.8	99.9	96.6	99.6
98.5	99.8	104.6	102.9	100.4
104.5	107.0	97.8	95.8	102.6
97.6	101.8	103.1	102.0	107.5
106.8	104.1	98.8	97.1	101.9
95.6	94.5	98.1	97.1	97.3
100.1	100.2	93.9	93.2	107.3

手順❶ データを収集する（50 個以上が望ましい）

この例では，収集結果は表 2.5 のとおりです．

手順❷ データの最大値と最小値を探す

この例では，表 2.5 から，最大値 ＝107.5，最小値 ＝93.2 です．

手順❸ 区間（柱）の数を決める（図 2.6）

区間の数は $\sqrt{\text{データ数}}$ を目安とし，整数に丸めます．

この例では，データ数は 50 なので，$\sqrt{\text{データ数}} = \sqrt{50} = 7.0\cdots$ より，区間の数は 7 を目安とします．

手順❹ 測定単位を把握する

測定単位とは，データ測定の最小単位（最小の刻み）です．

この例では，表 2.5 から，測定単位は 0.1 です．

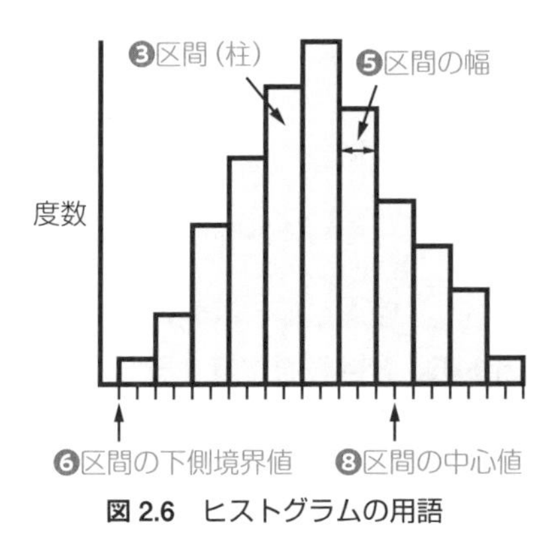

図 2.6　ヒストグラムの用語

手順❺ 次の式によって，区間の幅を決める（図 2.6）

$$\text{区間の幅} = \frac{\text{最大値} - \text{最小値}}{\text{区間の数}}$$

区間の幅の数値は，測定単位の整数倍とします．その場合，上式の右辺の計算結果に近い方の数値とします．

この例では

$$\frac{\text{最大値} - \text{最小値}}{\text{区間の数}} = \frac{107.5 - 93.2}{7} \fallingdotseq 2.04$$

であり，測定単位 0.1 の整数倍で，最も 2.04 に近い数値を区間の幅とするので，区間の幅は $0.1\times20=2.0$ です．

手順❻ 次の式によって，最初の区間の下側境界値を決める（図 2.6）

$$\text{最初の区間の下側境界値} = \text{最小値} - \frac{\text{測定単位}}{2}$$

この例では

$$\text{最初の区間の下側境界値} = 93.2 - \frac{0.1}{2} = 93.15$$

となります．

手順❼ 最初の区間の下側境界値（手順❻）から，区間の幅（手順❺）を順次加えた値を，各区間の境界値とする

最大値（107.5）を含む区間までを求めます．この例では

93.15〜95.15，95.15〜97.15，…，107.15〜109.15

となります．

手順❽ 次の式によって，区間の中心値を求める（図 2.6）

$$\text{区間の中心値} = \frac{\text{区間の下側境界値} + \text{区間の上側境界値}}{2}$$

この例では

$$\text{最初の区間の中心値} = \frac{93.15+95.15}{2} = 94.15$$

であり，順次，他の区間についても中心値を計算します．

手順❾ 度数表を作成する

度数表は，チェックシート（2.2 節）の一つです．

この例では，**表 2.6** のようになります．

表 2.6　部品の厚さの度数表

区間	中心値	データ数	度数
以上 93.15 ～ 未満 95.15	94.15	卌	5
95.15 ～ 97.15	96.15	卌 ////	9
97.15 ～ 99.15	98.15	卌 ////	9
99.15 ～ 101.15	100.15	卌 卌 /	11
101.15 ～ 103.15	102.15	卌 ///	8
103.15 ～ 105.15	104.15	////	4
105.15 ～ 107.15	106.15	//	2
107.15 ～ 109.15	108.15	//	2

手順⑩ ヒストグラムを作成する

横軸に区間の境界値または中心値を記入します．また，縦軸には度数の目盛をとり，度数の柱を立てます．**ヒストグラム**には，表題，データをとった期間，データ数（n），作成年月日，作成者，規格（公差）がある場合は規格値の線，判断（考察）等の必要事項も記入します．この例では，**図 2.7** のようになります．

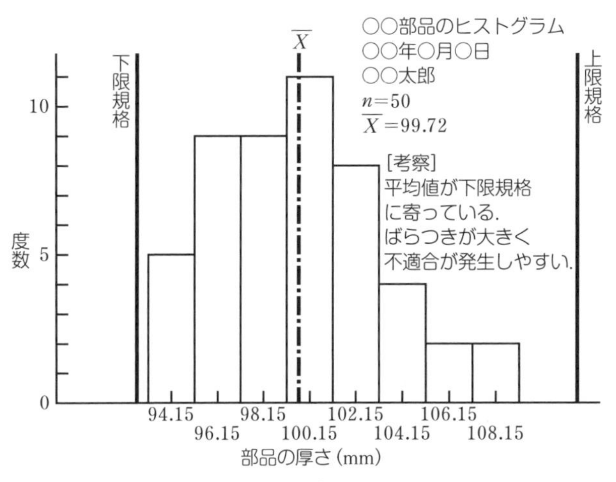

図 2.7　ヒストグラムの作成例

4 度数表から平均値や不偏分散を求める方法（数値変換）

数値変換は，統計量の計算を容易にする手法です．例として，表 2.6 を用いて**表 2.7** を作ります．

表 2.7　度数表

区　間	中心値 (x)	度数 (f)	変換値 (u)	$u \times f$	$u^2 \times f$
93.15～95.15	94.15	5	−3	−15	45
95.15～97.75	96.15	9	−2	−18	36
97.15～99.15	98.15	9	−1	−9	9
99.15～101.15	100.15	11	0	0	0
101.15～103.15	102.15	8	1	8	8
103.15～105.15	104.15	4	2	8	16
105.15～107.15	106.15	2	3	6	18
107.15～109.15	108.15	2	4	8	32
合計		50	―	−12	164

[1] 平均値を計算

手順❶ 変換値（u）の欄を作り，仮平均を設定する

度数の中央付近で最も大きい中心値の u の値を 0 にします．表 2.8 では，中心値 100.15 の u の値を 0 にします．100.15 を仮平均（x_0）といいます．

手順❷ 他の区間も変換値にする

仮平均から増える方向に 1，2，…，減る方向に −1，−2，…と整数を割り当てます．これは区間の幅 $h=2$ を 1 に変換したことに相当し，下式が成立します．

$$u_i = \frac{x_i - x_0}{h}$$

手順❸ $u \times f$ の欄を作り，平均値（$\overline{u}$）を求める

$\overline{u}$ ＝各区間の変換値 u ×度数 f の合計を総データ数で割ります．ここでは

$$\overline{u} = -\frac{12}{50} = -0.24$$

です．この程度であれば手計算でも楽に計算できるでしょう（数値変換の長所）．

手順❹ 変換した値を元に戻し，平均値（$\overline{x}$）を求める

手順❷ で示した u の式より，次のように計算します．

$$\begin{aligned}\overline{x} &= h \times \overline{u} + x_0 \\ &= 2 \times (-0.24) + 100.15 = 99.67\end{aligned}$$

[2] 不偏分散を計算

手順❶ $u^2 \times f$ の欄を作り，偏差平方和（S_u）を求める

$$S_u = \sum u^2 f - \frac{(\sum uf)^2}{n} = 164 - \frac{(-12)^2}{50} = 161.12$$

手順❷ 不偏分散（V_u）を求める

$$V_u = \frac{S_u}{n-1} = \frac{161.12}{49} = 3.288$$

手順❸ 数値変換した値を元に戻し，不偏分散（V_x）を求める

$x = h \times u + x_0$ であり，h と x_0 は定数なので，

$$V(x) = V(hu + x_0) = h^2 V(u)$$

となります（4.2 節）．したがって，次のように計算できます．

$$V(x) = h^2 V(u) = 2^2 \times 3.288 = 13.152$$

5 ヒストグラムの読み方

データに基づいて作成されたヒストグラムを見て，その姿・形から異常の有無を読み取ることができます．具体的には，**表 2.8** のとおりです．

表 2.8　ヒストグラムの形状とその解説

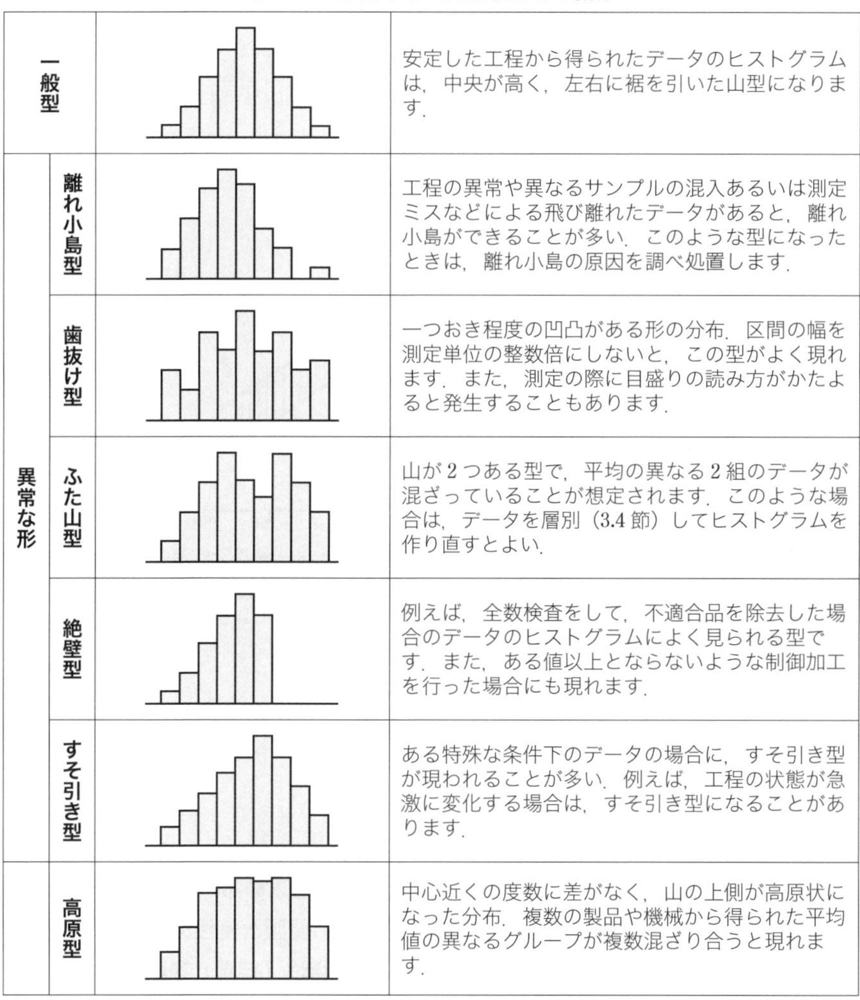

分類	型	解説
一般型		安定した工程から得られたデータのヒストグラムは，中央が高く，左右に裾を引いた山型になります．
異常な形	離れ小島型	工程の異常や異なるサンプルの混入あるいは測定ミスなどによる飛び離れたデータがあると，離れ小島ができることが多い．このような型になったときは，離れ小島の原因を調べ処置します．
	歯抜け型	一つおき程度の凹凸がある形の分布．区間の幅を測定単位の整数倍にしないと，この型がよく現れます．また，測定の際に目盛りの読み方がかたよると発生することもあります．
	ふた山型	山が 2 つある型で，平均の異なる 2 組のデータが混ざっていることが想定されます．このような場合は，データを層別（3.4 節）してヒストグラムを作り直すとよい．
	絶壁型	例えば，全数検査をして，不適合品を除去した場合のデータのヒストグラムによく見られる型です．また，ある値以上とならないような制御加工を行った場合にも現れます．
	すそ引き型	ある特殊な条件下のデータの場合に，すそ引き型が現われることが多い．例えば，工程の状態が急激に変化する場合は，すそ引き型になることがあります．
	高原型	中心近くの度数に差がなく，山の上側が高原状になった分布．複数の製品や機械から得られた平均値の異なるグループが複数混ざり合うと現れます．

2.6 散布図

出題頻度

1 散布図の特色

散布図は，関連がありそうな2種類のデータをそれぞれ縦軸と横軸に配置し，データが交わるところに点を打って示す（「プロットする」といいます）グラフです．**2種類のデータの相関関係の有無を調べる**のに非常に便利です．

例えば，ハンダゴテのコテ先温度とハンダづけ不適合品率になんらかの関係が得られたとします．これらのような対応する2種類のデータを，**図2.8**のように散布図に描き，点のばらつき具合から，2つの要因がお互いに関連していると考えられる場合は「相関関係がある」となります．散布図の作成により，特性に影響を与える要因を特定することができるのです．

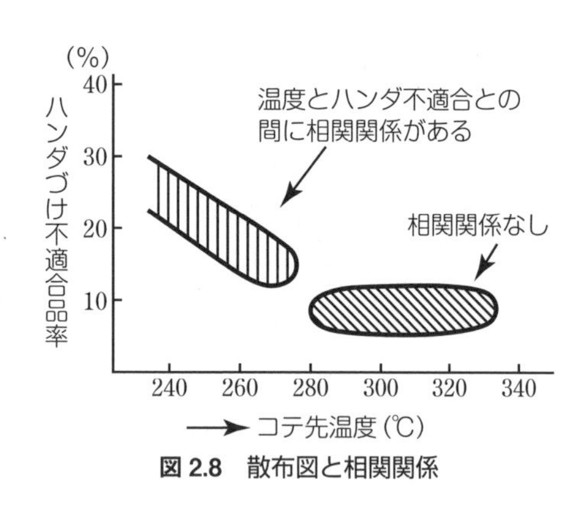

図2.8　散布図と相関関係

2 散布図の作成手順

散布図の作成手順は，次のとおりです．

手順❶ 対応する2種類のデータを収集する

手順❷ 2種類のデータそれぞれの最大値と最小値を求める

手順❸ 縦軸と横軸を設定する（2種類のデータに要因と特性の関係がありそうならば，横軸に要因（原因）を，縦軸に特性（結果）を設定する）

手順❹ 縦軸と横軸の長さがほぼ等しく（正方形に）なるように目盛を入れる

手順❺ データをプロットする

手順❻ 件名，データ数，収集期間，作成者，作成日等の必要事項を記入する

3 散布図の読み方

2種類のデータを散布図に表すとき，両者の間に「直線的な関係」がある場合のことを，「**相関関係がある**」といいます．

直線的な関係には，次の2つの場合があります（**図2.9**）．

- 一方が増加すると，他方が直線的に減少する傾向（**負の相関**がある）
- 一方が増加すると，他方が直線的に増加する傾向（**正の相関**がある）

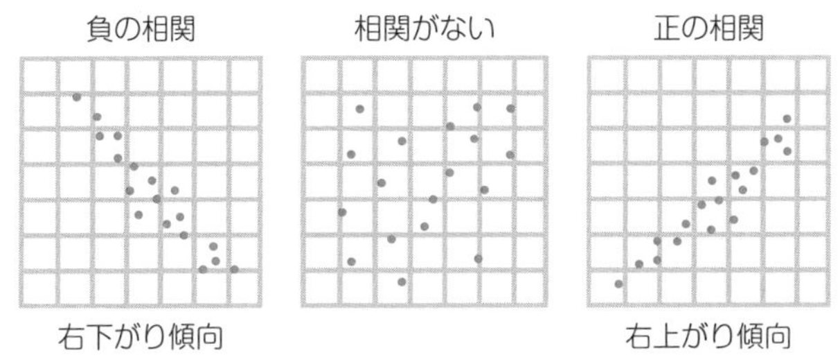

図2.9　散布図の読み方

2種類のデータに相関関係がある場合，一方を管理することで，他方を管理することができて便利です．ただし，相関関係は，必ずしも因果関係（一方が原因となって他方が起こる関係）を示すものではありません．

4 外れ値（異常値）に注意

散布図では，**図2.10**のように集団から飛び離れた点などの外れ値（異常値，1.6節8）がある場合には，その原因を調べ，原因が判明すればその点を除いてから，相関を判定します．多くの場合，測定の誤りや作業条件の変更等といった，特別の原因があります．

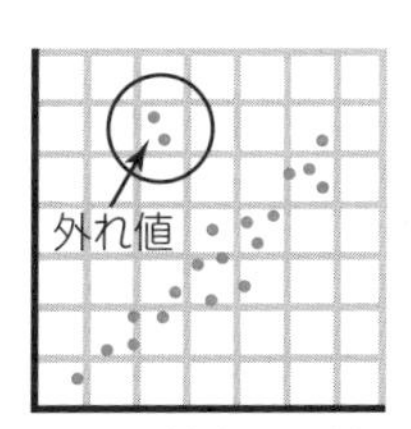

図2.10　散布図の外れ値

2.7 特性要因図

1 特性要因図とは

特性要因図とは，「特性」とそれに影響を及ぼす可能性がある「要因」との関係を，分かりやすく系統的に整理した図のことです．特性要因図はその形が魚の骨に似ていることから，魚の骨図（フィッシュボーンダイヤグラム）ともいいます．

ここでは，次の用語の理解が大切です．

- **特性**：問題点や解決したい結果
- **要因**：特性に影響を及ぼしている可能性があるもの
- **原因**：要因の中で，特性に影響を及ぼすと判明したもの

2 特性要因図のポイント

特性要因図のポイントは，次の 3 点です．

- **言語データの活用**
  特性要因図は，主に「言語データ」を活用し，要因を抽出します．他の QC 七つ道具が「数値データ」を主に活用する点と差異があります．
- **要因の抽出だけではなく，整理や予防にも活用**
  特性要因図は，要因を抽出するだけでなく，特性と要因の関係を整理し予防するためにも活用できます．
- **データに基づく検証が必要**
  特性要因図で抽出された要因は，原因となる可能性がある仮説にすぎないので，過去の出現頻度などデータによる検証を行うことが必要です．

3 特性要因図の作り方

図 2.11 に示す番号順に手順を解説します．この手順は「大骨展開法」といいます．作成手順に関係するキーワード（太文字）を把握しましょう．

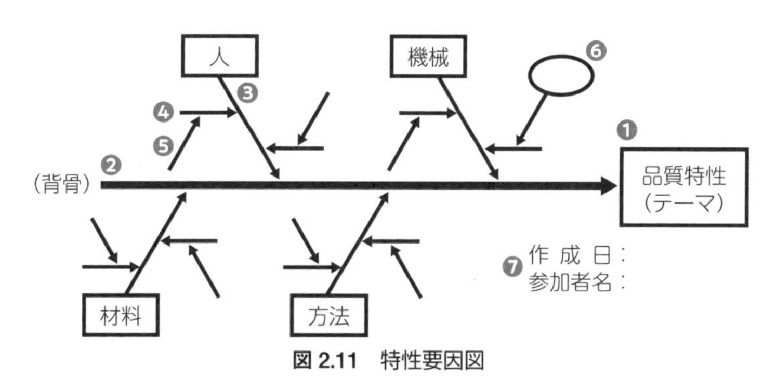

図 2.11　特性要因図

手順❶ 右端に特性を書き，四角の枠で囲む

特性は具体的に書きます．

手順❷ 左端から右端の枠に向けて，水平な太い矢印（背骨）を描く

手順❸ 大要因を決め，その大要因を，背骨の上下に分けて記し，四角の枠で囲み，背骨に向けて矢印（大骨）を描く

大要因が上手く決まらない場合には，「**4 M**（よんエム）」や「**5M1E**」を切り口として利用します．4M や 5M1E は，製品・サービスの QCD（16.1 節 2）に影響を及ぼす重要な要因とされる下記の要素です．

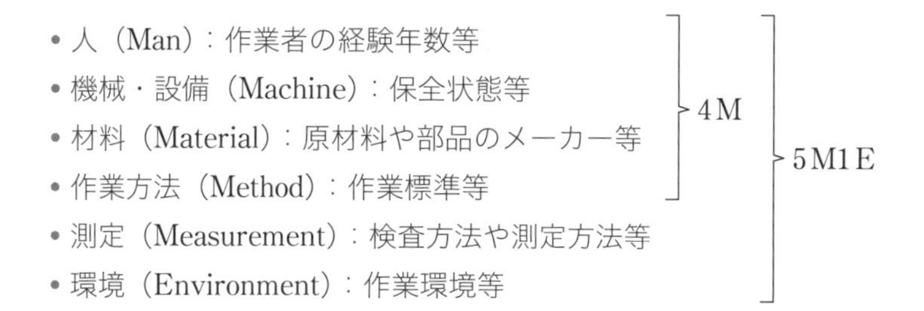

- 人（Man）：作業者の経験年数等
- 機械・設備（Machine）：保全状態等
- 材料（Material）：原材料や部品のメーカー等
- 作業方法（Method）：作業標準等
- 測定（Measurement）：検査方法や測定方法等
- 環境（Environment）：作業環境等

（上4項目：4M，全6項目：5M1E）

手順❹ 大骨に対する発生要因を洗い出し，大骨に向けて矢印（中骨）を描く

手順❺ 中骨に対する発生要因を洗い出し，中骨に向けて矢印（小骨）を描く

要因が具体的になるまで，中骨，小骨，孫骨，ひ孫骨，…と掘り下げます．

中骨や小骨等の洗い出しは，メンバー全員で**ブレーンストーミング**などにより“なぜ”を繰り返し，根本原因までさかのぼり，それぞれの要因を徹底的に洗い出します．この“なぜ”を繰り返す根本原因の探求手法は，「なぜなぜ分析」といいます．なお，ブレーンストーミングとは，チームで議論をする場合にアイデアや意見が出しにくいときの発想法で，4つの基本ルールがあります．

- 善し悪しの批判はしない（批判厳禁）
- 自由で奔放（ほんぽう）なアイデアを歓迎する（自由奔放）
- 発言は，質よりも量を求める（多数歓迎）
- 他人のアイデアに便乗してよい（便乗結合）

洗い出した要因に漏れがないかは，メンバー全員でチェックします．具体的なアクションに着手できるまで要因展開を行うことが重要です．

手順❻ 影響度の大きい要因を円で囲むことで，要因の重みづけ（優先順位づけ）を行い，他要因と明確に区別する

手順❼ 標題，工程名，作成日，参加者名等の必要事項を記入する

4 特性要因図の使い方

特性要因図は，次のような場面に活用できます．

- **工程の解析や改善に活用**

  不適合の原因究明には重点指向のための手法である「パレート図」（2.4 節）を併用することにより，影響の大きな真の原因を見つけ出し対策に繋げることができます．

- **日常管理に活用**

  特性要因図の作成により，特性と要因の関係を整理し明確にすることができるので，原因系の日常管理をしっかりと行うことができます．

- **教育・訓練に活用**

  特性要因図の作成により，関係者が保有するノウハウの共有化を図ることができます．これらのノウハウは，特性に対する作業ポイントとして新しい配属者への教育・訓練でも活用できます．

2.8 層別

出題頻度

1 層別とは

層別とは，データを要因に基づいて分類することです．データをとったときに条件が何か違っていれば，**グループ分け**をしてみよう，ということです．要因には，4M（人，機械，材料，作業方法）や5M1E等があります（2.7節 3）．

層別されたデータを比較することによって，異常原因を発見するヒントを与えてくれることがあります．一方，層別されていないデータをいくら解析しても，何の手がかりも得られず，かえって誤った判断を下し問題を大きくしてしまう危険があります．体格に関する男女のデータが混在している等の場合です．

このように考えると，層別は他のQC七つ道具のように視覚化によって分析しやすくする手法（道具）というよりも，私たちがデータを扱うときに常にもっているべき「**重要な考え方である**」という方が適切と思えます．

2 層別に必要な履歴の確保

層別にあたり重要なことは，データを収集する際に使用する「チェックシート」に，収集者，収集日時，使用した設備など，後からデータの層別ができるように調査項目として履歴を記載しておくことです．

3 ヒストグラムによる層別の活用

ある部品で規格上限を超えるものが発見されたため，ヒストグラムを作成したところ，**図2.12**左のような「ふた山型」の分布が得られたとしましょう．

「ふた山型」ということは，それぞれの「山」を形作るなんらかの根拠がありそうです．そこで，層別の必要があると判断し，納入会社別にヒストグラムを作成して，図2.12右のようなヒストグラムが得られたならば，B社から購入した部品に寸法不適合が発生していることが判明します．ばらつきには問題はないのですが，平均値 $\overline{X}$ が高く，ねらいがずれているわけです．そこで，B社に改善を依頼することになります.

このように，層別を活用することで，データの特徴がわかりやすくなります.

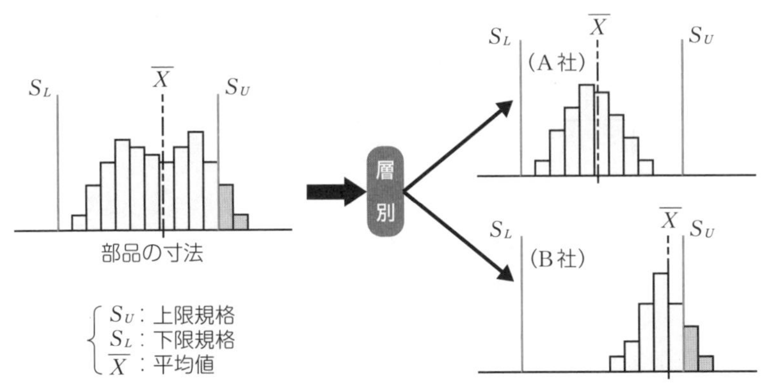

図 2.12　ヒストグラムによる層別の活用

4　散布図から分かる層別の必要性

散布図では相関があるように見えても，層別してみると相関がない場合があります．この現象は，**疑似相関**または**偽りの相関**といいます.

一般に，散布図から要因を把握することは，困難です．そこで，散布図の作成に際し，対応する2種類のデータの履歴をあらかじめ調べておき，層別因子がある場合には，**図 2.13**のように点の印を変えたり，色分けしたりするなどの工夫をしておくとよいことがわかります（層別散布図といいます）.

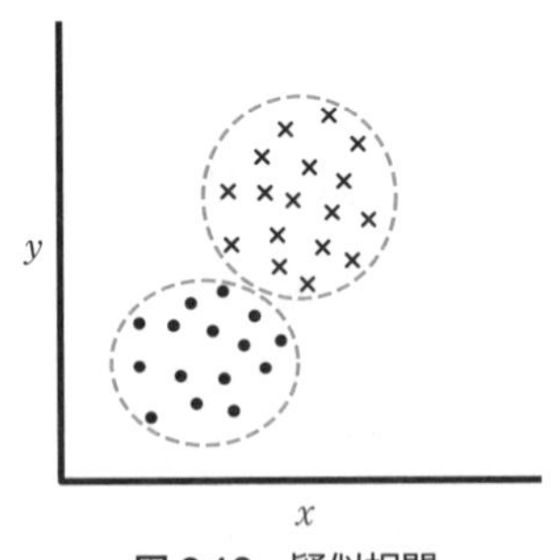

図 2.13　疑似相関

理解度確認　問題

次の文章で正しいものには○，正しくないものには×を選べ．

① QC七つ道具は，データの傾向を視覚化（見える化）する特色がある．
② チェックシートは，事実としてのデータを漏れなく正しく収集するために便利な道具である．
③ 折れ線グラフの利用目的は，データの大小を比較することである．
④ パレート図は，出現頻度の大きい順に横軸に分類項目を記入し，折れ線グラフで件数を示した図である．
⑤ ヒストグラムとは，横軸にデータの区間，縦軸に各区間に属するデータの個数（度数）をとって折れ線グラフにしたものである．
⑥ ヒストグラムの特色は，優先して行動すべき項目を表すことができ，重点指向を反映しているということである．
⑦ 散布図では，横軸方向に増加すると縦軸方向にも増加する場合を，負の相関があるという．
⑧ 特性要因図の特性とは，問題点や解決したい結果の原因のことである．
⑨ ブレーンストーミングでは意見の質を重視するので，他人の意見の善し悪しは積極的に発言すべきである．
⑩ 層別とは，データを要因に基づいて分けることである．

理解度確認 解答と解説

① **正しい（○）**．分析とは，データにより現状や傾向を把握する作業である．QC七つ道具は，分析において視覚的に大きな効力を発揮する．　☞ 2.1節 2

② **正しい（○）**．品質管理で重要な「事実に基づく管理」を行うには，データが漏れなく正しく収集されることが不可欠であり，この収集道具がチェックシートである．　☞ 2.2節 2

③ **正しくない（×）**．折れ線グラフの利用目的は，データの時系列による変化を見ることである．“大小を比較する”のは棒グラフである．　☞ 2.3節 2

④ **正しくない（×）**．パレート図は，出現頻度の大きい順に横軸に分類項目を記入し，棒グラフで件数を示した図である．　☞ 2.4節 1

⑤ **正しくない（×）**．ヒストグラムは，横軸にデータの区間，縦軸に度数をとり，（折れ線グラフではなく）棒グラフにしたものである．　☞ 2.5節 1

⑥ **正しくない（×）**．ヒストグラムの特色は，母集団の中心の位置やばらつきの大きさ（分布）を表すことである．重点指向を表すのはパレート図である．　☞ 2.5節 2

⑦ **正しくない（×）**．散布図では，横軸方向に増加すると縦軸方向にも増加する場合を「正の相関がある」という．「負の相関がある」とは，横軸方向に増加すると縦軸方向に減少する場合である．　☞ 2.6節 3

⑧ **正しくない（×）**．特性要因図の特性とは，問題点や解決したい結果のことである．要因は，特性に影響を及ぼす可能性があるものであり，通常，複数が考えられる．　☞ 2.7節 1

⑨ **正しくない（×）**．特性要因図の作成で活用するブレーンストーミングは，意見の質より量を重視するため，他人の意見の善し悪しの批判を禁止するのが基本ルールである．　☞ 2.7節 3

⑩ **正しい（○）**．層別とは，データを近い要因ごとにグループ分けすることである．他の道具は「視覚化」を特色とするが，層別はデータの扱いの「考え方」である．　☞ 2.8節 1

練習問題

【問 1】 ある製品の寸法のヒストグラムについて説明した次の文章において，それぞれの状況に当てはまるもっとも適切なものを下欄の選択肢からひとつ選べ．ただし，各選択肢を複数回用いることはない．

① 寸法の平均を下げる必要がある． (1)

② 寸法のばらつきを小さくする必要がある． (2)

③ 寸法の平均を上げる必要がある． (3)

【選択肢】

ア．

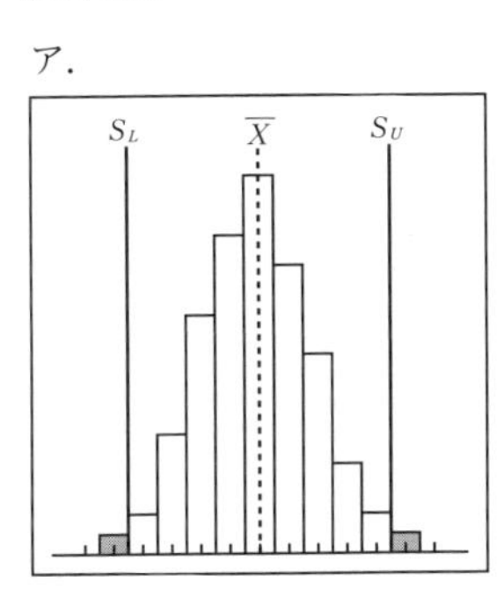

イ．

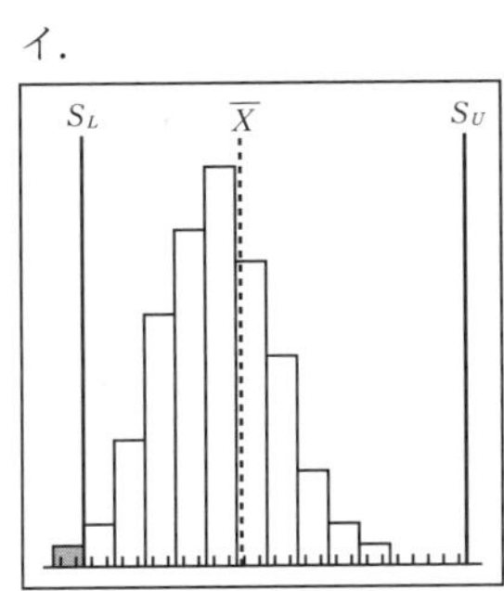

ウ．

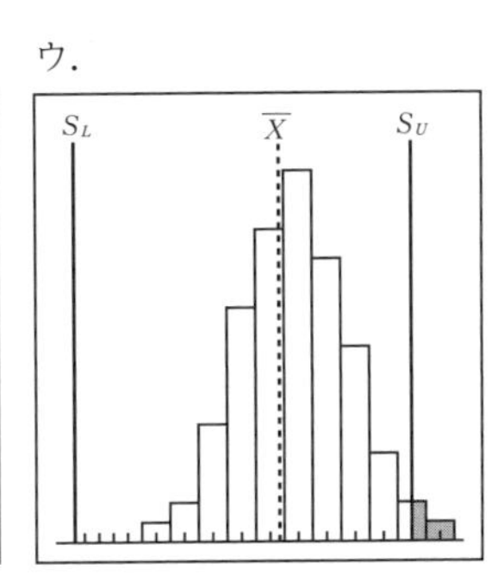

【問 2】 パレート図に関する次の文章において，[ ] 内に入るもっとも適切なものを下欄の選択肢からひとつ選べ．

あるシステム開発について，チェックリストを用いて障害埋込工程の調査を行ったところ，次表のとおりとなった．

工程	障害埋込件数	比率（%）
設計	5	10
開発	20	40
試験	15	30
移行	0	0
その他	10	20

この結果から，障害発生防止に関する指針を作成するため，件数に基づくパレート図を作成した．正しいパレート図は (1) である．

【選択肢】

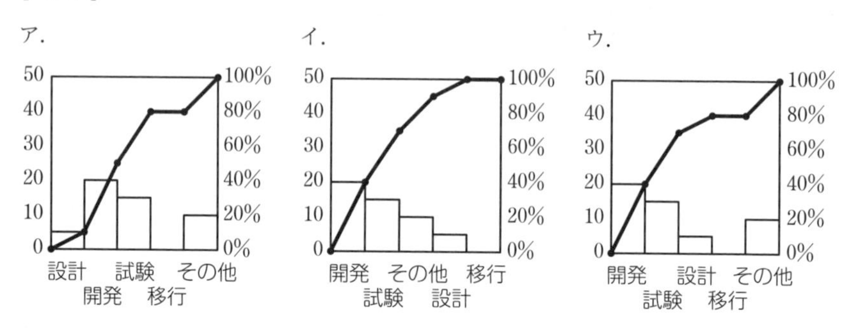

練習 解答と解説

【問 1】 データの分布（「中心位置のずれ」と「ばらつきの程度」）およびヒストグラムの読み方に関する問題である.

解答 (1) **ウ** (2) **ア** (3) **イ**

① 平均を下げる必要があるのは，平均がねらいよりも大きいために規格限界を超えている場合であり，その様子を表す図は［(1) **ウ**］である. ☞ 2.5 節 2

② ばらつきを小さくする必要があるのは，ばらつきが大きい（横に広がっている）ために規格限界を超えている場合であり，その様子を表す図は［(2) **ア**］である. ☞ 2.5 節 2

③ 平均を上げる必要があるのは，平均がねらいよりも小さいために規格限界を超えている場合であり，その様子を表す図は［(3) **イ**］である. ☞ 2.5 節 2

【問 2】 パレート図の書き方に関する問題である.

解答 (1) **ウ**

パレート図は，データを大きい順（降順）に並べ，その件数を棒グラフに表す．そして，累積の割合（%）を折れ線グラフで表す．“その他”は単独の項目とはみなさないため，最後に記載する．以上を満たす正しいパレート図は，［(1) **ウ**］である. ☞ 2.4 節 3

手法分野

3章 新QC七つ道具

3.1 新QC七つ道具の概要
3.2 親和図法
3.3 連関図法
3.4 系統図法
3.5 マトリックス図法
3.6 アロー・ダイヤグラム法
3.7 PDPC法
3.8 マトリックス・データ解析法

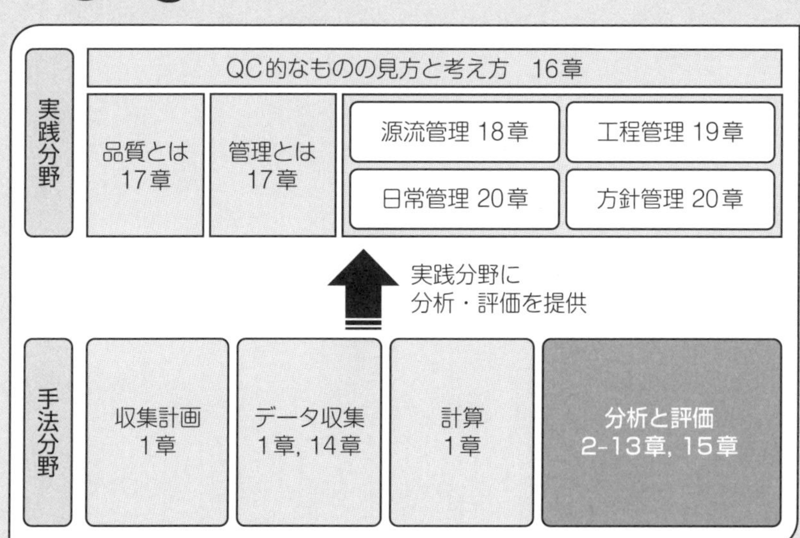

3.1 新QC七つ道具の概要

1 新QC七つ道具とは

新 QC 七つ道具とは，主に「言語データ」を整理し，図にまとめることにより問題を解決していく手法（道具）です．主に言語データを扱う点が，主に数値データを扱う QC 七つ道具（2 章）との違いです．

製造現場では，数値データがとりにくい状況が数多くあります．例えば，「魅力的な企画とは」，「経営施策を具体化するには」といった課題は，数値データだけでは達成が難しいのです．このような課題の達成に便利なのが新 QC 七つ道具です．

2 新QC七つ道具の概要

表 3.1 は，新 QC 七つ道具の概要です．各手法の「名称」，「見た目」の違い，特徴的な「キーワード」をざっと押さえましょう．

表 3.1　新 QC 七つ道具

手法名	概念図	内容
親和図法 (3.2 節)	ラベルA　ラベルB 言語カード　言語カード 言語カード　言語カード	**グループ化**により問題点を整理・絞り込み
連関図法 (3.3 節)	要因　要因　要因 要因　問題点　要因 要因　要因　要因	問題点の把握後，問題と要因の**因果関係**を整理
系統図法 (3.4 節)	目的 手段（目的）　手段（目的）　手段（目的） 手段（目的）　手段（目的）　手段（目的）	**目的と手段**を系統的に展開し，解決手段を探究
マトリックス図法 (3.5 節)	R：R1　R2　R3 L：L1　○ L2　○　◎ L3　　△　○	行と列の**対により**，解決手段の重み付けを実施
アロー・ダイヤグラム法 (3.6 節)	①　②　③　④　⑤　⑥　⑦ 工程a（5日）　工程b（3日）　工程c（5日）　工程d（10日）　工程e（5日）　工程f（12日）　工程g（3日）　工程h（6日）	手段を時系列に配置し，**最適日程**を計画
PDPC 法 (3.7 節)	スタート 当初計画：第1工程　第2工程　第3工程 想定外の対応事項：対策1工程　対策2工程　対策3工程 ゴール	**トラブル予防**の代案を組込み，実行計画を策定
マトリックス・データ解析法 (3.8 節)	主成分1 主成分2	大量の**数値データ**を 2 **以上**の項目で評価

3.2 親和図法

1 親和図とは

親和図とは，事実，意見，発想を，言語データとして捉え，相互の親和性によって整理した視覚図です．“親和性”とは，似たもの同士ということです．

問題は何か，今後はどうか等，物事がはっきりしない場合（混沌（こんとん）としている場合，といいます），関係者がブレーンストーミング等により意見や情報を言語カードに書き出し，似たもの同士をグループ化することを通して，物事を整理し，問題の要点を絞り込むことができます．

キーワードは「**グループ化**」です．層別のキーワードと同じですが，層別は考え方であり，それを複数人で検討するために視覚化したものが親和図です．

2 親和図の作り方

親和図の作り方は，例えば次のようにします（**図 3.1**）．

- 言語データを書いたカードを，グループ分けする
- 全員でボードの前に集まり，「層別」する
- 層別したものにタイトルをつける
- 全く同じ内容のカードはまとめる

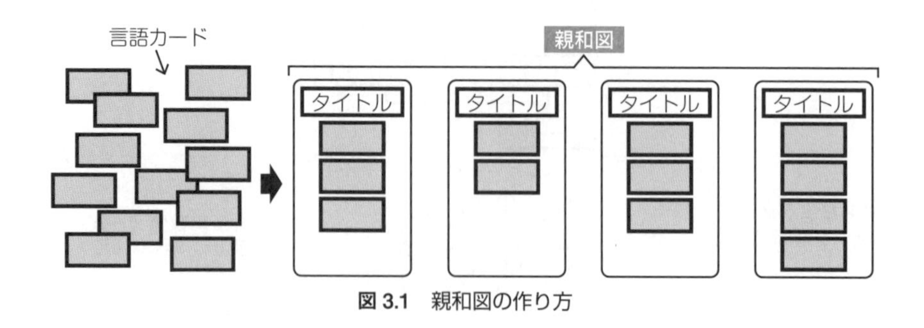

図 3.1　親和図の作り方

3.3 連関図法

連関図とは，原因—結果，目的—手段等の関係を論理的に繋げることによって，問題・課題の関係を明確にする視覚図です（**図3.2**）．

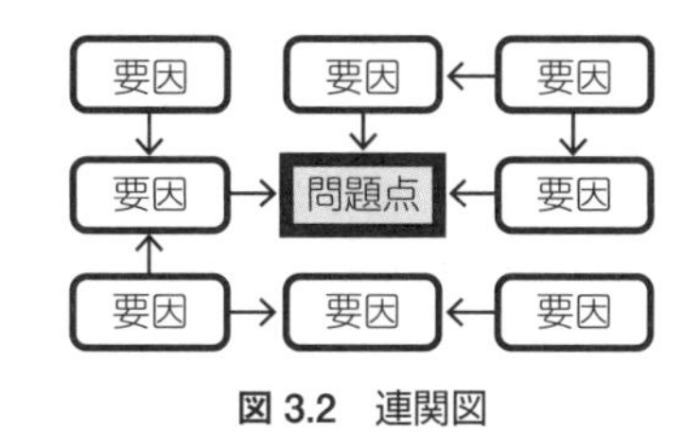

図 3.2　連関図

問題点は把握できたものの要因が複雑怪奇ではっきりしない場合，因果関係のある要因間を矢印で結び，相互の関連性をわかりやすくすることを通し，原因となる重要な要因を見つけ出すことができます．矢印が集中しているところは他の要因との関連が強く，重要な要因と考えられるので，強調します．キーワードは「**原因から結果への矢印**」，「**因果関係**」です．

3.4 系統図法

系統図とは，目的と手段の繋がり等を1次，2次というように系統付けてツリー状に展開していく視覚図です（**図 3.3**）．

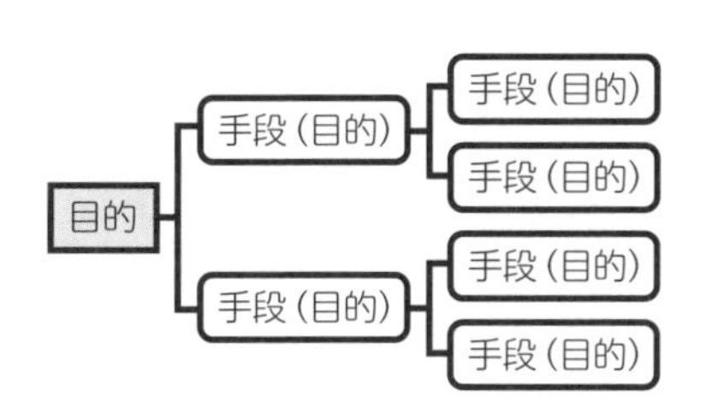

図 3.3　系統図

目的を達成するために，必要な手段を木の枝のように分解し，これを系統的に展開することによって，次第に具体的なものとし，実行可能で重要な手段を見つけることができます．キーワードは「**目的と手段の系統化**」です．

3.5 マトリックス図法

出題頻度

マトリックス図とは，問題としている事象の中から「対」になる要素を決め，行と列（マトリックス）に配置することによって，問題を多面的に整理・分析する視覚図です（**図 3.4**）.

問題の所在や形態を探り，解決への着想（仮説）を得ることができます．また，図 3.4 のように，系統図法（3.4 節）によって見出した手段の重み付け（優先順位付け）を行うことにも活用されます．キーワードは**「対」（=2 つ）**です．「2 つ以上」ではありません．

【マトリックス評価】

マトリックス図を用いて，項目別に点数評価を行い，優先順位を決める.

	効果	現実性	会社方針との親和性	費用	総合点
A案	3	2	2	1	8
B案	3	2	3	3	11
C案	2	1	3	1	7

- 難易度は，簡単なもの =3，難しいもの =1 とする
- 効果は QCD（Quality, Cost, Delivery のこと．16.1 節 2）
- 最も優先すべき項目は得点ウェイトを上げてもよい
- 最も優先順位の高い案に○を付ける

図 3.4 マトリックス図の活用例

3.6 アロー・ダイヤグラム法

出題頻度

アロー・ダイヤグラムとは，**図 3.5** のように矢印と結合点で表すことにより，最適な日程計画を立てる視覚図です．**PERT**（Program Evaluation and Review Technique）図ともいわれます．キーワードは「最適な日程計画」です．

最早（さいそう）結合点日程とは，結合点から始まる作業を最も早く開始できる日程です．結合点①の 0 日より開始し，所要日数を足します．2 つ以上の矢線が入り込む結合点⑥では，最も遅く終わる 35 日を採用します．作業 C が終わらないと次の作業 F を開始できないからです．これが最早日程となります．

最遅結合点日程とは，結合点で終わる作業が遅くとも終了していなければならない日程です．結合点⑦の 55 日より開始し，所要日数を引きます．2 つ以上の矢線が出る結合点②では，最も早く終わる 10 日を採用します．

クリティカルパスとは，始点から終点までの最長日数，すなわち作業の開始に余裕のない作業をつないだ経路です．遅延すると作業全体に影響を及ぼします．

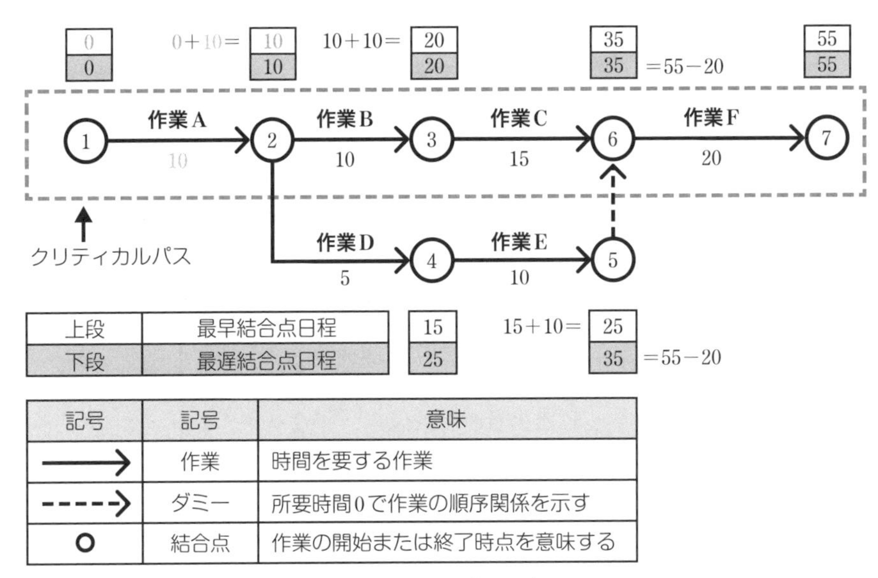

上段	最早結合点日程
下段	最遅結合点日程

記号	記号	意味
⟶	作業	時間を要する作業
- - - -⟶	ダミー	所要時間 0 で作業の順序関係を示す
○	結合点	作業の開始または終了時点を意味する

図 3.5 アロー・ダイヤグラム

3.7 PDPC法

PDPC（Process Decision Program Chart，過程決定計画図）とは，目標達成までの不測の事態を予測し，それに対応した代替案を明確にすることによって，プロジェクトの進行を円滑にする方法を検討するための視覚図です（**図 3.6**）．

実行計画が頓挫しないよう，事前にあらゆる場面を想定し，プロセスの進行をできるだけ望ましい方向に導きます．これにより，問題が生じても，軌道修正ができます．キーワードは「**予期しないトラブルの防止**」です．

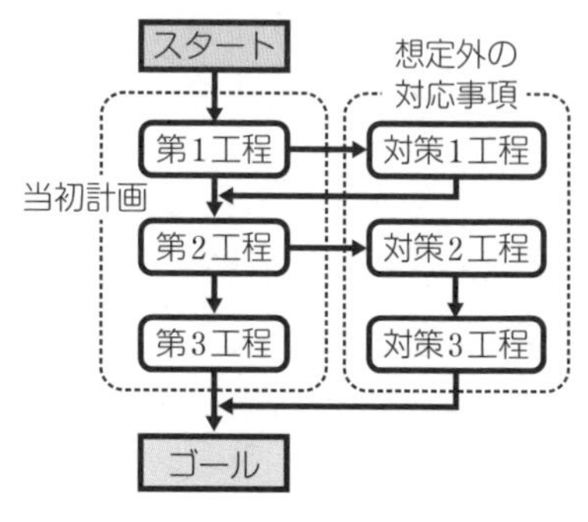

図 3.6 PDPC

3.8 マトリックス・データ解析法

マトリックス・データ解析法とは，たくさんの項目を数個の項目で評価したい場合に活用される手法です（**図 3.7**）．

マトリックス図に与えられた大量の「数値データ」を2以上の項目で評価することによって，全体を見通しよく整理することができます．例えば，主成分分析等が該当します．

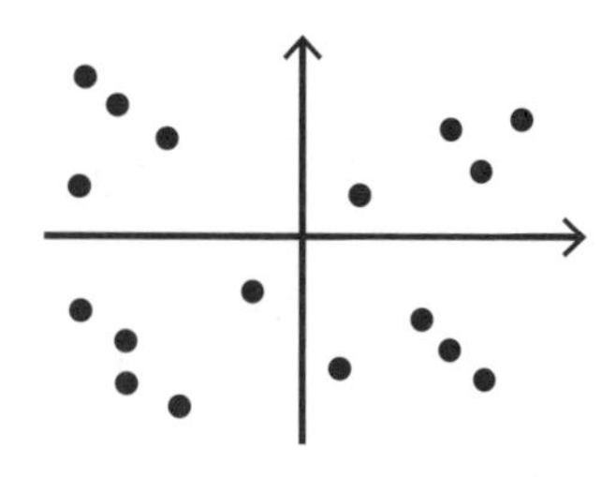

図 3.7 マトリックス・データ解析

本手法のポイントは，新QC七つ道具の中で，唯一，数値データを扱い計算を必要とするという点です．キーワードは「**数値データ**」と「**2つ以上**」です．

理解度確認　問題

次の文章で正しいものには○，正しくないものには×を選べ．

① 親和図法は，問題点と要因を短文で表現し，因果関係を矢印で結び付ける手法である．

② 連関図法は，はっきりしない問題について言語データを集め，相互の親和性によってグループ化する手法である．

③ 系統図法は，目的と手段の繋がりを1次，2次等と系統付けて展開する手法である．

④ マトリックス図法は，大量の数値データを解析して見通しのよい結果を得るための手法である．

⑤ アロー・ダイヤグラム法は，計画を実施していくうえで，予期せぬトラブルを防止するために，事前に考えられる様々な結果を予測し，プロセスの進行をできるだけ望ましい方向に導く手法である．

⑥ アロー・ダイヤグラム法の中で，始まりから終わりまでの最短の日数経路で，余裕のない作業をつないだ経路のことを，クリティカル・パスという．

⑦ PDPC（Process Decision Program Chart）法は，プロセスの問題となっている事象の中から対になっている要素を決めて，問題を多面的に整理・分析する手法である．

⑧ マトリックス・データ解析法は，日程管理のための効率的なスケジュールを図表にして，プロジェクトの遅延を防ぐために活用される手法である．

⑨ 新QC七つ道具は，言語データを扱うために開発された手法群であり，数値データを一切扱わない．

理解度確認 解答と解説

① **正しくない（×）**．連関図法についての説明である．親和図法は，混沌とした（物事がはっきりしない）問題について，言語データを相互の親和性によってグループ化する手法である． ☞ **3.2 節**

② **正しくない（×）**．親和図法についての説明である．連関図法は，問題点と要因を短文で表現し，因果関係を矢印で結び付ける手法である． ☞ **3.3 節**

③ **正しい（○）**．系統図法は，目的と手段の繋がりを 1 次，2 次などと系統付けて展開し，実行可能な手段に具体化していく手法である． ☞ **3.4 節**

④ **正しくない（×）**．マトリックス・データ解析法の説明である．マトリックス図法とは，問題としている事象の中から「対」になる要素を決め，行と列（マトリックス）に配置することで，問題を多面的に整理・分析する手法である． ☞ **3.5 節**

⑤ **正しくない（×）**．PDPC 法についての説明である．アロー・ダイヤグラム法は，最適な日程計画を立てるための手法である． ☞ **3.6 節**

⑥ **正しくない（×）**．クリティカル・パスは，余裕のない最長の日数経路のことであり，「最短」ではない． ☞ **3.6 節**

⑦ **正しくない（×）**．マトリックス図法の説明である．PDPC 法は，予期せぬトラブルを防止するために，不測の事態を予測し，プロジェクトの進行をできるだけ望ましい方向に導く手法である． ☞ **3.7 節**

⑧ **正しくない（×）**．アロー・ダイヤグラム法の説明である．マトリックス・データ解析法は，大量のデータを 2 つ以上の項目で評価し，全体を見通しよく整理する手法である．新 QC 七つ道具の中でただ 1 つ数値データを扱い，計算を必要とする． ☞ **3.8 節**

⑨ **正しくない（×）**．新 QC 七つ道具のうち，マトリックス・データ解析法だけは数値データを扱う． ☞ **3.8 節**

練習問題

【問 1】 新 QC 七つ道具に関する次の文章において，[　　] 内に入るもっとも適切なものを下欄の選択肢からひとつ選べ．ただし，各選択肢を複数回用いることはない．

① [(1)] とは，言語データをそれぞれの [(2)] や類似性によって統合した図を作成することで，問題の所在やあり様を明確にするものである．概念図は [(3)] である．

② [(4)] とは，複雑に絡み合っている原因と結果の関係について，[(5)] のある要因を矢印で結び付けて相互関係を明確にするものである．概念図は [(6)] である．

③ [(7)] とは，目標や目的を達成するための [(8)] や方法となる事柄を段階的に明確化，具体化していくものである．目的と手段の関係性を示すタイプ，手段や方法の関係性を示す方策展開タイプがある．概念図は [(9)] である．

④ [(10)] とは，縦列に属する要素と横列に属する要素の [(11)] に着目し，解決への方向性や問題の所在を明確にする，あるいは仮説を立てるために使われるものである．概念図は [(12)] である．

⑤ [(13)] とは，プロジェクトを構成している各作業を矢線で結び，[(14)] の関係性を示し，最適なスケジュールを立て，管理していくために使用されるものである．概念図は [(15)] である．

⑥ [(16)] とは，計画実行中における [(17)] を未然防止するために，事前に予測可能な様々な結果をプロセス上に記すことで，プロセスの進行をできるだけ望ましい方向へ導くために使用されるものである．概念図は [(18)] である．

⑦ [(19)] とは，新 QC 七つ道具の中で唯一 [(20)] を扱うものであり，定量化された要素間の関連を整理するために使用されるものである．概念図は [(21)].

【[(1)] [(4)] [(7)] [(10)] [(13)] [(16)] [(19)] の選択肢】

ア．連関図法　イ．アロー・ダイヤグラム法　ウ．PDPC 法　エ．親和図法
オ．マトリックス・データ解析法　カ．マトリックス図法
キ．系統図法　ク．特性要因図

【[(2)] [(5)] [(8)] [(11)] [(14)] [(17)] [(20)] の選択肢】

ア．先行 / 後続処理　イ．親和性　ウ．因果関係　エ．予期せぬトラブル
オ．言語データ　カ．交わる点　キ．手段　ク．数値データ

【 (3) (6) (9) (12) (15) (18) (21) の選択肢】

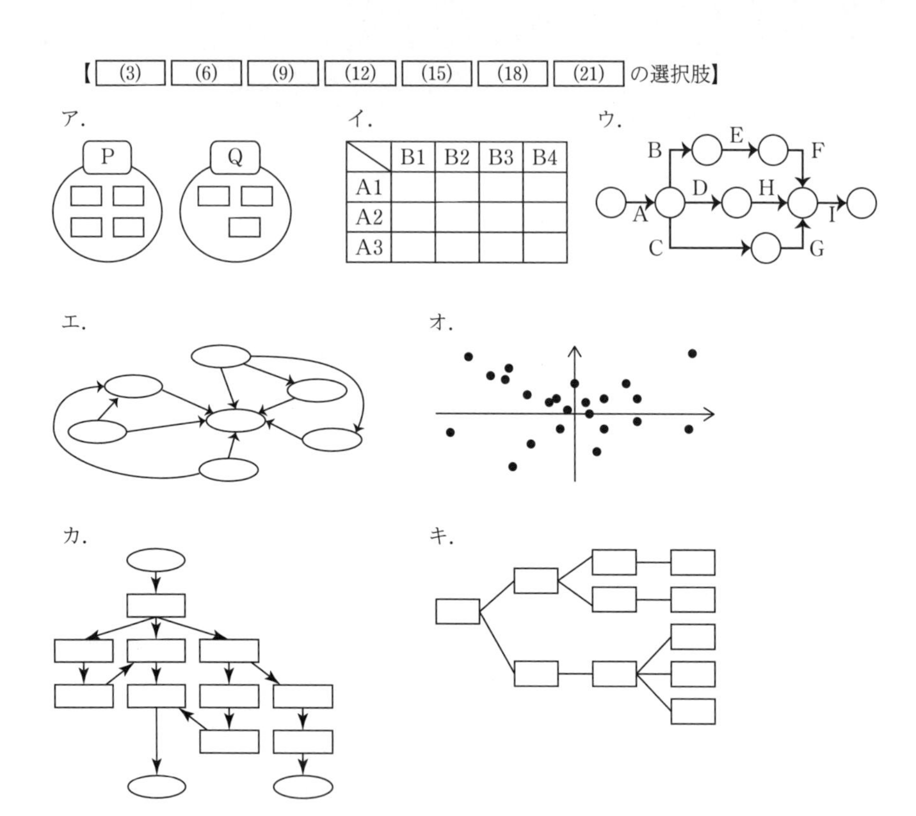

練習 解答と解説

【問 1】 新 QC 七つ道具は，2 級ではほぼ総合問題の形式で出題される．各道具のキーワードを確実に記憶してほしい．

解答 (1) **エ** (2) **イ** (3) **ア** (4) **ア** (5) **ウ** (6) **エ** (7) **キ** (8) **キ**
(9) **キ** (10) **カ** (11) **カ** (12) **イ** (13) **イ** (14) **ア** (15) **ウ**
(16) **ウ** (17) **エ** (18) **カ** (19) **オ** (20) **ク** (21) **オ**

手法名	概念図	キーワード
親和図法 (3.2 節)	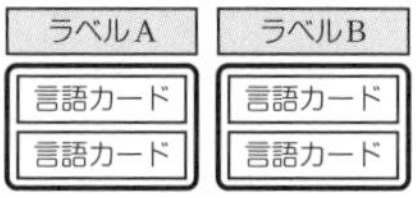 ラベルA / ラベルB 言語カード 言語カード 言語カード 言語カード	グループ化
連関図法 (3.3 節)	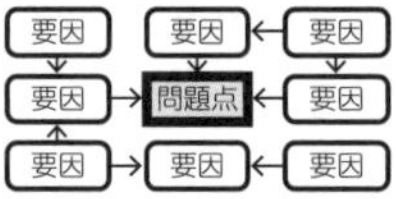 要因 要因 要因 要因 問題点 要因 要因 要因 要因	原因から結果への矢印 因果関係
系統図法 (3.4 節)	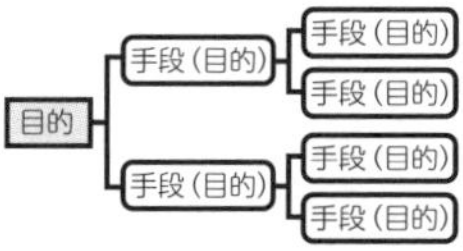 目的 手段(目的) 手段(目的) 手段(目的) 手段(目的) 手段(目的) 手段(目的)	目的と手段の系統化
マトリックス 図法 (3.5 節)	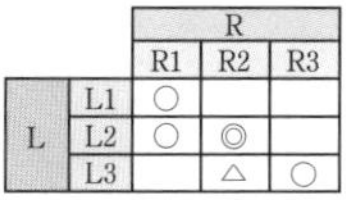 R: R1 R2 R3 L: L1 ○ / L2 ○ ◎ / L3 △ ○	対（縦横）
アロー・ ダイヤグラム法 (3.6 節)	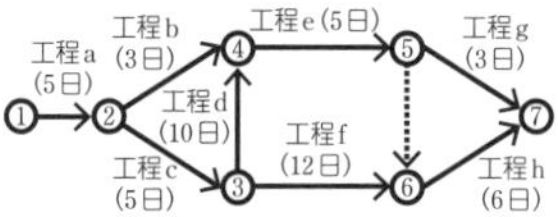 工程a(5日) 工程b(3日) 工程c(5日) 工程d(10日) 工程e(5日) 工程f(12日) 工程g(3日) 工程h(6日) ①②③④⑤⑥⑦	日程計画
PDPC 法 (3.7 節)	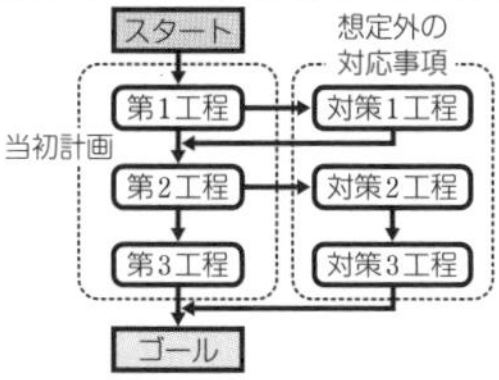 スタート 当初計画：第1工程 第2工程 第3工程 想定外の対応事項：対策1工程 対策2工程 対策3工程 ゴール	トラブル予防
マトリックス・ データ解析法 (3.8 節)	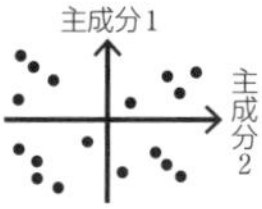 主成分1 主成分2	2 つ以上 数値データ

手法分野

4章 統計的方法の基礎

確率の
計算方法を
学習します

実践分野

QC的なものの見方と考え方 16章

品質とは 17章

管理とは 17章

源流管理 18章

工程管理 19章

日常管理 20章

方針管理 20章

実践分野に
分析・評価を提供

手法分野

収集計画 1章

データ収集 1章, 14章

計算 1章

分析と評価 2-13章, 15章

4.1 確率と分布の基本

出題頻度

1 品質管理に確率が必要な理由

データの収集は，母集団の姿を推測することが目的です（1.1 節 5）．**推測**とは，既知（知っていること）のことをもとにして，未知（知らないこと）のことを考えることをいいます．品質管理の場合，標本は測定できるので既知，母集団は測定が困難なので未知となり，標本から推測せざるを得ないとなります（**図 4.1**）．

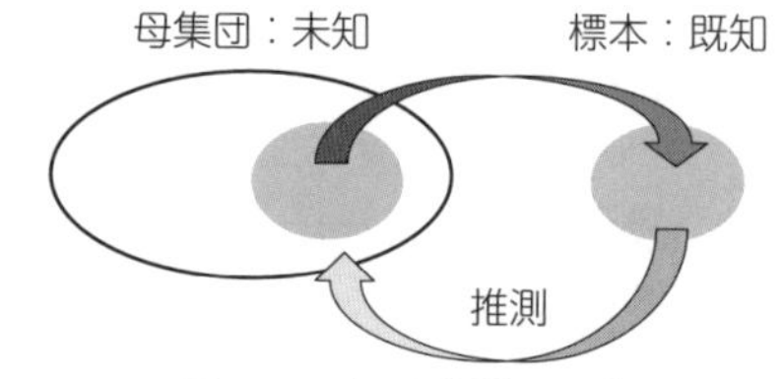

図 4.1　データ収集の目的

品質管理の判断は恣意的にならないようにするために，客観的な事実に基づくことが重要です（1.1 節 2）．推測も，何らかの客観的な規準をもって行う必要があります．そこで品質管理では客観的な規準として“確率”を利用します．

確率とは，ある出来事（事象）が起こり得る可能性の度合いです．「発生確率 0.8（＝80 %）」というように，確率は起こり得る可能性を数値で表すことができます．数値ですから，判断を行う客観的な規準として都合がよいのです．実際の試行は 1 回でも，可能性なので何度も試行したと考えることができます．

2 確率とは

確率は，$\dfrac{\text{事象が起こる場合の数}}{\text{全ての起こり得る場合の数}}$ により求めます．**事象**とは，例えばサイコロ 1 個を 1 回振るという試行の結果です．事象が起こる場合の数とは，1 から 6 の目のどれか 1 つが出ることです．出る目と確率の関係は**表 4.1** のようになります．

表 4.1　確率変数と確率との対応（確率分布）

サイコロの目	1	2	3	4	5	6	合計
確率	$\frac{1}{6}$	$\frac{1}{6}$	$\frac{1}{6}$	$\frac{1}{6}$	$\frac{1}{6}$	$\frac{1}{6}$	1

画期的なことは，実際にサイコロを振る前から 1 の目が出る確率は $\frac{1}{6}$ とわかることです．実際には 6 回振っても 1 の目は 1 回も出ないかもしれませんが，何回も試行すると確率 $\frac{1}{6}$ に近づくことが，理論や経験からわかっています．

3　確率変数と確率分布

確率変数とは確率を伴う変数のことです．表 4.1 のサイコロの目のように，理論や経験から何回も試行したときの確率がわかっている変数です．このとき出るサイコロの目の値は 1 から 6 まで変化し，確率を伴いますので確率変数です．

確率分布とは，値が変化するごとにどんな確率をとるのか，その規則性をまとめたものです．確率変数は確率分布の規則性に従って実現値になると考えることができます．以後では，「確率変数は〇〇分布に従う」という表現が多く出てきますが，この意味です．

確率分布は，表 4.1 のような表，グラフ，関数などで表します．よって表，グラフ，関数計算などにより確率変数の発生確率がわかります．そして，表 4.1 のように確率変数ごとの確率の合計が 1(＝100 %) になることは重要です．

確率分布は，確率変数が計量値の場合と計数値の場合に分類されます．分布はとても多くの形がありますが，確率変数が計量値の場合は正規分布，計数値の場合は二項分布やポアソン分布が代表的です．

4　確率の表し方

確率は，確率を意味する Probability の頭文字をとり **Pr** と表します．サイコロ 1 個を 1 回振ったときに出る目を x とすると，次のように表せます．

1 の目が出る確率：$\Pr(x=1)=\frac{1}{6}$

3 以下の目が出る確率：$\Pr(x=1,\ 2,\ 3)=\frac{1}{2}$

4.2 期待値と分散

1 期待値と分散の意味

期待値とは確率変数の平均のことです．何回も試行した結果，平均的に期待される値なので期待値といわれます．期待を表す Expectation の頭文字をとり $E(x)$（x は確率変数）と表します．

期待値は，「(確率変数 × 確率）の総和」より求めます．表 4.1 の場合，期待値は $E(x)=1\times\frac{1}{6}+2\times\frac{1}{6}+3\times\frac{1}{6}+4\times\frac{1}{6}+5\times\frac{1}{6}+6\times\frac{1}{6}=3.5$ です．

実際には 3.5 というサイコロの目はありません．何回もサイコロを振る場合，出た目を平均すると最終的には 3.5 に近い値が期待されるという意味です．期待値はデータを測定することなく，確率を加味して推測した理論値です．

分散とは期待値からの確率変数の離れ具合のことです．分散が大きいことは，期待値から離れた値が出る可能性が高いことを意味します．分散 $V(x)$ は（偏差の 2 乗 × 確率）の総和より求めます．偏差とは，確率変数 − 期待値のことです．

期待値も分散も何回も試行したと仮定する場合の値なので，母数に近づきます．よって，期待値 ＝ 母平均，分散 ＝ 母分散と考えることができます．

2 期待値と分散の性質

期待値と分散については，確率変数の四則計算による公式があります．割り算（$\div a$）は掛け算（$\times\frac{1}{a}$）で考えます．代表的な公式を**表 4.2** に示します．

以下は，表 4.2 の補足と補充です．

- 確率変数に定数 a を掛ける場合：期待値は「a 倍」，分散は「a^2 倍」です．分散はそもそも元の単位の 2 乗値なので倍率も 2 乗となります．
- 確率変数に定数 b を加える場合：期待値は「b 増加」，分散は「変化なし」．
- 定数を加算すると全体は等しく底上げされるため，期待値は影響されます．一方，等しく底上げするだけなので，分散（ばらつき）は影響を受けません．

表 4.2　期待値と分散の性質（x と y は確率変数．a と b は定数）

確率変数 x に～する	期待値	分散
①　定数 a を掛け算	$E(ax)=aE(x)$	$V(ax)=a^2V(x)$
②　定数 b を足し算	$E(x+b)=E(x)+b$	$V(x+b)=V(x)$
③　確率変数 y を足し算（引き算）	$E(x+y)=E(x)+E(y)$ $E(x-y)=E(x)-E(y)$	x と y が互いに独立ならば， $V(x+y)=V(x)+V(y)$ $V(x-y)=V(x)+V(y)$
④　その他	x と y が互いに独立ならば， $E(xy)=E(x)E(y)$	$V(x)=E(x^2)-E(x)^2$

- 「x と y が互いに**独立**」とは x と y に関連性がないことです．例えば，くじ2本で1本アタリの場合，1本目がアタリのとき，くじを戻さない限り2本目はハズレが確定．2本目は1本目の影響を受けるので独立ではありません．
- 分散の③は「**分散の加法性**」といいます．分散は足し算ができる，分散の差を見るときも足し算になるという性質です．加法性が成り立つのは分散であって，標準偏差ではありません．標準偏差は分散に直して計算します．
- 表にはない補充です．2つの確率変数 x と y の関連性を図る尺度として**共分散**（略号 Cov，13.1節 6）があり，次の公式が出題されます．
  x と y が互いに独立ではない場合は，$V(x+y)=V(x)+V(y)+2\,Cov(x,\ y)$，$V(x-y)=V(x)+V(y)-2\,Cov(x,\ y)$ です．ただし x と y が互いに独立の場合には関連性がないので $Cov(x,\ y)=0$ で，分散の③のようになります．

例題 4.1

部品 A, B を**図 4.2** のように組み合わせた製品を考える．長さ x，y の期待値と標準偏差が次のとき，長さ $x+y$ の期待値と標準偏差を求めよ．

x：期待値 100 mm，標準偏差 3 mm

y：期待値 150 mm，標準偏差 4 mm

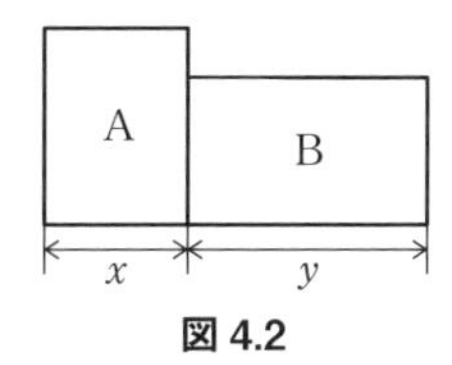

図 4.2

解答

- 期待値：$E(x+y)=E(x)+E(y)$ より，
  $E(x+y)=100\text{ mm}+150\text{ mm}=\mathbf{250\text{ mm}}$
- 標準偏差：標準偏差は加法計算ができないので，x と y の標準偏差を分散に直し計算します．$V(x)=3^2=9$，$V(y)=4^2=16$ です．$V(x+y)=V(x)+V(y)$ なので，$V(x+y)=9+16=25$．よって，
  標準偏差 $=\sqrt{25}=\mathbf{5\text{ mm}}$

4章　統計的方法の基礎

4.3 正規分布

1 計量値分布における確率

4.2 節では確率と分布の基本を学習しましたが，計数値だけの事例でした．本項では計量値を解説します．以下では，確率分布を「分布」と略します．

計数値の分布は**図 4.3** のとおり，確率変数（横軸）と確率（縦軸）の対応が明確でした．しかし計量値は，例えばネジの長さ 9.99… mm というように無限桁の数値なので，計数値と同じようには扱えません．

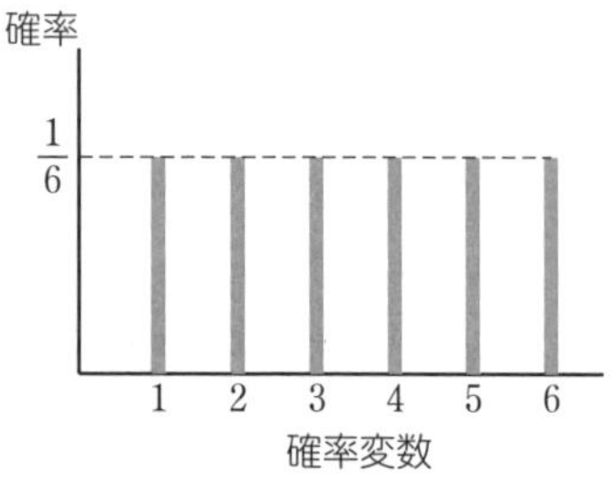

図 4.3　計数値の分布例

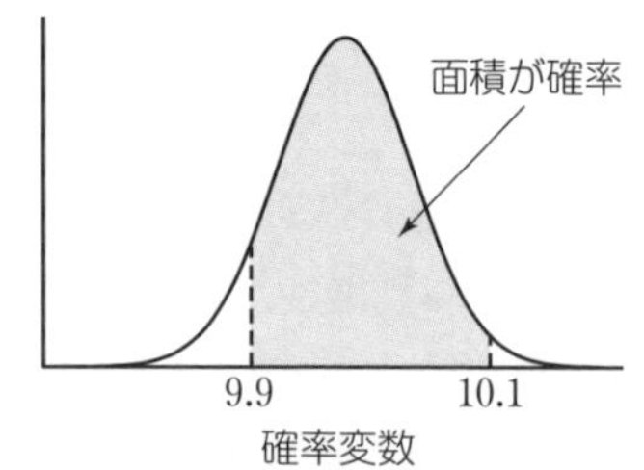

図 4.4　計量値の分布例

そこで計量値では，例えば 9.9 mm から 10.1 mm のように確率変数（グラフの横軸）を一定の区間で区切り，その区間内での発生確率を考えます．この場合の確率は縦軸ではなく，グラフの横軸（確率変数の区間）とグラフ（曲線）との間の面積により求めます．面積の合計が 1 となることは計数値の場合と同じです．曲線下の面積は積分により求めることができますが，試験では積分計算の出題はありません．計量値の分布を代表する正規分布の確率は，正規分布表を活用して求めます（4.3 節）．

2 正規分布の特徴

正規分布とは，「よくある通常の確率分布」という意味です．自然・社会に見られる事象の多くが正規分布に従うことが知られており，このことがまさに「正規」といわれる由縁です．正規分布を表す曲線は**図 4.5** のように描かれ，その形状から，ベルカーブともいいます．また，正規分布は計量値データの分布を表し，次のような性質をもちます．

- 平均値を中心に左右対称である（したがって，平均値＝中央値）．
- 平均値で最大となり，平均値から遠ざかると減少する（したがって，平均値＝最頻値）．
- ばらつきが小さいほど曲線の山は高くなり中心に集中し（図 4.5 の曲線①），ばらつきが大きいほど曲線の山は低くなり左右に広がる（図 4.5 の曲線②）．
- 工程が管理された安定状態にある場合，製品の特性値は正規分布に従う．正規分布にならない場合，何らかの異常原因が関係している可能性がある．

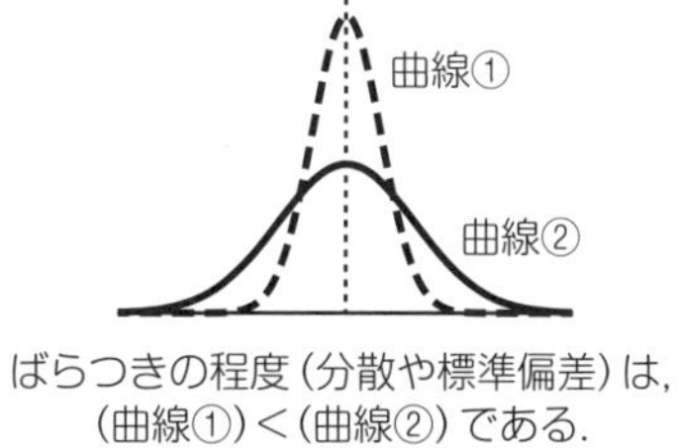

ばらつきの程度（分散や標準偏差）は，（曲線①）＜（曲線②）である．

図 4.5　正規分布

3　正規分布の期待値と分散

正規分布の形は，母平均（μ：ミュー）と母標準偏差（σ：シグマ）により決まります．そこで正規分布は，記号 $N(\mu, \sigma^2)$ で表します．「N」は正規分布（Normal distribution）の略号です．

例えば，母平均 20，母標準偏差 2 の正規分布は，$N(20, 2^2)$ と表します．記号を標準偏差ではなく母分散 σ^2 で表すのは，分散の計算には加法性が使えて便利だからといわれます（4.2 節 2）．ちなみに母標準偏差＝$\sqrt{母分散}$ ですから，(母標準偏差)^2＝母分散です．標準偏差は，**図 4.6** の変曲点の箇所です．

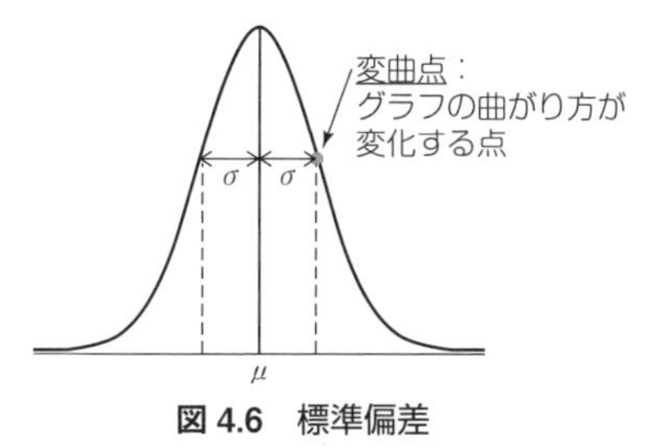

図 4.6　標準偏差

> 母集団が正規分布である場合，確率変数 x の期待値と分散は次のとおりです．
>
> 確率変数 x の期待値：$E(x)=\mu$
>
> 確率変数 x の分散　：$V(x)=\sigma^2$

4 正規分布のグラフと面積

本節 1 で少し触れましたが，正規分布のグラフが表す面積は確率を表します．具体的には，**図 4.7** のように，「a〜b の区間と正規分布のグラフが囲む部分の面積は，a〜b が発生する確率」です．

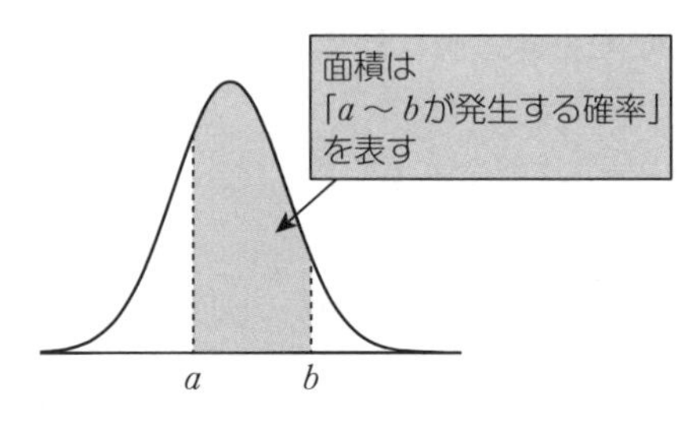

図 4.7　正規分布のグラフの面積と確率

正規分布のグラフに関する次の性質は，非常に重要です．

- グラフが囲む面積全体が表す確率は 1（100 %）である（**図 4.8**，本節 1）．
- 正規分布は中央（平均の位置）に関して左右対称なので，中央から右半分，中央から左半分の面積が表す確率は，ともに 0.50（50 %）である（**図 4.9**）．

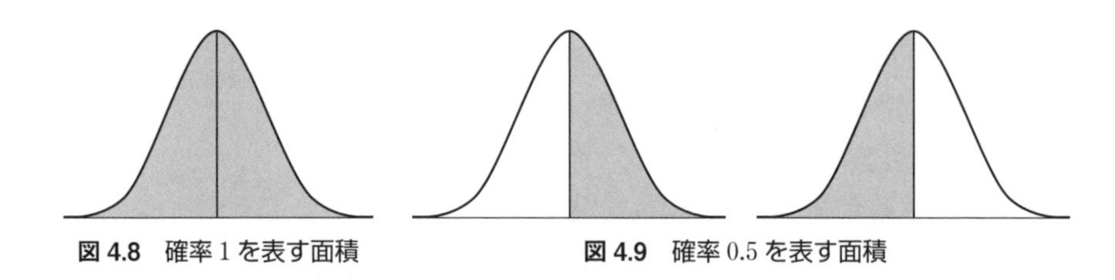

図 4.8　確率 1 を表す面積　　**図 4.9　確率 0.5 を表す面積**

- 中央（平均の位置）に関して左右対称な部分の面積（確率）は等しい（**図 4.10**）．

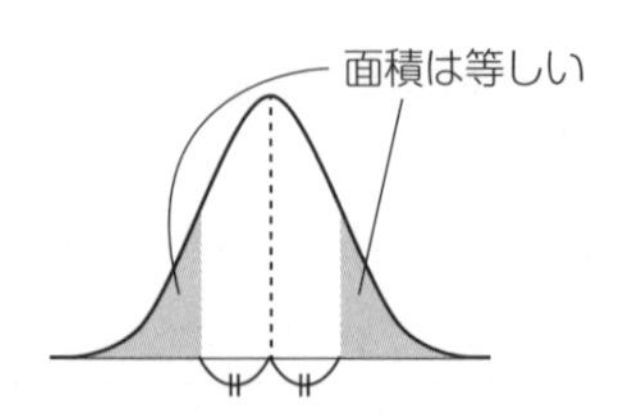

図 4.10　中央（平均の位置）に関して左右対称な部分の面積

5 正規分布と確率

正規分布 $N(\mu, \sigma^2)$ については，次の事実が知られています（**図 4.11**）．

- $\mu \pm 1\sigma$ の範囲には，全体の約 68.3 % が含まれる（$\mu \pm 1\sigma$ の範囲に含まれる確率は，約 68.3 % である）
- $\mu \pm 2\sigma$ の範囲には，全体の約 95.4 % が含まれる（$\mu \pm 2\sigma$ の範囲に含まれる確率は，約 95.4 % である）
- $\mu \pm 3\sigma$ の範囲には，全体の約 99.7 % が含まれる（$\mu \pm 3\sigma$ の範囲に含まれる確率は，約 99.7 % である）

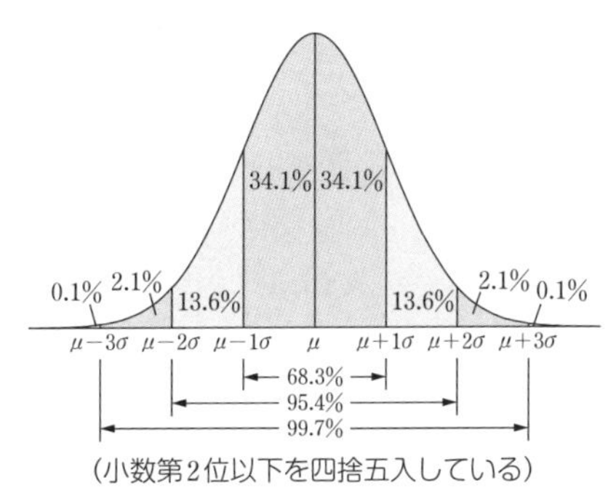

（小数第2位以下を四捨五入している）

図 4.11　正規分布と確率

例題 4.2

ある試験を受けた 1,000 人の得点は正規分布に従い，平均 50 点，標準偏差 10 点であった．平均 ±20 点の範囲には何人が含まれるか．

解答

平均 μ が 50 点，標準偏差 σ が 10 点ですから，平均 ±20 点の「20 点」は 2σ を意味します．正規分布では，$\mu \pm 2\sigma$ には全体の約 95.4 % が含まれますから，平均 ±20 点，すなわち 30 点から 70 点の範囲には

全体 1,000 人 ×0.954＝**954 人**

が含まれると推定できます．

6 標準正規分布とは

標準正規分布とは，平均 0，標準偏差 1 となる特別な正規分布のことです（**図 4.12**）．記号で書く場合は，$\boldsymbol{N(0, 1^2)}$ です．

標準正規分布を利用するメリットは，さまざまな正規分布を標準正規分布に変換することにより，1つの正規分布表を用いて確率が簡単に求められることです．この“変換する”ことを，正規分布の**標準化**（または**規準化**）といいます．

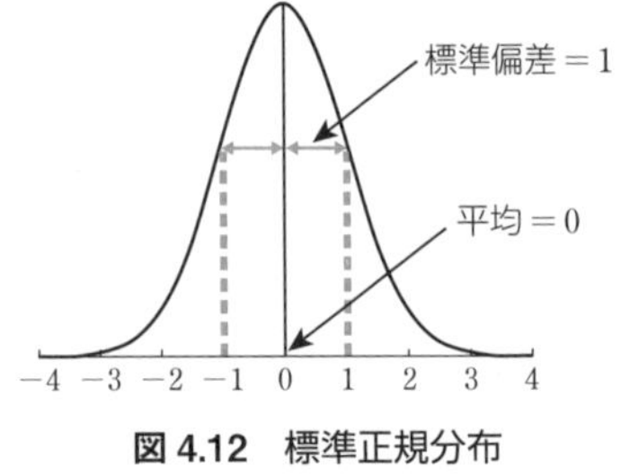

図 4.12　標準正規分布

7　正規分布の確率計算の手順

本節 6 で述べた“さまざまな正規分布を標準正規分布に変換することにより，1つの正規分布表を用いて確率が簡単に求められる”手順は，次のとおりです．

手順❶　図を描く

正規分布の曲線と，問題で考える範囲を図示します．

手順❷　標準化する

正規分布 $N(\mu, \sigma^2)$ を標準正規分布 $N(0, 1^2)$ に変換することです．

測定値を x，標準化した値を K_P とすると

$$\text{標準化：}\quad K_P = \frac{x-\mu}{\sigma}\left(=\frac{\text{測定値}-\text{平均}}{\text{標準偏差}}\right)$$

測定値から平均値を引いて，標準偏差で割るのが標準化の計算式です．なお，標準化した値は単位をもちません．

手順❸　確率を求める

標準化した値 K_P を「正規分布表」に当てはめて，数値を読み取ります．

ここで読み取った数値が，測定値 x 以上の確率になります．

8　正規分布表の読み方

正規分布は標準化の計算を行い，計算結果を正規分布表に当てはめると，確率が求められます．試験問題の巻末には正規分布表が掲載されます．例題を通して正規分布表の読み方を身につけましょう．

例題 4.3

ある試験の結果が，平均 20 点，標準偏差 2.0 点の正規分布に従う場合，得点が 24 点以上である確率を求めよ．

解答

本節 7 で解説した手順に従って考えていきます．

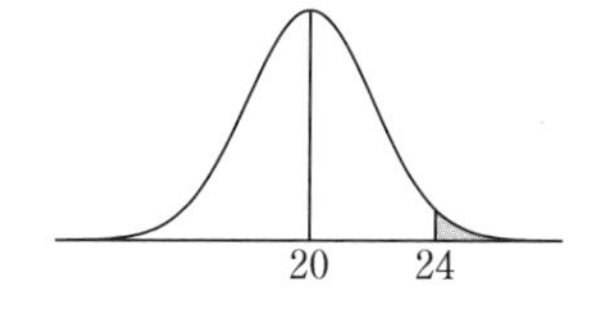

手順❶ 図を描く

ここでは「24 点以上」を考えるので，この部分を右図のようにアミや斜線等で図示します．

手順❷ 標準化する

標準化により，本問の正規分布 $N(20,\ 2.0^2)$ を，標準正規分布 $N(0,\ 1^2)$ に変換します．$\mu = 20$ 点，$\sigma = 2.0$ 点ですから，$x = 24$ に対応する K_P は

$$K_P = \frac{x - \mu}{\sigma} = \frac{24 - 20}{2.0} = 2.00$$

手順❸ 確率を求める

巻末の付表 1 の正規分布表を用います．正規分布表は，標準化してはじめて使えることに注意してください．

正規分布表は，次の順に読み取りを行います（**図 4.13**）．

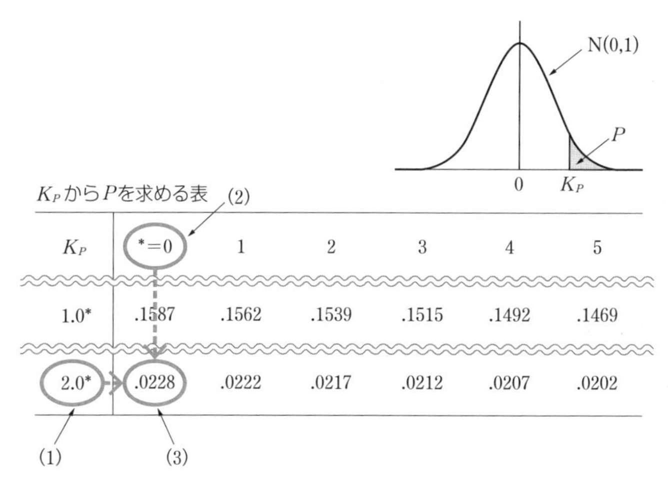

図 4.13　正規分布表の読み取り方

(1) 手順❷ で得た K_P の小数第1位までの数値を，正規分布表の左見出しにある数値から選びます．

→ここでは，「2.0*」を選びます．

(2) 手順❷ で得た K_P の小数第2位の数値を，正規分布表の上見出しにある数値から選びます．

→ここでは，「*＝0」を選びます．

(3) (1)と(2)で選んだ数値の交差する位置にある数値を読みます．この数値が，K_P から右の部分の面積に対応する確率 P です（正規分布表の右上の図を参照してください）．

→ここでは，$P = 0.0228$（2.28 %）です．

以上より，24点以上となる確率は，**0.0228（2.28 %）**とわかります．

9 正規分布の確率計算

正規分布の確率計算は，さまざまなパターンで問われます．ここでは基本的なパターンを例題として取りあげます．本節 7 で解説した手順に従い，巻末の付表1の正規分布表を参照しながら，例題を通して計算方法を身につけましょう．

例題 4.4

平均20点，標準偏差2.0点の正規分布に従う得点結果において，18点以下である確率を求めよ．

解答

手順❶ 図を描く

ここでは「18点以下」を考えるので，この部分を右図のようにアミや斜線等で図示します．

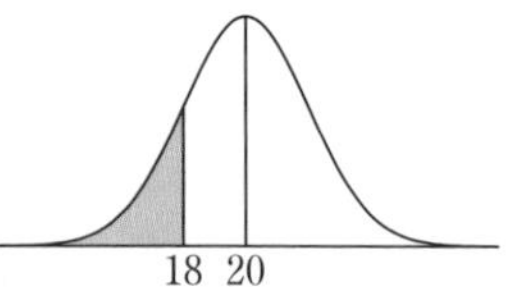

手順❷ 標準化する

$\mu = 20$ 点，$\sigma = 2.0$ 点ですから，$x = 18$ に対応する K_P は

$$K_P = \frac{x-\mu}{\sigma} = \frac{18-20}{2.0} = -1.00$$

手順❸ 確率を求める

マイナスの数値は正規分布表にないため，そのままでは先に進むことができません．そこで，同じ面積の部分を見つけます．

正規分布は左右対称なので（本節 4 ），「-1.00 以下」の確率（**図 4.14** の A の面積）は，「1.00 以上」の確率（図 4.14 の B の面積）と同じです．正規分布表から $K_P=1.00$ に対応する数値を読み取ると，「0.1587」とわかりますから，$K_P \geq 1.00$ の確率（図 4.14 の B の面積）は 0.1587 です．したがって，$K_P \leq -1.00$ の確率（図 4.14 の A の面積）も 0.1587 です．

以上より，18 点以下となる確率は，0.1587（15.87 %）とわかります．

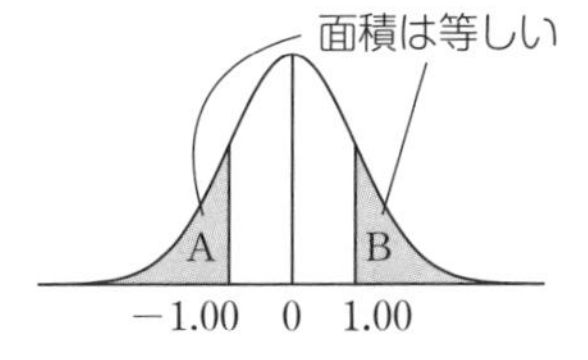

図 4.14　左右対称な部分の面積

例題 4.5

平均 20 点，標準偏差 2.0 点の正規分布に従う得点結果において，18 点以上である確率を求めよ．

解答

手順❶　図を描く

ここでは「18 点以上」を考えるので，この部分を右図のようにアミや斜線等で図示します．

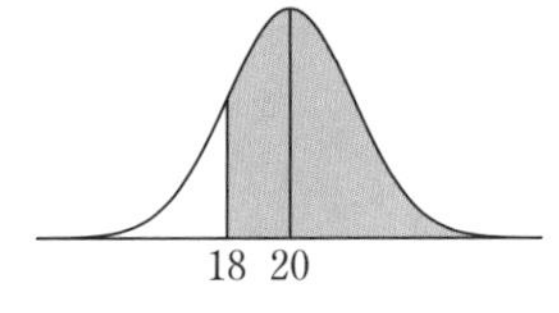

手順❷　標準化する

$x=18$ に対応する K_P は，$K_P=-1.00$ です（例題 4.4）．

手順❸　確率を求める

正規分布表では，$K_P \geq 0$ つまり中央（平均）から右の部分の面積（確率）しか読み取ることができないため，そのままでは先に進むことができません．そこで，「グラフが囲む面積全体が表す確率は 1」（本節 4 ）に着目します．すると，**図 4.15** において

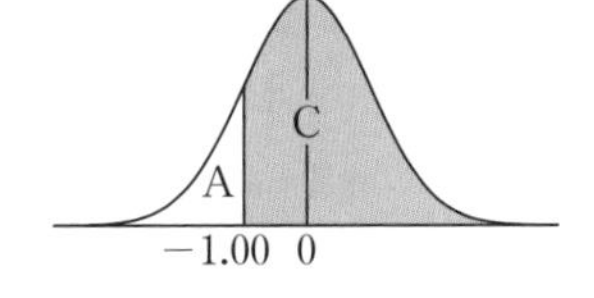

図 4.15

$$\text{Aの面積}+\text{Cの面積}=1$$

つまり

$$\text{Cの面積}=1-\text{Aの面積}$$

がわかります．ここから確率を求めることができます．

A の面積は，例題 4.4 と同様に 0.1587 ですから，C の面積は

$$1-0.1587=0.8413$$

以上より，18 点以上である確率は，0.8413（84.13 %）とわかります．

例題 4.6

平均 20 点，標準偏差 2.0 点の正規分布に従う得点結果において，18 点以上かつ 24 点以下となる確率を求めよ．

解答

手順❶ 図を描く

ここでは「18 点以上かつ 24 点以下」を考えるので，この部分を右図のようにアミや斜線等で図示します．

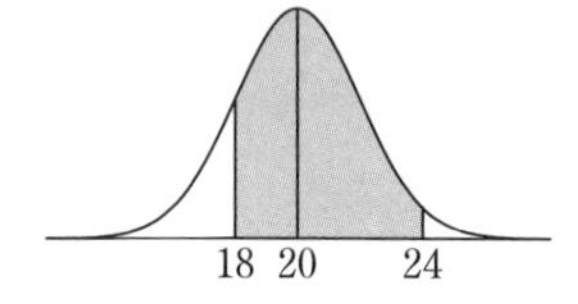

手順❷ 標準化する

$x=18$ に対応する K_P は，$K_P=-1.00$ です（例題 4.4）．また，$x=24$ に対応する K_P は，$K_P=2.00$ です（例題 4.3）．

手順❸ 確率を求める

ここでも，「グラフが囲む面積全体が表す確率は 1」（本節 4）に着目します．すると，**図 4.16** において

$$\text{A の面積}+\text{D の面積}+\text{E の面積}=1$$

つまり

$$\text{D の面積}=1-\text{A の面積}-\text{E の面積}$$

がわかります．ここから確率を求めることができます．

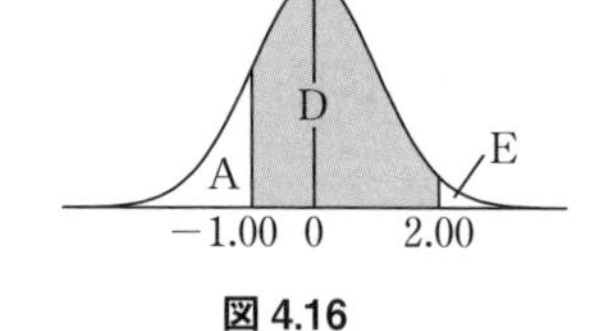

図 4.16

A の面積（18 点以下の確率）は，0.1587（例題 4.4）

E の面積（24 点以上の確率）は，0.0228（例題 4.3）

したがって，D の面積は

$$1-0.1587-0.0228=0.8185$$

以上より，18 点以上かつ 24 点以下となる確率は，**0.8185（81.85 %）**とわかります．

10 P から K_P を求める方法

P（確率）から K_P（標準化した値）を求める場合には，正規分布表の「P から K_P を求める表」を利用します．例えば，確率 0.01（1 %）に対応する K_P は 2.326 とわかります．

例題 4.7

ある試験の結果が正規分布 $N(20,\ 2.0^2)$ に従う場合，得点が 24 点以上である確率は 2.28 % であることが判明した．母平均 20 点を維持し，得点が 24 点以上となる確率を 5.0 % にするには，母標準偏差を何点にすべきか．

解答

手順❶ 図を描く

これまでの図と異なり**図 4.17** では，確率 P の箇所に $P=0.05$ を入れます．

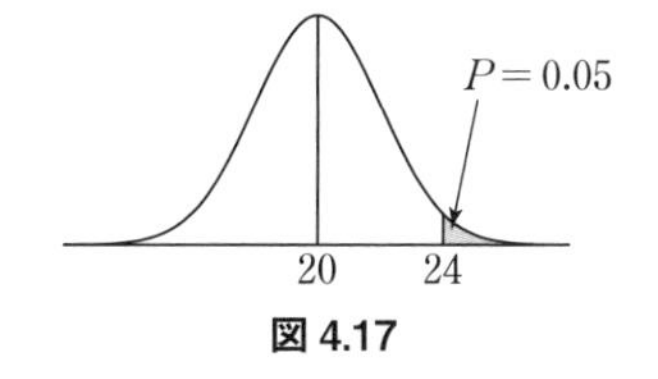

図 4.17

手順❷ 標準化する

確率 5.0 % に対応するK_Pを求めます．巻末の付表 2 の正規分布表（Ⅱ）の「P から K_P を求める表」より，**表 4.3** のように，$P=0.05$ に対応する $K_P=1.645$ と求めることができます．

表 4.3　正規分布表（Ⅱ）P から K_P を求める表

P	.001	.005	.01	.025	.05	.1	.2	.3	.4
K_P	3.090	2.576	2.326	1.960	1.645	1.282	.842	.524	.253

手順❸ 標準偏差を求める

標準化の計算式に，$K_P=1.645$，$x=24$，$\mu=20$ を代入します．

$$K_P=\frac{x-\mu}{\sigma}$$

$$1.645=\frac{24-20}{\sigma}$$

$$1.645\sigma=24-20$$

$$\sigma=2.431$$

以上より，母標準偏差は **2.431 点**にすべきとわかります．

4.4 二項分布

1 二項分布とは

データが計数値である場合の代表的な分布には，二項分布とポアソン分布があります．二項分布とは，成功か失敗か，適合品か不適合品かのように，試行の結果が二通りしか起こらないときの分布です．よって，母不適合品率をPとするとき，適合品が発生する確率は$1-P$となります．この母集団からn個を抽出したときの不適合品数（x個）の分布が**二項分布**です．標本の不適合品数は二項分布に従いますので，分布から不適合品数の発生確率がわかります．

2 二項分布の期待値と分散

二項分布の形は，試行回数nと母比率Pだけで決まりますので，二項分布は，$\boldsymbol{B(n, P)}$という記号で表します．「B」は二項分布（Binomial distribution）の略号です．例えば，母不適合品率20％の工程からサンプル10個を抜き取った場合は，$B(10, 0.2)$と表します．

> 母集団が二項分布の場合，確率変数xの期待値と分散は次のとおりです．
>
> 確率変数xの期待値：$E(x)=nP$
>
> 確率変数xの分散　：$V(x)=nP(1-P)$

$B(10, 0.2)$の場合，期待値は$10\times0.2=2$，分散は$10\times0.2\times(1-0.2)=1.6$です．期待値と分散は，正規分布$N$(期待値，分散)近似の場合に活用します（4.6節 4）．

3 二項分布の確率計算とグラフ

不適合品数x個が発生する確率Prを求めるのが，二項分布の確率計算です．

例題 4.8

母不適合品率 P が 10 % の製品について 5 個の標本を抜き取る場合，その中に不適合品が 1 個だけ含まれる確率を求めよ．

解答

手順❶ 二項分布の確率計算を行う

> 二項分布の確率計算は，下式により行います．
> $$\Pr(x=r)={}_n\mathrm{C}_r\times P^r\times(1-P)^{n-r} \qquad (r=0,\ 1,\ \cdots,\ n)$$

確率計算の式を補足します．

- ${}_n\mathrm{C}_r$ は n 個中 r 個の不適合品が発生する組合せ数で，次式で求めます．

$$ {}_n\mathrm{C}_r=\frac{n!}{r!(n-r)!} $$

$n!$ は n の**階乗**（かいじょう）で，n から 1 までの整数を全て掛け算することです．例えば，$3!=3\times2\times1$ です．ただし，0 の階乗 $0!=1$ とします．

- P^r はこの場合，r 個の不適合品数が発生する確率です（ただし $P^0=1$）．
- $(1-P)^{n-r}$ はこの場合，$n-r$ 個の適合品数が発生する確率です．

手順❷ 公式に当てはめ発生確率を計算する

試行回数 $n=5$，不適合品数 $x=1$，母不適合品率 $P=0.1$ ですから

$$\Pr(x=1)={}_5\mathrm{C}_1\times0.1^1\times(1-0.1)^{5-1}={}_5\mathrm{C}_1\times0.1\times0.9^4$$

ここで，${}_5\mathrm{C}_1=\dfrac{5!}{1!(5-1)!}=\dfrac{5!}{1!\times4!}=\dfrac{5\times4\times3\times2\times1}{1\times(4\times3\times2\times1)}=5$ です．

結果，$\Pr(x=1)=5\times0.1\times0.6561=$ **0.328（32.8 %）** となります．

例題 4.8，$B(5,\ 0.1)$ のグラフを**図 4.18** に示します．二項分布の確率はグラフからも読めるようにしましょう．グラフから読むと，不適合品数が 0 となる確率は 0.590 です．不適合品数が 1 個以下の発生確率は，$0.590+0.328=0.918$ です．

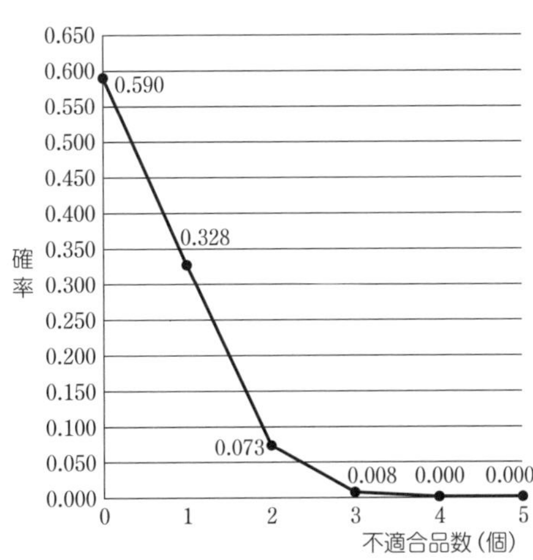

図 4.18 二項分布のグラフ（$n=5$，$P=0.1$）

4.5 ポアソン分布

1 ポアソン分布とは

ポアソン分布は**図 4.19** のように，二項分布 $B(n, P)$ における試行回数 n を∞（無限大）に近づけ，母比率 P を 0 に近づける極端な場合の分布です．例えば，1 日当たり日本を走る自動車数 n は極めて多く，死亡事故 x も発生していますが，発生確率 P にすると極めて小さくなります．

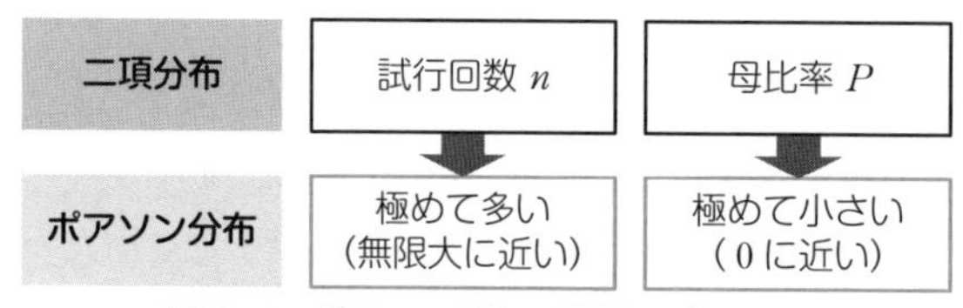

図 4.19　ポアソン分布の理解のポイント

ポアソン分布は試行回数が無限大に近いので，ポアソン分布に従う不適合数 x は，全ての試行回数でなく一定の単位当たりで考えます．よって何を 1 単位とするかは重要です．例えば上記の自動車の死亡事故の例では，1 単位を 1 日と考えます．そして，単位当たりの母不適合数は，記号 λ（ラムダ）と表します．

不適合数とは欠点数ともいい，製品でいえば規格や法令等の要求から外れている箇所（キズ・異物・汚れ等）の数です．他方，不適合品数は欠点を 1 つ以上含む製品の数というように理解します．

2 ポアソン分布の期待値と分散

ポアソン分布の形は，単位当たりの母不適合数 λ だけで決まります．そこで，ポアソン分布は $\mathrm{Po}(\lambda)$ と表します．Po は Poisson の略号です．

二項分布の期待値は nP，分散は $nP(1-P)$ でした．これをポアソン分布についてみると，ポアソン分布は n を無限大に近づけ，P を 0 に近づける極端な場合の分布ですから，試行回数が増減しても不明でも，P は 0 に近いので二項分布の期待値 nP はさほど影響を受けず，$nP=\lambda$，$1-P=1$ となります．よって母集団がポアソン分布の場合の期待値と分散は，両方とも λ です．
確率変数 x の期待値：$E(x)=\lambda$
確率変数 x の分散　：$V(x)=\lambda$

なお，図4.19の関係により，二項分布 $B(n, P)$ で $P\leq 0.10$ の場合，x の分布は近似的にポアソン分布 $\mathrm{Po}(nP=\lambda)$ で扱えます．二項分布であっても，ポアソン分布の平易な計算式により確率を計算できるのです．

3 ポアソン分布の確率計算

例題 4.9

A工場では鋼板を生産している．鉄板 $1\,\mathrm{m}^2$ 当たりに生じるキズの数はポアソン分布に従う．鉄板 $1\,\mathrm{m}^2$ 当たりのキズの数が平均3個である場合，$1\,\mathrm{m}^2$ 当たりのキズの数が0個となる確率を求めよ．ただし，$e^{-3}=0.0498$ とする．

解答

手順❶ ポアソン分布の確率計算には，次の公式を使用する

単位当たりの母不適合数（欠点数）が λ 個である場合，単位当たりの不適合数が k 個となる確率は，下式により求めます．

$$\Pr(x=k)=\frac{\lambda^k}{k!}e^{-\lambda}$$

確率計算の式を補足します．

- e は自然対数の底（またはネイピア数）といわれ，おおよそ2.718です．試験では必要な場合，問題文に数値が明記されるので覚える必要はありません．
- $e^{-\lambda}=\dfrac{1}{e^{\lambda}}$ です．例えば，$e^{-2}=\dfrac{1}{e^2}$ です．

手順❷ 公式に当てはめ発生確率を計算する

単位当たりの母不適合数が $\lambda=3$ 個の場合，$x=0$ 個となる確率を求めるので，

$$\Pr(x=0)=\frac{3^0}{0!}e^{-3}=\frac{1}{1}\times 0.0498=0.0498$$

以上より，$\Pr(x=0)=$**0.0498（4.98 %）**となります．

4.6 標本平均の分布

出題頻度

1 標本平均の分布とは

標本平均とはデータの平均値のことであり，データを計算した値，すなわち統計量です．実際には1回の標本抽出であっても，推測ならば大きさ n の標本を何回も抽出することを考えられます．すると標本平均は，標本を取り直すたびに値が変わりますので確率変数であり，標本平均の分布を考えることができます．

2 標本平均の分布：母集団が正規分布である場合

母集団が正規分布である場合，母集団から標本を何回も抽出したとき，母集団の分布と標本平均の分布は，**図 4.20** のような関係となります．$N(\mu, \sigma^2)$ は母集団の分布で，$N\left(\mu, \dfrac{\sigma^2}{n}\right)$ は標本平均の分布です．

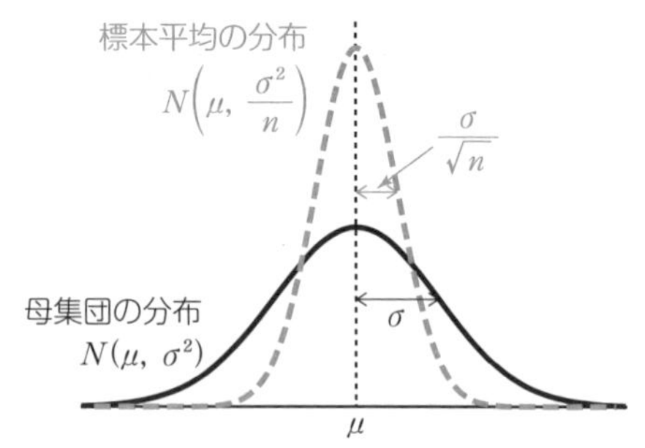

図 4.20　標本平均の分布（μ：母平均，σ：母標準偏差，n：標本の大きさ）

図 4.20 のように，母集団の分布に対する標本平均の分布は，中心が同じで，ばらつきが小さくなります．n を大きくすると，標本平均の分布のばらつきはさらに小さくなり，標本平均は母平均に近い値しかとらなくなります．よって，標本平均の期待値と分散は次のとおりです．

> 標本平均 $\overline{x}$ の期待値：$E(\overline{x})=\mu$
>
> 標本平均 $\overline{x}$ の分散　：$V(\overline{x})=\dfrac{\sigma^2}{n}$

この期待値と分散より，標本平均は次の性質をもつとわかります．

標本平均の性質：確率変数 x_1，x_2，…，x_n が互いに独立に $N(\mu, \sigma^2)$ に従う場合，標本平均 $\overline{x}$ は正規分布 $N\left(\mu, \dfrac{\sigma^2}{n}\right)$ に従う．

確率変数 x_1，x_2，…，x_n が互いに独立に $N(\mu, \sigma^2)$ に従う場合とは，母集団が正規分布である場合において，大きさ n 個の標本を無作為抽出することです．

3 標本平均の標準化

母集団が正規分布である場合，標本平均の分布も正規分布に従います．よって，$N(0, 1^2)$ の標準正規分布に変換すると，正規分布表から発生確率を求めることができます．標本平均の標準化式は，個々の値の標準化式と同じ型で求めます．

- 個々の値 x の標準化式（4.3 節 7）

$$K_P = \frac{x-\mu}{\sigma}\left(=\frac{\text{測定値}-\text{母平均}}{\text{母標準偏差}}\right)$$

標本平均は，正規分布 $N\left(\text{母平均}\mu, \text{母分散}\dfrac{\sigma^2}{n}\right)$ に従います．この値を上式に当てはめると下式になります．母標準偏差 $=\sqrt{\text{母分散}}$ です．

- 標本平均 $\overline{x}$ の標準化式

$$K_P = \frac{\overline{x}-\mu}{\sqrt{\dfrac{\sigma^2}{n}}}\left(=\frac{\text{標本平均}-\text{母平均}}{\text{母標準偏差}}\right)$$

は，標準正規分布 $N(0, 1^2)$ に従うとなります．

4 標本平均の分布：母集団が正規分布でない場合

母集団が正規分布でない場合または分布が不明な場合の標本平均の分布については，大数（たいすう）の法則と中心極限定理が重要です．

大数の法則：確率変数 x_1，x_2，…，x_n が互いに独立であるとき，標本の大きさ n が大きい場合には，母集団がどんな分布であっても，標本平均は母平均に近づく．

大数の法則によれば，n が大きい場合には，母集団がどんな分布であっても，標本平均により母平均を推測できますので，とても便利です．n が大きい場合とは，計量値であれば $n \geq 30$，二項分布であれば $nP \geq 5$ かつ $n(1-P) \geq 5$ といわれます．

中心極限定理：確率変数 x_1，x_2，…，x_n が互いに独立であるとき，標本の大きさ n が大きい場合には，母集団が正規分布でなくても，標本平均 $\overline{x}$ は近似的に正規分布 $N\left(\mu, \dfrac{\sigma^2}{n}\right)$ に従う．

「近似的に正規分布に従う」とは，正規分布として扱ってよいという意味です．母集団の分布の形が不明な場合でも，n が大きい場合には中心極限定理が使えます．例えば母集団が二項分布であっても，n が大きい場合には，標本平均が従う分布は正規分布と扱えます．二項分布の面倒な計算をしなくても，正規分布表から確率を求めることができますので，とても便利です．

標本平均が混乱してきたかと思いますので，**表 4.4** でポイントをまとめます．

表 4.4　標本平均のまとめ

母集団	定理	標本平均	標準化
正規分布の場合	標本平均の性質	標本の大きさ n にかかわらず，正規分布 $N\left(\mu, \dfrac{\sigma^2}{n}\right)$ に従う．	$\dfrac{\overline{x}-\mu}{\sqrt{\dfrac{\sigma^2}{n}}}$ は，$N(0, 1^2)$ に従う
正規分布ではない，または不明の場合	中心極限定理	標本の大きさ n が大きい場合，近似的に正規分布 $N\left(\mu, \dfrac{\sigma^2}{n}\right)$ に従う．	

例題 4.10

正規分布 $N(\mu, \sigma^2)$ に従う母集団がある．その母平均 μ は 12.0，母分散 σ^2 は 0.5 である．この母集団から無作為に抽出された大きさ 4 の標本について，その標本平均 $\overline{x}$ が従う正規分布の母平均と母分散を求めよ．

解答

母集団が正規分布の場合，標本平均は正規分布 $N\left(\mu, \dfrac{\sigma^2}{n}\right)$ に従う．よって，N(母平均 12.0, 母分散 $0.5/4=0.125$) と推測できる．

理解度確認　問題

次の文章で正しいものには○，正しくないものには×を選べ．

① 正規分布のグラフを囲む面積の割合は，平均値から左側が 50 %，右側が 50 % である．

② $N(10, 6^2)$ は，平均値が 10 で，標準偏差が 36 の正規分布のことである．

③ 標準正規分布とは，平均値が 1 で，標準偏差が 0 となる正規分布である．

④ 母集団が正規分布の場合，個々の値（測定値）を標準化した値 K_P は，以下の標準化式により計算できる．

$$K_P = \frac{\text{測定値} - \text{標準偏差}}{\text{平均値}}$$

⑤ x と y が独立であり，x が $N(4, 4^2)$，y が $N(2, 3^2)$ に従う場合，$x-y$ は $N(2, 1^2)$ に従う．

⑥ 母集団が $B(10, 0.2)$ である場合，期待値は 2，分散は 8 である．

⑦ 単位当たりの母不適合数（欠点数）が λ 個である場合，ポアソン分布に従う不適合数 x が k 個となる確率は，下式により求めることができる．

$$\Pr(x = k) = \frac{\lambda^k}{k!} e^{-\lambda}$$

⑧ 母集団が正規分布の場合，標本平均 $\overline{x}$ の分布は $N(\mu, \sigma^2)$ である．

⑨ 母集団が正規分布の場合，標本平均 $\overline{x}$ の標準化式は，下式である．

$$K_P = \frac{\overline{x} - \mu}{\sqrt{\dfrac{\sigma^2}{n}}}$$

⑩ 母集団が二項分布の場合，標本平均 $\overline{x}$ が従う分布は常に正規分布である．

理解度確認 解答と解説

① **正しい（○）**．正規分布のグラフは平均値を中心に左右対称なので，面積の割合は，平均値から左側が 50 %，右側が 50 % になる． ☞ **4.3 節** 4

② **正しくない（×）**．$N(10, 6^2)$ は，平均値が 10，分散が $6^2=36$ の正規分布のことである．分散 36 の標準偏差は $\sqrt{36}=6$ である． ☞ **4.3 節** 3

③ **正しくない（×）**．標準正規分布とは，平均値が「0」で，標準偏差が「1」となる正規分布である． ☞ **4.3 節** 6

④ **正しくない（×）**．標準した値に変換する公式は，下式である．

$$K_P=\frac{\text{測定値}-\text{平均値}}{\text{標準偏差}}\left(=\frac{x-\mu}{\sigma}\right)$$

☞ **4.3 節** 7

⑤ **正しくない（×）**．期待値 $E(x-y)=E(x)-E(y)$ なので，期待値 $=4-2=2$ であるから正しい．分散は加法性より $V(x-y)=V(x)+V(y)$ なので，分散 $=4^2+3^2=16+9=25=5^2$ である．よって $N(2, 5^2)$ に従う． ☞ **4.2 節** 2

⑥ **正しくない（×）**．母集団が二項分布の場合，確率変数 x の期待値は nP，分散は $nP(1-P)$ である．二項分布 $B(10, 0.2)$ の場合，期待値 $=nP=10\times0.2=2$ であるから設問は正しい．分散 $=nP(1-P)=10\times0.2\times(1-0.2)=1.67$ であるから 0.2 とする設問文の記述は正しくない． ☞ **4.4 節** 2

⑦ **正しい（○）**．ポアソン分布の確率計算式は，試験で複数回の出題例があるので覚えておくべき公式である． ☞ **4.5 節** 3

⑧ **正しくない（×）**．母集団が正規分布の場合，標本平均 $\overline{x}$ の分布は，$\mathrm{N}\left(\mu, \dfrac{\sigma^2}{n}\right)$ に従う．標本は母集団よりも n が少ないため，標本平均のばらつきも小さくなるので $\dfrac{\sigma^2}{n}$ として計算する． ☞ **4.6 節** 2

⑨ **正しい（○）**．標本平均 $\overline{x}$ の標準化式は，個々の値 x の標準化式（設問④）と同じ構造であるが，ばらつきが小さくなるので，分母の母標準偏差は設問文の式のとおり $\sqrt{\dfrac{\sigma^2}{n}}$ となる． ☞ **4.6 節** 3

⑩ **正しくない（×）**．母集団が二項分布の場合，n が大きくなればなるほど，標本平均 $\overline{x}$ が従う分布は正規分布に近似する．常に正規分布であるとする設問文の記述は正しくない． ☞ **4.6 節** 4

練習 問題

※解答にあたって必要であれば巻末の付表を用いよ．

【問 1】 以下を計算し，適切に解答せよ．

(1) $N(10, 2^2)$ において，11 以上となる確率 (%) を求めよ．
(2) $N(10, 2^2)$ において，7 以下となる確率 (%) を求めよ．
(3) $N(10, 2^2)$ において，7 以上，11 以下となる確率 (%) を求めよ．

【問 2】 二項分布に関する次の文章において，［　　］に入るもっとも適切なものを下欄の選択肢からひとつ選べ．ただし，各選択肢を複数回用いることはない．

① ある工程から無作為に部品を抜き取る場合，その中に含まれる不適合品を調査すると，二項分布 $B(3, 0.2)$ に従っていた．この場合，不適合品が 1 個である確率は［ (1) ］% となる．
② 母不適合品率が 10 % の製品について，5 個のサンプルを抜き取る場合，その中に不適合品が 1 個だけ含まれる確率は［ (2) ］% となる．

【選択肢】
ア．32.8　　イ．33.3　　ウ．38.4

【問 3】 ポアソン分布に関する次の文章において，［　　］内に入る適切なものを下欄の選択肢からひとつ選べ．

ある工場で生産される製品の母不適合品率が 0.5 % である．工程から $n=1000$ 個の製品をランダムに取り出したとき，その中に含まれる不適合品が 3 個以下となる確率は［ (1) ］% となる．ただし $e^{-5}=0.0068$ として計算せよ．

【選択肢】
ア．14.17　　イ．26.07　　ウ．26.75

【問 4】 正規分布に関する次の文章において，［　　］に入るもっとも適切なものを下欄の選択肢からひとつ選べ．ただし，各選択肢を複数回用いることはない．

F 弁当社の直営工場では，1 パック 200 g 入りの総菜を製造している．200 g に満たないと苦情になるので，普段から少し多めに詰めている．1 パック当たりの標準偏差が 2 g である場合，1 パックの平均が 202 g になるように詰めると，総菜の重量が 200 g 未満になる確率は，正規分布を仮定すると［ (1) ］% である．1 パックの平均を 205 g に増やせば，この確率を［ (2) ］% に下げることができる．

【選択肢】

ア．0.6　　イ．1.2　　ウ．2.3　　エ．4.6　　オ．6.7

カ．13.4　　キ．15.9　　ク．30.9　　ケ．31.7　　コ．61.7

【問 5】 正規分布に関する次の文章において，[　　]内に入る適切なものを下欄の選択肢からひとつ選べ．

ある模擬試験の得点について母集団が正規分布 $N(30, 3.0^2)$ に従う場合，24 点以上である確率は 2.28 % であることが判明した．平均 20 点を維持し，24 点以上となる確率を 2.5 % にするには，標準偏差を [(1)] にしなければならない．

【選択肢】

ア．1.960　　イ．2.041　　ウ．2.576　　エ．3.065　　オ．4.061

【問 6】 次の文章において，[　　]内に入る適切なものを下欄の選択肢からひとつ選べ．ただし，各選択肢を複数回用いることはない．

ある飲料を瓶詰めする工程では，

飲料の正味重量＝瓶詰め後の総重量 x－ 空き瓶の重量 y－ 栓の重量 z

で管理している．それぞれの重量は互いに独立であり，次の正規分布に従っている．

瓶詰め後の総重量 x：$N(900, 1.0^2)$

空き瓶の重量 y　　：$N(400, 0.6^2)$

栓の重量 z　　　　：$N(10, 0.05^2)$

この製品をランダムに 10 個抽出したときの飲料の平均正味重量の母平均は [(1)] であり，母分散は [(2)] と推測される．

【選択肢】

ア．0.068　　イ．0.136　　ウ．1.363　　エ．490　　オ．510　　カ．1500

【問 7】 正規分布に関する次の文章において，[　　]内に入る適切なものを下欄の選択肢からひとつ選べ．ただし，各選択肢を複数回用いることがある．

① 確率変数 x が正規分布 $N(20, 4^2)$ に従う場合，$\Pr(x \geq a) = 0.02$ となる a の値は約 [(1)] である．

② 確率変数 x が正規分布 $N(80, \sigma^2)$ に従う場合，$\Pr(x \geq 85) = 0.60$ となる σ の値は約 [(2)] である．

③ 確率変数 z が標準正規分布に従う場合，$\Pr(0.30 \leq z \leq 1.26)$ となる確率は約 [(3)] % である．

【選択肢】

ア．20　　イ．21　　ウ．22　　エ．26　　オ．27　　カ．28

【問 1】正規分布の標準化と確率計算に関する特訓である．$N(10, 2^2)$ は，平均 10，標準偏差 2 の正規分布である．

解答 (1)30.85 %　(2)6.68 %　(3)62.47 %

(1)　手順に従って計算する．

図　示：「11 以上」は右図の青い部分である．

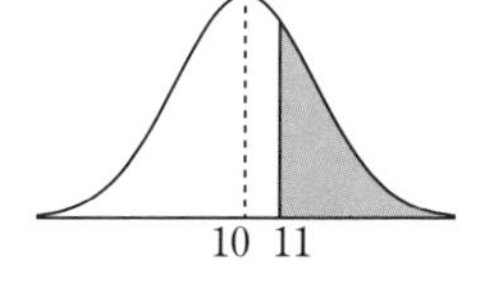

標準化：$K_P = \dfrac{\text{測定値} - \text{平均}}{\text{標準偏差}} = \dfrac{11-10}{2} = 0.5$

確　率：「0.5」に対応する P を正規分布表で探すと「0.3085」である．

したがって，11 以上となる確率は，30.85 % である．

☞ 4.3 節 7 ～ 9

(2)　手順に従って計算する．

図　示：「7 以下」は右図の青い部分である．

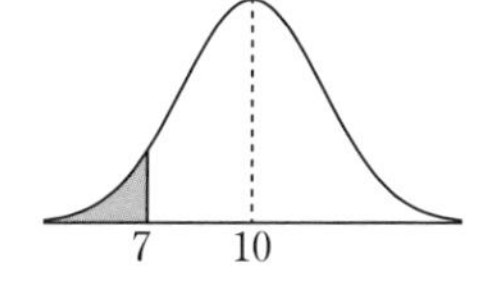

標準化：$K_P = \dfrac{7-10}{2} = -1.5$

確　率：「-1.5」に対応する P は正規分布表にない．しかし，正規分布のグラフは左右対称なので，「-1.5 以下」の確率（面積）は，「1.5 以上」の確率（面積）と同じである．そこで，「1.5」に対応する P を正規分布表で探すと「0.0668」であるから，「1.5 以上」の確率は 6.68 % である．

したがって，7 以下となる確率は，6.68 % である．

☞ 4.3 節 7 ～ 9

(3)　手順に従って計算する．

図　示：「7 以上 11 以下」は右図の青い部分である．

標準化：7 を標準化した値は (1) より 0.5，11 を規準化した値は (2) より -1.5 である．

確　率：正規分布のグラフの全面積は 1（全確率は 1）であることに着目して，「全確率（面積）1 から，7 以下の確率（面積）と 11 以上の確率（面積）を引く」と確率が求められる．

「7 以下の確率（面積）」は，(1) より「0.3085」である．また，「11 以上の確率（面積）」は，(2) より「0.0668」である．

したがって，「7 以上 11 以下」の確率（面積）は

$$1-0.0668-0.3085=0.6247$$

より，62.47 % である．

☞ 4.3 節 7 ～ 9

【問 2】 二項分布の確率計算に関する問題である．

解答 (1) **ウ** (2) **ア**

① 二項分布の確率計算は，母不適合品率が P である母集団から，n 個のサンプルを抜き取ったとき，不適合品 x 個が出現する確率を計算するものである．出現する確率は $\Pr(x=r)$ と表す．二項分布の確率は次の公式で算出する．

$$\Pr(x=r)={}_n\mathrm{C}_r\times P^r\times(1-P)^{n-r}$$

「$B(3, 0.2)$」とは，母不適合品率 0.2 の母集団から 3 個のサンプル（標本）を抜き取ったときの二項分布という意味である．

本問は出現する不適合品数 x が 1 個の場合の確率を求めるので，事例を二項分布の公式に当てはめると，次のとおりである．

$$\begin{aligned}\Pr(x=1)&={}_3\mathrm{C}_1\times0.2^1\times(1-0.2)^{3-1}\\&=\frac{3\times2\times1}{1\times(2\times1)}\times0.2\times0.8^2\\&=3\times0.2\times0.64=0.384\end{aligned}$$

したがって，確率は［(1) **ウ．38.4**］％である． ☞ 4.4 節 2

② ①と同様に考えると，不適合品率は 10％(＝0.1) であり，5 個のサンプル中に 1 個の不適合品が入る確率なので，

$$\begin{aligned}\Pr(x=1)&={}_5\mathrm{C}_1\times0.1^1\times(1-0.1)^{5-1}\\&=\frac{5\times4\times3\times2\times1}{1\times(4\times3\times2\times1)}\times0.1\times0.9^4\\&=5\times0.1\times0.6561=0.32805\end{aligned}$$

したがって，確率は 32.805％である．選択肢からもっとも適切なものを選ぶと，［(2) **ア．32.8**］％である． ☞ 4.4 節 2

【問 3】ポアソン分布近似による確率計算に関する問題である．

解答 (1) **ウ**

抽出した製品 1000 個に含まれる不適合品数 x は，次のとおりである．

$$\lambda=nP=1000\times0.005=5$$

ポアソン分布の公式を用いて確率を計算する．不適合品数が 3 個以下となる確率なので，0 個から 3 個までの確率を個別に求めて合計する．

$x=0$ の場合：$\Pr(x=0)=e^{-5}\times\dfrac{5^0}{0!}=0.0068\times\dfrac{1}{1}=0.0068$

$x=1$ の場合：$\Pr(x=1)=e^{-5}\times\dfrac{5^1}{1!}=0.0068\times\dfrac{5}{1}=0.0340$

$x=2$ の場合：$\Pr(x=2)=e^{-5}\times\dfrac{5^2}{2!}=0.0068\times\dfrac{25}{2\times1}=0.0850$

$x=3$ の場合：$\Pr(x=3)=e^{-5}\times\frac{5^3}{3!}=0.0068\times\frac{125}{3\times2\times1}=0.1417$

以上より，不適合品数が 3 個以下となる確率 $\Pr(x\leq3)$ は，次のとおりである．

$$\Pr(x\leq3)=\Pr(x=0)+\Pr(x=1)+\Pr(x=2)+\Pr(x=3)$$
$$=0.0068+0.0340+0.085+0.1417=0.2675$$

よって，[(1)　**ウ．** 26.75] % となる．　☞ **4.5 節** 2，3

【問 4】 正規分布の確率計算の事例に関する問題である．

（解答） (1) **キ**　(2) **ア**

まず，平均 202 g，標準偏差 2 g の場合に 200 g 未満になる確率を求める．

図　示：「200 g 未満」は右図の青い部分である．

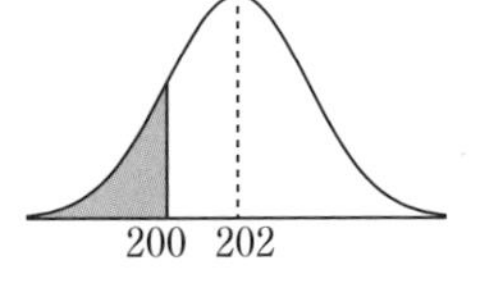

標準化：$K_P=\frac{200-202}{2}=-1.0$

確　率：正規分布のグラフは左右対称なので，「−1.0 未満」の確率（面積）は，「1.0 以上」の確率（面積）と同じである．そこで，「1.0」に対応する P を正規分布表で探すと「0.1587」であるから，「1.0 以上」の確率は 15.87 % である．

したがって，200 g 未満となる確率は，15.87 % である．選択肢からもっとも適切なものを選ぶと，[(1)　**キ．** 15.9] % である．

次に，平均 205 g，標準偏差 2 g の場合に 200 g 未満になる確率を求める．

図　示：「200 g 未満」は右図の青い部分である．

標準化：$K_P=\frac{200-205}{2}=-2.5$

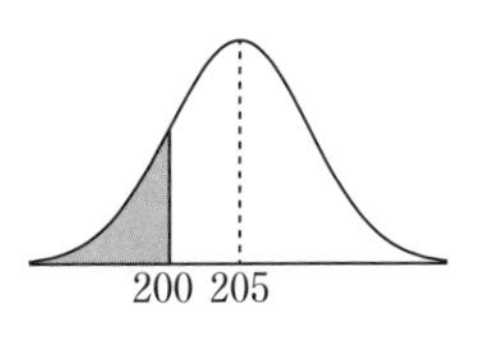

確　率：グラフは左右対称なので，「−2.5 未満」の確率（面積）は，「2.5 以上」の確率（面積）と同じである．「2.5」に対応する P を正規分布表で探すと「0.0062」であるから，「2.5 以上」の確率は 0.62 % である．

したがって，200 g 未満となる確率は，0.62 % である．選択肢からもっとも適切なものを選ぶと，[(2)　**ア．** 0.6] % である．　☞ **4.3 節** 7〜9

【問 5】 正規分布の確率計算に関する問題である．

（解答） (1) **イ**

手順❶ 確率 2.5 % に対応する K_P を求める

付表 2 正規分布表（Ⅱ）の「P から K_P を求める表」より，$P=0.025$ に対応する K_P は 1.960 とわかる．

手順❷ 標準偏差を求める

以下の標準化の式に，$K_P=1.960$，$x=24$，$\mu=20$ を代入する．

$$K_P=\frac{x-\mu}{\sigma}$$
$$1.960=\frac{24-20}{\sigma}$$
$$1.960\sigma=24-20$$

$\sigma=2.0408$ となるので，［(1)　**イ．2.041**］

☞ 4.3 節 10

【問 6】期待値と分散の計算と標本平均の分布に関する混合問題である．

解答 (1) **エ**　(2) **イ**

飲料の正味重量の期待値と分散について

$$\text{期待値}=x-y-z=900-400-10=490$$

分散の加法性 $V(x-y)=V(x)+V(y)$ より，

$$\text{分散}=1.0^2+0.6^2+0.05^2=1+0.36+0.0025=1.3625$$

飲料の平均正味重量の母平均と母分散より，標本平均の期待値と分散は次のとおりである．

標本平均 $\bar{x}$ の期待値　$E(\bar{x})=\mu$

標本平均 $\bar{x}$ の分散　$V(\bar{x})=\dfrac{\sigma^2}{n}$

よって，母平均は［(1)　**エ．490**］であり，母分散は $\dfrac{1.3625}{10}=0.13625=$［(2)　**イ．0.136**］である．

☞ 4.2 節 2，4.6 節 2

【問 7】正規分布の確率計算に関する問題である．

解答 (1) **カ**　(2) **ア**　(3) **カ**

① 手順に従って計算する．

図　示：本問は図示化をできるかどうかがポイントである．

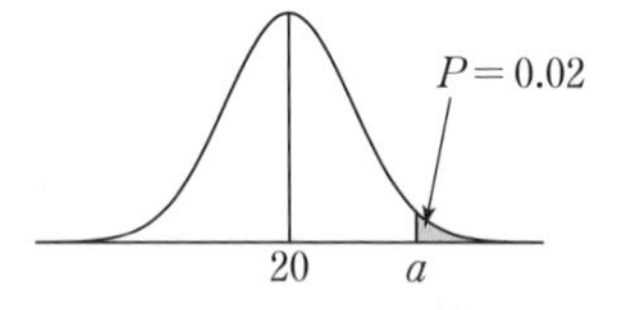

標準化：付表 3 正規分布表（Ⅲ）P から K_P を求める表より，$P=0.02$ に対応する K_P は 2.054 である．K_P を求める公式に値を代入すると，

$$K_P=\frac{x-\mu}{\sigma}$$
$$2.054=\frac{x-20}{4}$$
$$x=2.054\times4+20=28.2$$

となるので，［(1)　**カ．28**］

☞ 4.3 節 10

② 手順に従って計算する．

図　示：本問も図示化をできるかどうかがポイントである．

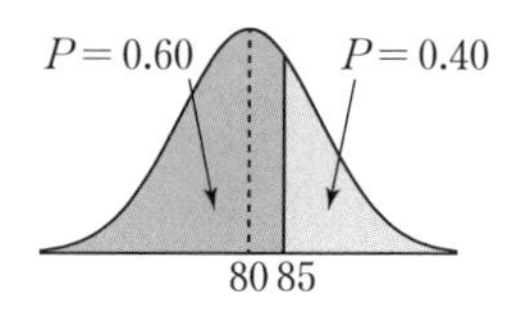

標準化：$P=0.40$ に対応する K_P を求めると，付表 2 正規分布表（Ⅱ）P から K_P を求める表より $K_P=0.253$．K_P を求める公式に値を代入すると

$$K_P = \frac{x-\mu}{\sigma}$$

$$0.253 = \frac{85-80}{\sigma}$$

$$\sigma = \frac{85-80}{0.253} = 19.7$$

となるので，[(2)　**ア．** 20]

☞ 4.3 節 10

③ 手順に従って計算する．

図　示：z は個々の測定値ではなく，標準正規分布における K_P 値である点がポイントである．まずは平均に「0」を配置すると，$0.30 \leq z \leq 1.26$ となるのは右図の青い部分である．

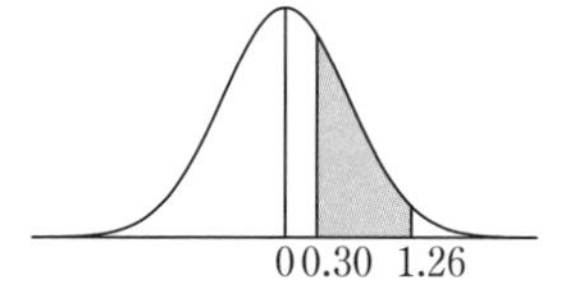

標準化：本問ではすでに標準化値が示されている．

確　率：正規分布表（Ⅰ）K_P から P を求める表より

$K_P=0.30$ に対応する確率 $P=0.3821$

$K_P=1.26$ に対応する確率 $P=0.1038$

$P(0.30 \leq z \leq 1.26)$ となる確率は，$0.3821-0.1038=0.278$ であるから，[(3)　**カ．** 28] %

☞ 4.3 節 7 ～ 9

4章 統計的方法の基礎

手法分野

5章 仮説検定と推定①

未知の母数の
推測方法を
学習します

実践分野

QC的なものの見方と考え方　16章

品質とは 17章	管理とは 17章	源流管理 18章	工程管理 19章
		日常管理 20章	方針管理 20章

↑ 実践分野に分析・評価を提供

手法分野

収集計画 1章	データ収集 1章,14章	計算 1章	分析と評価 2-13章,15章

5.1 仮説検定の概要

出題頻度

1 未知の母数を推測する

5〜8 章では，母集団の推測を具体的に学習します．推測では統計量（既知）と確率を活用します（**図 5.1**）．推測には次の仮説検定と推定があります．

仮説検定とは，未知の母数に関する仮説が正しいか否かを判定することです．

推定とは，未知の母数の値や区間を推定することです．

母数とは，母平均や母分散など，母集団の特性を表すために計算された値です．図 5.1 より，母数を知ることが推測の具体的な目的とわかります．

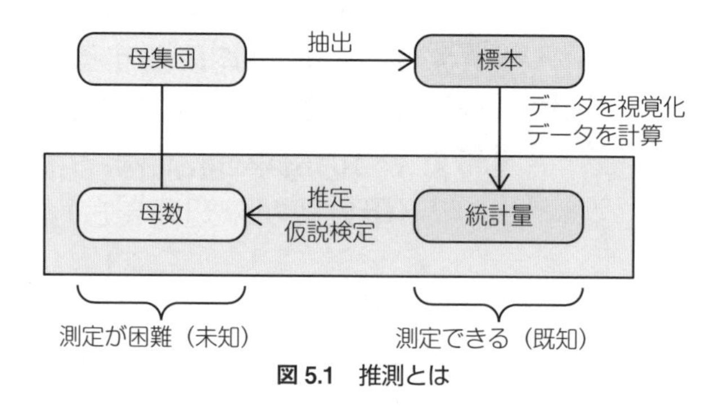

図 5.1　推測とは

2 仮説検定で使用する用語と手順

仮説検定の手順は次のとおりです．すべての仮説検定に共通の手順と用語です．

前　提　検定したい未知の母数は何かを決める

手順❶　仮説を設定する

仮説とは，未知の母数に対する仮の答えです．仮説には，**帰無仮説**（きむかせつ）と**対立仮説**（たいりつかせつ）があります．仮説検定は，帰無仮説を「検定したい未知の母数は，特定の値（既知）と同じである」と設定することから始めます．「同じ」とすることで数値が入り計算ができるからです．よって，仮説検定は帰無仮説のもとで行います．

手順❷ 有意水準を決定する

有意水準とは，帰無仮説を棄却してもよいとする基準値です．稀にしか発生しない確率を充てます．通常は5％です．ここで重要なのは，データの収集よりも前に有意水準を決定する，ということです．なぜなら，基準を後から決めると，判定に疑いが生じるからです．

手順❸ 棄却限界値を求め，棄却域を設定する

棄却限界値とは，有意水準という確率を標準化した値に変換したものです．変換の手順は次のとおりです．

1）統計量が従う分布を特定する．

2）当該分布の付表から有意水準（確率）に対応する棄却限界値を求める．

ここでの統計量は標準化した値です．例えば，統計量の分布が正規分布であれば，巻末の付表2 正規分布表（II）から棄却限界値 K_P を求めます．

棄却域とは，棄却限界値を始点に分布の外側に向けて広げた区間です．**図 5.2** の場合は区間の終点が無限大ですから，棄却域は棄却限界値以上と表します（区間の終点が負の無限大なら，棄却域は棄却限界値以下と表す）．後述の検定統計量が棄却域に入る場合，帰無仮説は棄却となります．棄却限界値と検定統計量は，「標準化した値の領域」という同じ領域内で比較します．標準化できない場合には，確率の領域（面積）で比較します．

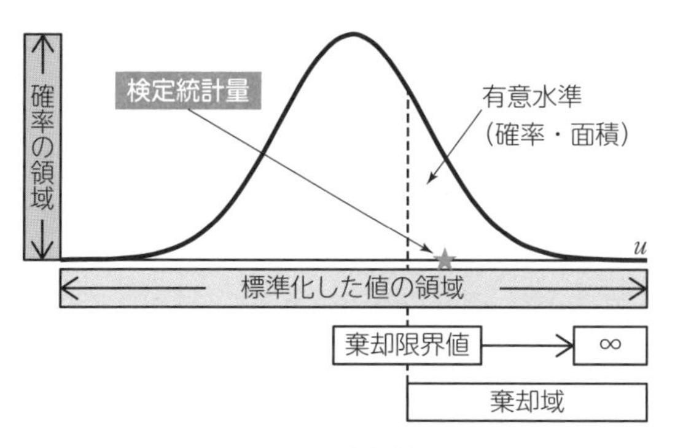

図 5.2　棄却域

手順❹ データを収集し，検定統計量を計算する

検定統計量とは，データから求めた統計量を標準化した値です．帰無仮説のもとで計算します．標準化した値の計算方法は，統計量が従う分布により異なります．有意水準と検定統計量は標準化した値という同じ領域で比較しますので，検定統計量が従う分布は，手順❸で特定した分布と同じです．

手順❺ 仮説の採否を判定する

検定統計量の値が棄却域に入る場合には，帰無仮説が間違っていたと評価し，帰無仮説を棄却します．帰無仮説を棄却することを「有意である」といいます．

仮説検定や推定は，数少ないデータから母集団全体を推測しますので，誤った判定を避けることができません．判定に際しては，誤りを最小限にすることが重要です．誤りには，**表 5.1** のような 2 種類の誤りがあります．

表 5.1　2 種類の誤り†

		本当に成り立っているのは	
		帰無仮説 H_0	対立仮説 H_1
検定結果	帰無仮説 H_0	正しい（その確率：$1-\alpha$）	第 2 種の誤り（その確率：β）
	対立仮説 H_1	第 1 種の誤り（その確率：α）	正しい（その確率：$1-\beta$）

α：有意水準（危険率ともいう）

$1-\beta$：検出力

有意水準は，第 1 種の誤りを起こす確率に相当します．誤りを最小にするため，正しい帰無仮説を誤って棄却する確率には，稀にしか発生しない確率を充てます．有意水準が 5%というのは，この確率です．そこまでやっても棄却となるならば，それは「帰無仮説が間違っていたからであり，帰無仮説を棄却するという判定はおおむね信用してよい」と考えます．積極的な理由をもって棄却することになります．

一方，帰無仮説を棄却できなかった場合は，帰無仮説が正しいことを立証するものではありません．よって，「帰無仮説を採択する」と積極的に判定するのは難しく，「帰無仮説を棄却できない」という消極的なものになります．

† 出典：永田靖『入門 統計解析法』（日科技連出版社，1992 年），p.57

5.2 計量値に関する仮説検定の分類

5〜7 章では，製品の重量，寸法，加工温度や操業時間等の，検定したい未知の母数が計量値である場合について，仮説検定のやり方を解説します．

計量値データに基づく仮説検定は，**表 5.2** のように分類できます．

表 5.2　計量値に関する仮説検定の分類

<table>
<tr><th colspan="2">検定したい母数と検定名</th><th colspan="2">母分散</th><th>統計量の分布</th></tr>
<tr><td rowspan="6">母平均</td><td rowspan="2">1 つの母平均に関する検定</td><td colspan="2">既知</td><td>標準正規分布</td></tr>
<tr><td colspan="2">未知</td><td>t 分布</td></tr>
<tr><td rowspan="3">2 つの母平均の差に関する検定</td><td colspan="2">既知</td><td>標準正規分布</td></tr>
<tr><td>未知</td><td>等分散である</td><td>t 分布</td></tr>
<tr><td>未知</td><td>等分散でない</td><td>t 分布（近似）</td></tr>
<tr><td>対応のある 2 つの母平均の差に関する検定</td><td colspan="2">未知</td><td>t 分布</td></tr>
<tr><td rowspan="2">母分散</td><td>1 つの母分散に関する検定</td><td colspan="2">未知</td><td>χ^2 分布</td></tr>
<tr><td>2 つの母分散の比に関する検定</td><td colspan="2">未知</td><td>F 分布</td></tr>
</table>

5〜7 章の計量値に関する仮説検定と推定は，母集団が正規分布であるという前提で解説を行います．

5.3 1つの母平均に関する検定（母分散が既知の場合）

出題頻度

1 例題とポイント

例題 5.1

紙パックの牛乳には内容量1000 mLと表示があり，仕様書には標準偏差50 mLと記述がある．この製品100パックを無作為抽出したら，平均は985 mLであった（**図5.3**）．内容量の母平均は1000 mLであるといえるか．有意水準5％で検定せよ．

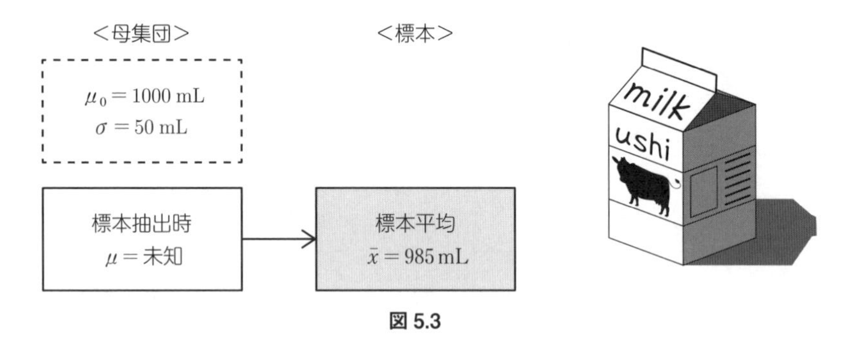

図5.3

例題5.1のポイント

1つの母平均に関する検定とは，従来の実績や期待する値等の特定の値（定数）と測定した標本平均との間に違いがある場合，母平均が変わったのかどうかを検定するものです．

母平均が変わったのかどうかは，標本抽出時の母平均μが既知であればよいのですが，全数の測定は困難なので未知となります．よって，データから未知の母平均を推測せざるを得ません．しかし，データは抽出するごとに変わります．985 mLはたまたま出た値かもしれません．別の標本では平均1000 mLかもしれません．このような状況下で，仮説検定を行います．

1つの母平均に関する検定と推定（母分散：既知）の出題頻度は低いのですが，すべての仮説検定と推定を考える際の基本的な型を提供します．

2 1つの母平均に関する検定の手順（σ^2既知の場合）

検定の手順は，次のとおりです．

手順❶ 仮説を設定する

仮説は必ず，帰無仮説と対立仮説の 2 つを設定します．

帰無仮説は，「H_0：検定したい未知の母数＝特定の値（既知）」と設定します．常に「＝」（同じ，差がない）と設定します．H は仮説を意味する Hypothesis の頭文字であり，H_0 は帰無仮説の記号です．

対立仮説は，「H_1：帰無仮説とは異なる」という内容を設定します．「異なる」といっても，**表 5.3** のように 3 種があり得ます．どれを選択するかは試験の問題文（検定したい内容）によります．H_1 は対立仮説の記号です．

表 5.3 対立仮説の設定方法

対立仮説	検定の名称	問題文の例
H_1：$\mu \neq 1000$ mL	両側検定	1000 mL と同じか否かを検定せよ（大小を問わない）
H_1：$\mu < 1000$ mL	下側の片側検定	1000 mL より小さくなったか否かを検定せよ
H_1：$\mu > 1000$ mL	上側の片側検定	1000 mL より大きくなったか否かを検定せよ

例題 5.1 は，「母平均は 1000 mL であるといえるか」という問題文ですから，大小を問いませんので両側検定です．仮説は次のように設定します（$\mu_0 = 1000$ mL）．

H_0：$\mu = \mu_0$ ［意味：母平均は 1000 mL と同じである］

H_1：$\mu \neq \mu_0$ ［意味：母平均は 1000 mL と異なる］

μ_0 は比較する既知の母平均です．添字の 0 は未知の母平均 μ と区別するために付しています．例題 5.1 の場合，μ_0 は 1000 mL です．

手順❷ 有意水準を決定する

有意水準は帰無仮説を棄却する基準値（確率）です．有意水準の値は，試験の問題文に記載があります．例題 5.1 では「有意水準 5 %」です．

手順❸ 棄却限界値を求め，棄却域を設定する

棄却限界値とは，有意水準（確率）を標準化した値です．変換は 5.1 節 2 の 手順❸ により行います．例題 5.1 の場合は次のとおりです．

例題 5.1 の統計量は標本平均です．母集団が正規分布の場合には，標本平均の分布も正規分布に従います（4.6 節）．そこで，棄却限界値は正規分布表より求めます．どの分布表（付表）を利用するかの判断には，表 5.2 も活用できます．

棄却域とは，棄却限界値を始点に分布の外側に向けて広げた区間です．棄却限界値と棄却域は，対立仮説の 3 種（表 5.3）のどれかにより求め方が異なります．

（1）両側検定の場合

両側検定とは，値の大小を問わない検定です．正規分布表は上側の片側確率を前提としますので，両側検定では，有意水準（確率）を下側と上側に等しく振り分けます．有意水準が 5 % ならば，下側確率は 2.5 %，上側確率は 2.5 % です．

付表 2 正規分布表（II）P から K_P を求める表より，確率 0.025 に対応する K_P は 1.960 です．両側検定ですから棄却限界値は，下側が -1.960，上側が 1.960 と判明します．棄却域は，**図 5.4** (a) のように棄却限界値を始点に分布の外側に広げた区間です．

（2）片側検定の場合

片側検定とは，値が小さい場合または大きい場合に限定した検定です．片側検定の場合は振り分けをしません．付表 2 正規分布表（II）より，有意水準（確率）$=0.05$ に対応する K_P は 1.645 ですから，下側の片側検定の棄却限界値は -1.645，上側の片側検定の棄却限界値は 1.645 と判明します．棄却域は，図 5.4 (b), (c) のとおりです．

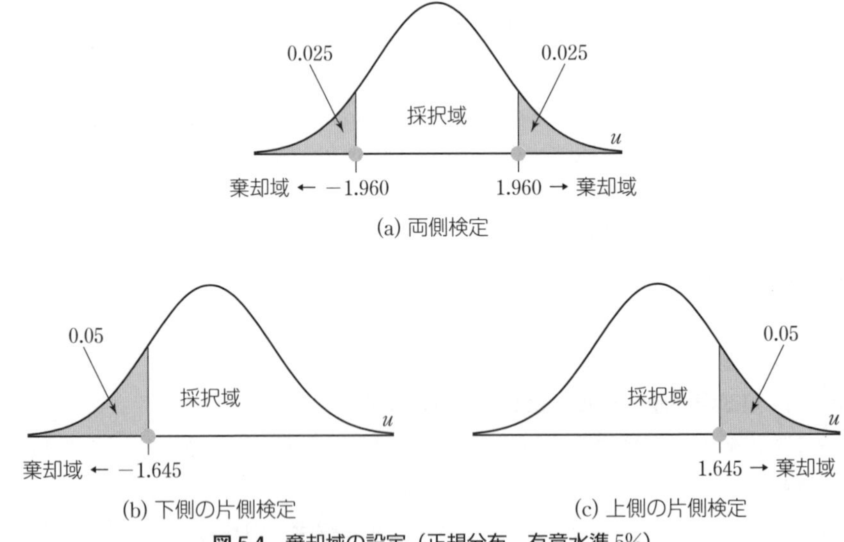

図 5.4　棄却域の設定（正規分布，有意水準 5%）

統計量が従う分布が正規分布であり有意水準が5％である場合，棄却域は**表5.4**のとおりです．

表5.4　棄却域（正規分布，有意水準5％の場合）

対立仮説		棄却域（区間）
両側検定	$H_1：\mu \neq \mu_0$	$\|u_0\| \geq 1.960$
下側の片側検定	$H_1：\mu < \mu_0$	$u_0 \leq -1.645$
上側の片側検定	$H_1：\mu > \mu_0$	$u_0 \geq 1.645$

表5.4を補足します．

- u_0は正規分布に関する検定統計量を表す略号です．添字の0は帰無仮説H_0のもとで求めた検定統計量であることを示します．
- $|u_0|$はu_0の絶対値です．つまり，$u_0 \geq 1.960$あるいは$u_0 \leq -1.960$ならば，u_0は棄却域内にあるということです．
- 余談です．試験では不等号の向きが出題されます．不等号の向きがわからなくなる場合の秘策は，不等号を“矢印”と考えることです．下側＝分布図の左側なので「<」，上側＝分布図の右側なので「>」と覚えます．棄却域も“矢印”の向きと一致します．

例題5.1は両側検定ですから，棄却域は$|u_0| \geq 1.960$となります．棄却域$|u_0| \geq 1.960$とは，-1.960以下と1.960以上の両方に棄却域があることです．

手順❹　データを収集し，検定統計量を計算する

検定統計量（σ^2既知の場合）の求め方を考えます．

1）検定統計量は標準化した値なので，個々の値の標準化式と同じ型から考えます．個々の値xの標準化式は，下式のとおりでした．

$$K_P = \frac{x-\mu}{\sigma}\left(= \frac{\text{測定値}-\text{母平均}}{\text{母標準偏差}}\right)$$

2）母平均の検定を行う場合の検定統計量は，個々の値xを標準化した値でなく，標本平均$\overline{x}$という統計量を標準化した値です．標本平均は，正規分布$N\left(\text{母平均}\,\mu,\ \text{母分散}\,\frac{\sigma^2}{n}\right)$に従いますので（4.6節**3**），これらの値を上式に当てはめます．仮説検定は帰無仮説のもとで行いますので，母平均は既知のμ_0を利用します．また，$\sqrt{\text{母分散}} = \text{母標準偏差}$です．

$$K_P = \frac{\overline{x} - \mu_0}{\sqrt{\frac{\sigma^2}{n}}} \left(= \frac{\text{標本平均} - \text{母平均}}{\text{母標準偏差}} \right)$$

3）検定統計量は標準化した値なので，記号 K_P を記号 u_0 に置き換えます．すると，検定統計量は下式から求めるとわかります．

> 1つの母平均に関する検定統計量（σ^2 既知の場合）
>
> $$u_0 = \frac{\overline{x} - \mu_0}{\sqrt{\frac{\sigma^2}{n}}} \left(= \frac{\text{標本平均} - \text{母平均}}{\sqrt{\frac{\text{母分散}}{\text{標本の大きさ}}}} \right)$$
>
> 標準化した値なので，検定統計量 u_0 は $N(0, 1^2)$ に従います．

例題 5.1 に当てはめ，検定統計量を求めます．

$$u_0 = \frac{985 - 1000}{\sqrt{\frac{50^2}{100}}} = -3.00$$

手順❺ 仮説の採否を判定する

検定統計量が棄却域に入る場合は帰無仮説を棄却し，対立仮説を採択します．対立仮説を採択することを「**有意である**」といいます．検定統計量が採択域に入る場合は，帰無仮説を棄却することができません．

例題 5.1 の棄却域は $|u_0| \geq 1.960$ ですから，**図 5.5** のとおり検定統計量 $u_0 = -3.00$ は棄却域内です．よって帰無仮説を棄却し，対立仮説を採択します（有意である）．紙パックの内容量の母平均は **1000 mL であるとはいえない**，となります（例題 5.1 の答）．

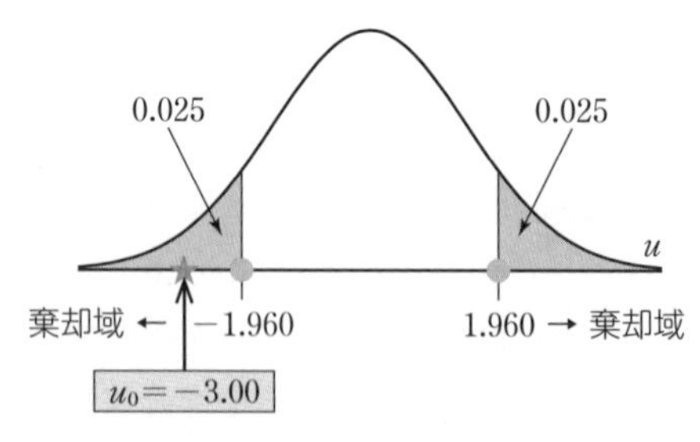

図 5.5 仮説の採否を判定（例題 5.1）

3 例題 5.1 のまとめ（仮説検定）

例題 5.1 の検定手順をまとめると，**表 5.5** のようになります．

表 5.5 例題 5.1 のまとめ（仮説検定）

①仮説	H_0：$\mu=1000$ mL，H_1：$\mu\neq1000$ mL
②有意水準 ③棄却域	・有意水準は 5% ・母分散が既知なので，正規分布表を利用 ・棄却域は両側検定であるから，$\lvert u_0\rvert\geq1.960$
④検定統計量	$u_0=\dfrac{\bar{x}-\mu_0}{\sqrt{\dfrac{\sigma^2}{n}}}=\dfrac{985-1000}{\sqrt{\dfrac{50^2}{100}}}=-3.00$
⑤判定	・$\lvert u_0\rvert\geq1.960$ となるので，H_0 を棄却，H_1 を採択（有意である） ・1000mL であるとはいえない

5章 仮説検定と推定①

5.4 推定の概要

推定とは，統計量により未知の母数（母平均や母分散）を推定することです．

5.3節の例題5.1では，仮説検定の結果，1000 mLとはいえないとわかり，これだけでも目的は達成できますが，母平均の値を知りたくなった場合には，推定を行います．推定には，点推定と区間推定があります．

1 点推定

点推定とは，1つの値で未知の母数を推定することです．例えば「視聴率は平均20％」というように使用します．統計量は抽出した標本ごとに値が変わりますので，点推定は母数を表すには十分とはいえません．しかし，例えば標本平均$\overline{x}$の期待値は母平均μなので母平均に近い値が期待できますし（4.2節1），計算が簡単なので，点推定は母数の推定値として活用されます．点推定は，推定値を意味する＾（ハット）をつけて表します．上述の視聴率の例では，$\widehat{\mu} = 20\%$です．

2 区間推定

区間推定とは，データから区間を求めて，その区間の中に未知の母数が含まれていると考える推定方法です．この区間を**信頼区間**といいます．点推定のように1つの値で推定する場合とは異なります．例えば，「視聴率は20～25％の区間に含まれる（信頼率95％）」というように使用します．

信頼率95％とは，標本抽出を繰り返し，**図5.6**のように「データが入る区間を100回作成した場合，95回は区間の中に母数を含むものと信頼できる」という意味です．信頼区間の中に母数の値が95％の確率で含まれているという考え方ではありません．母数は定数なので区間内に含まれるか否かであり，確率を考えるのは不適切になるからです．そこで信頼率という用語を使用します．

信頼率は95％を用いるのが通常です．例えば信頼率99％とする方がよいとも思えますが，99％では信頼区間が広くなり，説得力に欠けてしまうのです．

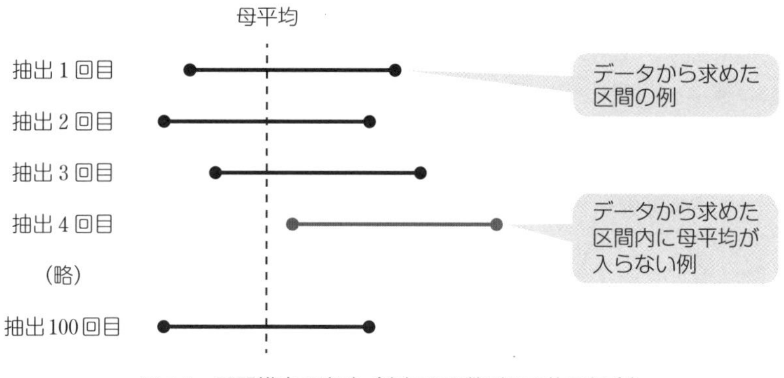

図 5.6　区間推定の意味（未知の母数が母平均の場合）

3　母平均の区間推定

母平均の区間推定とは，推定したい母数を母平均に特定した場合です．ここでは，母平均の区間推定の計算方法を解説します．信頼率は 95%とします．

信頼区間は区間ですから始点と終点があります．値が小さい方を**信頼下限**，大きい方を**信頼上限**といいます．信頼下限と信頼上限の位置がわかれば，信頼区間を表すことができます．

信頼率 95 % は，**図 5.7**（標本平均の分布）のように配置します．信頼区間は区間ですから，仮説検定が片側検定であっても分布の両側で考えます．信頼率 95 % を分布で表すならば全体の 95 % 面積であり，信頼率を分布図の横軸で表す場合には信頼区間となります．信頼下限と信頼上限の位置は，分布の両端各 2.5 % 点です．2.5 % は誤ってしまう確率ですから，仮説検定と同じく標準化した値に変換することで，信頼下限と信頼上限の位置を求めることができます．

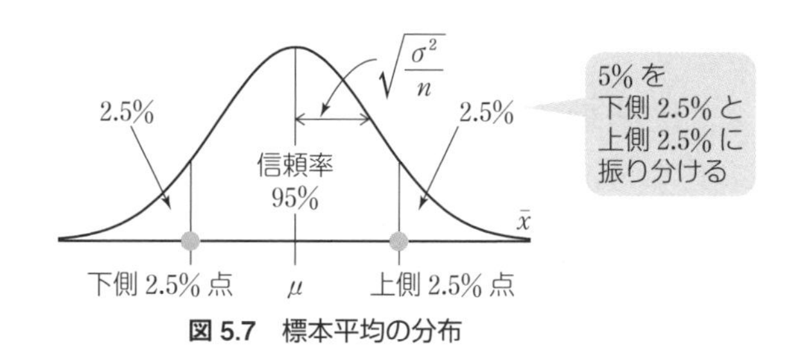

図 5.7　標本平均の分布

この考え方により，図 5.7 の標本平均の分布を標準化する場合，分布の両端各 2.5 % 点は付表 2 正規分布表（II）より，信頼下限が −1.960，信頼上限が 1.960 とわかります．信頼区間は**図 5.8** 左のようになります．しかし，図 5.8 左は標準化した値 u の分布なので，次のような標準化した値の区間推定式になります．

$$-1.960 \leq \frac{\overline{x}-\mu}{\sqrt{\frac{\sigma^2}{n}}} \leq 1.960$$

いま行いたいことは，標準化した値の区間推定ではなく，母平均 μ の区間推定です．そこで，標準化した分布（図 5.8 左）を標本平均の分布（図 5.8 右）に戻します．これにより母平均の区間推定を表す図になります．図 5.8 右のままでは信頼区間の中心は母平均ですが，母平均を推定するために母平均の値が必要というのは不都合なので，母平均 μ を点推定値 $\overline{x}$ に置き換えて図を読みます．

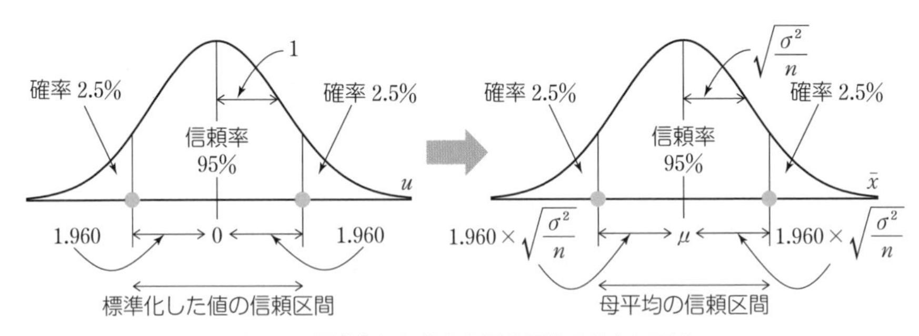

図 5.8　標準化した分布を標本平均の分布に戻す

以上より図 5.8 右を数式で表すと，次のような区間推定式になります．

1 つの母平均に関する区間推定（σ^2 既知，信頼率 95 % の場合）

$$\overline{x}-1.960\times\sqrt{\frac{\sigma^2}{n}} \leq \mu \leq \overline{x}+1.960\times\sqrt{\frac{\sigma^2}{n}}$$

上式より母分散が既知で信頼率 95 % の場合，母平均の区間推定式は，「点推定値 ± 係数 (1.960)× 標準偏差」とわかります．すなわち，標準化とは母分散を 1 にする作業ですから，標準化した値 1.960 とは，分布図の横軸で見る場合，標準偏差 1.960 個分の位置に統計量が存在することを意味します．

5.5 1つの母平均に関する推定（母分散が既知の場合）

1つの母平均に関する推定（母分散既知）の手順を例題で確認しましょう.

例題 5.2

紙パックの牛乳には内容量1000 mLと表示があり，仕様書には標準偏差50 mLと記述がある．この製品100パックを無作為抽出したところ，平均は985 mLであった．100パック抽出時の母平均を信頼率95％で区間推定せよ.

解答

推定の手順は，次のとおりです.

手順❶ 点推定

標本平均の性質（4.6節 2）から，点推定値 $\widehat{\mu} = \overline{x} = 985\ \mathrm{mL}$

手順❷ 区間推定

1つの母平均に関する区間推定（σ^2 既知，信頼率95％の場合）

$$\overline{x} - 1.960 \times \sqrt{\frac{\sigma^2}{n}} \leq \mu \leq \overline{x} + 1.960 \times \sqrt{\frac{\sigma^2}{n}}$$

信頼下限　　（推定したい母平均）　　信頼上限

上式を当てはめ，95％信頼区間を求めます.

$$\text{信頼下限：} 985 - 1.960 \times \sqrt{\frac{50^2}{100}} = 975.2$$

$$\text{信頼上限：} 985 + 1.960 \times \sqrt{\frac{50^2}{100}} = 994.8$$

よって，母平均の信頼区間は，**$975.2 \leq \mu \leq 994.8$ mL**（信頼率95％）

5.6 1つの母平均に関する検定(母分散が未知の場合)

出題頻度

1 例題とポイント

例題 5.3

ある部品につき，長さの狙い目を 100 mm として大量に製造した．検査のため部品 10 個を無作為抽出したところ，長さの平均は 102 mm，標準偏差は 3 mm であった（**図 5.9**）．部品の長さの母平均は 100 mm であるといえるか．有意水準 5 % で検定せよ．

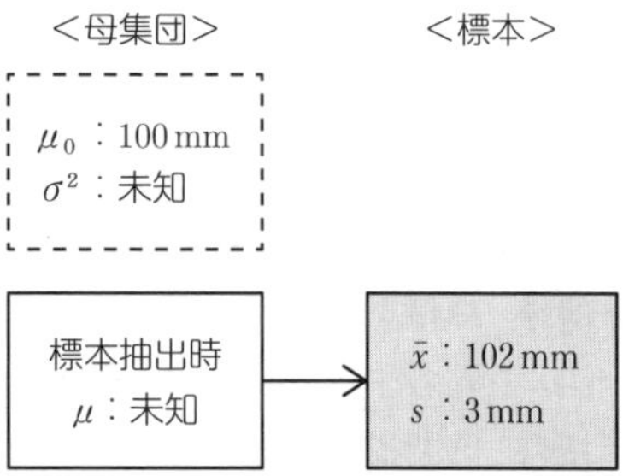

＜母集団＞

μ_0 : 100 mm
σ^2 : 未知

標本抽出時
μ : 未知

＜標本＞

$\bar{x}$: 102 mm
s : 3 mm

図 5.9

例題 5.3 のポイント

例題 5.1 と例題 5.3 は，両方とも 1 つの母平均に関する検定です．例題 5.1 では母分散は既知でしたが現実的ではなく，母分散は未知であることが通常です．例題 5.3 は，母分散 σ^2 が未知の場合の仮説検定です．

しかし，母分散が未知の場合には，1 つの母平均に関する検定統計量（母分散：既知）を求める式が使えません．式の中に母分散 σ^2 が入っているからです．そのため，母分散が未知の場合には，正規分布による標準化式や正規分布表を利用できませんが，代わりに類似する「t 分布」や「t 表」を活用します．

2 t 分布の特徴

t 分布とは，母分散が未知の場合において，計量値の検定統計量を求めるために発見された標準化分布です．t 分布の特徴を標準正規分布と対比し，**表 5.6** に示します．また，t 分布のグラフは**図 5.10** のようになります．

3 1つの母平均に関する検定の手順（σ^2 未知の場合）

検定の手順は，次のとおりです．

表 5.6　t 分布の特徴

標準正規分布と類似する点	・t 分布も 0 を中心とする ・t 分布も左右対称である ・t 分布も母集団が正規分布であることを前提とする ・t 分布は自由度を大きくすると，標準正規分布に近づく ・t 分布は標準化された値の分布である
標準正規分布と異なる点	・正規分布は標本の大きさが変わっても分布の形は変わらないが，t 分布は自由度 $n-1$ が変わると分布の形が変わる ・分布は標準正規分布より大きな広がりをもつ

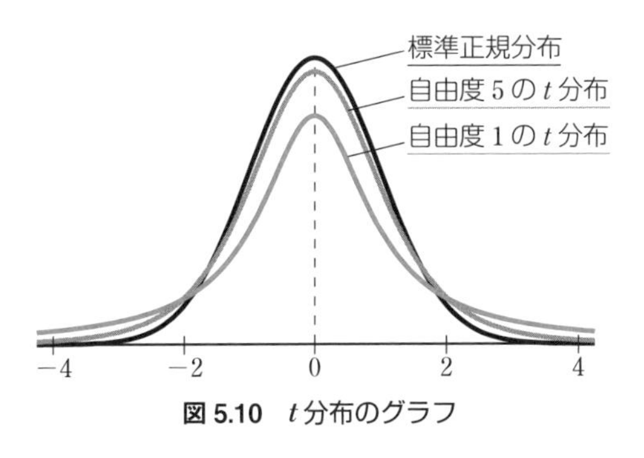

図 5.10　t 分布のグラフ

手順❶ 仮説を設定する

例題 5.3 は，「母平均は 100 mm であるといえるか」という問題文ですから，大小を問いませんので，仮説は次のように設定します（$\mu_0=100$ mm）．

帰無仮説 H_0：$\mu=\mu_0$［意味：母平均は 100 mm と同じである］

対立仮説 H_1：$\mu\neq\mu_0$［意味：母平均は 100 mm と異なる］

手順❷ 有意水準を決定する

例題 5.3 では有意水準 $\alpha=5\,\%$ です．

手順❸ 棄却限界値を求め，棄却域を設定する

母集団が正規分布であっても母分散が未知の場合は，正規分布表が使えませんので，棄却限界値は t 分布に基づく t 表から求めます．

（1）t 表の読み方の基本

巻末の付表 4 t 表は，確率 P と自由度 ϕ から統計量（t 値）を求める表です．t 表の上部に記載の**図 5.11** のとおり両側確率を前提とします．つまり，上側と下側に振り分け済みということです．

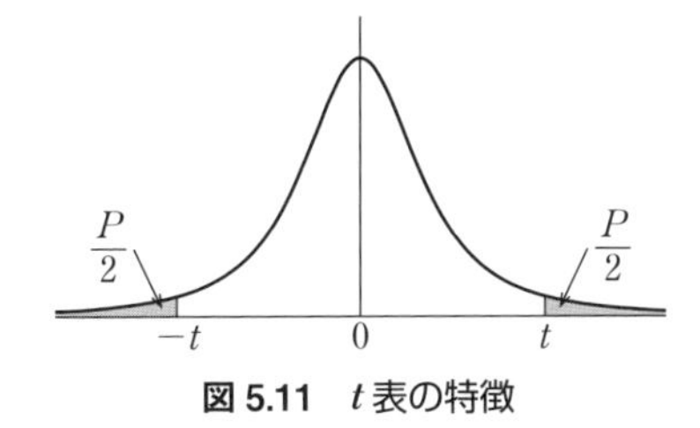

図 5.11　t 表の特徴

t 表は**表 5.7** のように，例えば P 欄「0.05」の列には，$P=5\,\%$ すなわち $\dfrac{P}{2}=2.5\%$ に対応する t 値が書かれています．

表 5.7　t 表の抜粋（両側検定）

ϕ ＼ P	0.1	0.05
9	1.833	2.262

（2）両側検定の場合

例題 5.3 は両側検定であり，有意水準 $\alpha=5\,\%$，自由度 $\phi=n-1=10-1=9$ です．そこで，t 表の P 欄「0.05」と ϕ 欄「9」が交わる箇所により t 値 $=2.262$ を求め

ます．よって棄却限界値は，下側が -2.262，上側が 2.262 とわかります．棄却域は，**図 5.12**(a) のように棄却限界値を始点に分布の外側に広げた区間です．

（3）片側検定の場合

t 表は正規分布表と異なり両側確率を前提とします．片側検定で有意水準 $\alpha=5\%$ の場合，2α すなわち $P=10\%$ に対応する t 値を読みます．例えば，片側検定で有意水準 5%，自由度 9 の場合の t 値は，t 表の P 欄「0.10」と ϕ 欄「9」が交わる 1.833 です．よって棄却限界値は，下側の片側検定の場合 -1.833，上側の片側検定の場合 1.833 とわかります．棄却域は，図 5.12(b), (c) のとおりです．

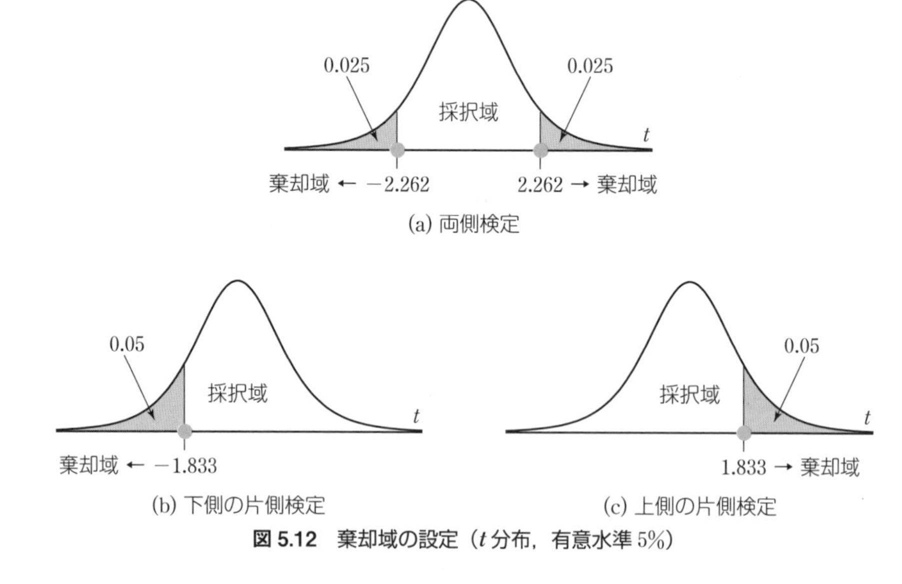

図 5.12　棄却域の設定（t 分布，有意水準 5%）

t 分布の場合の棄却域をまとめると，**表 5.8** のとおりです．

表 5.8　棄却域（t 分布の場合）

対立仮説		棄却域（区間）
両側検定	$H_1: \mu \neq \mu_0$	$\lvert t_0 \rvert \geq t(\phi, \alpha)$
下側の片側検定	$H_1: \mu < \mu_0$	$t_0 \leq -t(\phi, 2\alpha)$
上側の片側検定	$H_1: \mu > \mu_0$	$t_0 \geq t(\phi, 2\alpha)$

手順❹ データを収集し，検定統計量を計算する

1 で述べたように，母分散が未知の場合には，標準正規分布ではなく，t 分布を利用します．検定統計量は，1 つの母平均に関する検定統計量（σ^2 既知の場合）

$u_0 = \dfrac{\overline{x} - \mu_0}{\sqrt{\dfrac{\sigma^2}{n}}}$ における「σ^2」を「V」で代用して求めます．

> 1つの母平均に関する検定統計量（σ^2 未知の場合）
>
> $$t_0 = \frac{\overline{x} - \mu_0}{\sqrt{\dfrac{V}{n}}} \left(= \frac{標本平均 - 母平均}{\sqrt{\dfrac{不偏分散}{標本の大きさ}}} \right)$$
>
> 検定統計量 t_0 は，自由度 $n-1$ の t 分布に従います．

例題 5.3 に当てはめ，検定統計量を求めます．

$$t_0 = \frac{102 - 100}{\sqrt{\dfrac{3^2}{10}}} = 2.108$$

手順5 仮説の採否を判定

例題 5.3 の棄却域は $|t_0| \geq 2.262$ ですから，**図 5.13** のとおり検定統計量 $t_0 = 2.108$ は採択域内です．よって帰無仮説を棄却することはできず，部品の長さの母平均は **100 mm ではないとはいえない**，となります（例題 5.3 の答）．

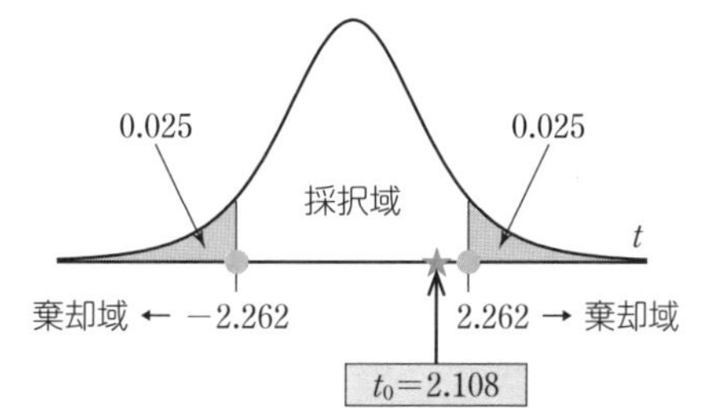

図 5.13 仮説の採否を判定（例題 5.3）

4 例題 5.3 のまとめ（仮説検定）

例題 5.3 の検定手順をまとめると，**表 5.9** のようになります．

表 5.9 例題 5.3 のまとめ（仮説検定）

①仮説	$H_0 : \mu = 100$ mm, $H_1 : \mu \neq 100$ mm
②有意水準 ③棄却域	・有意水準は 5% ・母分散が未知なので，t 表を利用 ・棄却域は両側検定であるから，$|t_0| \geq 2.262$
④検定統計量	$t_0 = \dfrac{\overline{x} - \mu_0}{\sqrt{\dfrac{V}{n}}} = \dfrac{102 - 100}{\sqrt{\dfrac{3^2}{10}}} = 2.108$
⑤判定	・$|t_0| \geq 2.262$ とはならないので，H_0 を棄却できない ・100 mm ではないとはいえない

5.7 1つの母平均に関する推定(母分散が未知の場合)

1つの母平均に関する推定（母分散未知）の手順を例題で確認しましょう.

例題 5.4

ある部品につき，長さの狙い目を 100 mm として大量に製造した．検査のため部品 10 個を無作為抽出したところ，長さの平均は 102 mm，標準偏差は 3 mm であった．検査時の長さの母平均を信頼率 95 % で区間推定せよ．

解答

推定の手順は，次のとおりです．

手順❶ 点推定

点推定値　$\hat{\mu}=\bar{x}=102$ mm

手順❷ 区間推定

母分散が既知の場合，信頼率 95 % の母平均の信頼区間は，点推定値 ±1.960× 標準偏差により求めました．母分散が未知の場合，正規分布表から求める係数 1.960 が使えませんので，付表 4 t 表から係数を求めます．区間は両側確率ですから，信頼区間を求める式は次のようになります．

> 1つの母平均に関する区間推定（σ^2 未知の場合）
>
> $$\bar{x}-t(\phi,\ \alpha)\times\sqrt{\frac{V}{n}}\leq\mu\leq\bar{x}+t(\phi,\ \alpha)\times\sqrt{\frac{V}{n}}$$
>
> ※信頼率 95 % の場合，$\alpha=1-$(信頼率 0.95)$=0.05$ です．

上式を当てはめ，95 %信頼区間を求めます．自由度 ϕ は 9 なので，$t(9,\ 0.05)=2.262$ です．

$$\text{信頼下限}：102-2.262\times\sqrt{\frac{3^2}{10}}=99.854$$

$$\text{信頼上限}：102+2.262\times\sqrt{\frac{3^2}{10}}=104.146$$

よって，母平均の信頼区間は，**$99.854\leq\mu\leq104.146$ mm**（信頼率 95 %）

理解度確認 問題

次の文章で正しいものには○，正しくないものには×を選べ．

① 仮説検定とは，母集団のデータをもとに未知の標本に関する仮説が正しいかどうかを判定することである．

② 帰無仮説の記号は H_1，対立仮説の記号は H_0 である．

③ 母平均 μ が 1000 よりも小さくなったかどうかの仮説検定を行う場合，帰無仮説は，$\mu \leq \mu_0$（$\mu_0 = 1000$）と設定する．

④ 有意水準は，検定のためのデータ収集後に設定する．

⑤ 仮説検定を行うためにデータを標準化した値を，棄却限界値という．

⑥ 棄却域とは，対立仮説を棄却してよいとする区間である．

⑦ 帰無仮説を採択することを「有意である」という．

⑧ 信頼率を大きくすると，信頼区間は狭くなる．

⑨ 区間推定は，検定が両側の場合は両側確率で，片側の場合は片側確率で考える．

⑩ 信頼区間を求める公式 $\overline{x} - 1.960 \times \sqrt{\dfrac{\sigma^2}{n}} \leq \mu \leq \overline{x} + 1.960 \times \sqrt{\dfrac{\sigma^2}{n}}$ は，母分散が未知の場合に活用できる．

⑪ t 分布は標準正規分布より大きな広がりをもち，標準偏差を大きくすると標準正規分布に近づく．

⑫ 母分散が未知の場合は，t 分布に基づく正規分布表を利用して棄却域を設定する．

⑬ t 表は，自由度 ϕ と確率 P から統計量（t 値）を求める表のことであり，片側確率を前提として作られている．

⑭ 1 つの母平均に関して，母分散未知の条件により仮説検定を行う場合，統計検定量を求めるときに使われる分布は正規分布である．

理解度確認　解答と解説

① **正しくない（×）**．仮説検定とは，未知の母数に関する仮説が正しいかどうかを判定することである．未知の標本ではない．　☞ 5.1 節 1

② **正しくない（×）**．帰無仮説の記号は H_0，対立仮説の記号は H_1 である．　☞ 5.3 節 2

③ **正しくない（×）**．帰無仮説は，必ず「同じである」と設定するので，$H_0 : \mu = \mu_0$（$\mu_0 = 1000$）とするのが正しい．　☞ 5.1 節 2

④ **正しくない（×）**．有意水準は，データの収集前に設定する．有意水準を後から決めるのはいわば後出しジャンケンであり，判定に疑いが生じる．　☞ 5.1 節 2

⑤ **正しくない（×）**．仮説検定を行うためにデータを標準化した値は，検定統計量である，棄却限界値は，有意水準（確率）を標準化した値である．　☞ 5.1 節 2

⑥ **正しくない（×）**．棄却域とは，帰無仮説を棄却してよいとする区間である．仮説検定は帰無仮説のもとで行う．棄却となるのは帰無仮説が間違っていたからと考え，帰無仮説を棄却し，対立仮説を採択する．　☞ 5.1 節 2

⑦ **正しくない（×）**．帰無仮説を棄却し，対立仮説を採択することを「有意である」という．　☞ 5.3 節 2

⑧ **正しくない（×）**．95 % を 99 % とするように信頼率を大きくすると，信頼区間は広くなり実用的でなくなる．　☞ 5.4 節 2

⑨ **正しくない（×）**．区間推定は，検定が両側か片側かにかかわらず，両側確率で考える．　☞ 5.4 節 3

⑩ **正しくない（×）**．設問の公式は，式中で母分散 σ^2 を使用しているので，母分散が既知の場合の公式である．　☞ 5.5 節

⑪ **正しくない（×）**．「標準偏差を大きくする」は誤りで，「自由度を大きくする」が正しい．　☞ 5.6 節 2

⑫ **正しくない（×）**．正規分布表は誤りで，t 表が正しい．　☞ 5.6 節 3

⑬ **正しくない（×）**．t 表は，自由度 ϕ と両側確率 P とから統計量（t 値）を求める表であり，両側確率を前提として作られているので誤り．　☞ 5.6 節 3

⑭ **正しくない（×）**．1 つの母平均に関する検定で，母分散が未知の場合，棄却限界値や検定統計量を求めるために使われるのは t 分布である．　☞ 5.6 節 3

練習問題

【問 1】 検定に関する次の文章において, [　　] 内に入るもっとも適切なものを下欄の選択肢からひとつ選べ. ただし, 各選択肢を複数回用いることはない.

製品Aの特性値の規定は平均値を1300（単位省略）, 標準偏差を3.5（単位省略）としている. この製品Aから無作為に標本を抽出し測定した結果, 平均値が規定の1300からずれたため, 有意水準5%で仮説検定と推定を行うことにした. なお, 母集団のデータは正規分布に従うものとみなす. この場合の検定は [(1)] であり, 以下の手順で行う.

手順① [(2)]
手順② [(3)]
手順③ 棄却限界値と棄却域を設定
手順④ [(4)]
手順⑤ 判定
手順⑥ [(5)]

【[(1)] の選択肢】
ア. 2つの母平均の差の検定
イ. 1つの母平均の検定（母分散既知）
ウ. 1つの母平均の検定（母分散未知）

【[(2)] ～ [(5)] の選択肢】
ア. 有意水準を決定　　イ. 点推定と区間推定を実施　　ウ. 帰無仮説を設定
エ. 仮説を設定　　オ. 対立仮説を設定　　カ. 検定統計量を計算

【問 2】 検定に関する次の文章において, [　　] 内に入るもっとも適切なものを下欄の選択肢からひとつ選べ. ただし, 各選択肢を複数回用いることはない. なお, 解答にあたって必要であれば巻末の付表を用いよ.

ある製品の整備前における製品の重さの平均は61.0（単位省略）, 標準偏差は1.0であった. 整備後の製品から無作為に100個を抽出検査した結果, 平均は59.0であった. このとき, 整備前と整備後の機械では母平均に差があるのか否かを, 有意水準5%で検定する.

手順① 仮説を [(1)] とする.
手順② 有意水準を $\alpha=0.05$ とする.
手順③ 棄却限界値を求めると [(2)] となる.
手順④ 検定統計量を求めると [(3)] となる.
手順⑤ 棄却域と検定統計量を比較して判定すると, 帰無仮説 H_0 は有意水準5%で [(4)] され, 母平均は [(5)] といえる.

【 (1) の選択肢】

ア．帰無仮説 H_0：$\mu=61$，対立仮説 H_1：$\mu\neq61$

イ．帰無仮説 H_0：$\mu=59$，対立仮説 H_1：$\mu\neq59$

ウ．帰無仮説 H_0：$\mu=61$，対立仮説 H_1：$\mu\geq61$

エ．帰無仮説 H_0：$\mu=61$，対立仮説 H_1：$\mu\leq59$

【 (2) (3) の選択肢】

ア．−0.050 と 0.050　　イ．−1.960 と 1.960　　ウ．−2.131 と 2.131

エ．−21.0　　オ．−20.0　　カ．−15.0

【 (4) (5) の選択肢】

ア．変化した　　イ．変わらない　　ウ．棄却　　エ．採択

【問 3】 検定に関する次の文章において，□内に入るもっとも適切なものを下欄の選択肢からひとつ選べ．ただし，各選択肢を複数回用いることはない．なお，解答にあたって必要であれば巻末の付表を用いよ．

ある製品の特性値について調べたところ，従来の母平均は 75.2（単位省略）であった．先日実施された改善によって新しい工程で製造することとなり，サンプルを 30 個抽出し計算した結果，平均値 $\bar{x}=77.1$，標準偏差 $s=7.03$ となった．

そこで，この新しい工程で製造される製品の強度が，従来の母平均 75.2 よりも大きいかどうかを有意水準 5％で検定することとした．計算したデータは正規分布に従うとする．

① 有意水準 $\alpha=5$％とした場合，帰無仮説が正しくないときに，これを正しいと判断する誤りを (1) といい，帰無仮説が正しいときに，これを正しくないと判断する誤りを (2) という．

② 検定統計量を計算すると (3) となる．

③ 確率分布から求めた棄却限界値は (4) となるので，②で求めた検定統計量の値を踏まえ，帰無仮説を (5) し，新しい工程で製造された製品の強度は従来と比べて母平均は (6) と判定する．

【 (1) (2) の選択肢】

ア．生産者誤り　　イ．第 2 種の誤り　　ウ．製造者誤り　　エ．第 1 種の誤り

【 (3) の選択肢】

ア．−18.750　　イ．−3.423　　ウ．1.118　　エ．1.480

【 (4) の選択肢】

ア．1.153　　イ．1.699　　ウ．3.925　　エ．8.108

【 (5) の選択肢】

ア．有意　　イ．推定　　ウ．棄却　　エ．採択

【 (6) の選択肢】

ア．等しくなったといえる　　イ．小さくなったといえる

ウ．変わらないといえる　　エ．大きくなったといえる

オ．小さくなったとはいえない　　カ．大きくなったとはいえない

練習 解答と解説

【問 1】 仮説検定の手順に関する問題である．

解答 (1) **イ** (2) **エ** (3) **ア** (4) **カ** (5) **イ**

母集団と標本との比較，母集団の標準偏差 3.5 とあるので，母集団の分散は既知である．よって，この検定は［(1) **イ．1 つの母平均の検定（母分散既知）**］である．

手順は，［(2) **エ．仮説を設定**］，［(3) **ア．有意水準を決定**］，棄却限界値を求め棄却域を設定，［(4) **カ．検定統計量を計算**］，判定，［(5) **イ．点推定と区間推定を実施**］である．

(2) は，詳しくは（ウ.）帰無仮説を設定，（オ.）対立仮説を設定となるが，解答欄が 1 つであるから，（エ.）仮説を設定を選択する．

☞ 5.3 節 2

【問 2】 1 つの母平均に関する検定（母分散が既知の場合）の問題である．

解答 (1) **ア** (2) **イ** (3) **オ** (4) **ウ** (5) **ア**

本問は，特定の値である母平均 61.0 と整備後の母平均（未知）に差があるかを，データにより検定するものである．母分散は既知，すなわち 1.0^2 である．

手順❶ 仮説を設定する

差があるか否かを問う検定であるから，両側検定である．よって仮説は，［(1) **ア．帰無仮説 H_0：$\mu=61$，対立仮説 H_1：$\mu\neq61$**］と設定する．

手順❷ 有意水準を決定する

有意水準 α は 5％である．

手順❸ 棄却限界値を求め，棄却域を設定する

母分散が既知なので，付表 1〜3 の正規分布表を利用し棄却限界値を求める．両側検定であるから 0.025 に対応するのは，$K_P=1.960$ とわかる．棄却限界値は，［(2) **イ．-1.960 と 1.960**］である．棄却域は $|u_0|\geq1.960$ となる．

手順❹ データを収集し，検定統計量を計算する

母分散が既知であるから，次により検定統計量を求める．

$$u_0=\frac{\overline{x}-\mu_0}{\sqrt{\dfrac{\sigma^2}{n}}}=\frac{59.0-61.0}{\sqrt{\dfrac{1.0^2}{100}}}=[(3)\ \textbf{オ．}-20.0]$$

手順❺ 仮説の採否を判定する

棄却域は $|u_0|\geq1.960$ であるから，検定統計量 $u_0=-20.0$ は棄却域内である．よって帰無仮説を［(4) **ウ．棄却**］し，対立仮説を採択する（有意である）．

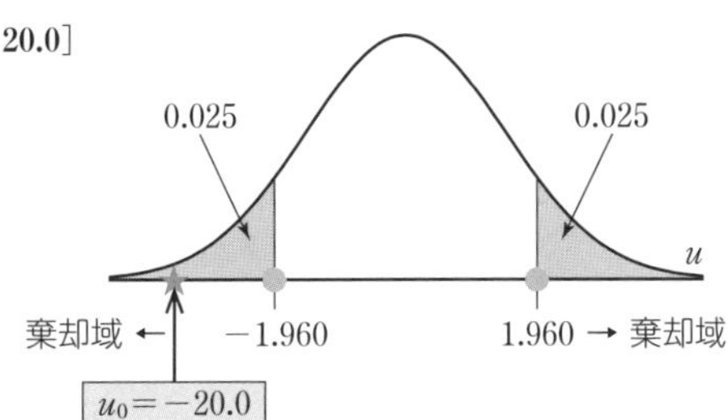

整備後の母平均は，［(5)　**ア．変化した**］といえる．

☞ 5.3 節 2

【問 3】 1 つの母平均に関する検定（母分散が未知の場合）の問題である．

解答 (1) **イ** (2) **エ** (3) **エ** (4) **イ** (5) **エ** (6) **カ**

本問は，特定の値である母平均 75.2 と改善後の母平均（未知）に差があるかを，データにより検定するものである．改善後の母分散も未知である．

手順❶ 仮説を設定する

大きくなったかを問う検定であるから，上側の片側検定である．よって仮説は次のように設定する．

帰無仮説 H_0：$\mu=75.2$，対立仮説 H_1：$\mu>75.2$

手順❷ 有意水準を決定する

有意水準 α は 5％である．

仮説検定は，数少ないデータから母集団全体を推測するので，誤った判定を避けることができない．帰無仮説が正しくないときに，これを正しいと判断する誤りを［(1)　**イ．第 2 種の誤り**］といい，帰無仮説が正しいときに，これを正しくないと判断する誤りを［(2)　**エ．第 1 種の誤り**］という．

判定に際しては，誤りを最小限にすることが重要となるので，第 1 種の誤りを 5％という小さな値にし，この値をもって有意水準 α とするのが通例である．第 1 種の誤りは，あわて者の誤りなので「α（アルファ）」と覚える方法もある．

手順❸ 棄却限界値を求め，棄却域を設定する

母分散が未知なので，付表 4 t 表を利用して棄却限界値を求める．t 表は両側確率で作られているので，本問のように上側の片側検定である場合，t 表は「ϕ, 2α」の交差する値を読む．よって本問の棄却限界値は，$\phi=30-1=29$ と $P=2\alpha=0.10$ が交差する［(4)　**イ．1.699**］とわかる．棄却域は $t_0\geq1.699$ である．

手順❹ データを収集し，検定統計量を計算する

母分散が未知であるから，次により検定統計量を求める．

$$t_0=\frac{\overline{x}-\mu_0}{\sqrt{\dfrac{V}{n}}}=\frac{77.1-75.2}{\sqrt{\dfrac{7.03^2}{30}}}=[(3)\quad \textbf{エ．1.480}]$$

手順❺ 仮説の採否を判定する

棄却域は $t_0\geq1.699$ であるから，検定統計量 $t_0\geq1.480$ は採択域内である．よって帰無仮説を［(5)　**エ．採択**］する．母平均は［(6)　**カ．大きくなったとはいえない**］．

☞ 5.1 節 2，5.6 節 3

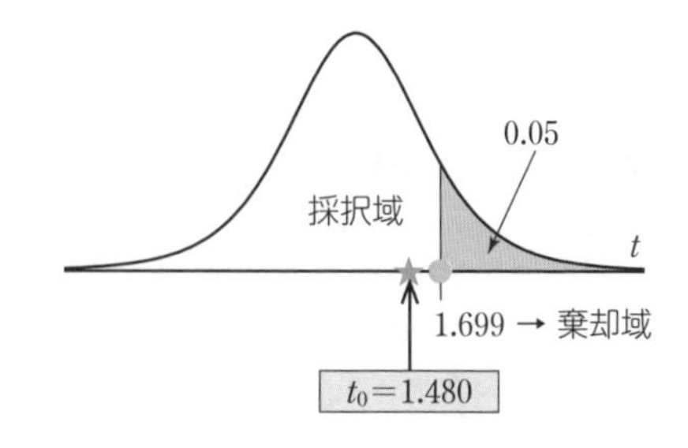

手法分野

6章 仮説検定と推定②

未知の母数の
推測方法を
学習します

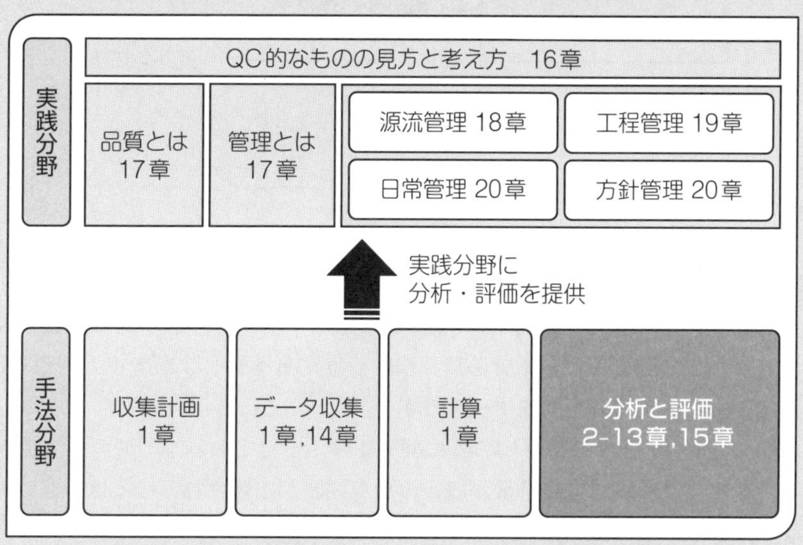
実践分野
QC的なものの見方と考え方　16章
品質とは
17章
管理とは
17章
源流管理 18章
工程管理 19章
日常管理 20章
方針管理 20章
実践分野に
分析・評価を提供
手法分野
収集計画
1章
データ収集
1章,14章
計算
1章
分析と評価
2-13章,15章

6.1 2つの母平均の差に関する検定と推定（母分散が既知の場合）

出題頻度 

1 例題とポイント

例題 6.1

ある会社では，同じ製品を A，B 2 つの工場で生産している．製品の寸法の母分散は，A 工場では $\sigma_A{}^2=0.16^2$，B 工場では $\sigma_B{}^2=0.12^2$ とわかっている（**図 6.1**，単位省略）．A 工場と B 工場でそれぞれの生産した製品の寸法を測ったところ，次のデータを得た．工場によって製品の寸法に差があるといえるか．

<u>データ</u>

A 工場：$n_A=100$ 個，$\bar{x}_A=101.35$

B 工場：$n_B=100$ 個，$\bar{x}_B=101.52$

【問 1】有意水準 5 % で検定せよ．

【問 2】信頼率 95 % で母平均の差を推定せよ．

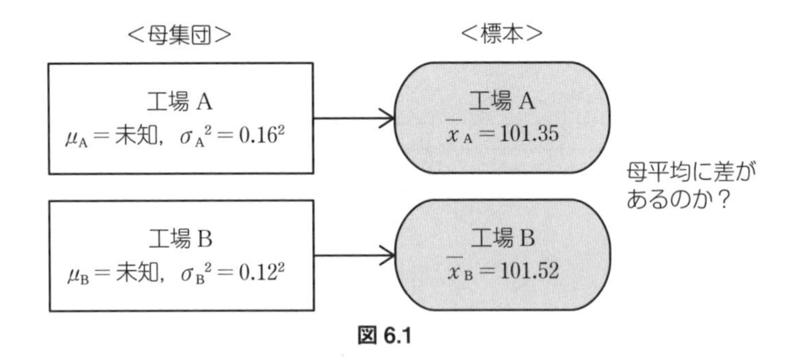

図 6.1

<u>例題 6.1 のポイント</u>

2 つの母平均の差 $\mu_A-\mu_B$ に関する検定と推定です．母分散が既知であれば母平均もわかっているのが通常であり，検定や推定も不要となります．例題 6.1 は母平均を未知とする仮想的なケースです．

本節の目的は，2 つの母平均の差に関する検定と推定の基本型や考え方を学習することです．試験では母分散が既知の計算問題が出題されることは少ないのですが，母分散が未知の場合を学習する前提として重要です．

2　2つの母平均の差に関する検定（σ^2既知の場合）

検定の手順は，次のとおりです．

手順❶　仮説を設定する

帰無仮説 H_0：$\mu_A=\mu_B$ ［意味：A と B の母平均は同じである］

対立仮説 H_1：$\mu_A \neq \mu_B$ ［意味：A と B の母平均は異なる］

帰無仮説 H_0 が「未知＝既知（特定の値）」になっていないように見えますが，H_0：$\mu_A-\mu_B=0$（特定の値）の変形と理解してください．

手順❷　有意水準を決定する

例題 6.1 では有意水準 $\alpha=5\%$ です．

手順❸　棄却限界値を求め，棄却域を設定する

母集団が正規分布の場合，標本平均の差 $\bar{x}_A-\bar{x}_B$ は正規分布に従います．例題 6.1 では母分散が既知ですから，棄却限界値と棄却域は正規分布表から求め，**表 6.1** のようになります．

表 6.1　棄却域（正規分布，有意水準 5% の場合）

対立仮説		棄却域（区間）
両側検定	H_1：$\mu_A \neq \mu_B$	$\lvert u_0 \rvert \geq 1.960$
下側の片側検定	H_1：$\mu_A < \mu_B$	$u_0 \leq -1.645$
上側の片側検定	H_1：$\mu_A > \mu_B$	$u_0 \geq 1.645$

例題 6.1 では両側検定ですから，棄却域は $\lvert u_0 \rvert \geq 1.960$ となります．

手順❹　データを収集し，検定統計量を計算する

検定統計量（σ^2 既知の場合）を求める手順は次のとおりです．

1）1 つの母平均に関する検定統計量（σ^2 既知）は，下式のとおりでした．

$$u_0=\frac{\bar{x}-\mu_0}{\sqrt{\dfrac{\sigma^2}{n}}}\quad\left(=\frac{\text{標本平均}-\text{母平均}}{\sqrt{\dfrac{\text{母分散}}{\text{標本の大きさ}}}}\right)$$

2）検定統計量は，統計量を標準化した値です．2 つの母平均の差に関する検定では，標本平均の差 $\bar{x}_A-\bar{x}_B$ を標準化しますので，上式の $\bar{x}$ を $\bar{x}_A-\bar{x}_B$ に，μ_0 を $\mu_A-\mu_B$ に置き換えます．ただし，分散の加法性（4.2 節 2）により，分散は足し算で計算しますので，次のようになります．

$$u_0 = \frac{(\overline{x}_A - \overline{x}_B) - (\mu_A - \mu_B)}{\sqrt{\dfrac{{\sigma_A}^2}{n_A} + \dfrac{{\sigma_B}^2}{n_B}}}$$

3) 仮説検定は $H_0 : \mu_A = \mu_B$ のもとで行いますので，分子の $\mu_A - \mu_B = 0$ は式から省略します．よって，検定統計量は下式から求めるとわかります．

> 2 つの母平均の差に関する検定統計量（σ^2 既知の場合）
>
> $$u_0 = \frac{\overline{x}_A - \overline{x}_B}{\sqrt{\dfrac{{\sigma_A}^2}{n_A} + \dfrac{{\sigma_B}^2}{n_B}}}$$

例題 6.1 に当てはめ，検定統計量を求めます．

$$u_0 = \frac{101.35 - 101.52}{\sqrt{\dfrac{0.16^2}{100} + \dfrac{0.12^2}{100}}} = -8.500$$

手順❺ 仮説の採否を判定する

例題の棄却域は $|u_0| \geq 1.960$ ですから，検定統計量 $u_0 = -8.500$ は棄却域内です（**図 6.2**）．よって帰無仮説を棄却し，対立仮説を採択します（有意である）．**工場によって製品の寸法に差がある**といえます（例題 6.1【問 1】の答）．

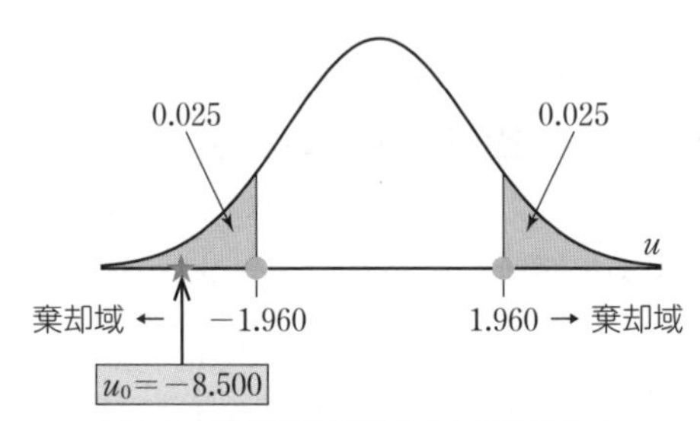

図 6.2 仮説の採否を判定（例題 6.1）

3 2つの母平均の差に関する推定（σ^2既知の場合）

推定の手順は，次のとおりです.

手順❶ 点推定

$$\widehat{\mu_A-\mu_B}=\overline{x}_A-\overline{x}_B=101.35-101.52=-0.17$$

手順❷ 区間推定

2つの母平均の差に関する区間推定（σ^2 既知，信頼率 95 % の場合）

$$(\overline{x}_A-\overline{x}_B)-1.960\times\sqrt{\frac{\sigma_A{}^2}{n_A}+\frac{\sigma_B{}^2}{n_B}}\leq\underline{\mu_A-\mu_B}$$

（推定したい母平均の差）

$$\leq(\overline{x}_A-\overline{x}_B)+1.960\times\sqrt{\frac{\sigma_A{}^2}{n_A}+\frac{\sigma_B{}^2}{n_B}}$$

例題 6.1 に当てはめ，95 % 信頼区間を求めます.

$$-0.17-1.960\times\sqrt{\frac{0.16^2}{100}+\frac{0.12^2}{100}}\leq\mu_A-\mu_B$$

$$\leq-0.17+1.960\times\sqrt{\frac{0.16^2}{100}+\frac{0.12^2}{100}}$$

よって，$-0.209\leq\mu_A-\mu_B\leq-0.131$ （信頼率 95%）（例題 6.1【問 2】の答）

6.2 2つの母平均の差に関する検定と推定（母分散が未知，等分散である場合）

出題頻度 ★☆☆

1 例題とポイント

例題 6.2

次のデータは，母分散が等しい正規分布集団からの標本データである．**表 6.2** はデータを計算した統計量である．AとBの母平均は等しいとみてよいか．

表 6.2　データを計算した統計量

	平均 $\overline{x}$	偏差平方和 S
標本 A	33	28
標本 B	36	20

データ

標本 A：34　30　31　35　32　36

標本 B：37　35　33　39　36

【問 1】有意水準 5％で検定せよ．

【問 2】信頼率 95％で標本 A と標本 B の母平均の差を推定せよ．

例題 6.2 のポイント

2 つの母平均の差に関する検定と推定で，母分散が未知の場合は，**表 6.3** のような 3 類型があります．これらを，6.2 節，6.3 節，6.4 節に分けて学習します．それぞれの類似点と相違点を意識した学習が大切です．

表 6.3　母分散が未知の場合の 3 類型

データに対応がない	6.2 節　等分散である（$\sigma_A{}^2 = \sigma_B{}^2$）
	6.3 節　等分散でない（$\sigma_A{}^2 \neq \sigma_B{}^2$）［Welch の検定］
6.4 節　データに対応がある	

3 類型とも母分散が未知ですから，棄却限界値や検定統計量を求めるときに t 分布を使用する点は共通です．2 つの母平均の差に関する検定と推定の出題は，等分散である場合が圧倒的です．等分散である場合とは，母分散 $\sigma_A{}^2$ と $\sigma_B{}^2$ は未知ですが，等分散 $\sigma_A{}^2 = \sigma_B{}^2$ であることは判明している場合です（7.2 節）．

ただし，表 6.3 の 3 類型では検定統計量の計算式が異なります．どの類型の問題なのかを判別できるようにすることが重要です.

2 等分散である場合と等分散ではない場合を区別するポイント

等分散である場合と等分散ではない場合については，**表 6.4** の下線部のように問題文に区別できる言葉が書かれています．見逃さないようにしましょう．

表 6.4　試験問題で区別するポイント

$\sigma_A^2=\sigma_B^2$ の問題文［等分散］	$\sigma_A^2\neq\sigma_B^2$ の問題文［Welch の検定］
試験片を 10 個用意して，ランダムに 5 個と 5 個に分ける．計測法 A で 5 個，計測法 B で 5 個の試験片の特性を測定し，計測法によって特性の母平均に違いがあるかどうかを検定する． ここで，計測法によって母分散に違いがないものと考える．	試験片を 10 個用意して，ランダムに 6 個と 4 個に分ける．計測法 A で 6 個，計測法 B で 4 個の試験片の特性を測定し，計測法によって特性の母平均に違いがあるかどうかを検定する． ここで，計測法によって母分散は大きく異なる可能性があると考える．

3 2つの母平均の差に関する検定(σ_A^2 と σ_B^2 未知，$\sigma_A^2=\sigma_B^2$ の場合)

検定の手順は，次のとおりです．

手順❶ 仮説を設定する

帰無仮説 H_0：$\mu_A=\mu_B$

対立仮説 H_1：$\mu_A\neq\mu_B$

手順❷ 有意水準を決定する

例題 6.2 では有意水準 $\alpha=5\%$ です．

手順❸ 棄却限界値を求め，棄却域を設定する

母分散が未知なので，棄却限界値と棄却域は t 分布から求めます（**表 6.5**）．

表 6.5　棄却域（t 分布の場合）

対立仮説		棄却域（区間）
両側検定	H_1：$\mu_A\neq\mu_B$	$\lvert t_0\rvert\geq t(\phi,\ \alpha)$
下側の片側検定	H_1：$\mu_A<\mu_B$	$t_0\leq -t(\phi,\ 2\alpha)$
上側の片側検定	H_1：$\mu_A>\mu_B$	$t_0\geq t(\phi,\ 2\alpha)$

例題 6.2 は両側検定ですから，棄却域は $\lvert t_0\rvert\geq t(\phi,\ \alpha)$ となります．

自由度（σ_A^2 と σ_B^2 未知，$\sigma_A^2=\sigma_B^2$ の場合）は，次のように求めます．

$$\phi=(n_A-1)+(n_B-1)=n_A+n_B-2$$

6章 仮説検定と推定②

n_A，n_B は A，B の標本の大きさです．例題 6.2 では自由度 $\phi=6+5-2=9$ ですから，棄却域は $|t_0| \geq t(9,\ 0.05)=2.262$ となります．

手順❹ データを収集し，検定統計量を計算する

検定統計量（$\sigma_A{}^2$ と $\sigma_B{}^2$ 未知，$\sigma_A{}^2=\sigma_B{}^2$ の場合）を求める手順は，次のとおりです．

1）2 つの母平均の差に関する検定統計量（σ^2 既知）は，下式のとおりでした．

$$u_0=\frac{\bar{x}_A-\bar{x}_B}{\sqrt{\dfrac{\sigma_A{}^2}{n_A}+\dfrac{\sigma_B{}^2}{n_B}}}$$

2）等分散の場合，まずは $\sigma_A{}^2=\sigma_B{}^2=\sigma^2$ とします．σ^2 は A と B の 2 つの母集団を合わせた母分散を意味します．次は，共通する σ^2 を下式のように併合します．

$$u_0=\frac{\bar{x}_A-\bar{x}_B}{\sqrt{\sigma^2\left(\dfrac{1}{n_A}+\dfrac{1}{n_B}\right)}}$$

3）併合した母分散は未知なので，母分散 σ^2 を不偏分散 V に，u_0 を t_0 に代えると，検定統計量は下式から求めるとわかります．

2 つの母平均の差に関する検定統計量（$\sigma_A{}^2$ と $\sigma_B{}^2$ 未知，$\sigma_A{}^2=\sigma_B{}^2$ の場合）

$$t_0=\frac{\bar{x}_A-\bar{x}_B}{\sqrt{V\left(\dfrac{1}{n_A}+\dfrac{1}{n_B}\right)}}$$

※併合した不偏分散 V の計算式は，次のとおりです．

$$V=\frac{S_A+S_B}{(n_A-1)+(n_B-1)}=\frac{S_A+S_B}{n_A+n_B-2} \quad (S_A,\ S_B \text{ は偏差平方和})$$

例題 6.2 に当てはめ，検定統計量を求めます．

$$V=\frac{28+20}{6+5-2}=\frac{48}{9}$$

$$t_0=\frac{33-36}{\sqrt{\dfrac{48}{9}\left(\dfrac{1}{6}+\dfrac{1}{5}\right)}}=-2.145$$

手順❺ 仮説の採否を判定する

例題 6.2 の棄却域は$|t_0| \geq t(9,\ 0.05)=2.262$ですから，検定統計量$t_0=-2.145$は採択域内です（**図 6.3**）．よって帰無仮説を棄却することはできません．**A と B の母平均は異なるとはいえない**，となります（例題 6.2【問 1】の答）．

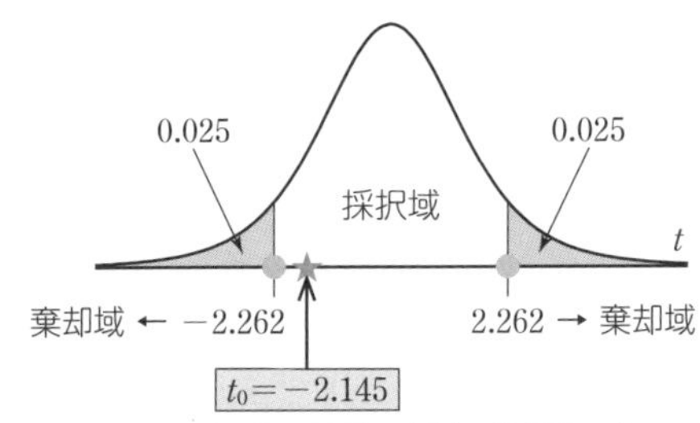

図 6.3 仮説の採否を判定（例題 6.2）

4 2つの母平均の差に関する推定($\sigma_A{}^2$と$\sigma_B{}^2$未知，$\sigma_A{}^2=\sigma_B{}^2$の場合)

推定の手順は，次のとおりです．

手順❶ 点推定

$$\widehat{\mu_A-\mu_B}=\bar{x}_A-\bar{x}_B=33-36=-3$$

手順❷ 区間推定

> 2 つの母平均の差に関する区間推定（$\sigma_A{}^2$と$\sigma_B{}^2$未知，$\sigma_A{}^2=\sigma_B{}^2$の場合）
>
> $$(\bar{x}_A-\bar{x}_B)-t(\phi,\ \alpha)\times\sqrt{V\left(\frac{1}{n_A}+\frac{1}{n_B}\right)}\leq\mu_A-\mu_B$$
> $$\leq(\bar{x}_A-\bar{x}_B)+t(\phi,\ \alpha)\times\sqrt{V\left(\frac{1}{n_A}+\frac{1}{n_B}\right)}$$
>
> ※信頼率 95 % の場合，$\alpha=1-$(信頼率 0.95)$=0.05$ です．

例題 6.2 に当てはめ，95 % 信頼区間を求めます．

$$t(\phi,\alpha)=t(9,0.05)=2.262$$

$$-3-2.262\times\sqrt{\frac{48}{9}\left(\frac{1}{6}+\frac{1}{5}\right)}\leq\mu_A-\mu_B$$
$$\leq-3+2.262\times\sqrt{\frac{48}{9}\left(\frac{1}{6}+\frac{1}{5}\right)}$$

よって，$-6.163\leq\mu_A-\mu_B\leq0.163$ （信頼率 95 %）（例題 6.2【問 2】の答）

6.3 2つの母平均の差に関する検定と推定（母分散が未知，等分散でない場合）

1 例題とポイント

例題 6.3

次のデータは，母分散が異なる正規分布集団からの標本データである．**表 6.6** はデータを計算した統計量である．AとBの母平均は等しいとみてよいか．

表 6.6　データを計算した統計量

	平均 $\bar{x}$	偏差平方和 S	自由度 ϕ	不偏分散 V
標本 A	33	28	5	5.6
標本 B	36	20	4	5.0

データ

標本 A：34　30　31　35　32　36

標本 B：37　35　33　39　36

【問 1】有意水準 5％で検定せよ．

【問 2】信頼率 95％で標本 A と標本 B の母平均の差を推定せよ．

例題 6.3 のポイント

2つの母平均の差に関する検定と推定で，母分散が未知の場合の3類型のうち，**表 6.7** のアミかけの等分散でない場合です．この場合の検定は，発見者の名前から **Welch（ウェルチ）の検定**ともいいます．等分散でない場合は，等分散ではないと判明している場合のほか，等分散かどうか不明な場合も含みます．

表 6.7　母分散が未知の場合の3類型

データに対応がない	6.2 節　等分散である（$\sigma_A^2 = \sigma_B^2$）
	6.3 節　等分散でない（$\sigma_A^2 \neq \sigma_B^2$）［Welch の検定］
6.4 節　データに対応がある	

等分散でない場合は，通常の自由度とは異なる等価自由度を求めます．等価自由度の計算結果は整数にならないことがあります．すると，棄却限界値を求めるときに t 表はそのままでは使えません．t 表は自由度が整数で書かれているから

です．そこで，棄却限界値を求めるために，**補間法**という計算を行います．

このように複雑な計算を要するため，Welch の検定に関する計算問題は出題例がありません．ただし，検定統計量の式や Welch という名称を選択する出題はあります．本節では等価自由度の計算例を示しますが，試験対策上は重要度が低い論点です．重要な箇所は，検定統計量の式を導く過程です．

2　2つの母平均の差に関する検定（σ^2 未知，$\sigma_A{}^2 \neq \sigma_B{}^2$ の場合）

検定の手順は，次のとおりです．

手順❶　仮説を設定する

帰無仮説 H_0：$\mu_A = \mu_B$

対立仮説 H_1：$\mu_A \neq \mu_B$

手順❷　有意水準を決定する

例題 6.3 では有意水準 $\alpha = 5\%$ です．

手順❸　棄却限界値を求め，棄却域を設定する

母分散が未知なので，棄却限界値と棄却域は t 分布から求めます（**表 6.8**）．ただし等価自由度を使用するので，t 分布は近似的です．

表 6.8　棄却域（t 分布の場合）

対立仮説		棄却域（区間）
両側検定	H_1：$\mu_A \neq \mu_B$	$\lvert t_0 \rvert \geq t(\phi,\ \alpha)$
下側の片側検定	H_1：$\mu_A < \mu_B$	$t_0 \leq -t(\phi,\ 2\alpha)$
上側の片側検定	H_1：$\mu_A > \mu_B$	$t_0 \geq t(\phi,\ 2\alpha)$

例題 6.3 は両側検定ですから，棄却域は $\lvert t_0 \rvert \geq t(\phi,\ \alpha)$ となります．

自由度（$\sigma_A{}^2$ と $\sigma_B{}^2$ 未知，$\sigma_A{}^2 \neq \sigma_B{}^2$ の場合）は，次のような**等価自由度** ϕ^* により求めます．

$$\phi^* = \frac{\left(\dfrac{V_A}{n_A} + \dfrac{V_B}{n_B}\right)^2}{\dfrac{1}{\phi_A}\left(\dfrac{V_A}{n_A}\right)^2 + \dfrac{1}{\phi_B}\left(\dfrac{V_B}{n_B}\right)^2}$$

例題 6.3 に当てはめると，データおよび表 6.6 より

$$\phi^* = \frac{\left(\frac{5.6}{6} + \frac{5.0}{5}\right)^2}{\frac{1}{5}\left(\frac{5.6}{6}\right)^2 + \frac{1}{4}\left(\frac{5.0}{5}\right)^2} = 8.8$$

等価自由度 8.8 では t 表をそのまま使えないので，次のように補間を行います．

$$\begin{aligned} t(8.8,\ 0.05) &= (1-0.8)\times t(8,\ 0.05) + 0.8\times t(9,\ 0.05) \\ &= 0.2\times 2.306 + 0.8\times 2.262 \\ &= 2.271 \end{aligned}$$

棄却域は，$|t_0| \geq t(8.8,\ 0.05) = 2.271$ となります．

手順❹ データを収集し，検定統計量を計算する

検定統計量（σ_A^2 と σ_B^2 未知，$\sigma_A^2 \neq \sigma_B^2$ の場合）を求める手順は次のとおりです．

1）2 つの母平均の差に関する検定統計量（σ^2 既知）は，下式のとおりでした．

$$u_0 = \frac{\overline{x}_A - \overline{x}_B}{\sqrt{\frac{\sigma_A^2}{n_A} + \frac{\sigma_B^2}{n_B}}}$$

2）母分散は未知なので，母分散 σ^2 を不偏分散 V に，u_0 を t_0 に代えます．
$\sigma_A^2 \neq \sigma_B^2$ の場合は母分散の併合は行えませんので，検定統計量は下式から求めるとわかります．

2 つの母平均の差に関する検定統計量（σ_A^2 と σ_B^2 未知，$\sigma_A^2 \neq \sigma_B^2$ の場合）

$$t_0 = \frac{\overline{x}_A - \overline{x}_B}{\sqrt{\frac{V_A}{n_A} + \frac{V_B}{n_B}}}$$

例題 6.3 に当てはめ，検定統計量を求めます．

$$t_0 = \frac{33 - 36}{\sqrt{\frac{5.6}{6} + \frac{5.0}{5}}} = -2.158$$

手順❺ 仮説の採否を判定

例題 6.3 の棄却域は $|t_0| \geq t(8.8, 0.05) = 2.271$ ですから，検定統計量 $t_0 = -2.158$ は採択域内です（**図 6.4**）．よって帰無仮説を棄却することはできず，**A と B の母平均が異なるとはいえない**，となります（例題 6.3【問 1】の答）．

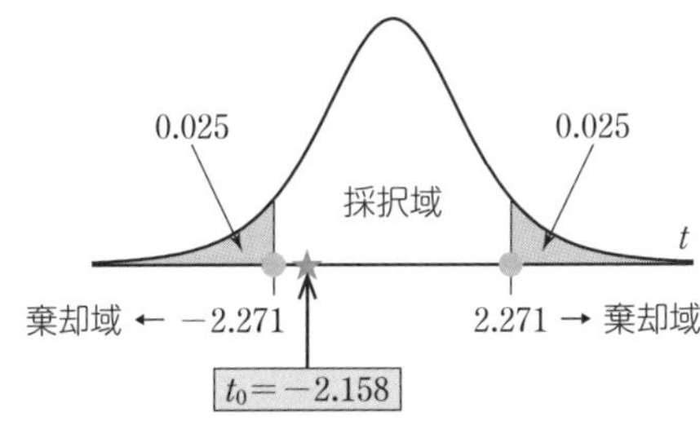

図 6.4　仮説の採否を判定（例題 6.3）

3　2つの母平均の差に関する推定（$\sigma_A{}^2$ と $\sigma_B{}^2$ 未知，$\sigma_A{}^2 \neq \sigma_B{}^2$ の場合）

推定の手順は，次のとおりです．

手順❶ 点推定

$$\widehat{\mu_A - \mu_B} = \bar{x}_A - \bar{x}_B = 33 - 36 = -3$$

手順❷ 区間推定

> 2 つの母平均の差に関する区間推定（$\sigma_A{}^2$ と $\sigma_B{}^2$ 未知，$\sigma_A{}^2 \neq \sigma_B{}^2$ の場合）
>
> $$(\bar{x}_A - \bar{x}_B) - t(\phi^*, \alpha) \times \sqrt{\frac{V_A}{n_A} + \frac{V_B}{n_B}} \leq \mu_A - \mu_B$$
>
> $$\leq (\bar{x}_A - \bar{x}_B) + t(\phi^*, \alpha) \times \sqrt{\frac{V_A}{n_A} + \frac{V_B}{n_B}}$$
>
> ※信頼率 95 % の場合，$\alpha = 1 - $(信頼率 0.95) $= 0.05$ です．

例題 6.3 に当てはめ，95 % 信頼区間を求めます．

$$t(\phi^*, \alpha) = t(8.8, 0.05) = 2.271 \quad \text{（補間によって求めた値）}$$

$$-3 - 2.271 \times \sqrt{\frac{5.6}{6} + \frac{5.0}{5}} \leq \mu_A - \mu_B \leq -3 + 2.271 \times \sqrt{\frac{5.6}{6} + \frac{5.0}{5}}$$

よって，**$-6.158 \leq \mu_A - \mu_B \leq 0.158$**　（信頼率 95 %）（例題 6.3【問 2】の答）

6.4 データに対応がある場合の検定と推定

出題頻度 ★☆☆

1 例題とポイント

例題 6.4

ある工場では成型部品9個を無作為抽出し，定められた2つの場所AとBで長さを測定した．データが**表 6.9**のとおりである場合，場所Aと場所Bとでは成型部品の長さの母平均に違いがあるとなるのか．

表 6.9　データの補助表

部品No.	1	2	3	4	5	6	7	8	9	計
場所A	142	136	136	128	136	139	138	137	133	1225
場所B	140	138	132	128	136	132	133	135	141	1215
データの差（d_i）	2	−2	4	0	0	7	5	2	−8	10
差の2乗（d_i^2）	4	4	16	0	0	49	25	4	64	166

【問1】有意水準5%で検定せよ．

【問2】信頼率95％でAとBの母平均の差を推定せよ．

例題 6.4 のポイント

データに対応がある場合の2つの母平均の差に関する検定と推定です．条件（試験の方法・場所・時期など）の異なる2つの場所で同じ標本を測定したときのデータを，「**対応があるデータ**」といいます．「同じ標本」がポイントです．対応があるデータの母平均に差がないことを調べる検定と，差の値を調べる推定を行います．

試験の問題文には「対応がある2つのデータ」などと書かれます．問題文をよく読み，対応があるデータか否かを判別することが大切です．計算問題では表6.9のような補助表が付きます．補助表中の「d」（difference）は，例題6.4の場合では場所Aと場所Bの差です．添字の「i」には部品No.が入ります．

データに対応がある場合は，「対になったデータの差 d_i」を1つのデータとして扱うという点が重要です．つまり，1つの母平均に関する検定（母分散：未知）と同じように検定を行います．

2 データに対応がある場合の検定

検定の手順は，次のとおりです．

手順❶ 仮説を設定する

帰無仮説 H_0：$\mu_A=\mu_B$（または $\delta=0$）

対立仮説 H_1：$\mu_A\neq\mu_B$（または $\delta\neq 0$）

δ は差を意味するギリシャ文字でデルタと読みます．$\delta=\mu_A-\mu_B$ です．

手順❷ 有意水準を決定する

例題 6.4 では有意水準 $\alpha=5\%$ です．

手順❸ 棄却限界値を求め，棄却域を設定する

母分散は未知なので，棄却限界値と棄却域は t 分布から求めます（**表 6.10**）．

表 6.10 棄却域（t 分布の場合）

対立仮説		棄却域（区間）
両側検定	H_1：$\mu_A\neq\mu_B$	$\lvert t_0\rvert\geq t(\phi,\ \alpha)$
下側の片側検定	H_1：$\mu_A<\mu_B$	$t_0\leq -t(\phi,\ 2\alpha)$
上側の片側検定	H_1：$\mu_A>\mu_B$	$t_0\geq t(\phi,\ 2\alpha)$

例題 6.4 は両側検定ですから，棄却域は $\lvert t_0\rvert\geq t(\phi,\ \alpha)$ となります．

自由度は $n-1$ により求めます．データに対応がある場合，対になったデータの差 d_i を 1 つのデータとして扱いますので，n は対の数です．例題 6.4 の対の数は「9」ですから，自由度 $n-1$ は 8 となります．

以上より棄却域は，$\lvert t_0\rvert\geq t(8,\ 0.05)=2.306$ とわかります．

手順❹ データを収集し，検定統計量を計算する

データに対応がある場合の検定統計量を求める手順は次のとおりです．

1) 対応のある 2 つのデータの差 $d_i=x_{A_i}-x_{B_i}$ の母分散は未知です．対になったデータの差 d_i を 1 つのデータとして扱いますので，1 つの母平均に関する検定統計量（σ^2 未知の場合）を求める式から考えます．

$$t_0=\frac{\bar{x}-\mu}{\sqrt{\dfrac{V}{n}}}$$

2) 対になったデータの差 d_i を 1 つのデータとして扱いますので，上式について次の 3 つの修正を行います．

- 「$\overline{x}$」を「$\overline{d}$：データの差 d_i の平均」に変えます．
- 「μ」を「$\mu_A-\mu_B$」に変えます．ただし，仮説検定は帰無仮説 $\mu_A-\mu_B=0$ のもとで行いますので「$\mu_A-\mu_B$」は式から省略します．
- 「V」を「V_d：データの差 d_i の不偏分散」に変えます．

この 3 つの修正を行うことにより，検定統計量は下式から求めるとわかります．

対応がある場合の母平均の差に関する検定統計量

$$t_0=\frac{\overline{d}}{\sqrt{\frac{V_d}{n}}}\quad\left(=\frac{\text{データの差の平均}}{\sqrt{\frac{\text{データの差の不偏分散}}{\text{データ対の数}}}}\right)$$

※$\overline{d}$ と V_d の計算式は次のとおりです．

$$\overline{d}=\frac{\sum d_i}{n}$$

$$V_d=\frac{S_d}{n-1}\quad(S_d \text{ は } d_i \text{ の偏差平方和})$$

例題 6.4 に当てはめ，検定統計量を求めます．

$$\overline{d}=\frac{\sum d_i}{n}=\frac{10}{9}=1.111$$

$$S_d=\sum d_i^2-\frac{(\sum d_i)^2}{n}=166-\frac{10^2}{9}=154.889$$

$$V_d=\frac{S_d}{n-1}=\frac{154.889}{9-1}=19.361$$

$$t_0=\frac{\overline{d}}{\sqrt{\frac{V_d}{n}}}=\frac{1.111}{\sqrt{\frac{19.361}{9}}}=0.757$$

手順❺ 仮説の採否を判定

例題 6.4 の棄却域は$|t_0| \geq t(8, 0.05) = 2.306$ですから，検定統計量$t_0 = 0.757$は採択域内です（**図 6.5**）．よって帰無仮説を棄却することはできません．**場所 A と場所 B とでは成型部品の長さの母平均が異なるとはいえない**，となります（例題 6.4【問 1】の答）．

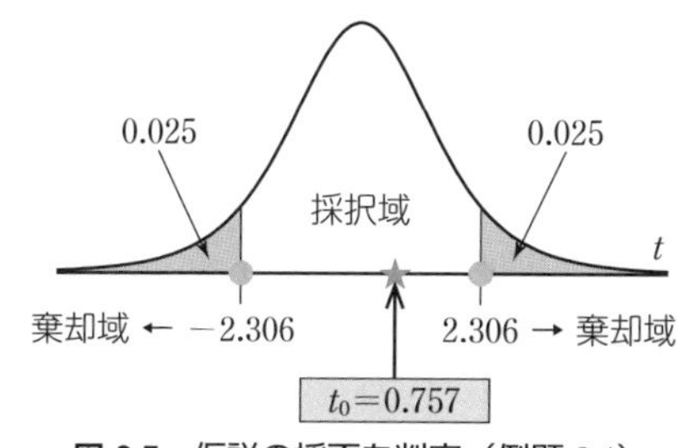

図 6.5　仮説の採否を判定（例題 6.4）

3　対応がある場合の母平均の差に関する推定

推定の手順は，次のとおりです．

手順❶ 点推定

$$\widehat{\mu_A - \mu_B} = \overline{d} = 1.111$$

手順❷ 区間推定

> 対応がある場合の母平均の差に関する区間推定
>
> $$\overline{d} - t(\phi,\ \alpha) \times \sqrt{\frac{V_d}{n}} \leq \mu_A - \mu_B \leq \overline{d} + t(\phi,\ \alpha) \times \sqrt{\frac{V_d}{n}}$$
>
> ※信頼率 95 % の場合，$\alpha = 1 - (\text{信頼率 } 0.95) = 0.05$ です．

例題 6.4 に当てはめ，95 % 信頼区間を求めます．

$$t(\phi, \alpha) = t(8,\ 0.05) = 2.306$$

$$1.111 - 2.306 \times \sqrt{\frac{19.361}{9}} \leq \mu_A - \mu_B \leq 1.111 + 2.306 \times \sqrt{\frac{19.361}{9}}$$

よって，$-2.271 \leq \mu_A - \mu_B \leq 4.493$　（信頼率 95 %）（例題 6.4【問 2】の答）

6.5 違いでわかる！母平均に関する検定計算式

母平均に関する検定統計量および区間推定を求める場合，個々の値 x の標準化式と同じ型を，標本平均 $\overline{x}$ の標準化の式でも活用できることを「検定統計量の求め方」として解説しました．ここでは総覧的に比較し暗記の負担を減らします．

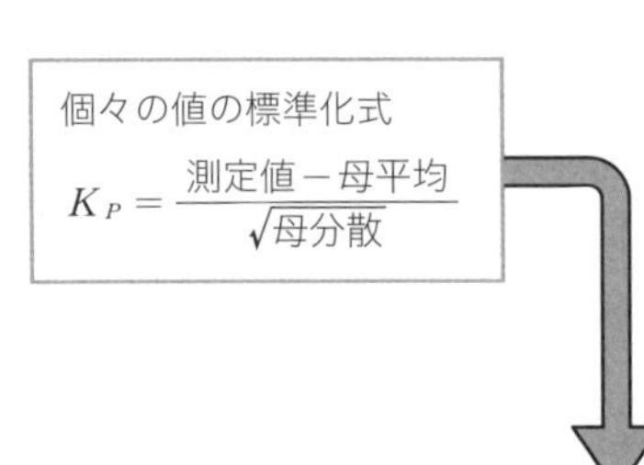

①検定統計量：母分散未知の場合は，「σ^2」の代わりに「V」を使用

②母平均の信頼区間：「標本平均 ± 係数 × 標準偏差」．係数は 2 種類（1.960 と t）だけ

種類	条件		検定統計量	信頼区間の上下限（信頼率 95%）
1 つの母平均の検定	母分散既知		$u_0 = \dfrac{\overline{x} - \mu_0}{\sqrt{\dfrac{\sigma^2}{n}}}$	$\overline{x} \pm 1.96\sqrt{\dfrac{\sigma^2}{n}}$
	母分散未知		$t_0 = \dfrac{\overline{x} - \mu_0}{\sqrt{\dfrac{V}{n}}}$	$\overline{x} \pm t(\phi,\ \alpha)\sqrt{\dfrac{V}{n}}$
2 つの母平均の検定	母分散既知		$u_0 = \dfrac{\overline{x}_A - \overline{x}_B}{\sqrt{\dfrac{\sigma_A^2}{n_A} + \dfrac{\sigma_B^2}{n_B}}}$	$(\overline{x}_A - \overline{x}_B) \pm 1.960\sqrt{\dfrac{\sigma_A^2}{n_A} + \dfrac{\sigma_B^2}{n_B}}$
	母分散未知	${\sigma_A}^2 = {\sigma_B}^2$ の場合［等分散］	$t_0 = \dfrac{\overline{x}_A - \overline{x}_B}{\sqrt{V\left(\dfrac{1}{n_A} + \dfrac{1}{n_B}\right)}}$ →分散を併合して計算	$(\overline{x}_A - \overline{x}_B) \pm t(\phi,\ \alpha)\sqrt{V\left(\dfrac{1}{n_A} + \dfrac{1}{n_B}\right)}$
		${\sigma_A}^2 \neq {\sigma_B}^2$ の場合［Welch］	$t_0 = \dfrac{\overline{x}_A - \overline{x}_B}{\sqrt{\dfrac{V_A}{n_A} + \dfrac{V_B}{n_B}}}$ →分散を分けて計算	$(\overline{x}_A - \overline{x}_B) \pm t(\phi,\ \alpha)\sqrt{\dfrac{V_A}{n_A} + \dfrac{V_B}{n_B}}$
		対応がある場合	$t_0 = \dfrac{\overline{d}}{\sqrt{\dfrac{V_d}{n}}}$ →$\overline{d}$ は 2 つの母平均の差 →n はデータ対の数	$\overline{d} \pm t(\phi,\ \alpha)\sqrt{\dfrac{V_d}{n}}$

理解度確認 問題

次の文章で正しいものには○，正しくないものには×を選べ．

① 2つの母平均の差に関する検定（母分散既知）とは，2つの母集団を設定し，それぞれから標本を抽出して，標本平均に差があるといえるかを検定するものである．

② 2つの母平均の差に関する検定（母分散既知）における検定統計量の計算は，下式で行う．

$$u_0 = \frac{\overline{x}_A - \overline{x}_B}{\sqrt{\frac{\sigma_A{}^2}{n_A} - \frac{\sigma_B{}^2}{n_B}}}$$

③ 2つの母平均の差に関する検定（母分散既知）では，棄却域の設定に正規分布表を使用する．

④ ϕ は，有意水準を表す記号である．

⑤ 2つの母平均の差に関する検定（母分散未知）で，母分散に違いがないとわかっている場合の検定方法は，Welchの検定である．

⑥ 2つの母平均の差に関する検定（母分散未知）で，母分散に違いがないとわかっている場合，棄却限界値を求めるための自由度は，2つの標本の自由度を掛け合わせて求める．

⑦ データに対応がある場合の検定において，対応のあるデータとは，2つの異なる標本から得られたデータのことである．

⑧ データに対応がある場合は，「対になったデータの和」を1つのデータとして扱う．

⑨ データに対応がある場合の検定において，棄却域を設定する場合は，正規分布表を利用する．

⑩ データに対応がある場合の検定において，信頼率95％の区間推定を行う場合の区間の上下限は，$\overline{d} \pm N(\mu,\ \sigma^2)\sqrt{\frac{V_d}{n}}$ である．

理解度確認

解答と解説

① **正しくない（×）**．2 つの母平均の差に関する検定（母分散既知）とは，2 つの母集団を設定し，それぞれから標本を抽出して「母平均に差があるといえるか」を検定するものである．標本平均ではない．
☞ 6.1 節 1

② **正しくない（×）**．分母において，分数同士の計算を引き算とするのは誤り．分散の加法性から足し算とする以下が正しい．
☞ 6.1 節 2

$$u_0 = \frac{\overline{x}_A - \overline{x}_B}{\sqrt{\dfrac{{\sigma_A}^2}{n_A} + \dfrac{{\sigma_B}^2}{n_B}}}$$

③ **正しい（○）**．母分散が既知の場合なので，正規分布表で正しい．母分散が未知の場合は t 表を使用する．
☞ 6.1 節 2

④ **正しくない（×）**．ϕ は自由度を表す記号である．なお，有意水準を表す記号は α である．
☞ 6.1 節 2

⑤ **正しくない（×）**．母分散に違いがないということは等分散であるから，Welch の検定は誤りでである．
☞ 6.2 節 1

⑥ **正しくない（×）**．「掛け合わせて」は誤りで，「足して」が正しい．
☞ 6.2 節 2

⑦ **正しくない（×）**．「異なる標本」は誤りで，「同一の標本」が正しい．対応のあるデータとは，同一の標本を異なる条件（試験方法，場所，時期など）で測定した場合のデータである．
☞ 6.4 節 1

⑧ **正しくない（×）**．「対になったデータの和」は誤りで，「対になったデータの差」が正しい．
☞ 6.4 節 1

⑨ **正しくない（×）**．正規分布表は誤りで，t 表が正しい．
☞ 6.4 節 2

⑩ **正しくない（×）**．t 分布により区間推定を行うので $\overline{d} \pm t(\phi,\ \alpha)\sqrt{\dfrac{V_d}{n}}$ が正しい．
☞ 6.4 節 2

練習 問題

【問 1】 検定に関する次の文章において，[ ]内に入るもっとも適切なものを下欄の選択肢からひとつ選べ．ただし，各選択肢を複数回用いることはない．なお，解答にあたって必要であれば巻末の付表を用いよ．

次のデータは，同じ製品を製造するライン A と B から無作為に抽出した標本データ A（データ数 6）と B（データ数 7）の情報である．母集団の平均は等しいとみてよいかを有意水準 5％で検定したい．なお，データは母分散が等しく，正規分布に従うものとみなす．

ライン A：標本平均 $\overline{x}_A = 4.57$，偏差平方和 $S_A = 0.3882$

ライン B：標本平均 $\overline{x}_B = 4.74$，偏差平方和 $S_B = 0.1215$

① 仮説の設定（μ_A：ライン A のデータの母平均，μ_B：ライン B のデータの母平均）

帰無仮説 H_0：$\mu_A = \mu_B$

対立仮説 H_1：[(1)]

【[(1)]の選択肢】

ア．$\mu_A = \mu_B$　　イ．$\mu_A > \mu_B$　　ウ．$\mu_A < \mu_B$　　エ．$\mu_A \neq \mu_B$

② 棄却域は $|t_0| \geq t(\phi,$ [(2)]$)$ で求めることができる．

ここでの自由度は[(3)]となり，棄却域は $|t_0| \geq$ [(4)]となる．

【[(2)] [(3)]の選択肢】

ア．0.02　　イ．0.05　　ウ．0.10　　エ．5

オ．6　　カ．11　　キ．12　　ケ．13

【[(4)]の選択肢】

ア．1.771　　イ．1.812　　ウ．2.160　　エ．2.201　　オ．2.681

③ 検定統計量 t_0 の計算式は[(5)]から求めることとなる．

【[(5)]の選択肢】

ア．$t_0 = \dfrac{\overline{x}_A + \overline{x}_B}{\sqrt{V\left(\dfrac{1}{n_A} + \dfrac{1}{n_B}\right)}}$　　イ．$t_0 = \dfrac{\overline{x}_A - \overline{x}_B}{V\left(\dfrac{1}{n_A} + \dfrac{1}{n_B}\right)}$

ウ．$t_0 = \dfrac{\overline{x}_A - \overline{x}_B}{\sqrt{V(n_A + n_B)}}$　　エ．$t_0 = \dfrac{\overline{x}_A - \overline{x}_B}{\sqrt{V\left(\dfrac{1}{n_A} + \dfrac{1}{n_B}\right)}}$

オ．$t_0 = \dfrac{\overline{x}_A - \overline{x}_B}{V\left(\dfrac{1}{n_A} - \dfrac{1}{n_B}\right)}$

④ 検定統計量 t_0 は[(6)]となり，棄却域は $|t_0| \geq$ [(4)]であるから，ライン A とライン B の母平均は[(7)]と判定することができる．

【 (6) の選択肢】

ア．−11.129　　イ．−1.420　　ウ．−1.375　　エ．−0.074　　オ．−0.006

【 (7) の選択肢】

ア．差があるといえる　　イ．差があるとはいえない

【問 2】 検定に関する次の文章において，　　　内に入るもっとも適切なものを下欄の選択肢からひとつ選べ．ただし，各選択肢を複数回用いることはない．なお，解答にあたって必要であれば巻末の付表を用いよ．

ある工程における受け入れ時の検査において，仕様書に記載されている品質特性値の数値が疑わしい．納入会社が出荷検査した部品 8 個のサンプルについて，受け入れ時に検査係でも測定を行い，測定値の母平均に差があるかどうかを検討することにした（**表 6.A**）．有意水準 5 %，データに対応がある場合の母平均の差の検定を使用する．計算の結果，データの差の 2 乗の合計は 0.0903 であった．

表 6.A　データ表

	サンプル番号							
	1	2	3	4	5	6	7	8
納入会社	4.73	4.53	4.27	4.63	4.60	4.57	4.66	4.64
検査係	4.67	4.40	4.27	4.47	4.43	4.50	4.63	4.57
データの差 d_i	0.07	0.13	0.00	0.17	0.17	0.07	0.03	0.07
差の 2 乗 d_i^2	0.0049	0.0169	0.00	0.0289	0.0289	0.0049	0.0009	0.0049

① 仮説の設定

帰無仮説 H_0： (1)

対立仮説 H_1： (2)

※ $\delta=\mu_1-\mu_2$, μ_1：納入会社が測定した値の母平均, μ_2：検査係が測定した値の母平均

【 (1) (2) の選択肢】

ア．$\delta \geq 0$　　イ．$\delta=\mu_1$　　ウ．$\delta \neq 0$　　エ．$\delta=0$　　オ．$\delta \leq 0$

② 有意水準は 5% とする．

③ 棄却域は (3) である．

【 (3) の選択肢】

ア．$|t_0|=t(8,\ 0.05)$　　イ．$|t_0| \leq t(7,\ 0.10)$　　ウ．$|t_0| \geq t(7,\ 0.10)$

エ．$|t_0| \leq t(7,\ 0.05)$　　オ．$|t_0| \geq t(7,\ 0.05)$

④ データの差の平均は $\overline{d}$ = (4) である．

【 (4) の選択肢】

ア．0.011　　イ．0.017　　ウ．0.072　　エ．0.089　　オ．0.980

⑤ 検定統計量 t_0= [(5)] である.

【[(5)]の選択肢】

ア. $\dfrac{\overline{d}}{\dfrac{V_d}{8}}$　イ. $\dfrac{\overline{d}}{\dfrac{V_d}{7}}$　ウ. $\dfrac{\overline{d}}{\sqrt{\dfrac{V_d}{8}}}$　エ. $\dfrac{\overline{d}}{\sqrt{V_d}}$　オ. $\dfrac{\overline{d}}{V_d}$

⑥ 仮説の採否を判定する. 有意水準5%で [(6)]. よって, 納入会社と検査係における測定値の母平均には [(7)] といえる.

【[(6)] [(7)]の選択肢】

ア. 有意である　イ. 有意でない　ウ. 差がない　エ. 差がある
オ. どちらともいえない

【問 3】 検定に関する次の文章において, [　　] 内に入るもっとも適切なものを下欄の選択肢からひとつ選べ. ただし, 各選択肢を複数回用いることはない. なお, 解答にあたって必要であれば巻末の付表を用いよ.

① サンプルを10個準備して, 無作為に5個ずつに分け, それぞれの計測法で特性値を測定した. 測定方法によって特性値の母平均に違いがあるかどうかを検定したい. ただし母分散には違いはない.　検定方法: [(1)], 検定統計量: [(2)]

② サンプル25個を2つの計測法によって測定し, それぞれ25個の測定値を得た. 2つの計測方法によって特性の母平均に違いがあるかどうかを検定したい.
検定方法: [(3)], 検定統計量: [(4)]

③ サンプルを25個準備して, 無作為に15個と10個に分け, 測定方法Aで15個, 測定方法Bで10個のサンプルの特性を測定した. 測定方法によって特性の母平均に違いがあるかどうかを検定したい. 測定方法AとBの母分散は大きく異なる可能性がある.
検定方法: [(5)], 検定統計量: [(6)]

④ サンプル8個準備して, 1つの母平均の検定を行いたい. 統計量の分布について, 母分散が未知の場合は [(7)] を使用し, 母分散が既知の場合は [(8)] を使用する.

【[(1)] [(3)] [(5)] [(7)]の選択肢】

ア. 2つの母平均の検定 (等分散ではない場合のWelchの検定)
イ. 2つの母平均の検定 (対応あり)　ウ. t 分布
エ. 2つの母平均の検定 (等分散, データに対応がない場合の t 検定)
オ. 正規分布　カ. F 分布

【[(2)] [(4)] [(6)] [(8)]の選択肢】

ア. $\dfrac{\overline{x}_{\mathrm{A}}-\overline{x}_{\mathrm{B}}}{\sqrt{\dfrac{V_{\mathrm{A}}}{15}+\dfrac{V_{\mathrm{B}}}{10}}}$　イ. $\dfrac{\overline{x}_{\mathrm{A}}-\overline{x}_{\mathrm{B}}}{\sqrt{V\left(\dfrac{1}{5}+\dfrac{1}{5}\right)}}$　ウ. $\dfrac{\overline{x}_{\mathrm{A}}-\overline{x}_{\mathrm{B}}}{\sqrt{\dfrac{V_d}{25}}}$

エ. F 分布　オ. 正規分布　カ. t 分布

練習 解答と解説

【問 1】2つの母平均の差に関する検定の問題である.

解答 (1) **エ** (2) **イ** (3) **カ** (4) **エ** (5) **エ** (6) **イ** (7) **イ**

本問は，問題文の「データは母分散が等しく…」から，2つの母平均の差に関する検定（母分散が未知で，等分散である場合）に関する問題とわかる.

手順❶ 仮説を設定する

問題文より，2つの母集団の平均は「等しいとみてよいか」を検定するので，両側検定であるから，仮説は次のようになる.

帰無仮説 H_0：$\mu_A=\mu_B$

対立仮説 H_1：[(1) **エ.** $\mu_A \neq \mu_B$]

手順❷ 有意水準を決定する

有意水準は5％である.

手順❸ 棄却限界値を求め，棄却域を設定する

母分散は未知であるから棄却限界値は巻末の付表4 t 表から読む. 本問は両側検定であり，有意水準は5％なので，棄却域は $|t_0| \geq t(\phi,$ [(2) **イ. 0.05**]$)$ である.

2つの母集団の平均の差について調べるので，自由度 ϕ は母集団AとBの合算となり，$\phi=\phi_A+\phi_B$ により求める. 本問では，$\phi=(n_A-1)+(n_B-1)=(6-1)+(7-1)=$ [(3) **カ. 11**] である.

よって，棄却域は $|t_0| \geq t(11, 0.05)$ であり，t 表より $|t_0| \geq$ [(4) **エ. 2.201**] となる.

手順❹ データを収集し，検定統計量を計算する

2つの母平均の差に関する検定（母分散が未知で，等分散の場合）なので，計算式は，[(5) **エ.**
$$\boldsymbol{t_0=\dfrac{\bar{x}_A-\bar{x}_B}{\sqrt{V\left(\dfrac{1}{n_A}+\dfrac{1}{n_B}\right)}}}$$
] である.

等分散の場合は，併合した不偏分散 V を求める. 不偏分散を求める式は，次のとおりである.

$$V=\frac{S_A+S_B}{n_A+n_B-2}=\frac{\text{ラインAの偏差平方和}+\text{ラインBの偏差平方和}}{\text{ラインAのデータ数}+\text{ラインBのデータ数}-2}$$

問題文の数値を当てはめると，

$$V=\frac{0.3882+0.1215}{6+7-2}=0.0463$$

となる. 以上より，検定統計量 t_0 は，

$$t_0=\frac{4.57-4.74}{\sqrt{0.0463\left(\dfrac{1}{6}+\dfrac{1}{7}\right)}}=[(6)\ \textbf{イ.}\ -1.420]$$

となる.

手順❺ 仮説の採否を判定する

棄却域は $|t_0| \geq 2.201$ であるから，$t_0 = -1.420$ は採択域内であり，帰無仮説を棄却することはできない．ラインAとラインBの母平均は［(7) **イ．差があるとはいえない**］と判定する．

☞ 6.2節 2

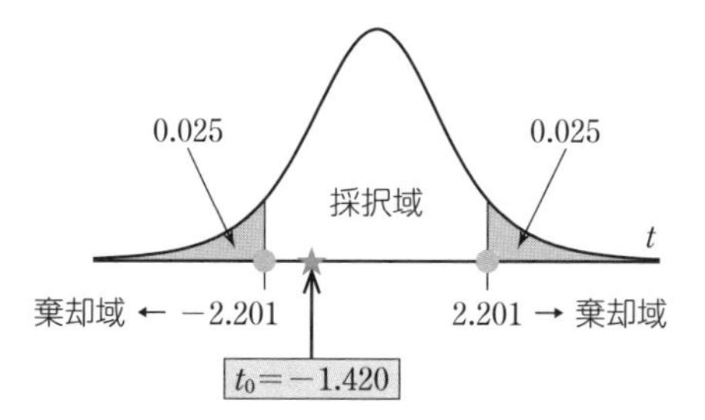

【問 2】対応のある2つの母平均の差に関する検定の問題である．

解答 (1) **エ** (2) **ウ** (3) **オ** (4) **エ** (5) **ウ** (6) **ア** (7) **エ**

手順❶ 仮説を設定する

帰無仮説は2つの対応のあるデータの母平均には「差がない」とし，対立仮説は「差がある」とする．問題文に，「$\delta = \mu_1 - \mu_2$，μ_1：納入会社が測定した値の母平均，μ_2：検査係が測定した値の母平均」とあるので，帰無仮説の差がないとは，$\mu_1 - \mu_2 = 0$ であればよいため，帰無仮説 H_0：［(1) **エ．$\boldsymbol{\delta = 0}$**］となる．対立仮説は差があるので $\mu_1 - \mu_2 \neq 0$，すなわち対立仮説 H_1：［(2) **ウ．$\boldsymbol{\delta \neq 0}$**］となる．

手順❷ 有意水準を決定する

有意水準は5％である．

手順❸ 棄却限界値を求め，棄却域を設定する

母分散が未知なので，t 表を利用する．本問は両側検定で，有意水準5％であるから，棄却域は $|t_0| \geq t(\phi = n-1, 0.05)$ となる．データ対の数 n が8なので，自由度 $\phi = 8-1 = 7$ である．よって棄却域は［(3) **オ．$\boldsymbol{|t_0| \geq t(7, 0.05)}$**］となり，$t$ 表から棄却限界値は2.365と判明する．

手順❹ データを収集し，検定統計量を計算する

対応のある2つの母平均の差に関する検定統計量は，$t_0 =$［(5) **ウ．$\boldsymbol{\dfrac{\overline{d}}{\sqrt{\dfrac{V_d}{8}}}}$**］により求める．

式中のデータの差の平均 $\overline{d}$ は，データ表の d_i 行から平均値を求める．すなわち，

$$\overline{d} = \frac{0.07+0.13+0.00+0.17+0.17+0.07+0.03+0.07}{8} = [(4)\ \textbf{エ．0.089}]$$

式中の分散 V_d は，$V_d = \dfrac{S_d}{n-1}$ により求める．分子の平方和 S_d は，

$$S_d = \sum d_i^2 - \frac{(\sum d_i)^2}{n} = \text{データの差の2乗の和} - \frac{\text{データの差の和の2乗}}{\text{データ対の数}}$$

により求める．$\sum d_i^2$（データの差の2乗の和）は問題文より0.0903とわかり，データの差の和の2乗は

$$(0.07+0.13+0.00+0.17+0.17+0.07+0.03+0.07)^2 = 0.71^2$$

である．データ対の数 $n=8$ なので，

$$S_d = \sum d_i^2 - \frac{(\sum d_i)^2}{n} = 0.0903 - \frac{0.71^2}{8} = 0.0273$$

よって，$V_d = \dfrac{0.0273}{8-1} = 0.0039$ であるから

$$t_0 = \frac{\bar{d}}{\sqrt{\dfrac{V_d}{8}}} = \frac{0.089}{\sqrt{\dfrac{0.0039}{8}}} = 4.031 \text{ となる.}$$

手順❺ 判定

棄却域は $|t_0| \geq 2.365$ であるから，$t_0 = 4.031$ は棄却域内である．よって，帰無仮説を棄却して，［(6)　**ア．有意である**］．納入会社と検査係における測定値の母平均には［(7)　**エ．差がある**］と判定する．

☞ 6.4 節

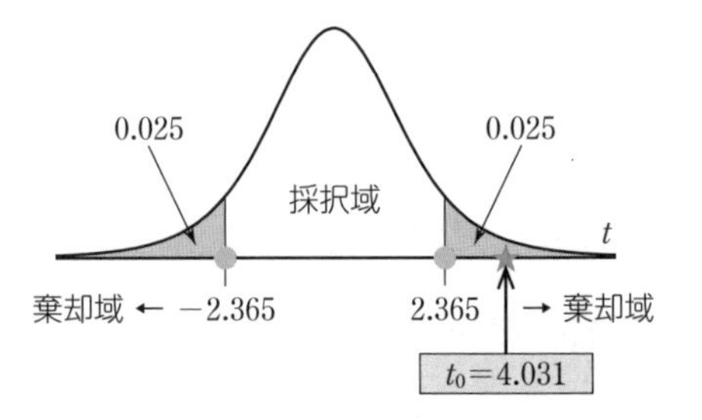

【問 3】仮説検定に関する問題である．

解答　(1) **エ**　(2) **イ**　(3) **イ**　(4) **ウ**　(5) **ア**　(6) **ア**　(7) **ウ**　(8) **オ**

①　等分散であるから，［(1)　**エ．2 つの母平均の検定（等分散，データに対応がない場合の t 検定）**］である．

また，検定統計量は［(2)　**イ．** $\dfrac{\bar{x}_A - \bar{x}_B}{\sqrt{V\left(\dfrac{1}{5}+\dfrac{1}{5}\right)}}$］である．

☞ 6.2 節

②　同じサンプルを異なる 2 つの測定法により測定しているので，対応のあるデータであるため，［(3)　**イ．2 つの母平均の検定（対応あり）**］である．

また，検定統計量は［(4)　**ウ．** $\dfrac{\bar{x}_A - \bar{x}_B}{\sqrt{\dfrac{V_d}{25}}}$］である．

☞ 6.4 節

③　等分散ではない（とは限らない）場合なので，［(5)　**ア．2 つの母平均の検定（等分散ではない場合の Welch の検定）**］である．

また，検定統計量は［(6)　**ア．** $\dfrac{\bar{x}_A - \bar{x}_B}{\sqrt{\dfrac{V_A}{15}+\dfrac{V_B}{10}}}$］である．

☞ 6.3 節

④　母分散が未知の場合は［(7)　**ウ．t 分布**］を，既知の場合は［(8)　**オ．正規分布**］を使用する．

☞ 5.1 節 3

手法分野

7章 仮説検定と推定③

7.1 1つの母分散に関する検定と推定

7.2 2つの母分散の比に関する検定と推定

実践分野	QC的なものの見方と考え方 16章			
	品質とは 17章	管理とは 17章	源流管理 18章 / 日常管理 20章	工程管理 19章 / 方針管理 20章

↑ 実践分野に分析・評価を提供

手法分野	収集計画 1章	データ収集 1章,14章	計算 1章	分析と評価 2-13章,15章

7.1 1つの母分散に関する検定と推定

例題 7.1

現在の検査法では時間がかかるので，母分散が小さくなるのであれば，最新の簡易検査法に変えることを考えている．簡易検査法により10回検査して次のデータを得た（**図 7.1**）．母分散は小さくなったといえるか．現在の検査法の母分散$\sigma_0{}^2=3^2$である．

データ：7, 7, 6, 8, 6, 6, 9, 8, 7, 6

データを計算した統計量は次のとおりである．

データの二乗の合計：$\sum x^2=500$

データの合計：$\sum x=70$

データの合計の二乗：$(\sum x)^2=4900$

偏差平方和：$S=\sum x^2-\dfrac{(\sum x)^2}{n}=500-\dfrac{4900}{10}=10$

不偏分散：$V=\dfrac{S}{n-1}=\dfrac{10}{10-1}=1.111$

【問 1】 有意水準5％で検定せよ．

【問 2】 信頼率95％で母分散を推定せよ．

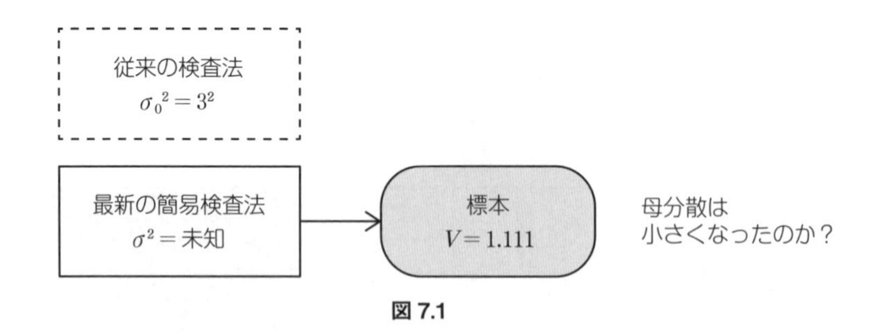

図 7.1

例題 7.1 のポイント

1 つの母分散に関する検定と推定とは，母集団の分散が特定の値と等しいかどうかを検定し，母集団の分散を推定する活動です．同じ母集団であっても標本のばらつきは抽出ごとに変わりますので，例えば量産品（母集団）は仕様書で定めたとおりの分散で製造されているかを知りたくなります．

1 つの母平均に関する検定と推定では，標本平均が従う分布を活用して検定や推定を行いましたが，標本分散が従う分布はありません．そこで，1 つの母分散に関する検定と推定では，χ^2（カイ 2 乗）分布を活用します．

2　χ^2 分布の特徴

χ^2 分布とは，標本の偏差平方和に関する分布です．偏差平方和も標本のばらつきを表す統計量なので，標本のばらつきを表す統計量の分布として利用できます．

χ^2 値は，確率変数 χ の 2 乗という意味ではありません．χ^2 という独自の変数です．χ^2 値は，正規分布に従う確率変数 x を標準化した値である $u=\dfrac{x-\mu}{\sigma}$ の 2 乗和，すなわち $\sum\dfrac{(x-\mu)^2}{\sigma^2}$ を意味します．分子は偏差平方和ですから，偏差平方和 S を母分散 σ^2 で割って標準化した値とわかります．よって $\chi^2=\dfrac{S}{\sigma^2}$ は検定統計量として利用できます．χ^2 分布は上記のとおり，母集団が正規分布であることを前提とします．

図 7.2 は，χ^2 分布のグラフ例です．χ^2 分布は t 分布と同じく自由度により分布の形が決まります．2 乗した値の総和なので左右対称になりません．χ^2 値は 2 乗した値なのでマイナス（負）にならず，0 が基点になることに注意してください．

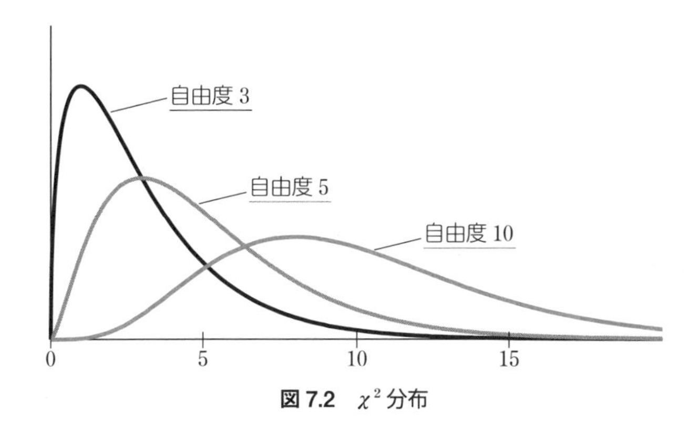

図 7.2　χ^2 分布

χ^2分布の性質をまとめると，次のようになります．

> 確率変数 $x_1, x_2, \cdots, x_n$ が互いに独立に $N(\mu, \sigma^2)$ に従う場合，
>
> $\chi^2 = \dfrac{S}{{\sigma_0}^2}$ は，自由度 $\phi = n-1$ の χ^2 分布に従います．

3 1つの母分散に関する検定

検定の手順は，次のとおりです．

手順❶ 仮説を設定する

帰無仮説 H_0：$\sigma^2 = {\sigma_0}^2$ （例題 7.1 では，${\sigma_0}^2 = 3^2$）

対立仮説 H_1：$\sigma^2 < {\sigma_0}^2$

例題 7.1 では，母分散 σ^2 が小さくなったかを検定しますので，下側の片側検定です．

手順❷ 有意水準を決定する

例題 7.1 では，有意水準 $\alpha = 5\%$ です．

手順❸ 棄却限界値を求め，棄却域を設定する

棄却限界値とは有意水準（確率）を標準化した値です．ばらつきに関する検定では，巻末の付表 5 χ^2 表を用いて棄却限界値を求めます．χ^2 表の読み方は重要かつ頻出です．

1）χ^2 表の読み方の基本

χ^2 表の上部を見ると，**図 7.3** の記載があります．図と文章で記載のとおり，χ^2 表は，自由度 ϕ と上側確率 P から統計量 χ^2 値を求める表です．

χ^2 分布は，マイナスの値がなく左右対称ではないので，下側と上側を別々に読み取ることが必要です．

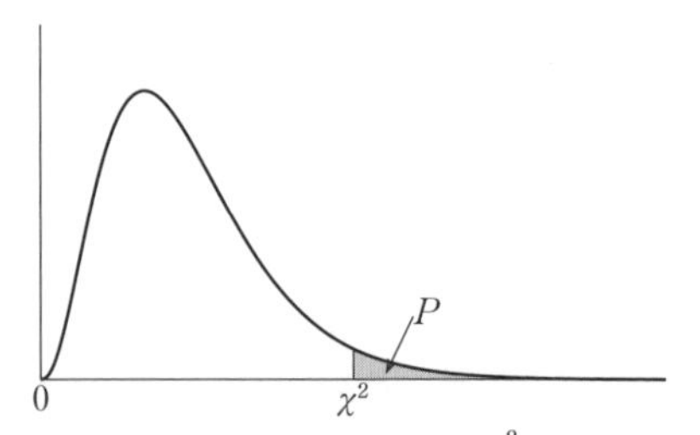

図 7.3　χ^2 表の上部

2）両側検定の場合

χ^2 表の内容は上側確率だけですから，例えば有意水準 $\alpha = 5\%$ の両側検定の場合には，有意水準を下側 2.5％と上側 2.5％に振り分けます．χ^2 表は左右対称ではありませんので，下側は**表 7.1** の P 欄の $1-\dfrac{\alpha}{2}$ の値，すなわち

$1-0.025=0.975$ の列を読みます．上側は P 欄の $\dfrac{\alpha}{2}$ の値，すなわち 0.025 の列を読みます．

自由度が 9 の場合の棄却限界値は，下側が $\phi=9$ と $P=0.975$ が交差する 2.70，上側が $\phi=9$ と $P=0.025$ が交差する 19.02 とわかります．

表 7.1　χ^2 表の抜粋（両側検定の場合の読み方）

ϕ ＼ P	0.975	0.95	0.05	0.025
9	2.70	3.33	16.92	19.02

以上より，両側検定の棄却域は，**表 7.2** のようになります．

表 7.2　棄却域（χ^2 分布，両側検定，有意水準 $\alpha=5\%$ の場合）

対立仮説	棄却域	
H_1：$\sigma^2 \neq \sigma_0^2$	下側：$\chi_0^2 \leq \chi^2\left(\phi,\ 1-\dfrac{\alpha}{2}\right)$ 上側：$\chi_0^2 \geq \chi^2\left(\phi,\ \dfrac{\alpha}{2}\right)$	$\dfrac{\alpha}{2}=0.025$　$\dfrac{\alpha}{2}=0.025$ 0 $\chi^2\left(9,\ 1-\dfrac{\alpha}{2}\right)=2.70$　$\chi^2\left(9,\ \dfrac{\alpha}{2}\right)=19.02$

3）片側検定の場合

自由度 9 で有意水準 $\alpha=5\%$ の場合，下側の片側検定では**表 7.3** の P 欄の $1-\alpha$ の値，すなわち $1-0.05=0.95$ の列を読みます．上側の片側検定では P 欄の α の値，すなわち 0.05 の列を読みます．

下側の片側検定の限界値は，$\phi=9$ と $P=0.95$ が交差する 3.33 で，上側の片側検定の限界値は，$\phi=9$ と $P=0.05$ が交差する 16.92 とわかります．

表 7.3　χ^2 表の抜粋（片側検定）

ϕ ＼ P	0.975	0.95	0.05	0.025
9	2.70	3.33	16.92	19.02

以上より，片側検定の棄却域は，**表 7.4** のようになります．

表 7.4　棄却域（χ^2 分布，片側検定，有意水準 $\alpha=5\%$ の場合）

対立仮説	棄却域	
下側の片側検定 H_1：$\sigma^2 < \sigma_0{}^2$	$\chi_0{}^2 \leq \chi^2(\phi,\ 1-\alpha)$	$\alpha=0.05$ 0 $\chi^2(9,\ 1-\alpha)=3.33$
上側の片側検定 H_1：$\sigma^2 > \sigma_0{}^2$	$\chi_0{}^2 \geq \chi^2(\phi,\ \alpha)$	$\alpha=0.05$ 0 $\chi^2(9,\ \alpha)=16.92$

4）例題 7.1 の場合の棄却域

例題 7.1 は下側の片側検定です．自由度 $\phi=10-1=9$．有意水準 $\alpha=5\%$ ですから，棄却限界値は χ^2 表より，$\phi=9$ と $P=0.95$ が交差する 3.33 とわかります．棄却域は，3.33 以下となります．

手順❹ データを収集し，検定統計量を計算する

7.1 節 2 の χ^2 分布の性質より，検定統計量は下式により求めます．

> 1 つの母分散に関する検定統計量（σ^2 未知の場合）
>
> $$\chi_0{}^2 = \frac{S}{\sigma_0{}^2}\left(=\frac{\text{偏差平方和}}{\text{母分散}}\right)$$

例題 7.1 に当てはめ，検定統計量を求めます．

$$\chi_0{}^2 = \frac{10}{3^2} = 1.111$$

手順❺ 仮説の採否を判定する

例題 7.1 の棄却域は 3.33 以下ですから，検定統計量 $\chi_0{}^2=1.111$ は棄却域内です（**図 7.4**）．よって帰無仮説を棄却し，対立仮説を採択します（有意である）．**最新検査法によって母分散は小さくなった**といえます（例題 7.1【問 1】の答）．

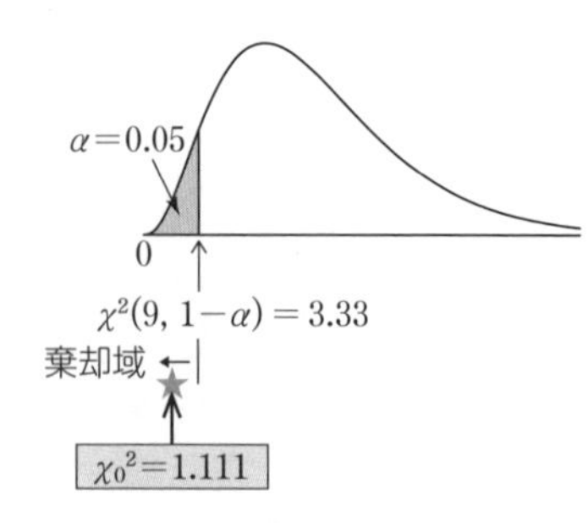

図 7.4　仮説の採否を判定（例題 7.1）

4 例題7.1のまとめ（仮説検定）

例題 7.1 の検定手順をまとめると，**表 7.5** のようになります．

表 7.5　例題 7.1 のまとめ（仮説検定）

①仮説	H_0：$\sigma^2=3^2$，H_1：$\sigma^2<3^2$
②有意水準 ③棄却域	・有意水準は 5% ・母分散の検定は，χ^2 表を利用 ・棄却域は，（下側）片側検定であるから， 　$\chi_0{}^2 \leq \chi^2(9,\ 0.95)=3.33$
④検定統計量	$\chi_0{}^2=\dfrac{S}{\sigma_0{}^2}$（$S$：偏差平方和，$\sigma_0{}^2$：母分散） $=\dfrac{10}{3^2}=1.111$
⑤判定	・$\chi_0{}^2 \leq 3.33$ となるので，H_0 を棄却，H_1 を採択（有意である） ・母分散は小さくなったといえる

5 1つの母分散に関する推定

推定の手順は，次のとおりです．

手順❶ 点推定

母分散の点推定値は，不偏分散 V をそのまま計算します．

$$\widehat{\sigma^2}=V=\frac{\text{偏差平方和}}{\text{自由度}}=\frac{S}{n-1}=1.111$$

手順❷ 区間推定

区間推定は，次の手順により求めます．

1）仮説検定が片側検定でも，区間推定は区間ですから両側で考えます．両側検定における棄却限界値が信頼限界となります（**表 7.2**）．すると，推定式は次のようになります．

$$\underbrace{\chi^2\left(\phi,\ 1-\frac{\alpha}{2}\right)}_{\text{信頼下限}} \leq \frac{S}{\sigma^2} \leq \underbrace{\chi^2\left(\phi,\ \frac{\alpha}{2}\right)}_{\text{信頼上限}}$$

2）母分散 σ^2 の推定を行いたいのですが，上式は標準化した値である「$\dfrac{S}{\sigma^2}$」の推定式になっています．そこで母分散の推定式に変形します．まず，$\dfrac{S}{\sigma^2}$ の分母と分子を逆にして「$\dfrac{\sigma^2}{S}$」とし，式全体も分母と分子を逆にします．

分母と分子を逆にしたので，不等号の向きも逆にすると

$$\frac{1}{\chi^2\left(\phi,\ \dfrac{\alpha}{2}\right)} \leq \frac{\sigma^2}{S} \leq \frac{1}{\chi^2\left(\phi,\ 1-\dfrac{\alpha}{2}\right)}$$

3）次に，式全体に偏差平方和 S を掛けると，母分散 σ^2 の推定式になります．

1 つの母分散に関する区間推定（σ^2 未知の場合）

$$\frac{S}{\chi^2\left(\phi,\ \dfrac{\alpha}{2}\right)} \leq \sigma^2 \leq \frac{S}{\chi^2\left(\phi,\ 1-\dfrac{\alpha}{2}\right)}$$

※信頼率 95 % の場合，$\alpha=0.05$ です．

例題 7.1 に当てはめ，95 % 信頼区間を求めます．

$$\frac{10}{\chi^2(9,\ 0.025)} \leq \sigma^2 \leq \frac{10}{\chi^2(9,\ 0.975)}$$

$$\frac{10}{19.02} \leq \sigma^2 \leq \frac{10}{2.70}$$

よって，$\mathbf{0.526 \leq \sigma^2 \leq 3.704}$　（信頼率 95 %）（例題 7.1【問 2】の答）

7.2 2つの母分散の比に関する検定と推定

1 例題とポイント

例題 7.2

ある学校において，男子16人，女子13人をランダムに選び，身長の標準偏差を調べたところ，男子は8 cm，女子は4 cm であった（**図 7.5**）．この学校の全生徒の身長のデータは正規分布に従っているものとする．全生徒の身長のばらつきは，男子と女子との間で異なるか．

【問 1】 有意水準5％で検定せよ．

【問 2】 信頼率95％で母分散を推定せよ．

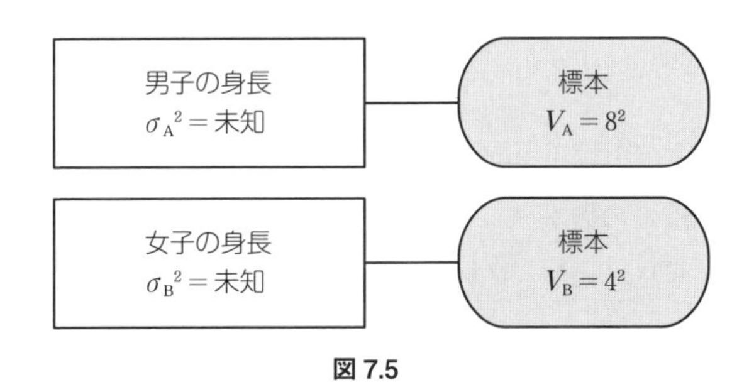

図 7.5

例題 7.2 のポイント

2つの母集団における母分散の違いは，母分散の差ではなく，母分散の比で評価します．分散の差は加法性により計算されますので，違いがわかりにくくなるからです．比率であれば，例えば1に近ければ同等となり評価しやすくなります．

分散比は F 分布に従うことが知られています．そこでまずは，F 分布とはどういった分布なのかを学習します．2つの母分散の比に関する検定の出題は，実験計画法や回帰分析の分散分析に集約されています．これらの検定は11章，12章，13章で解説します．本節では，F 表の読み方が重要です．

2つの母分散の比に関する検定は，2つの母平均の差に関する検定（σ^2 未知）を行う前に，等分散かどうかを判定するときにも利用されます（6.2節）．

2 F 分布とは

F 分布とは，2 つの χ^2 値の比に関する分布です．χ^2 値ですから，母集団が正規分布であることが前提です．χ^2 値は自由度 ϕ により大きさが変わりますので，**図 7.6** のように，A，B 2 つの χ^2 値をそれぞれの自由度で割り，自由度当たりの対等な状態にして比較します．比率ですから A と B のどちらを分子，分母に配置するかにより値が変わりますので，この配置は重要です．本書では，計算を楽にするために値の大きい方を常に分子として考えます．

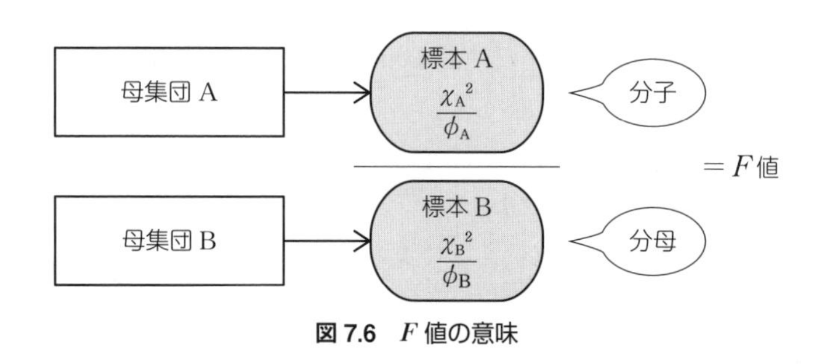

図 7.6　F 値の意味

ところで，不偏分散 $V_A = \frac{偏差平方和 S_A}{自由度 \phi_A}$ ですから，変形すると $S_A = V_A \times \phi_A$ です．すると，図 7.6 の標本 A については，次のような計算ができます．

$$\frac{\chi_A{}^2}{\phi_A} = \frac{S_A/\sigma_A{}^2}{\phi_A} = \frac{\{(V_A \times \phi_A)/\sigma_A{}^2\}}{\phi_A}$$

上式の分母と分子を ϕ_A で約分すると，

$$\frac{\chi_A{}^2}{\phi_A} = \frac{V_A}{\sigma_A{}^2}$$

標本 B についても同じように計算できます．

以上より，図 7.6 に示す F 値は，次のように単純な式になります．

$$F = \frac{V_A/\sigma_A{}^2}{V_B/\sigma_B{}^2}$$

3 F 分布の特徴

図 7.7 は，F 分布の分布図の例です．F 分布は，χ^2 分布や t 分布と同じく自由度により分布の形が決まります．左右対称ではなく，0 が基点になります．

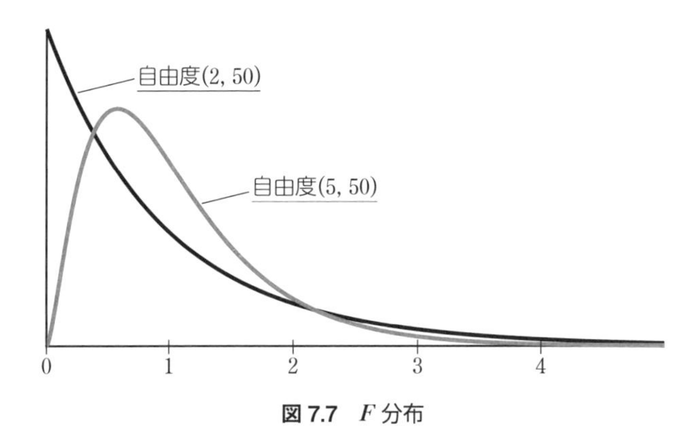

図 7.7　F 分布

F 分布の性質をまとめると，次のようになります．

> 母集団が正規分布の場合，
>
> $$F=\frac{V_{\mathrm{A}}/\sigma_{\mathrm{A}}^2}{V_{\mathrm{B}}/\sigma_{\mathrm{B}}^2}$$
>
> は，自由度（$n_{\mathrm{A}}-1$，$n_{\mathrm{B}}-1$）の F 分布に従います．

ところで，仮説検定を行う場合，帰無仮説 H_0：$\sigma_{\mathrm{A}}^2=\sigma_{\mathrm{B}}^2$（母分散が等しい）と設定します．仮説検定は帰無仮説のもとで行いますので，検定統計量は下式から求めることとなります．

> F 分布の検定統計量
>
> $$F_0=\frac{V_{\mathrm{A}}}{V_{\mathrm{B}}}$$

4　2つの母分散の比に関する検定

2 つの母分散の比に関する検定の手順は，次のとおりです．

手順❶　仮説を設定する

帰無仮説 H_0：$\sigma_{\mathrm{A}}^2=\sigma_{\mathrm{B}}^2$

対立仮説 H_1：$\sigma_{\mathrm{A}}^2\neq\sigma_{\mathrm{B}}^2$

手順❷　有意水準を決定する

例題 7.2 では，有意水準 $\alpha=5\%$ です．

手順❸ 棄却限界値を求め，棄却域を設定する

棄却限界値とは有意水準（確率）を標準化した値です．2つの母分散の比に関する検定では，巻末の付表6，付表7のF表を用いて棄却限界値を求めます．

1）F 表の読み方の基本

F表には，F表（2.5％）（付表6）とF表（5％，1％）（付表7）があります．この％は有意水準です．F表は上側確率を前提としますので，有意水準が5％のとき，前者は両側検定の場合，後者は片側検定の場合に利用します．

F表は，2つの自由度ϕ_1とϕ_2からF値を読み取ります．ϕ_1は分子の自由度（例題7.2ではϕ_A），ϕ_2は分母の自由度（例題7.2ではϕ_B）です．

2）棄却域

F表は上側確率を前提とします．F分布は左右対称ではないので，両側検定の場合の棄却域は，次のようになります．

$$\text{下側：}\frac{V_A}{V_B} \leq F\left(\phi_A,\ \phi_B;\ 1-\frac{\alpha}{2}\right)$$

$$\text{上側：}\frac{V_A}{V_B} \geq F\left(\phi_A,\ \phi_B;\ \frac{\alpha}{2}\right)$$

ところで，F表では下側の値をダイレクトに読むことができません．なぜなら，F表は上側確率に関する表だからです．例えば，有意水準が5％ならば，下側の「$1-\dfrac{\alpha}{2}$」は97.5％ですが，「F表（97.5％）」はありません．そこで，下側の棄却域は以下のように変形して求めます．自由度の順序が逆になっている点は注意です．

$$\text{下側の変形：}\frac{V_A}{V_B} \leq F\left(\phi_A,\ \phi_B;\ 1-\frac{\alpha}{2}\right) = \frac{1}{F\left(\phi_B,\ \phi_A;\ \dfrac{\alpha}{2}\right)}$$

ただし，両側検定といっても，$V_A \geq V_B$の場合のF値は1以上となりますので，検定では，値が1未満となる下側の棄却域は考える必要がなくなります．

片側検定は，後述の分散分析（11章，12章，13章）で利用しますので，それらの章で解説します．

3）棄却域に関する例題への当てはめ

例題7.2は両側検定ですから，**表7.6**のF表（2.5％）より検定統計量F_0の棄却域は次のようになります．標本数は，男子は16人，女子は13人でした．

$$F_0 \geq \left(\phi_A,\ \phi_B;\ \frac{\alpha}{2}\right) = F(15,\ 12;\ 0.025) = 3.18$$

表 7.6　F 表（2.5%）の抜粋

ϕ_2 ＼ ϕ_1	10	12	15	20
12	3.37	3.28	3.18	3.07

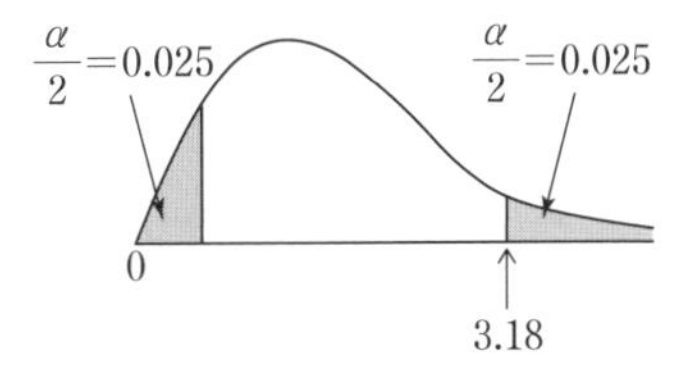

図 7.8　F 分布の棄却域

手順❹　データを収集し，検定統計量を計算する

7.2 節 3 より，検定統計量を求める式は次のとおりです．

> 2 つの母分散の比に関する検定統計量（σ^2 未知の場合）
>
> $$F_0=\frac{V_A}{V_B}\left(=\frac{\text{Aの不偏分散}}{\text{Bの不偏分散}}\right)$$

例題 7.2 に当てはめ，検定統計量を求めます．

$$F_0=\frac{64}{16}=4.000$$

手順❺　仮説の採否を判定する

例題 7.2 の棄却域は 3.18 以上ですから，検定統計量 $F_0=4.000$ は棄却域内です．よって帰無仮説を棄却し，対立仮説を採択します（有意である）．**全生徒の身長のばらつきは男子と女子との間で異なる**といえます（例題 7.2【問 1】の答）．

5　2 つの母分散の比に関する推定

推定の手順は，次のとおりです．

手順❶　点推定

母分散の比 $\frac{{\sigma_A}^2}{{\sigma_B}^2}$ の点推定値は，不偏分散の比 $\frac{V_A}{V_B}$ を用いて求めます．

$$\widehat{\frac{{\sigma_A}^2}{{\sigma_B}^2}}=\frac{V_A}{V_B}=\frac{64}{16}=4.000$$

手順❷　区間推定

区間推定を求める式を考える手順は次のとおりです．

7章　仮説検定と推定③

1）左辺が下側の信頼限界，右辺が上側の信頼限界の式は，

$$\frac{1}{F\left(\phi_{\mathrm{B}},\ \phi_{\mathrm{A}};\ \dfrac{\alpha}{2}\right)} \leq \frac{V_{\mathrm{A}}/\sigma_{\mathrm{A}}{}^2}{V_{\mathrm{B}}/\sigma_{\mathrm{B}}{}^2} \leq F\left(\phi_{\mathrm{A}},\ \phi_{\mathrm{B}};\ \frac{\alpha}{2}\right)$$

2）2 つの母分散の比 $\dfrac{\sigma_{\mathrm{A}}{}^2}{\sigma_{\mathrm{B}}{}^2}$ の推定式にしたいので，上式を変形します．

$$\frac{1}{F\left(\phi_{\mathrm{B}},\ \phi_{\mathrm{A}};\ \dfrac{\alpha}{2}\right)} \leq \frac{V_{\mathrm{A}}}{V_{\mathrm{B}}} \times \frac{\sigma_{\mathrm{B}}{}^2}{\sigma_{\mathrm{A}}{}^2} \leq F\left(\phi_{\mathrm{A}},\ \phi_{\mathrm{B}};\ \frac{\alpha}{2}\right)$$

3）式の全体に $\dfrac{V_{\mathrm{B}}}{V_{\mathrm{A}}}$ を掛けると，

$$\frac{V_{\mathrm{B}}}{V_{\mathrm{A}}} \times \frac{1}{F\left(\phi_{\mathrm{B}},\ \phi_{\mathrm{A}};\ \dfrac{\alpha}{2}\right)} \leq \frac{\sigma_{\mathrm{B}}{}^2}{\sigma_{\mathrm{A}}{}^2} \leq \frac{V_{\mathrm{B}}}{V_{\mathrm{A}}} \times F\left(\phi_{\mathrm{A}},\ \phi_{\mathrm{B}};\ \frac{\alpha}{2}\right)$$

4）$\dfrac{\sigma_{\mathrm{A}}{}^2}{\sigma_{\mathrm{B}}{}^2}$ に関する推定式にしたいので，式全体の分母と分子を逆にします．不等号の向きも逆になることに注意して，信頼区間は下式から求めます．

2 つの母分散の比に関する区間推定（σ^2 未知の場合）

$$\frac{V_{\mathrm{A}}}{V_{\mathrm{B}}} \times \frac{1}{F\left(\phi_{\mathrm{A}},\ \phi_{\mathrm{B}};\ \dfrac{\alpha}{2}\right)} \leq \frac{\sigma_{\mathrm{A}}{}^2}{\sigma_{\mathrm{B}}{}^2} \leq \frac{V_{\mathrm{A}}}{V_{\mathrm{B}}} \times F\left(\phi_{\mathrm{B}},\ \phi_{\mathrm{A}};\ \frac{\alpha}{2}\right)$$

※信頼率 95 % の場合，$\alpha = 1-$(信頼率 0.95)$=0.05$ です．

例題 7.2 では，$\phi_{\mathrm{A}}=15$，$\phi_{\mathrm{B}}=12$，$\alpha=0.05$，$\dfrac{V_{\mathrm{A}}}{V_{\mathrm{B}}}=4.000$ ですから，この値を代入し信頼区間を求めます．付表 6 F 表（2.5 %）を利用します．

$$4.000 \times \frac{1}{F(15,\ 12;\ 0.025)} \leq \frac{\sigma_{\mathrm{A}}{}^2}{\sigma_{\mathrm{B}}{}^2} \leq 4.000 \times F(12,\ 15;\ 0.025)$$

$$4.000 \times \frac{1}{3.18} \leq \frac{\sigma_{\mathrm{A}}{}^2}{\sigma_{\mathrm{B}}{}^2} \leq 4.000 \times 2.96$$

よって，$\mathbf{1.258 \leq \dfrac{\sigma_{\mathrm{A}}{}^2}{\sigma_{\mathrm{B}}{}^2} \leq 11.840}$　（信頼率 95 %）（例題 7.2【問 2】の答）

理解度確認 問題

次の文章で正しいものには○，正しくないものには×を選べ．

① 1つの母分散に関する検定では，統計量に関する分布表として F 表を利用する．
② χ^2 分布はマイナスの値がなく，左右対称でもない．
③ χ^2 表は，自由度 ϕ と両側確率 P とから χ^2 値を求める表である．
④ χ^2 値は，母集団が正規分布であることを前提とする標準化した値である．
⑤ χ^2 検定は，標本分散と母分散の比に基づいて行われる．
⑥ 母集団が正規分布である場合，標本から求めた統計量 $\dfrac{S}{{\sigma_0}^2}$ は自由度 $\phi=n-1$ の t 分布に従う．
⑦ 2つの母分散の比に関する検定では，統計量に関する分布表として χ^2 表を利用する．
⑧ 2つの母分散の比に関する検定統計量は，2つの母分散を対比して求める．
⑨ F 表は，自由度 ϕ と両側確率 P とから F 値を求める表である．
⑩ 有意水準5％で両側検定を行う場合には，F 表（5％，1％）を用いる．

理解度確認 解答と解説

① **正しくない（×）**．1 つの母分散に関する検定では，F 表ではなく，χ^2 表を利用する．
7.1 節 3

② **正しい（○）**．χ^2 値は 2 乗した値なのでマイナスの値はなく 0 が基点になる．また 2 乗した値の総和なので左右対称にならない．
7.1 節 2

③ **正しくない（×）**．設問は t 表の記述である．χ^2 表は，自由度 ϕ と片側の上側確率 P とから χ^2 値を求める表である．
7.1 節 3

④ **正しい（○）**．χ^2 値は母集団が正規分布である場合の標準化値 $u=\dfrac{x-\mu}{\sigma}$ の 2 乗和であるから，正規分布を前提とする．
7.1 節 2

⑤ **正しくない（×）**．1 つの母分散に関する検定統計量は，下式により求める．

$$\chi_0{}^2=\frac{S}{\sigma_0{}^2}\left(=\frac{\text{偏差平方和}}{\text{母分散}}\right)$$

7.1 節 3

⑥ **正しくない（×）**．$\chi^2=\dfrac{S}{\sigma_0{}^2}$ は，自由度 $\phi=n-1$ の χ^2 分布に従う．t 分布ではない．
7.1 節 2

⑦ **正しくない（×）**．2 つの母分散の比に関する検定では，χ^2 表ではなく，F 表を利用する．
7.2 節 4

⑧ **正しくない（×）**．2 つの母分散の比に関する検定統計量は，2 つの不偏分散を対比して求める．
7.2 節 4

⑨ **正しくない（×）**．F 表は，2 つの自由度 ϕ_1 と ϕ_2 から統計量 F 値を求める．ϕ_1 は分子の自由度，ϕ_2 は分母の自由度である．
7.2 節 4

⑩ **正しくない（×）**．F 表は，F 表（5 %，1 %）と F 表（2.5 %）等がある．この % は有意水準である．F 表（5 %，1 %）は片側検定の場合に，F 表（2.5 %）は両側検定の場合に利用する．
7.2 節 4

練習 問題

【問 1】 仮説検定に関する次の文章において，[　　]内に入るもっとも適切なものを下欄の選択肢からひとつ選べ．ただし，各選択肢を複数回用いることはない．なお，解答にあたって必要であれば巻末の付表を用いよ．

ある製品 A の品質特性 X は，母平均 20，母標準偏差 2 であることがわかっている．この品質特性 X の品質水準を維持するには，その日の原材料の状態によって製造条件を適正な値に変更する必要があるが，作業者の経験によって都度設定する製造条件値を決めていた．

担当していた作業者が来月から転勤するため，新しい作業者に引継ぎを行った．このとき，製造条件の設定方法を手順書にまとめて引継ぎを行ったが，この手順書どおりの作業を行った場合，品質特性 X のばらつきが大きくなるのか検定を行い，手順書の改定が必要かどうかを判断したい．

手順書に従って作業を行い，製品 A からランダムサンプリングを行い 41 個のデータを採取したところ，平均 22，標準偏差 2.4 だったので，帰無仮説，対立仮説，有意水準，棄却域を次のように設定し検定を行った．

＜検定の条件設定＞

- 帰無仮説 H_0：[(1)]　※ σ_0^2 ＝ 母分散：4
- 対立仮説 H_1：[(2)]
- 有意水準：$\alpha = 5\,\%$
- 棄却限界値：$\chi^2(40,\ 0.05) = 55.8$
- 棄却域：上側の片側検定なので，$\chi_0^2 \geq \chi^2(\phi,\ \alpha) = 55.8$

＜検定の結果＞

- 検定統計量：$\chi_0^2 =$ [(3)]
- 判定：[(4)]．
- 判断：[(5)]．
- 上記の結果から，手順書を[(6)]．

【[(1)] [(2)]の選択肢】

ア．$\sigma^2 = \sigma_0^2$　　イ．$\sigma^2 \neq \sigma_0^2$　　ウ．$\sigma^2 > \sigma_0^2$

エ．$\sigma^2 < \sigma_0^2$　　オ．$\sigma^2 \geq \sigma_0^2$　　カ．$\sigma^2 \leq \sigma_0^2$

【[(3)]の選択肢】

ア．30　　イ．57.6　　ウ．61.2　　エ．66.13　　オ．121　　カ．144

【[(4)]の選択肢】

ア．有意であると判定できる　　イ．有意でないと判定できる

ウ．どちらとも判定できない

【 (5) の選択肢】

ア．ばらつきが大きくなったと判断できる　　イ．ばらつきが小さくなったと判断できる
ウ．ばらつきは変化していないと判断できる　　エ．この結果だけでは判断できない

【 (6) の選択肢】

ア．維持するのが良いと判断できる　　イ．改善する必要があると判断できる

【問 2】推定に関する次の文章において， 内に入るもっとも適切なものを下欄の選択肢からひとつ選べ．なお，解答にあたって必要であれば巻末の付表を用いよ．

問1の事例における母分散の区間推定を，信頼率95％で行う．

① 点推定値は， (1) である．
② 区間推定を行うための公式は， (2) である．
③ 公式に値を代入すると，95％信頼区間は (3) となる．

【 (1) の選択肢】

ア．5.76　　イ．57.6　　ウ．230.4

【 (2) の選択肢】

ア．$\dfrac{\chi^2(\phi,\ 1-\alpha/2)}{S} \le \sigma^2 \le \dfrac{\chi^2(\phi,\ \alpha/2)}{S}$　　イ．$\dfrac{S}{\chi^2(\phi,\ \alpha/2)} \le \sigma^2 \le \dfrac{S}{\chi^2(\phi,\ 1-\alpha/2)}$

ウ．$\dfrac{S}{\chi^2(\phi,\ 1-\alpha/2)} \le \sigma^2 \le \dfrac{S}{\chi^2(\phi,\ \alpha/2)}$

【 (3) の選択肢】

ア．$3.885 \le \sigma^2 \le 9.443$　　イ．$0.9443 \le \sigma^2 \le 3.885$　　ウ．$5.418 \le \sigma^2 \le 8.344$

【問 3】推定に関する次の文章において， 内に入るもっとも適切なものを下欄の選択肢からひとつ選べ．ただし，各選択肢を複数回用いることはない．なお，解答にあたって必要であれば巻末の付表を用いよ．

① 先月と今月に納入した部品Gについて，先月納入の部品xを5個と今月納入の部品yを5個の重要特性の測定結果は以下のとおりであった．

先月x：36, 41, 39, 35, 38
今月y：37, 36, 37, 36, 36

平均を求めると，先月納入分は$\bar{x}$＝ (1) ，今月納入分は$\bar{y}$＝ (2) である．
不偏分散を求めると，先月納入分はV_x＝ (3) ，今月納入分はV_y＝ (4) である．

【 (1) ～ (4) の選択肢】

ア．0.3　　イ．0.4　　ウ．4.7　　エ．5.5　　オ．5.7
カ．35.0　　キ．35.4　　ク．35.9　　ケ．36.4　　コ．37.8

② 母分散の比 $\dfrac{\sigma_x{}^2}{\sigma_y{}^2}$ に対する95％信頼区間を求めるために，$\dfrac{V_x/\sigma_x{}^2}{V_y/\sigma_y{}^2}$ が自由度（[(5)]，[(5)]）の [(6)] 分布に従うことを用いる．

【[(5)] [(6)] の選択肢】

ア．1　　イ．2　　ウ．3　　エ．4　　オ．5

カ．χ^2　　キ．正規　　ク．t　　ケ．F

③ ②より，母分散の比 $\dfrac{\sigma_x{}^2}{\sigma_y{}^2}$ に対する95％信頼区間は，

$$\frac{1}{F(\phi_x,\ \phi_y;\ 0.025)}\frac{V_x}{V_y} \leq \frac{\sigma_x{}^2}{\sigma_y{}^2} \leq F(\phi_y,\ \phi_x;\ 0.025)\frac{V_x}{V_y}$$

から求めることができる．$\dfrac{V_x}{V_y}$ ＝ [(7)] なので，[(8)] $\leq \dfrac{\sigma_x{}^2}{\sigma_y{}^2} \leq$ [(9)] となる．

【[(7)]～[(9)] の選択肢】

ア．1.824　　イ．1.979　　ウ．18.24　　エ．18.5　　オ．19.0

カ．19.5　　キ．19.79　　ク．20.0　　ケ．20.5　　コ．182.4

練習 解答と解説

【問 1】 1つの母分散に関する検定についての問題である．

解答 (1) **ア**　(2) **ウ**　(3) **イ**　(4) **ア**　(5) **ア**　(6) **イ**

手順❶ 仮説を設定する

本問は，手順書に従い作業した結果，品質特性 X の母分散が大きくなったのかを検定する．帰無仮説 H_0 は"母分散は変わっていない"であるので，［(1)　**ア．** $\sigma^2 = \sigma_0{}^2$］である．

また，母分散は大きくなったのかを検定するので，対立仮説 H_1 は，［(2)　**ウ．** $\sigma^2 > \sigma_0{}^2$］である．

手順❷ 有意水準を決定する

問題文より，有意水準 $\alpha = 5\%$ である．

手順❸ 棄却限界値を求め，棄却域を設定する

問題文より，棄却域 $\chi_0{}^2 \geq 55.8$ である．

手順❹ データを収集し，検定統計量を計算する

母分散が変化したかどうかを，検定統計量 χ^2 値を用いて判断する．検定統計量を求める公式は，次のとおりである．

$$\chi_0{}^2 = \frac{S}{\sigma_0{}^2}$$

本問の場合，公式の分母は，母標準偏差が2であるので，母分散$\sigma_0{}^2 = 2^2 = 4$である．次は公式の分子である．偏差平方和Sは問題文に記載されていないが，標準偏差が2.4と判明しているので，不偏分散 $=2.4^2=5.76$ である．不偏分散$=\dfrac{\text{偏差平方和}}{\text{自由度}}$なので，

$$\text{偏差平方和} = \text{不偏分散} \times \text{自由度} = 5.76\times(41-1)=230.4$$

となる．以上より検定統計量$\chi_0{}^2$は

$$\chi_0{}^2 = \frac{S}{\sigma_0{}^2} = \frac{230.4}{4} = \text{[(3)}\quad \textbf{イ．57.6]}$$

手順❺ 仮説の採否を判定する

問題文には，棄却域が$\chi_0{}^2 \geq \chi^2(\phi,\ \alpha)=55.8$との記述がある．上で求めたように$\chi_0{}^2 = 57.6 \geq 55.8$となるので，検定統計量は棄却域に入る．よって帰無仮説を棄却し，対立仮説を採択するので，[(4)　**ア．有意であると判定できる**]．

したがって，母分散が大きくなった，すなわち [(5)　**ア．ばらつきが大きくなったと判断できる**]．

問題文から，手順書に従い作業した結果，ばらつきが大きくなってしまう場合は手順には問題があり，改善が必要になることが読み取れる．一般的に“ばらつきが大きくなる＝品質が悪くなる”と考えられ，本問では，検定結果からばらつきが大きくなったと判断できるため，手順書を [(6)　**イ．改善する必要があると判断できる**]．

☞ 7.1 節 3

【問 2】 1つの母分散の推定に関する問題である．

解答 (1) **ア** (2) **イ** (3) **ア**

手順❶ 点推定

母分散の点推定値は，不偏分散Vをそのまま計算する．問1の計算より，

$$\widehat{\sigma^2} = V = \text{[(1)}\quad \textbf{ア．5.76]}$$

手順❷ 区間推定

仮説検定が片側検定でも，区間推定は区間なので両側で考える．信頼率95%の1つの母分散に関する信頼区間は，

$$\text{[(2)}\quad \textbf{イ．}\ \frac{S}{\chi^2(\phi,\ \alpha/2)} \leq \sigma^2 \leq \frac{S}{\chi^2(\phi,\ 1-\alpha/2)}\text{]}$$

より求める．

$$\frac{230.4}{\chi^2(40,\ 0.025)} \leq \sigma^2 \leq \frac{230.4}{\chi^2(40,\ 0.975)}$$

$$\frac{230.4}{59.3} \leq \sigma^2 \leq \frac{230.4}{24.4}$$

よって，[(3)　**ア．**$3.885 \leq \sigma^2 \leq 9.443$]（信頼率95%）である．

☞ 7.1 節 5

【問 3】 2つの母分散の比の推定に関する問題である.

解答 (1) **コ** (2) **ケ** (3) **オ** (4) **ア** (5) **エ** (6) **ケ** (7) **オ** (8) **イ** (9) **コ**

① 先月納入分の平均は, $\bar{x} = \dfrac{36+41+39+35+38}{5} =$ [(1) **コ.** **37.8**],

今月納入分の平均は, $\bar{y} = \dfrac{37+36+37+36+36}{5} =$ [(2) **ケ.** **36.4**] となる.

不偏分散は, 偏差平方和 S を自由度で割って求められる. したがって, 先月と今月納入分の不偏分散は, 以下のとおりである.

先月分 V_x:

$$S_x = (36^2+41^2+39^2+35^2+38^2) - \frac{(36+41+39+35+38)^2}{5}$$
$$= 7167 - 7144.2 = 22.8$$

より,

$$V_x = \frac{22.8}{4} = [(3)\ \textbf{オ.}\ \textbf{5.7}]$$

今月分 V_y:

$$S_y = (37^2+36^2+37^2+36^2+36^2) - \frac{(37+36+37+36+36)^2}{5}$$
$$= 6626 - 6624.8 = 1.2$$

より,

$$V_y = \frac{1.2}{4} = [(4)\ \textbf{ア.}\ \textbf{0.3}]$$

② 母分散の比が $\dfrac{\sigma_x{}^2}{\sigma_y{}^2}$ であり, 母集団が正規分布に従う場合, $F = \dfrac{V_x/\sigma_x{}^2}{V_y/\sigma_y{}^2}$ は自由度 $(n_x-1,\ n_y-1)$ の [(6) **ケ.** F] 分布に従う. 本問のデータ数は先月分, 今月分とも, 標本の大きさ $n_x=n_y=5$ であるから, 自由度は $n_x-1=n_y-1=5-1=$ [(5) **エ.** 4] となる.

③ $\dfrac{V_x}{V_y} = \dfrac{5.7}{0.3} = 19.0$ であり, $F(4,\ 4;\ 0.025)$ は, 付表 6 F 表 (2.5 %) より 9.60 となることが読み取れる. この値を信頼区間式に代入すると,

$$\frac{1}{F(\phi_x,\ \phi_y;\ 0.025)}\frac{V_x}{V_y} \leq \frac{\sigma_x{}^2}{\sigma_y{}^2} \leq F(\phi_x,\ \phi_y;\ 0.025)\frac{V_x}{V_y}$$

$$\frac{1}{9.60} \times [(7)\ \textbf{オ.}\ \textbf{19.0}] \leq \frac{\sigma_x{}^2}{\sigma_y{}^2} \leq 9.60 \times 19.0$$

よって, [(8) **イ.** **1.979**] $\leq \dfrac{\sigma_x{}^2}{\sigma_y{}^2} \leq$ [(9) **コ.** **182.4**] となる.

☞ 7.2 節 4 5

手法分野

8章 仮説検定と推定④

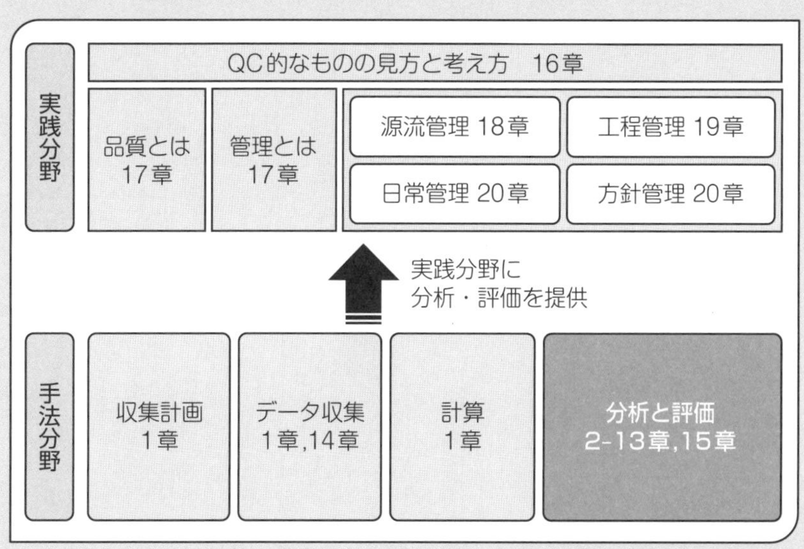

8.1 計数値に関する仮説検定の分類

計数値データに基づく仮説検定を行ううえで大切なことは，計数値データの特徴や目的に応じて，適切な検定方法を選択することです．

計数値データは，不適合品数や不適合数（欠点数）等のカウントできるデータのことです．また，計数値データの検定方法は，**表 8.1** のとおりです．n はデータ数，P_0 は母不適合品率，λ は単位当たりの母不適合数です．表の右端列の，統計量が従う確率分布に注意してください．

表 8.1　計数値に関する仮説検定の分類

検定したい母数と検定名	検定条件	統計量の分布
母不適合品率に関する検定	$nP_0 \geq 5,\ n(1-P_0) \geq 5$	標準正規分布（近似）
2 つの母不適合品率の違いに関する検定	$nP_0 \geq 5,\ n(1-P_0) \geq 5$	標準正規分布（近似）
母不適合数に関する検定	$\lambda \geq 5$	標準正規分布（近似）
2 つの母不適合数の違いに関する検定	$\lambda \geq 5$	標準正規分布（近似）
分割表による検定	－	χ^2 分布

8.2 母不適合品率に関する検定と推定

出題頻度

1 例題とポイント

例題 8.1

従来製品の母不適合品率は 0.11 であった．**図 8.1** のとおり改善のために材料の一部を変更したので，検査のため 200 個を無作為抽出したところ，13 個の不適合品が見つかった．従来製品と比べ母不適合品率は小さくなったといえるか．

【問 1】有意水準 5 % で検定せよ．

【問 2】信頼率 95 % で改善後の母不適合品率を推定せよ．

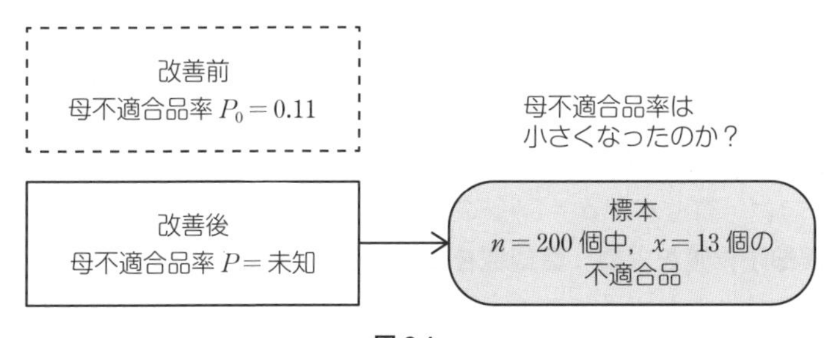

図 8.1

例題 8.1 のポイント

母不適合品率 P は，製品の全数に対する不適合品数の割合（比率）です．1 つの母不適合品率に関する検定は，母不適合品率が特定の値と等しいかどうかを検定します．推定では母不適合品率 P の値を推定します．

母不適合品率 P の母集団から n 個の標本を抽出するとき，標本から求める不適合品数 x は二項分布に従います（4.4 節）．不適合品数 x の期待値 $E(x)$ は nP，分散 $V(x)$ は $nP(1-P)$ です．n が大きい場合には，正規分布 $N(nP,\ nP(1-P))$ に近似するので，標準化した値の領域で検定ができます．

ところで，例題 8.1 は母不適合品数ではなく，母不適合品率に関する検定と推定です．不適合品率は，不適合品数を n で割った値ですから，二項分布に従い，n が大きい場合には，近似的に正規分布に従います．すると，母不適合品率に関する検定のため，不適合品率 p の期待値 $E(p)$ と分散 $V(p)$ を知りたくなります．

この点については，$p=\dfrac{x}{n}$ なので，$E(p)$ は nP を n で割った P，$V(p)$ は $nP(1-P)$ を n^2 で割った $\dfrac{P(1-P)}{n}$ となります．n^2 で割るのは分散の性質に基づきます（4.2 節 2）．n が大きい場合，p は近似的に $N\left(P,\ \dfrac{P(1-P)}{n}\right)$ に従うので，標準化した値の領域で検定ができます．

以下では，この考え方に基づき検定と推定を行います．

2 母不適合品率に関する検定

検定の手順は，次のとおりです．

手順❶ 仮説を設定する

帰無仮説 $H_0 : P = P_0$（例題 8.1 では，$P_0 = 0.11$）

対立仮説 $H_1 : P < P_0$

例題 8.1 では母不適合品率が従来と比べて減少したかどうかを検定しますので，下側の片側検定です．

手順❷ 有意水準を決定する

例題 8.1 では，有意水準 $\alpha = 5\,\%$ です．

手順❸ 棄却限界値を求め，棄却域を設定する

1）正規分布近似を検討：不適合品率は二項分布に従いますが，$nP_0 \geq 5$ かつ，$n(1-P_0) \geq 5$ である場合には正規分布近似の条件を満たすことが知られています．

$$nP_0 = 200 \times 0.11 = 22 > 5$$

$$n(1-P_0) = 200 \times (1-0.11) = 178 > 5$$

2）棄却域を求める：例題は正規分布近似の条件を満たしますので，棄却限界値は正規分布表から求めます．**表 8.2** に棄却域を示します．

表 8.2　正規分布近似となる場合の棄却域（有意水準 $\alpha = 5\%$ の場合）

対立仮説	棄却域
$H_1 : P \neq P_0$	$\lvert u_0 \rvert \geq 1.960$
$H_1 : P < P_0$	$u_0 \leq -1.645$
$H_1 : P > P_0$	$u_0 \geq 1.645$

例題 8.1 は有意水準 5％ の下側の片側検定ですから，棄却域は $u_0 \leqq -1.645$ となります（**図 8.2**）．

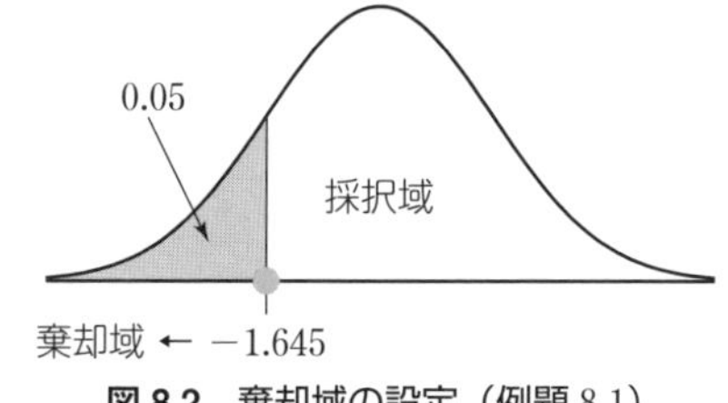

図 8.2　棄却域の設定（例題 8.1）

手順❹ データを収集し，検定統計量を計算する

母不適合品率に関する検定統計量を求める式を導きます．

1) $p=\dfrac{x}{n}=$標本平均$\overline{x}$なので，1 つの母平均に関する検定統計量（σ^2 既知）を求める式から考えます．

$$u_0=\frac{\overline{x}-\mu_0}{\sqrt{\dfrac{\sigma^2}{n}}}\quad\left(=\frac{\text{標本平均}-\text{母平均}}{\sqrt{\text{母分散}}}\right)$$

2) 不適合品率 p が近似的に正規分布 $N\left(\text{母平均}P,\ \text{母分散}\dfrac{P(1-P)}{n}\right)$ に従うので，これらの値を上式に代入します．

$$u_0=\frac{p-P}{\sqrt{\dfrac{P(1-P)}{n}}}$$

3) 仮説検定は帰無仮説 $P=P_0$ のもとで行いますので，母平均 P を P_0 に置き換えると，検定統計量は下式から求めるものとわかります．

> 1 つの母不適合品率に関する検定統計量（正規分布近似の場合）
>
> $$u_0=\frac{p-P_0}{\sqrt{\dfrac{P_0(1-P_0)}{n}}}$$

例題 8.1 に当てはめ，検定統計量を求めます．

$$p=\frac{13}{200}=0.065$$

$$u_0=\frac{0.065-0.11}{\sqrt{\dfrac{0.11\times(1-0.11)}{200}}}=-2.034$$

手順❺ 仮説の採否を判定

例題 8.1 の棄却域は -1.645 以下ですから，検定統計量 $u_0=-2.034$ は棄却域内です（**図 8.3**）．よって帰無仮説を棄却し，対立仮説を採択します（有意である）．**改善後の製品は改善前よりも，母不適合品率が小さくなった**といえます（例題 8.1【問 1】の答）．

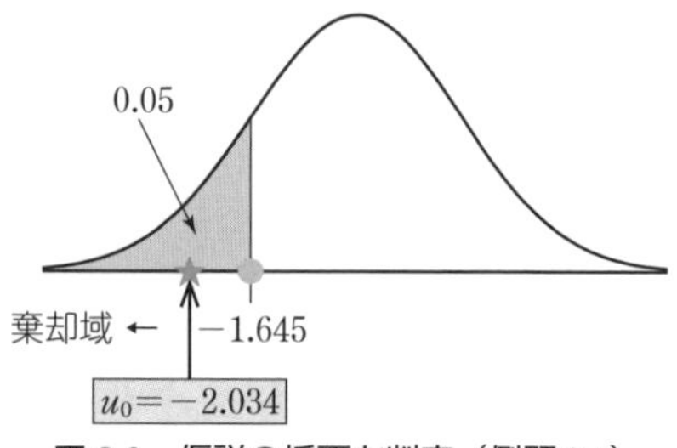

図 8.3　仮説の採否を判定（例題 8.1）

3　例題 8.1 のまとめ（仮説検定）

例題 8.1 の検定手順をまとめると，**表 8.3** のようになります．

表 8.3　例題 8.1 のまとめ（仮説検定）

①仮説	$H_0: P=0.11$，$H_1: P<0.11$
②有意水準 ③棄却域	・有意水準は 5% ・n が十分に大きいので正規分布表を利用 ・棄却域は下側片側検定であるから，$u_0 \leqq -1.645$
④検定統計量	$u_0=\dfrac{p-P_0}{\sqrt{\dfrac{P_0(1-P_0)}{n}}}\quad \left(p=\dfrac{x}{n}=0.065\right)$ $=\dfrac{0.065-0.11}{\sqrt{\dfrac{0.11(1-0.11)}{200}}}=-2.034$
⑤判定	・$u_0 \leqq -1.645$ となるので，H_0 を棄却，H_1 を採択（有意である） ・母不適合品率は小さくなったといえる

4　母不適合品率に関する推定

推定の手順は，次のとおりです．

手順❶ 点推定

$$\widehat{p}=p=0.065$$

手順❷ 区間推定

$p=\dfrac{x}{n}=$ 標本平均 $\overline{x}$ なので，1 つの母平均に関する区間推定（σ^2 既知）と同じ型で考えます．信頼上下限は，点推定 $\pm 1.960\times$ 標準偏差です．

仮説検定ではありませんので，P を P_0 に置き換える作業はありません．

よって，正規分布近似で，信頼度 95％の区間推定式は次のようになります．

$$p-1.960\times\sqrt{\frac{P(1-P)}{n}}\le P\le p+1.960\times\sqrt{\frac{P(1-P)}{n}}$$

しかし，Pを推定したいのに左辺と右辺にPが入るのは不都合です．$\widehat{P}=p$ですから，左辺と右辺のPをpに置き換えて，信頼区間は下式から求めます．

> 母不適合品率に関する区間推定（正規分布近似，信頼度 95 % の場合）
>
> $$p-1.960\times\sqrt{\frac{p(1-p)}{n}}\le P\le p+1.960\times\sqrt{\frac{p(1-p)}{n}}$$

例題 8.1 に当てはめ，95 % 信頼区間を求めます．

$$0.065-1.960\times\sqrt{\frac{0.065(1-0.065)}{200}}\le P\le 0.065+1.960\times\sqrt{\frac{0.065(1-0.065)}{200}}$$

よって，**$0.031\le P\le 0.099$**（信頼率 95 %）（例題 8.1【問 2】の答）

5 母不適合品率に関する検定（正規分布近似ができない場合）

母不適合品率に関する検定で正規分布近似ができない場合を考えます．

例題 8.2

母不適合品率 6 % の製品を改善し，ランダムに標本 80 個を抽出したとき，不適合品 1 個が出現した．母不適合品率Pは小さくなったのか，有意水準 5 % で検定せよ．標本 80 個抽出時の不適合品率は**表 8.4** に示す．

表 8.4 標本 80 個抽出時の不適合品率

不適合品の出現回数 r	確率 P_r	確率の累計 $\sum P_r$
0	0.0071	0.0071
1	0.0362	0.0433
2	0.0910	0.1343
⋮	（略）	

解答

手順❶ 仮説を設定する

帰無仮説 H_0：$P=0.06$

対立仮説 H_1：$P<0.06$

手順❷ 有意水準を決定する

有意水準は $\alpha=5$ % です．

手順❸ 棄却限界値を求め，棄却域を設定する

例題 8.2 の不適合品率が従う分布は二項分布です．二項分布の場合でも，$nP_0\geq 5$ かつ $n(1-P_0)\geq 5$ であれば正規分布近似が使えますが，ここでは

$$nP_0=80\times 0.06=4.80$$

なので使えません．

そこで，棄却限界値は有意水準（確率）をそのまま使用します．棄却域は 0.05 以下になります．

手順❹ データを収集し，検定統計量を計算する

二項分布の確率計算の公式を使い検定を行います（4.4 節 3）．正規分布近似が使えないため，有意水準とデータを確率の領域で比較します（図 5.2）．

例題 8.2 では，表 8.4 より，不適合品 1 個以下が出現する確率は

$$\begin{aligned}0\text{ 個の発生確率}+1\text{ 個の発生確率}&=0.0071+0.0362\\&=0.0433\end{aligned}$$

とわかります．

手順❺ 仮説の採否を判定する

確率は $0.0433\leq 0.05$ となりますので，帰無仮説を棄却し，対立仮説を採択します（有意である）．よって，**母不適合品率は小さくなった**といえます．

8.3 2つの母不適合品率の違いに関する検定と推定

1 例題とポイント

例題 8.3

ある工場では，同一の部品を機械 A と機械 B で製造している．完成した部品について無作為抽出により検査をしたところ，次のような結果を得た（**図 8.4**）．機械 A と機械 B の母不適合品率には違いがあるといえるか．

機械 A：$n_A = 1000$ 個の中から，$x_A = 60$ 個の不適合品

機械 B：$n_B = 1000$ 個の中から，$x_B = 40$ 個の不適合品

【問 1】有意水準 5％で検定せよ．

【問 2】信頼率 5％で母不適合品率の差を推定せよ．

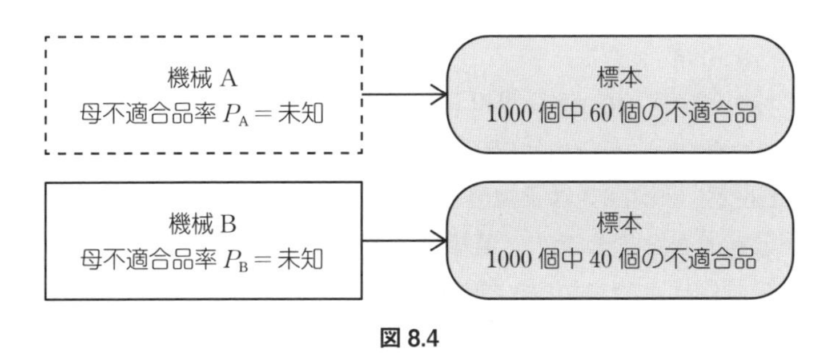

図 8.4

例題 8.3 のポイント

不適合品率 p の分布は，8.2 節で学習したとおり，n が大きい場合には，正規分布 $N\left(\text{母平均}P,\ \text{母分散}\dfrac{P(1-P)}{n}\right)$ に近似します．

しかし，2 つの母不適合品率の違い $P_A - P_B$ に関する検定と推定では，母不適合品率が未知なので計算ができません．正規分布近似の場合には，母不適合品率 P を標本から求める不適合品率 p に置き換えて考えます．p は不適合品数の平均でもあるため $P = p$ と推定できるからです（大数の法則，4.6 節 4）．

8章 仮説検定と推定④

2 2つの母不適合品率の違いに関する検定

検定の手順は，次のとおりです．

手順❶ 仮説を設定する

帰無仮説 H_0：$P_A = P_B$

対立仮説 H_1：$P_A \neq P_B$

手順❷ 有意水準を決定する

例題 8.3 では，有意水準 $\alpha = 5\,\%$ です．

手順❸ 棄却限界値を求め，棄却域を設定する

1) 正規分布近似を検討：不適合品率は二項分布に従いますが，$nP \geq 5$ かつ $n(1-P) \geq 5$ である場合には正規分布で近似できます．例題 8.3 の場合，母不適合品率 P は未知なので，標本から求める不適合品率 $p = \dfrac{x}{n}$ に置き換えて考えます．

$$n \times \frac{x}{n} = x \geq 5, \quad n \times \left(1 - \frac{x}{n}\right) = n - x \geq 5$$

となる場合に正規分布近似の条件を満たしますが，次のとおり確かに満たしています．

$$x_A = 60 \geq 5, \quad n_A - x_A = 940 \geq 5$$

$$x_B = 40 \geq 5, \quad n_B - x_B = 960 \geq 5$$

2) 棄却域を設定：例題 8.3 は正規分布近似の条件を満たしますので，棄却限界値は正規分布表から求めます．棄却域は**表 8.5** のとおりです．例題 8.3 は有意水準 5％ の両側検定ですから，棄却域は $|u_0| \geq 1.96$ となります（**図 8.5**）．

表 8.5　正規分布近似となる場合の棄却域（有意水準 $\alpha = 5\%$ の場合）

対立仮説	棄却域
H_1：$P_A \neq P_B$	$\lvert u_0 \rvert \geq 1.960$
H_1：$P_A < P_B$	$u_0 \leq -1.645$
H_1：$P_A > P_B$	$u_0 \geq 1.645$

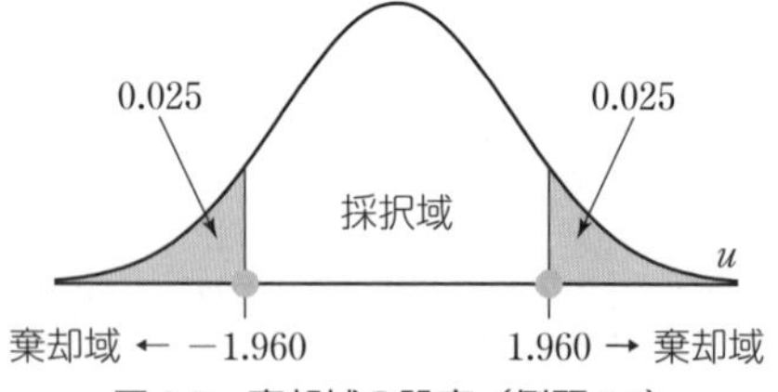

図 8.5　棄却域の設定（例題 8.3）

手順❹ データを収集し，検定統計量を計算する

2 つの母不適合品率の違いに関する検定統計量を求める式を導きます．

1) 正規分布近似の場合には，2 つの母平均の差に関する検定統計量（σ^2 既知）を求める式から考えます（6.1 節 **2** の **手順❹**）．

$$u_0=\frac{\overline{x}_A-\overline{x}_B}{\sqrt{\dfrac{\sigma_A^2}{n_A}+\dfrac{\sigma_B^2}{n_B}}}$$

2) 上式を 2 つの母不適合品率の違い P_A-P_B の場合に修正すると，下式のようになります．

$$u_0=\frac{p_A-p_B}{\sqrt{\dfrac{P_A(1-P_A)}{n_A}+\dfrac{P_B(1-P_B)}{n_B}}}$$

3) 仮説検定は帰無仮説 $P_A=P_B$ のもとで行いますので，まずは P_A と P_B の両方を仮に P とします．次は，分母で共通する $P(1-P)$ を下式のように併合します（併合比率）．ここでの P は，2 つの母集団を合わせた母不適合品率です．

$$u_0=\frac{p_A-p_B}{\sqrt{P(1-P)\left(\dfrac{1}{n_A}+\dfrac{1}{n_B}\right)}}$$

4) 併合した母不適合品率 P は未知ですから，u_0 が計算できませんが，$\widehat{P}=\overline{p}$ と推定されるので，代入して検定統計量は下式から求めるものとわかります．ここでの $\overline{p}$ は，標本全体の平均不適合品率を意味します．

> 2 つの母不適合品率の違いに関する検定統計量（正規分布近似の場合）
>
> $$u_0=\frac{p_A-p_B}{\sqrt{\overline{p}(1-\overline{p})\left(\dfrac{1}{n_A}+\dfrac{1}{n_B}\right)}}$$
>
> $$p_A=\frac{x_A}{n_A},\quad p_B=\frac{x_B}{n_B},\quad \overline{p}=\frac{x_A+x_B}{n_A+n_B}$$

例題 8.3 に当てはめ，検定統計量を求めます．

$$p_A=\frac{60}{1000}=0.06$$

$$p_B=\frac{40}{1000}=0.04$$

$$\overline{p}=\frac{60+40}{1000+1000}=\frac{100}{2000}=0.05$$

$$u_0=\frac{0.06-0.04}{\sqrt{0.05(1-0.05)\left(\dfrac{1}{1000}+\dfrac{1}{1000}\right)}}=2.052$$

手順5 **判定**

例題 8.3 の棄却域は$|u_0| \geq 1.960$ですから，検定統計量$u_0 = 2.052$は棄却域内です（**図 8.6**）．よって帰無仮説を棄却し，対立仮説を採択します（有意である）．**不適合品率は違いがある**といえます（例題 8.3【問 1】の答）．

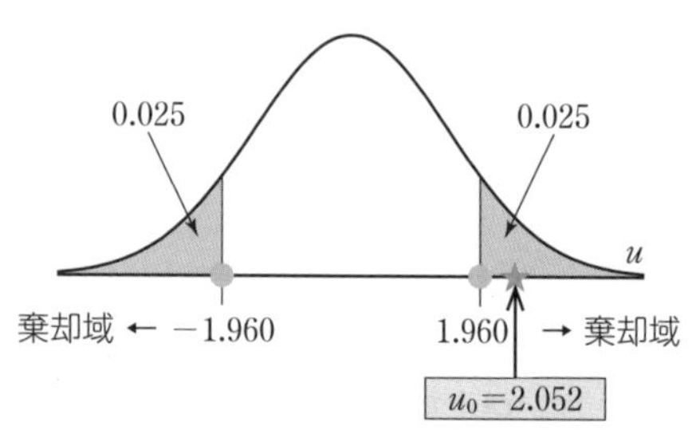

図 8.6　仮説の採否を判定（例題 8.3）

3　例題 8.3 のまとめ（仮説検定）

例題 8.3 の検定手順をまとめると，**表 8.6** のようになります．

表 8.6　例題 8.3 のまとめ（仮説検定）

①仮説	$H_0: P_A = P_B$, $H_1: P_A \neq P_B$
②有意水準 ③棄却域	・有意水準は 5% ・n が十分に大きいので正規分布表を利用 ・棄却域は，両側検定であるから，$\lvert u_0 \rvert \geq 1.96$
④検定統計量	$u_0 = \dfrac{p_A - p_B}{\sqrt{\overline{p}(1-\overline{p})\left(\dfrac{1}{n_A} + \dfrac{1}{n_B}\right)}}$ $\overline{p} = \dfrac{x_A + x_B}{n_A + n_B} = \dfrac{100}{2000} = 0.05$ $u_0 = \dfrac{0.06 - 0.04}{\sqrt{0.05(1-0.05)\left(\dfrac{1}{1000} + \dfrac{1}{1000}\right)}} = 2.052$
⑤判定	・$\lvert u_0 \rvert \geq 1.96$ となるので，H_0 を棄却，H_1 を採択（有意である） ・母不適合品率は違いがあるといえる

4 2つの母不適合品率の違いに関する推定

推定の手順は，次のとおりです．

手順❶ 点推定

$$\widehat{P_A - P_B} = \frac{x_A}{n_A} - \frac{x_B}{n_B} = 0.06 - 0.04 = 0.02$$

手順❷ 区間推定

推定は帰無仮説が正しいことを前提としませんので，併合比率は使用しません．

> 2つの母不適合品率の違いに関する区間推定（正規分布近似，信頼率95％）
>
> $$(p_A - p_B) - 1.960 \times \sqrt{\frac{p_A(1-p_A)}{n_A} + \frac{p_B(1-p_B)}{n_B}} \leq P_A - P_B$$
> $$\leq (p_A - p_B) + 1.960 \times \sqrt{\frac{p_A(1-p_A)}{n_A} + \frac{p_B(1-p_B)}{n_B}}$$

例題 8.3 に当てはめ，95％信頼区間を求めます．

$$(0.06 - 0.04) - 1.960 \times \sqrt{\frac{0.06(1-0.06)}{1000} + \frac{0.04(1-0.04)}{1000}} \leq P_A - P_B$$
$$\leq (0.06 - 0.04) + 1.960 \times \sqrt{\frac{0.06(1-0.06)}{1000} + \frac{0.04(1-0.04)}{1000}}$$

よって，$\mathbf{0.001 \leq P_A - P_B \leq 0.039}$（信頼率 95％）（例題 8.3【問 2】の答）

8.4 母不適合数に関する検定と推定

1 例題とポイント

例題 8.4

A 社は鋼板を製造している．この鋼板はキズがあると不適合品になるので，検査をする必要がある．1 m^2 当たりのキズが 4 個以下なら合格としている．

A 社では生産性を上げるため工程を変更した．その結果，10 m^2 の鋼板を検査したところ，キズの数は 80 個であった（**図 8.7**）．工程変更によりキズの数が増加したのか．

【問 1】有意水準 5 % で検定せよ．

【問 2】信頼率 95 % で母不適合数を推定せよ．

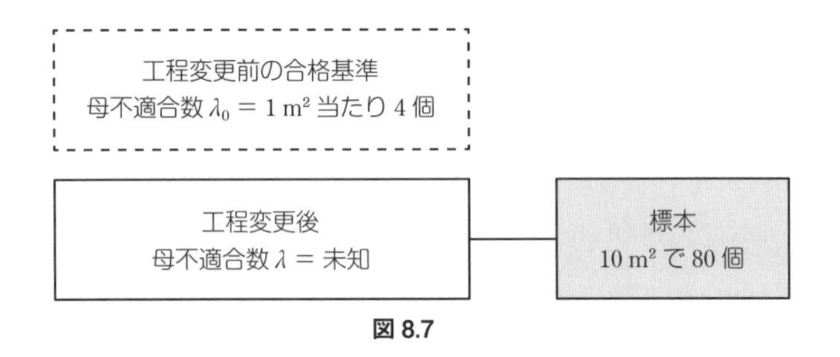

図 8.7

例題 8.4 のポイント

母不適合数に関する検定と推定とは，単位当たりの母不適合数（母欠点数）が，特定の値と等しいかを調べる方法です．製品のキズの数など，一定単位の製品中に表れる不適合数は，ポアソン分布に従うと仮定します（4.5 節）．

例題 8.4 では，工程変更後の鋼材の集まりを母集団と考え，1 m^2 当たりの母不適合数を λ とします．ポアソン分布では，1 単位は何かを設定することが重要ですから，例題 8.4 では 1 m^2 当たりを 1 単位とします．よって，工程変更後は 10 単位の標本を調査したことになります．

この状況で，工程変更前の 1 m^2 当たりの母不適合数 λ_0 と比べ，工程変更後は 1 m^2 当たりの母不適合数 λ が増加したのかの検定と λ の推定を行います．

2 母不適合数に関する検定

検定の手順は，次のとおりです．

手順❶ 仮説を設定する

帰無仮説 H_0：$\lambda=\lambda_0$　（λ_0 は特定の値 $=1\ m^2$ 当たり 4 個）

対立仮説 H_1：$\lambda>\lambda_0$

手順❷ 有意水準を決定する

例題 8.4 では，有意水準 $\alpha=5\%$ です．

手順❸ 棄却限界値を求め，棄却域を設定する

1）正規分布近似を検討：ポアソン分布は実用上，$n\lambda_0\geq5$ ならば正規分布に近似できます．標本から求める不適合数はポアソン分布 $Po(n\lambda)$ に従うからです．例題 8.4 は 10 単位を調査していますので，$n\lambda_0=10\times4=40\geq5$ となりますから正規分布近似ができます．

2）棄却域を設定：例題 8.4 の棄却限界値は正規分布表から求めます．棄却域は**表 8.7** のとおりです．例題 8.4 は有意水準 5％の右側の片側検定なので，棄却域は $u_0\geq1.645$ です（**図 8.8**）．

表 8.7　正規分布近似となる場合の棄却域（有意水準 $\alpha=5\%$ の場合）

対立仮説	棄却域
H_1：$\lambda\neq\lambda_0$	$\lvert u_0\rvert\geq1.96$
H_1：$\lambda<\lambda_0$	$u_0\leq-1.645$
H_1：$\lambda>\lambda_0$	$u_0\geq1.645$

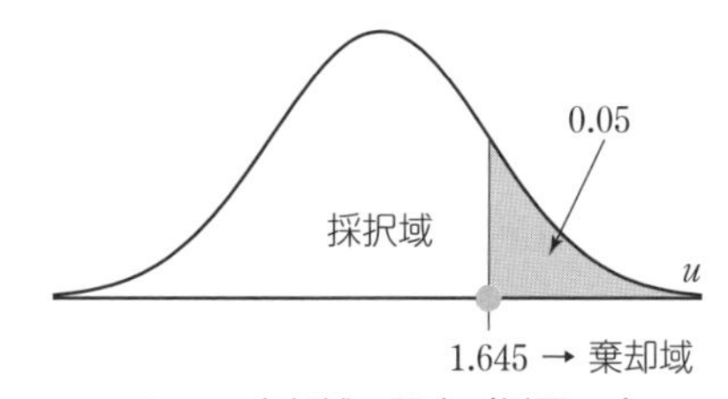

図 8.8　棄却域の設定（例題 8.4）

手順❹ データを収集し，検定統計量を計算する

検定統計量を求める式を導きます．単位当たりの母不適合に関する検定ですから，標本から求める単位当たりの不適合数（$\hat{\lambda}$ とします）が従う分布を考えます．

1）**手順❸** より，標本から求める不適合数は近似的に $N(n\lambda,\ n\lambda)$ に従うとわかりましたので，$\hat{\lambda}$ は近似的に $N\left(\lambda,\ \dfrac{\lambda}{n}\right)$ に従います．$\hat{\lambda}=\dfrac{x}{n}$ なので，母平均は $n\lambda$ を n で割った λ，母分散は $n\lambda$ を n^2 で割った $\dfrac{\lambda}{n}$ となるからです（4.2 節 **2**）．そこで，比較する単位あたりの母不適合数 λ_0 が既知なので，1 つの母平均に関する検定統計量（σ^2 既知の場合）を求める式から考えます．

$$u_0 = \frac{\overline{x} - \mu_0}{\sqrt{\frac{\sigma^2}{n}}} \quad \left(= \frac{\text{標本平均} - \text{母平均}}{\sqrt{\text{母分散}}} \right)$$

2）上式に，$N\left(\text{母平均}\lambda,\ \text{母分散}\frac{\lambda}{n}\right)$を当てはめます．そして，検定は帰無仮説のもとで行いますので，未知の λ を λ_0 に，$\overline{x}$ を $\widehat{\lambda}$ に置き換えると，検定統計量は下式から求めるとわかります．

> 母不適合数に関する検定統計量（正規分布近似の場合）
>
> $$u_0 = \frac{\widehat{\lambda} - \lambda_0}{\sqrt{\frac{\lambda_0}{n}}}$$

例題 8.4 に当てはめ，検定統計量を求めます．

$$\widehat{\lambda} = \frac{x}{n} = \frac{80}{10} = 8$$

$$u_0 = \frac{\overline{\lambda} - \lambda_0}{\sqrt{\frac{\lambda_0}{n}}} = \frac{8-4}{\sqrt{\frac{4}{10}}} = 6.325$$

手順❺ 仮説の採否を判定する

例題の棄却域は $u_0 \geq 1.645$ ですから，検定統計量 $u_0 = 6.325$ は棄却域内です（**図 8.9**）．よって帰無仮説を棄却し，対立仮説を採択します（有意である）．**工程変更後はキズの数は増加した**といえます（例題 8.4【問 1】の答）．

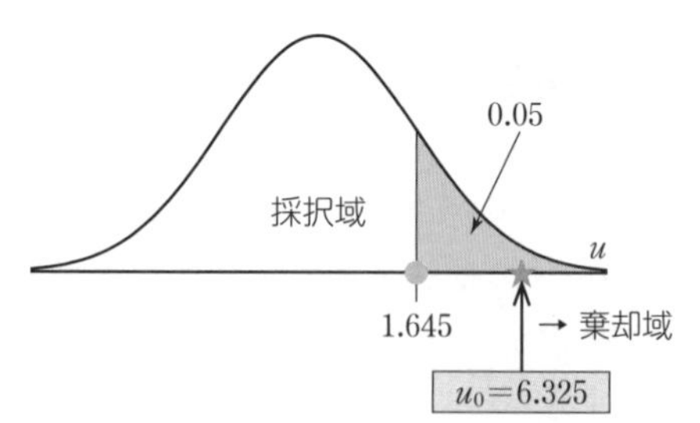

図 8.9 仮説の採否を判定（例題 8.4）

3 母不適合数に関する推定

推定の手順は，次のとおりです．

手順❶ 点推定

$$\hat{\lambda}=\frac{x}{n}=\frac{80}{10}=8$$

手順❷ 区間推定

正規分布近似の場合，95 % 信頼区間は，次のようになります．

$$\hat{\lambda}-1.960\times\sqrt{\frac{\lambda}{n}}\leq\lambda\leq\hat{\lambda}+1.960\times\sqrt{\frac{\lambda}{n}}$$

しかし，λ を求めたいのに左辺と右辺に λ が入るのは不都合なので，左辺と右辺の λ を $\hat{\lambda}$ に置き換え，信頼区間は下式から求めます．

> 母不適合数に関する区間推定（正規分布近似，信頼率 95 % の場合）
>
> $$\hat{\lambda}-1.960\times\sqrt{\frac{\hat{\lambda}}{n}}\leq\lambda\leq\hat{\lambda}+1.960\times\sqrt{\frac{\hat{\lambda}}{n}}$$

例題 8.4 に当てはめ，95 % 信頼区間を求めます．

$$8.0-1.960\times\sqrt{\frac{8.0}{10}}\leq\lambda\leq 8.0+1.960\times\sqrt{\frac{8.0}{10}}$$

よって，**$6.247\leq\lambda\leq 9.753$**（信頼率 95 %）（例題 8.4【問 2】の答）

8.5 2つの母不適合数の違いに関する検定と推定

1 例題とポイント

例題 8.5

ある会社にはA工場とB工場がある．A工場では過去1年間で品質上の不適合数15件が発生し，B工場では直近10か月間で24件が発生した（**図 8.10**）．工場によって不適合数の発生件数に違いがあるのか．

なお，A工場とB工場における不適合数はポアソン分布に従うものと仮定し，A工場の15件とB工場の24件は十分に大きな標本であるとする．

【問 1】有意水準5%で検定せよ．

【問 2】信頼率95％で母不適合数の違いの平均を推定せよ．

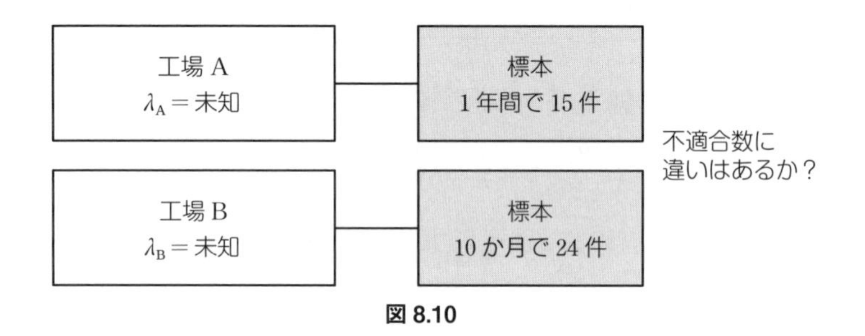

図 8.10

例題 8.5 のポイント

ポアソン分布では，何を1単位とするかを決めることが重要です．例題8.5では，1か月を1単位と考えます．

2つの母不適合数の違いに関する検定と推定では，これに基づいて，λ_Aとλ_Bが等しいと評価できるかの検定と，λ_Aとλ_Bの差の推定を行います．

単位当たりの母不適合数は未知ですが，標本から求める単位当たりの不適合数が近似的に正規分布に従う場合には，標準化の領域で検定や推定を行えます．

2 2つの母不適合数の違いに関する検定

検定の手順は，次のとおりです．

手順❶ 仮説を設定する

帰無仮説 H_0：$\lambda_A = \lambda_B$

対立仮説 H_1：$\lambda_A \neq \lambda_B$

手順❷ 有意水準を決定する

例題 8.5 では，有意水準 $\alpha = 5$ % です．

手順❸ 棄却限界値を求め，棄却域を設定する

1) 正規分布近似を検討：ポアソン分布は実用上，$n\lambda \geq 5$ ならば正規分布で近似できます．例題 8.5 の場合，λ は未知なので，λ を標本から求める単位当たりの不適合数 $\widehat{\lambda}$ に置き換えて考えると，次のようになるので，正規分布近似ができます．

$$\text{A 工場：12 単位} \times \frac{15}{12} = 15 \geq 5$$

$$\text{B 工場：10 単位} \times \frac{24}{10} = 24 \geq 5$$

2) 棄却域を設定：A 工場も B 工場も正規分布近似ができますので，例題 8.5 の棄却限界値は正規分布表から求めます．棄却域は，**表 8.8** のとおりです．

例題 8.5 は有意水準 5 % の両側検定ですから，棄却域は $|u_0| \geq 1.96$ です（**図 8.11**）．

表 8.8 正規分布近似となる場合の棄却域（有意水準 α=5% の場合）

対立仮説	棄却域
$H_1：\lambda \neq \lambda_0$	$\lvert u_0 \rvert \geq 1.96$
$H_1：\lambda < \lambda_0$	$u_0 \leq -1.645$
$H_1：\lambda > \lambda_0$	$u_0 \geq 1.645$

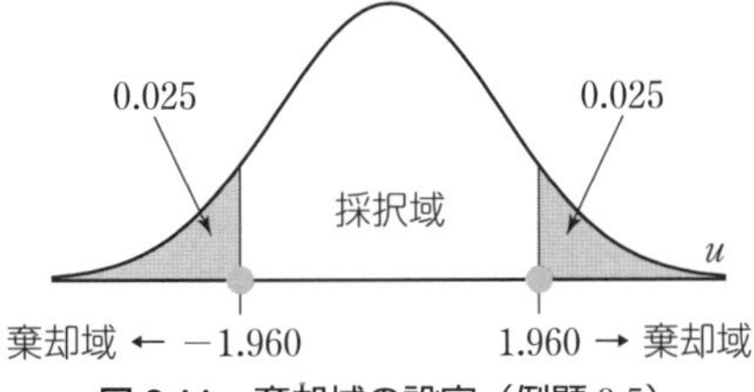

図 8.11 棄却域の設定（例題 8.5）

手順❹ データを収集し，検定統計量を計算する

検定統計量を求める式を導きます．

1) 正規分布近似の場合，2 つの母平均の差に関する検定統計量（σ^2 既知の場合）を求める式から考えます（6.1 節 2 の 手順❹）．

$$u_0=\frac{\bar{x}_A-\bar{x}_B}{\sqrt{\dfrac{\sigma_A^2}{n_A}+\dfrac{\sigma_B^2}{n_B}}}$$

2) 上式を 2 つの母不適合数の違い $\lambda_A-\lambda_B$ の場合に修正すると,

$$u_0=\frac{\widehat{\lambda}_A-\widehat{\lambda}_B}{\sqrt{\dfrac{\lambda_A}{n_A}+\dfrac{\lambda_B}{n_B}}}$$

3) 仮説検定は帰無仮説 $\lambda_A=\lambda_B$ のもとで行います．分母で $\lambda_A=\lambda_B=\lambda$ とする場合，共通する λ は併合します．ただし λ は未知なので，λ を標本から求められる $\widehat{\lambda}$ に代えると，検定統計量は下式から求めるものとわかります．

2 つの母不適合数に関する検定統計量（正規分布近似の場合）

$$u_0=\frac{\widehat{\lambda}_A-\widehat{\lambda}_B}{\sqrt{\widehat{\lambda}\left(\dfrac{1}{n_A}+\dfrac{1}{n_B}\right)}}$$

$$\widehat{\lambda}_A=\frac{x_A}{n_A},\quad \widehat{\lambda}_B=\frac{x_B}{n_B},\quad \widehat{\lambda}=\frac{x_A+x_B}{n_A+n_B}$$

例題 8.5 に当てはめ，検定統計量を求めます．

$$\widehat{\lambda}_A=\frac{x_A}{n_A}=\frac{15}{12}=1.250 \qquad \widehat{\lambda}_B=\frac{x_B}{n_B}=\frac{24}{10}=2.400$$

$$\widehat{\lambda}=\frac{x_A+x_B}{n_A+n_B}=\frac{15+24}{12+10}=\frac{39}{22}=1.773$$

$$u_0=\frac{1.250-2.400}{\sqrt{1.773\left(\dfrac{1}{12}+\dfrac{1}{10}\right)}}=-2.017$$

手順⑤ 仮説の採否を判定する

例題 8.5 の棄却域は $|u_0|\geq 1.960$ ですから，検定統計量 $u_0=-2.017$ は棄却域内です（**図 8.12**）．よって帰無仮説を棄却し，対立仮説を採択します（有意である）．**工場によって不適合数の発生件数に違いがある**といえます（例題 8.5【問 1】の答）．

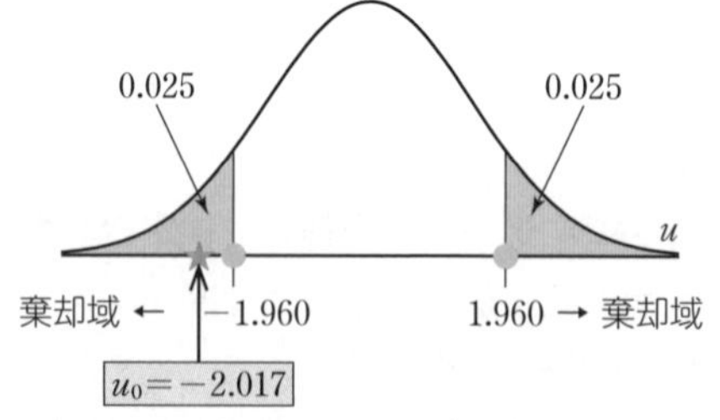

図 8.12 仮説の採否を判定（例題 8.5）

3 2つの母不適合数の違いに関する推定

推定の手順は，次のとおりです．

手順❶ 点推定

$$\hat{\lambda}_A - \hat{\lambda}_B = \frac{x_A}{n_A} - \frac{x_B}{n_B} = 1.250 - 2.400 = -1.150$$

手順❷ 区間推定

正規分布近似の場合，95％信頼区間の上下限は次の計算式で求めます．

$$(\hat{\lambda}_A - \hat{\lambda}_B) \pm 1.960 \times \sqrt{\frac{\lambda_A}{n_A} + \frac{\lambda_B}{n_B}}$$

しかし $\lambda_A - \lambda_B$ を推定したいのに，式中に λ_A と λ_B が入るのは不都合なので，$\hat{\lambda}_A$ と $\hat{\lambda}_B$ により推定すると，区間推定は下式から求めるとなります．

2つの母不適合数の違いに関する区間推定（正規分布近似，信頼率95％）

$$(\hat{\lambda}_A - \hat{\lambda}_B) - 1.960 \times \sqrt{\frac{\hat{\lambda}_A}{n_A} + \frac{\hat{\lambda}_B}{n_B}} \leq \lambda_A - \lambda_B \leq (\hat{\lambda}_A - \hat{\lambda}_B) + 1.960 \times \sqrt{\frac{\hat{\lambda}_A}{n_A} + \frac{\hat{\lambda}_B}{n_B}}$$

例題 8.5 に当てはめ，95％信頼区間を求めます．

$$-1.150 - 1.960 \times \sqrt{\frac{1.250}{12} + \frac{2.400}{10}} \leq \lambda_A - \lambda_B \leq -1.150 + 1.960 \times \sqrt{\frac{1.250}{12} + \frac{2.400}{10}}$$

よって，$-2.300 \leq \lambda_A - \lambda_B \leq 0.000$（信頼率 95％）（例題 8.5【問 2】の答）

8.6 分割表による検定

出題頻度 ★★★

1 例題とポイント

例題 8.6

ある工場では，機械Aと機械Bにより同一の部品を製造している．機械の性能を比較するために，2台の機械から製造された部品をランダムに抽出して検査をしたところ，**表 8.9** のような状態で合格品と不合格品が発生した．機械によって，合格品と不合格品の出方に違いがあるのか．有意水準5%により検定せよ．

表 8.9 分割表（データ表）

		出方		合計
		合格品数	不合格品数	
機械	A	186	16	202
	B	116	24	140
検査個数		302	40	342

例題 8.6 のポイント

分割表とは，計数値のデータを二元表にまとめた表のことです．行と列という2つの分類項目について，関係性があるかを検定します．

例題8.6では，機械と出方という2つの項目に分類し，機械ではAとBの2水準を，出方では合格品と不合格品という2水準を設定しています．分割表による検定では，機械Aと機械Bの2つの母集団があると考え，次のような確率を考えます．

機械A：合格品が出る確率 P_{A1}，不合格品が出る確率 P_{A2}

機械B：合格品が出る確率 P_{B1}，不合格品が出る確率 P_{B2}

帰無仮説は，$H_0 : P_{A1}=P_{B1}$ かつ $P_{A2}=P_{B2}$ と考えます．合格品や不合格品の出る確率が，AとBという2つの母集団を通じて等しいといえるかの検定を行います．

2 分割表による検定

分割表による検定の手順は，次のとおりです．

手順❶ 仮説を設定する

帰無仮説 H_0：機械によって合格品，不合格品の出方に差がない

対立仮説 H_1：機械によって合格品，不合格品の出方に差がある

手順❷ 有意水準を決定する

例題 8.6 では，有意水準 $\alpha=5\,\%$ です．

手順❸ 棄却限界値を求め，棄却域を設定する

帰無仮説のもとでは，A と B の合格品が出る確率は等しくなります．

$$\frac{\text{合格品数の合計}}{\text{検査個数の合計}}=\frac{302}{342}=0.883$$

よって，例えば機械 A の合格品数は，

機械 A の検査個数 202 個 × 合格品が出る確率 0.883＝178.4 個

という度数が期待されます．この帰無仮説のもとでの度数のことを「**期待度数**」といいます．

分割表の検定では，実測値と期待度数がどの程度ずれているかを調べることにより判定を行います．このずれ具合は，χ^2 分布の上側の片側検定により判定します（7.1 節）．よって，棄却域は有意水準が 5 % の場合，次のとおりです．

$$\chi^2 \geq \chi^2\,(\phi, \alpha)$$

分割表による検定は独立した 2 変数の関係性を見ますので，自由度 ϕ は $(n_{\mathrm{A}}-1)\times(n_{\mathrm{B}}-1)$ で求めます．

以上を例題 8.6 に当てはめると，

自由度 ϕ は，$(2-1)\times(2-1)=1$

棄却域（**図 8.13**）は，$\chi^2 \geq \chi^2\,(1, 0.05)=3.84$

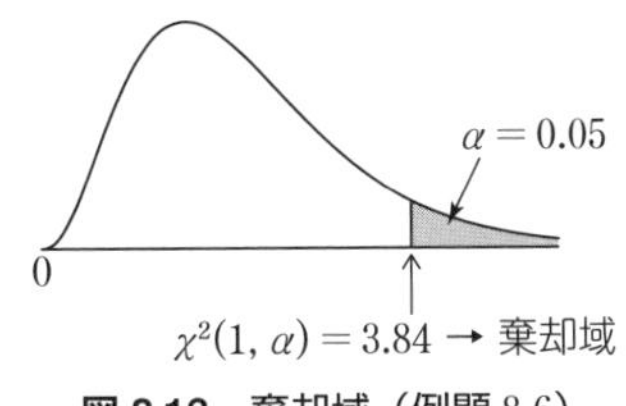

図 8.13 棄却域（例題 8.6）

手順❹ データを収集し，検定統計量を計算

まずは，「データ表」から「期待度表」を作成します（**表 8.10**，**表 8.11**）．

表 8.10　実測値（表 8.9 のデータ表の再掲）

		出方		合計
		合格品数	不合格品数	
機械	A	186	16	202
	B	116	24	140
検査個数		302	40	342

表 8.11　期待度数

		出方		合計
		合格品数	不合格品数	
機械	A	① × ③ ÷ 総合計＝178.4	① × ④ ÷ 総合計＝23.6	① 202
	B	② × ③ ÷ 総合計＝123.6	② × ④ ÷ 総合計＝16.4	② 140
検査個数		③ 302	④ 40	総合計 342

次は，検定統計量の計算です．例題 8.6 は，機械 2 水準 × 出方 2 水準 ＝ 計 4 通りの組合せです．それぞれの組合せについて実測値と期待度数の差を 2 乗し，期待度数で割ります．その値の和を計算すると，χ^2 値が判明します．検定統計量の計算式は，次のとおりです．

x_{ij} は実測値 x について機械 i と出方 j の各水準を組み合わせた値（表 8.10），t_{ij} は期待度数 t について機械 i と出方 j の各水準を組み合わせた値（表 8.11）を意味します．

$$\chi^2 = \sum\sum \frac{(x_{ij} - t_{ij})^2}{t_{ij}} \quad \left(= \frac{(\text{実測値} - \text{期待度数})^2}{\text{期待度数}} \text{の合計} \right)$$

$$= \frac{(186-178.4)^2}{178.4} + \frac{(116-123.6)^2}{123.6} + \frac{(16-23.6)^2}{23.6} + \frac{(24-16.4)^2}{16.4}$$

$$= 6.76$$

手順❺ 仮説の採否を判定する

例題 8.6 の棄却域は $\chi^2 \geq 3.84$ ですから，検定統計量 $\chi^2 = 6.76$ は棄却域内です（**図 8.14**）．よって帰無仮説を棄却し，対立仮説を採択します（有意である）．**機械によって合格品と不合格品の出方に差がある**，といえます（例題 8.6 の答）．

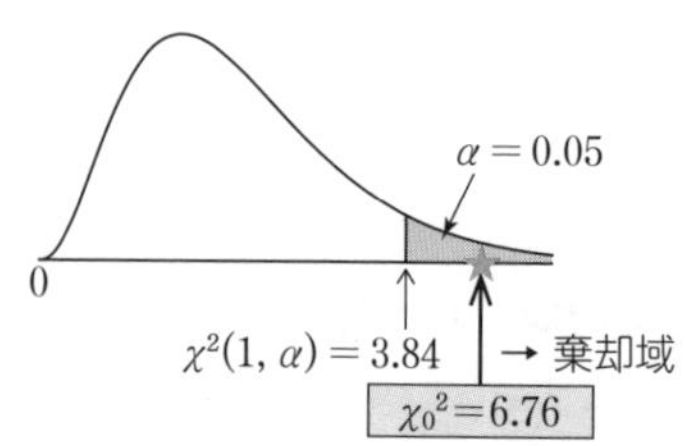

図 8.14　仮説の採否を判定（例題 8.6）

理解度確認 問題

次の文章で正しいものには○，正しくないものには×を選べ．

① 母集団が二項分布の場合，$nP \geqq 5$ かつ $n(1-P) \geqq 5$ であれば n は大きいとみなせるので，大数の法則により標本平均は正規分布に近似するとみなせる．

② 1つの母不適合品率に関する検定統計量は，下式により求める．

$$u_0 = \frac{p - P_0}{\sqrt{P_0(1-P_0)}}$$

③ 仮説検定が片側検定の場合には，区間推定も片側確率で考える．

④ 正規分布近似の場合，1つの母不適合品率 P に関する 95 % 信頼区間の上下限は，下式により求める．

$$p \pm 1.960 \times \sqrt{\frac{P(1-P)}{n}}$$

⑤ 2つの母不適合品率の違いに関する検定では，2つの母不適合品率の差 $P_A - P_B$ は未知であるから，検定統計量は t 分布により求める．

⑥ 2つの母不適合品率の違いに関する検定統計量は，下式により求める．

$$u_0 = \frac{p_A - p_B}{\sqrt{\overline{p}(1-\overline{p})\left(\dfrac{1}{n_A} + \dfrac{1}{n_B}\right)}}$$

⑦ 正規分布近似の場合，2つの母平均の違いに関する 95%信頼区間の上下限は，下式により求める．

$$(p_A - p_B) \pm 1.960 \times \sqrt{\overline{p}(1-\overline{p})\left(\frac{1}{n_A} + \frac{1}{n_B}\right)}$$

⑧ ポアソン分布における λ とは，単位当たりの母不適合数の平均である．

理解度確認 解答と解説

① **正しくない（×）**．n が大きい場合，母集団が二項分布でも標本平均は正規分布に近似するとみなせるのは，中心極限定理による． ☞ 8.2 節 2，4.6 節 4

② **正しくない（×）**．正規分布近似の場合，1 つの母不適合品率に関する検定統計量は，下式により求める．

$$u_0 = \frac{p - P_0}{\sqrt{\dfrac{P_0(1-P_0)}{n}}}$$

☞ 8.2 節 2

③ **正しくない（×）**．仮説検定が片側検定の場合でも，区間推定は区間であるから両側確率で考える． ☞ 8.2 節 4

④ **正しくない（×）**．母不適合品率 P を推定したいのに推定式に P が入るのは不都合なので，P を p と推定して置き換え下式により求める．

$$p \pm 1.960 \times \sqrt{\frac{p(1-p)}{n}}$$

☞ 8.2 節 4

⑤ **正しくない（×）**．2 つの母不適合品率の違いに関する検定は，二項分布を正規分布近似できる場合，検定統計量は標準正規分布より求めることができる．

☞ 8.2 節 2，4.6 節 4

⑥ **正しい（○）**．仮説検定は，帰無仮説 $P_A = P_B$ のもとで行うので，P_A と P_B の両方を仮に P と置き換える．そして分母の $P(1-P)$ は併合する（併合比率）．この併合した P は未知なので $\widehat{P} = p$ と推定し，検定統計量は設問式により求める．

☞ 8.3 節 2

⑦ **正しくない（×）**．推定では帰無仮説が正しいことを前提としないので，併合比率は使用しない．よって推定式は下式となる．

$$(p_A - p_B) \pm 1.960 \times \sqrt{\frac{p_A(1-p_A)}{n_A} + \frac{p_B(1-p_B)}{n_B}}$$

☞ 8.3 節 4

⑧ **正しい（○）**．ポアソン分布は試行回数 n が無限大に近いので，何を単位とするかは重要である．単位当たりの母不適合数を λ とする． ☞ 8.4 節 1

練習問題

【問 1】 検定に関する次の文章において，[　　] 内に入るもっとも適切なものを下欄の選択肢からひとつ選べ．ただし，各選択肢を複数回用いることはない．なお，解答にあたって必要であれば巻末の付表を用いよ．

ある工場の製品に関して，従来の母不適合品率は $P_0=0.036$ であった．最近，不適合品低減のために新しい材料を使用した製品を，ランダムに検査したところ，サンプルサイズ $n=1000$ 個の中で 12 個の不適合品が見つかった．材料変更後の母不適合品率 P は，変更前の母不適合品率 P_0 と比べて小さくなっているといえるかどうか，正規分布近似を用いて下記の手順に従って検定することにした．ただし，有意水準 $\alpha=5\%$ とする．

手順① 仮説を設定

帰無仮説 H_0：$P=P_0$

対立仮説 H_1：[(1)]

手順② 有意水準を決定

5％である．

手順③ 棄却限界値を求め，棄却域を設定

$nP_0=40\geq5$ かつ，$n(1-P_0)=960\geq5$ を満たすので正規分布近似してよい．

棄却域 R：[(2)]

手順④ 検定統計量 u_0 を計算

p は標本不適合品率とする．

$$u_0=\frac{p-P_0}{\sqrt{\dfrac{P_0(1-P_0)}{n}}}=\boxed{(3)}$$

手順⑤ 判定

帰無仮説 H_0 を有意水準 5％で [(4)] する．したがって，材料の変更によって，不適合品率は [(5)] といえる．

【[(1)] の選択肢】

ア．$P\neq P_0$　イ．$P>P_0$　ウ．$P<P_0$

【[(2)] の選択肢】

ア．$|u_0|\geq1.960$　イ．$|u_0|\geq1.645$　ウ．$u_0\geq1.960$　エ．$u_0\geq1.645$

オ．$u_0\leq-1.960$　カ．$u_0\leq-1.645$

【[(3)] の選択肢】

ア．−6.970　イ．−4.074　ウ．2.037　エ．6.111　オ．6.970

【[(4)] [(5)] の選択肢】

ア．小さくなった　イ．変わらない　ウ．大きくなった　エ．採択　オ．棄却

【問 2】 検定と推定に関する次の文章において，[　　　]内に入るもっとも適切なものを下欄の選択肢からひとつ選べ．ただし，各選択肢を複数回用いることはない．なお，解答にあたって必要であれば巻末の付表を用いよ．

ある工場では，同一部品を2台の機械（機械Aと機械B）で製造している．最近，機械Aを長年使用していることよる老朽化が考えられ，機械Bより不適合品率が大きくなっている可能性があるとの報告を受けた．そこで，仮説検定を用いて，2台の不適合品率を比較することにした．

今回の調査のための仮説検定は，帰無仮説 $H_0: P_A = P_B$，対立仮説 $H_1: P_A > P_B$ の片側検定とする．検定統計量 u_0 は，$\bar{p} = \dfrac{x_A + x_B}{n_A + n_B}$ を用いて $u_0 =$ [(1)] と計算できる．正規分布表から求められる有意水準 $\alpha = 0.05$ の棄却限界値は [(2)] である．ここに，$p_A = \dfrac{x_A}{n_A}$，$p_B = \dfrac{x_B}{n_B}$ である．

各機械から500個ずつサンプリングを行って検査したところ，次の結果を得た．

機械A：$n_A = 500$ の中から $x_A = 30$ 個の不適合品が見つかった．

機械B：$n_B = 500$ の中から $x_B = 15$ 個の不適合品が見つかった．

これらを用いて片側検定を実施すると，帰無仮説 H_0 は有意水準5％で [(3)] され，機械Aの不適合品率 P_A は機械Bの不適合品率 P_B [(4)] といえる．

2台の機械の不適合品率の差 $P_A - P_B$ に関する信頼率95％の信頼区間は，式 [(5)] を用いて求められる．式中の記号 K_P は標準正規分布の上側 $100P$％点を表す．

以上を用いて，$P_A - P_B$ の信頼率95％の信頼区間の上側信頼限界を計算すると，[(6)] となる．

【[(1)]の選択肢】

ア．$\dfrac{p_A - p_B}{\sqrt{\bar{p}\left(\dfrac{1}{n_A} + \dfrac{1}{n_B}\right)}}$　　イ．$\dfrac{p_A - p_B}{\sqrt{\bar{p}(1-\bar{p})\left(\dfrac{1}{n_A} \times \dfrac{1}{n_B}\right)}}$

ウ．$\dfrac{p_A - p_B}{\sqrt{\bar{p}(1-\bar{p})}}$　　エ．$\dfrac{p_A - p_B}{\sqrt{\bar{p}(1-\bar{p})\left(\dfrac{1}{n_A} + \dfrac{1}{n_B}\right)}}$

【[(2)]の選択肢】

ア．−2.326　イ．−1.960　ウ．−1.645　エ．−1.282

オ．1.282　カ．1.645　キ．1.960　ク．2.326

【[(3)] [(4)]の選択肢】

ア．有意　イ．より大きい　ウ．採択　エ．と同等

オ．棄却　カ．と変わらない　キ．より小さい　ク．有意でない

【[(5)]の選択肢】

ア．$(p_A - p_B) \pm K_{0.025}\sqrt{\dfrac{p_A(1-p_A)}{n_A} - \dfrac{p_B(1-p_B)}{n_B}}$

イ．$(p_A - p_B) \pm K_{0.025}\sqrt{p_A(1-p_A) + p_B(1-p_B)}$

ウ．$(p_A - p_B) \pm K_{0.025}\sqrt{\dfrac{p_A(1-p_A)+p_B(1-p_B)}{n_A \times n_B}}$

エ．$(p_A - p_B) \pm K_{0.025}\sqrt{\dfrac{p_A(1-p_A)}{n_A}+\dfrac{p_B(1-p_B)}{n_B}}$

【 (6) の選択肢】

ア．0.038　　イ．0.044　　ウ．0.051　　エ．0.054　　オ．0.056

【問 3】 次の文章において， 内に入るもっとも適切なものを下欄の選択肢からひとつ選べ．ただし，各選択肢を複数回用いることはない．なお，解答にあたって必要であれば巻末の付表を用いよ．

ある工程における製品の不適合品率は $P_0 = 0.062$ で推移していた．品質目標達成のために品質改善に取り組んだNさんは要因分析を行ったうえで，改善を実施した．

① 改善後の工程からランダムに $n=500$ 個のサンプルを抽出して検査した結果，$x=10$ 個の不適合品が見つかった．改善後の工程の母不適合品率を P とすれば，その推定値は $\widehat{P}=$ (1) となる．このとき不適合品数 x は， (2) 分布に従う．

② 改善後の工程の母不適合品率が $P<P_0$ となっているかを検討するため， (2) 分布の確率関数より $P=P_0=0.062$ として計算すると，$n=100$ 個中，$x=2$ 個以下となる確率は (3) となる．ただし，$n=100$，$P=P_0=0.062$ のときの確率関数 $\Pr(x)={}_nC_xP^x(1-P_0)^{n-x}$ の計算値を，表8.A に示す．この確率の値より，有意水準5％で改善実施後の工程の母不適合品率が $P<P_0$ となっていると判断できる．

表 8.A　Pr(x) の確率計算値

x	$\Pr(x)$	x	$\Pr(x)$	x	$\Pr(x)$
0	0.0017	5	0.1577	10	0.0458
1	0.0110	6	0.1651	11	0.0247
2	0.0359	7	0.1465	12	0.0121
3	0.0775	8	0.1126	13	0.0054
4	0.1243	9	0.0761	14	0.0022

③ 新たに改善実施後の工程から $n=500$ 個のサンプルをランダムに抽出し，検査した結果，$x=15$ 個の不適合品が見つかった．この場合，正規分布近似法の適用条件である $nP_0 \geq$ (4) と $n(1-P_0) \geq$ (4) を満足するので，

$$u_0 = \frac{x-nP_0}{\sqrt{nP_0(1-P_0)}} = \boxed{(5)}$$

より，$\Pr(u \leq u_0)$ の確率は約 (6) ％となる．よって，有意水準5％で改善の効果はあったと判定できる．

【選択肢】

ア．−2.967　　イ．0.02　　ウ．0.0359　　エ．0.0486　　オ．0.054　　カ．0.15

キ．3　　ク．5　　ケ．二項　　コ．ポアソン

練習

【問 1】母不適合品率の検定に関する問題である．

解答 (1) **ウ** (2) **カ** (3) **イ** (4) **オ** (5) **ア**

手順❶ 仮説を設定する

設問は，不適合品率が変更前と比較して小さくなっているかどうかを検定するので下側の片側検定である．対立仮説は，［(1) **ウ．$P<P_0$**］と設定する．

手順❷ 有意水準の決定

問題文より，有意水準 $\alpha=5\%$ である．

手順❸ 棄却限界値を求め，棄却域を設定する

不適合品率は二項分布に従うが，設問は正規分布近似であるから棄却限界値と棄却域は正規分布表から求めることができる．有意水準は5％であるから，表8.a から棄却域を選択する．

表 8.a 正規分布近似となる場合の棄却域（$\alpha=0.05$ の場合）

対立仮説	棄却域
$H_1: P\neq P_0$	$\vert u_0\vert \geq 1.96$
$H_1: P<P_0$	$u_0\leq -1.645$
$H_1: P>P_0$	$u_0\geq 1.645$

設問は下側の片側検定であるから，棄却域は［(2) **カ．$u_0\leq -1.645$**］である．

手順❹ データを収集し，検定統計量を計算する

正規分布近似の場合，1つの母不適合品率に関する検定統計量は設問式から求めるので，式に値を代入する．

$$p=\frac{12}{1000}=0.012$$

$$u_0=\frac{p-P_0}{\sqrt{\dfrac{P_0(1-P_0)}{n}}}=\frac{0.012-0.036}{\sqrt{\dfrac{0.036(1-0.036)}{1000}}}=\ [(3)\quad \textbf{イ．}\ -4.074]$$

手順❺ 仮説の採否を判定する

設問の棄却域は $u_0\leq -1.645$ なので，検定統計量 $u_0=-4.074$ は棄却域内である．よって帰無仮説 H_0 を有意水準5％で［(4) **オ．棄却**］し，対立仮説を採択する（有意である）．材料の変更によって母不適合品率は［(5) **ア．小さくなった**］といえる．

☞ 8.2 節 2

【問 2】2つの母不適合品率の違いに関する検定と推定の問題である．

解答 (1) **エ** (2) **カ** (3) **オ** (4) **イ** (5) **エ** (6) **オ**

手順❶ 仮説を設定する

帰無仮説 H_0：$P_A = P_B$

対立仮説 H_1：$P_A > P_B$（機械 A の不適合品率が大きいという上側の片側検定）

手順❷ 有意水準を決定する

有意水準は $\alpha = 5\%$ である．

手順❸ 棄却限界値を求め，棄却域を設定する

設問文に「正規分布表から求められる有意水準」とある．不適合品率は二項分布に従うが，設問は正規分布近似を予定する．設問は有意水準 5％の上側の片側検定なので，正規分布表から求められる有意水準 5％の棄却限界値は，［(2)　**カ．1.645**］である．よって，棄却域は，$u_0 \geq 1.645$ である．

手順❹ データを収集し，検定統計量を計算する

正規分布近似の場合，2 つの母不適合品率の違いに関する検定統計量は，$u_0 =$［(1)　**エ．** $\dfrac{\boldsymbol{p_A - p_B}}{\sqrt{\boldsymbol{\bar{p}(1-\bar{p})\left(\dfrac{1}{n_A}+\dfrac{1}{n_B}\right)}}}$］により求める．設問では併合比率を $\bar{p}$ としている．

上式を設問に当てはめ，検定統計量を計算する．

$$p_A = \frac{x_A}{n_A} = \frac{30}{500} = 0.06$$

$$p_B = \frac{x_B}{n_B} = \frac{15}{500} = 0.03$$

$$\bar{p} = \frac{x_A + x_B}{n_A + n_B} = \frac{30+15}{500+500} = \frac{45}{1000} = 0.045$$

$$u_0 = \frac{0.06 - 0.03}{\sqrt{0.045(1-0.045)\left(\dfrac{1}{500}+\dfrac{1}{500}\right)}} = 2.288$$

手順❺ 仮説の採否を判定する

設問の棄却域は $u_0 \geq 1.645$ なので，検定統計量 $u_0 = 2.288$ は棄却域内である．よって帰無仮説 H_0 は有意水準 5％で［(3)　**オ．棄却**］され，対立仮説を採択する（有意である）．機械 A の母不適合品率 P_A は機械 B の母不適合品率 P_B［(4)　**イ．より大きい**］といえる．

手順❻ 区間推定

問題文の「上側 100 P％点」とは確率 P に対応する上側の信頼限界である．仮説検定が片側検定でも，区間推定は区間であるから両側確率で考え，信頼限界は $K_{0.025} = 1.960$ となる．よって正規分布近似の場合，信頼率 95％の 2 つの母平均の違いに関する信頼区間は［(5)　**エ．** $\boldsymbol{(p_A - p_B) \pm K_{0.025}\sqrt{\dfrac{p_A(1-p_A)}{n_A}+\dfrac{p_B(1-p_B)}{n_B}}}$］により求める．

上式を用いて，2 台の機械の母不適合品率の差 $P_A - P_B$ の上側信頼限界を計算する．

$$(0.06-0.03) + 1.960 \times \sqrt{\frac{0.06(1-0.06)}{500}+\frac{0.03(1-0.03)}{500}} = \text{［(6)　オ．0.056］}$$

☞ 8.3 節 2，3

【問 3】二項分布の性質と検定に関する総合問題である．

解答 (1) **イ** (2) **ケ** (3) **エ** (4) **ク** (5) **ア** (6) **カ**

① 母不適合品率を推定する．$n=500$ 個のサンプルから $x=10$ 個の不適合品が見つかっているので，不適合品率 $\widehat{p}$ は

$$\widehat{P}=p=\frac{x}{n}=\frac{10}{500}=[(1)\quad \text{イ．}\ 0.02]$$

不適合品数は，試行の結果が 2 通りしか起こらないので，［(2) **ケ．二項**］分布である．

☞ 8.2 節 4，4.4 節 1

② 母不適合品率 $P_0=0.062$，$n=100$ のとき，不適合品数 x が 2 個以下となる確率を求める計算式は，設問文中に記載のとおり以下である．

$$\Pr(x)={}_nC_xP^x(1-P)^{n-x}$$

表 8.A の確率値より発生個数を推定できる．発生個数 2 個以下の確率とは，0 個＋1 個＋2 個の発生確率であるから，

$$\begin{aligned}\Pr(x\leq 2)&=\Pr(x=0)+\Pr(x=1)+\Pr(x=2)\\&=0.0017+0.011+0.0359\\&=[(3)\quad \text{エ．}\ 0.0486]\end{aligned}$$

なので，$P=0.0486<P_0=0.062$ である．

☞ 8.2 節 5

③ 母集団が二項分布である場合，標本平均の分布が正規分布近似とみなせるための条件，n が大きいといえるための条件は，$nP_0\geq$［(4) **ク．5**］と $n(1-P_0)\geq$［(4) **ク．5**］が成立することである．

正規分布近似である場合の 1 つの不適合品数に関する検定統計量は，問題文に記載のとおり下式で行う．不適合品数 x が従う二項分布の期待値は nP，分散は $nP(1-P)$ であるから，この値を検定統計量式の型$\left(\dfrac{\text{測定値}-\text{母平均}}{\sqrt{\text{母分数}}}\right)$に代入すると下式になるので計算する．

$$u_0=\frac{x-nP_0}{\sqrt{nP_0(1-P_0)}}$$

$$nP_0=500\times 0.062=31$$

$$u_0=\frac{15-31}{\sqrt{31(1-0.062)}}=[(5)\quad \text{ア．}\ -2.967]$$

$u_0=-2.967$ がわかったので，正規分布表より発生確率を求める．巻末の付表 1 正規分布表（I）より $K_P=2.97$ の確率は 0.0015 であるから，確率は［(6) **カ．0.15**］% となる．

☞ 8.2 節 2

手法分野

9章 管理図

異常の
見つけ方を
学習します

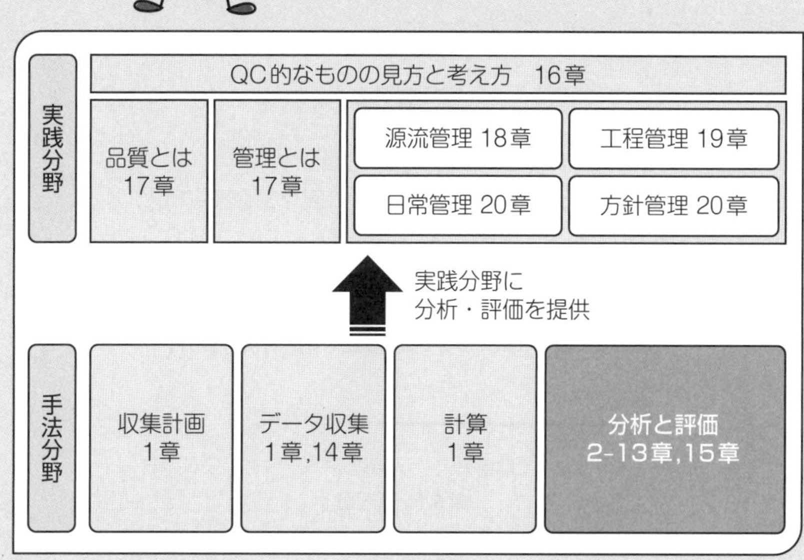

実践分野
QC的なものの見方と考え方　16章
品質とは
17章
管理とは
17章
源流管理 18章
工程管理 19章
日常管理 20章
方針管理 20章
実践分野に
分析・評価を提供
手法分野
収集計画
1章
データ収集
1章,14章
計算
1章
分析と評価
2-13章,15章

9.1 管理図の特徴と種類

1 管理図の特徴

管理図とは，工程が管理された安定状態になっているかを把握するための折れ線グラフです（**図 9.1**）．**管理された安定状態**とは，常にばらつきが小さく，良品を継続して作り出せる状態，すなわち不適合品が出にくい状態です．統計的管理状態ともいいます．

他の視覚図と異なる管理図の特徴は，次の 2 点です．

- **時系列による管理**
  ばらつきの把握はヒストグラム（2.5 節参照）が得意ですが，ヒストグラムは，ある時点での姿にすぎません．業務環境は常に動いていますので，管理図を用いた時系列（日々や時間推移）による把握も必要なのです．
- **異常の警告機能**
  時系列を見るのなら，折れ線グラフ（2.3 節参照）で十分と思えます．管理図は，工程の異常を管理限界線によって警告する機能をもちます．これは管理図に追加された強い武器なのです．

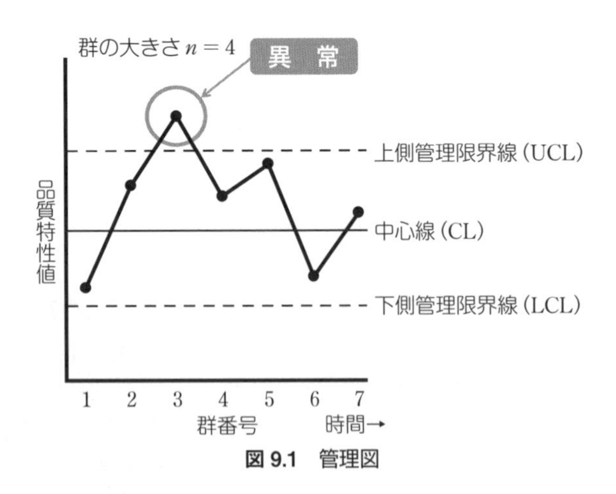

図 9.1　管理図

2 管理線（安定状態の把握方法）

管理図には，図9.1のとおり，3本の線が引かれています．この3本の線のことを**管理線**といいます．管理線の名称と略称は次のとおりです．

- **中心線**（略称CL：Central Line）
- **上側管理限界線**（略称UCL：Upper Control Limit）
- **下側管理限界線**（略称LCL：Lower Control Limit）

管理限界線が，異常の警告という管理図の特徴を発揮する強い武器であることを，1で述べました．すなわち，管理限界線から外れたら，異常が発生したと考え，原因を追究して処置をします．他方，管理外れもなく，かつ打点にくせもないのであれば，工程は管理された安定状態と判断できます（次ページの**図9.2**）．

3 管理図は異常の発生を警告する

同じ製品を繰り返し作っていく場合，同じ条件で製造しても，完成品のばらつきをなくすことはできません．

ばらつきの発生原因は，次の2種類に分類できます．

- **偶然原因**
  十分に管理しても発生する，やむを得ないばらつきの原因
- **異常原因**
  管理不足によるもので，避けようと思えば避けることができたばらつき（機械の故障，作業者の操作ミス等）の原因

管理図は，2つのばらつきの原因を峻別するとともに，異常の警告機能をもちます．偶然原因だけでばらついている状態ならば，管理された安定状態と評価します．

4 管理限界と規格限界（3シグマ管理）

管理図の管理限界は，規格限界（1.4節 2）とは異なります．規格限界は顧客要求ですから，超えると不適合になります．管理図では，規格から外れることがないように，規格限界の内側に管理限界線を引き，管理限界線の外に出たら，再び管理限界線の内側に入るように異常を警告します．

管理図の管理限界は，工程が管理状態であるか否かを見るために，自社の基準で設定します．顧客が要求する規格限界とは異なる点です．自社基準は，通常，**3シグマ管理**の基準をもとに設定します．3シグマ管理とは，管理限界線を中心線$\pm 3\sigma$（標準偏差σの3倍）の位置に引くという管理手法です．工程が安定状態である場合には，$\pm 3\sigma$の範囲内に全体の約99.7％の打点値が入ることが実証されています（4.3節 5 参照）．3シグマ管理を行う場合には，管理限界から外れる確率は0.3％となり，滅多に発生しない確率です．管理限界から外れる場合には，何らかの異常があると評価できるのです．

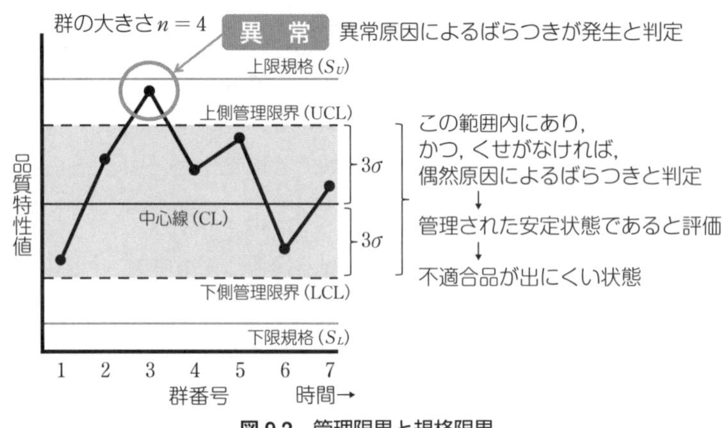

図 9.2　管理限界と規格限界

5 管理図の分類

管理図には，大きく2つの分類の仕方があります．

（1）扱うデータの種類による分類

管理図は，データの種類に合わせて適切なものを選ぶ必要があります．管理図は大きく分けて，**表 9.1** のように，計量値と計数値の 2 種類で分類されます．

表 9.1　データの種類による代表的な管理図

データの種類	適用できる管理図		分布
計量値	平均値と範囲	$\overline{X}$-R 管理図	正規分布
	平均値と標準偏差	$\overline{X}$-s 管理図	
	測定値と移動範囲	X-R_s 管理図	
計数値	不適合品数	np 管理図	二項分布
	不適合品率	p 管理図	
	不適合数	c 管理図	ポアソン分布
	単位当たりの不適合数	u 管理図	

（2）使用目的による分類

管理図の使用目的が初期の解析用なのか，解析後の管理用なのかによっても分類されます（**図 9.3**）．

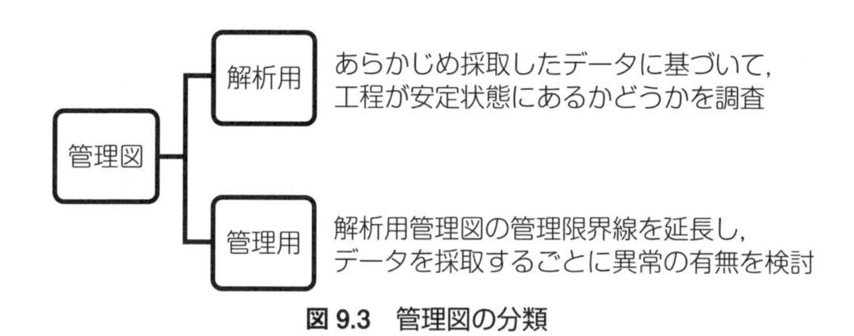

図 9.3　管理図の分類

解析用管理図は，生産の立ち上げ時期などに工程の異常を探知し，是正により安定状態を作り込むために用います．通常，事前に平均値や標準偏差などの標準値が与えられているものではなく，測定したデータから管理線を求めます．

管理用管理図は，安定した管理状態を監視するための管理図です．管理用管理図では，目標値や解析用管理図のデータなどから平均値や標準偏差などの標準値が与えられ，標準値をもとに管理線を求めます．日常管理の工程監視で用います．

9.2 $\overline{X}$-R 管理図

1 $\overline{X}$-R 管理図の特徴

$\overline{X}$-R 管理図は，平均値（記号 $\overline{X}$）の時系列を表す管理図と，範囲（記号 R）の時系列を表す管理図を上下に組み合わせた，**計量値**の管理図です．

管理図は，ばらつき具合を時系列で表す視覚図ですから，$\overline{X}$-R 管理図は，中心位置のずれに平均値を，ばらつきの程度に範囲を，活用するものです．

なお，この平均値は統計量ですが，慣例的に，管理図では大文字で $\overline{X}$ と表します．

2 $\overline{X}$-R 管理図の作り方（解析用管理図）

例を通して，$\overline{X}$-R 管理図の作り方を解説します．

【例】 ある機械部品について，1 日を群として，1 日あたり 5 回，25 日間のサンプリングデータを採取したところ，**表 9.2** を得た．管理線の位置を計算せよ．

表 9.2　管理図の計算

群番号	日付	X_1 ❶	X_2 ❶	X_3 ❶	X_4 ❶	X_5 ❶	$\overline{X}$ ❷	R ❸
1	10/1	61	56	58	61	53	57.8	8
2	10/2	62	60	58	61	59	60.0	4
⋮	⋮	⋮	⋮	⋮	⋮	⋮	⋮	⋮
25	10/25	60	57	60	56	60	58.6	4
						合計	1454.0 ❹	180 ❹

手順❶ 群の大きさを求める

群は，日・直・ロットなど工程を時間的に区分（群分け）したデータの集合体です．**群の大きさ**（記号 n で表す）は，1 つの群内におけるデータ数のことで，4，5 が多く活用されます．群の大きさは，サンプルサイズともいいます．

この例では，1 日を群とするので，1 群の大きさは 5 となります．

なお，群が何組あるかを表す数は，群の数（記号 k で表す）といいます．

手順❷ 群ごとの平均値を計算する

この例では，1群ごとの平均値（1.4節 1 参照）を計算し，表9.2の「$\overline{X}$」欄に記載しています．

例えば，群番号1では，次のようになります．

$$\text{平均値} = \frac{\text{データの和}}{\text{データ数}} = \frac{61+56+58+61+53}{5} = 57.8$$

手順❸ 群ごとの範囲を計算する

この例では，1群ごとの範囲（1.5節 1 参照）を計算し，表9.2の「R」欄に記載しています．

例えば，群番号1では，範囲 = 最大値−最小値 = 61−53 = 8 です．

手順❹ 管理線を計算する

$\overline{X}$-R 管理図の管理線は，**表9.3** の公式と**表9.4** の係数表を用いて計算します．この計算は頻出です（なお，表9.4の係数表は試験問題に載っています）．

表9.3　$\overline{X}$-R 管理図における管理線の計算式

管理図名	中心線（CL）	上側管理限界線（UCL）	下側管理限界線（LCL）
$\overline{X}$ 管理図	$\overline{X}$ の平均値（$\overline{\overline{X}}$）	$\overline{\overline{X}}+A_2\overline{R}$	$\overline{\overline{X}}-A_2\overline{R}$
R 管理図	R の平均値（$\overline{R}$）	$D_4\overline{R}$	$D_3\overline{R}$

表9.4　係数表（抜粋）†

n	A	A_2	d_2	D_1	D_2	D_3	D_4
2	2.121	1.880	1.128	−	3.686	−	3.267
3	1.732	1.023	1.693	−	4.358	−	2.575
4	1.500	0.729	2.059	−	4.698	−	2.282
5	1.342	0.577	2.326	−	4.918	−	2.114
6	1.225	0.483	2.534	−	5.079	−	2.004
7	1.134	0.419	2.704	0.205	5.204	0.076	1.924
8	1.061	0.373	2.847	0.388	5.307	0.136	1.864
9	1.000	0.337	2.970	0.547	5.394	0.184	1.816
10	0.949	0.308	3.078	0.686	5.469	0.223	1.777

（備考）表の「−」は，「考えなくてもよい」という意味です．理由：例えば D_3 は範囲に関する係数値です．範囲は最大値と最小値の差なので常に正の値です．計算上，数値がマイナスになる場合には考慮する必要がありません．

† JIS Z 9020-2：2016「管理図−第2部：シューハート管理図」（日本規格協会，2016年）6.1 表2

(1) $\overline{X}$ 管理図の管理線の計算

- 中心線（CL）は，$\overline{X}$ の平均値 $\overline{\overline{X}}$ を計算します．

  この例では，群番号 1 から 25 までの $\overline{X}$ を合計し 25 で割ることになります．

  表 9.2 では，$\overline{X}$ の合計が 1454.0 と計算されているので

$$\overline{\overline{X}} = \frac{1454.0}{25} = 58.16$$

- 上側管理限界線（UCL）は，$\overline{\overline{X}} + A_2 \overline{R}$ を計算します．

  $\overline{\overline{X}}$ は，58.16 です．

  A_2 は，表 9.4 の係数表で「群の大きさ」5 の数値を読み取り，0.577 です．

  $\overline{R}$ は，範囲 R の平均値です．表 9.2 では，R の合計が 180 と計算されているので，$\overline{R} = \dfrac{180}{25} = 7.2$ です．

$$\mathrm{UCL} \quad 58.16 \quad 0.577 \times 7.2 = 62.31$$

- 下側管理限界線（LCL）は，$\overline{\overline{X}} + A_2 \overline{R}$ を計算します．

$$\mathrm{LCL} = 58.16 - 0.577 \times 7.2 = 54.01$$

(2) R 管理図の管理線の計算

- 中心線（CL）は，R の平均値 $\overline{R}$ を計算します．上の (1) で求めたように

$$\overline{R} = 7.2$$

- 上側管理限界線（UCL）は，$D_4 \overline{R}$ を計算します．

  D_4 は，表 9.4 の係数表で「群の大きさ」5 の数値を読み取り，2.114 です．

$$\mathrm{UCL} = 2.114 \times 7.2 = 15.22$$

- 下側管理限界線（LCL）は，$D_3 \overline{R}$ を計算します．

  D_3 は，表 9.4 の係数表で「群の大きさ」5 の数値を読み取ると「-」となっています．これは，LCL は考えなくて良い，ということです．

実際には，上記の手順で管理線の位置を計算した後，具体的に $\overline{X}$-R 管理図を描き，工程の安定状態を評価することになります．上記の手順から続けると，次のようになります．

手順❺ 手順❹ で得た値をもとに，管理線を引く

手順❻ 群ごとの平均値と範囲をグラフに打点し，折れ線を作成する

手順❼ 工程の安定状態を評価する（詳細は，9.6 節を参照）

3 $\overline{X}$-R 管理図の作り方（管理用管理図）

本節 2 の $\overline{X}$-R 管理図は解析用管理図です．管理用管理図のように，平均値や標準偏差などの標準値が与えられている場合には，表 9.4 の係数表と**表 9.5** の計算式を用いて $\overline{X}$-R 管理図の管理線を求めます．表 9.5 の μ_0 は与えられた平均値，σ_0 は与えられた標準偏差です．

表 9.5 $\overline{X}$-R 管理図における管理線の計算式（標準値が与えられている場合）

管理図名	CL	UCL	LCL
$\overline{X}$ 管理図	μ_0	$\mu_0+A\sigma_0$	$\mu_0-A\sigma_0$
R 管理図	$d_2\sigma_0$	$D_2\sigma_0$	$D_1\sigma_0$

例題 9.1

（標準値が与えられている事例）†

紅茶輸入会社の製造課長は，包装後の平均重量が 100.6 g になるように包装工程を管理したいと思っている．同様の梱包工程の経験から，標準偏差は 1.4 g であると仮定される．$n=5$ である場合，$\overline{X}$-R 管理図の CL，UCL，LCL を求めよ．

解答

平均値（$\mu_0=100.6$）と標準偏差（$\sigma_0=1.4$）の標準値が与えられている．

$\overline{X}$ 管理図　$\mathrm{CL}=\mu_0=100.6$

$\mathrm{UCL}=\mu_0+A\sigma_0=100.6+1.342\times1.4=102.5$

$\mathrm{LCL}=\mu_0-A\sigma_0=100.6-1.342\times1.4=98.7$

R 管理図　$\mathrm{CL}=d_2\sigma_0=2.326\times1.4=3.3$

※参考：$\sigma=\overline{R}/d_2$ なので $\overline{R}=d_2\sigma$ である．

$\mathrm{UCL}=D_2\sigma_0=4.918\times1.4=6.9$

$\mathrm{LCL}=D_1\sigma_0$ は**考慮しなくてよい．**

† 出典：JIS Z 9021:1998「シューハート管理図」（日本規格協会，1998 年）5.2.3．現在この規格は廃止されています．

4 $\overline{X}$-R 管理図の見方

(1) $\overline{X}$-R 管理図の見方

$\overline{X}$-R 管理図は，R 管理図，$\overline{X}$ 管理図の順に考察します．まずは，R 管理図を見て，個々の群内のばらつきに変化があるか否か（「**群内変動**」といいます）を観察します．次に，$\overline{X}$ 管理図を見て，群の中心位置に変化があるか（「**群間変動**」といいます）を観察します．**図 9.4** は，$\overline{X}$-R 管理図の見方の一例です．

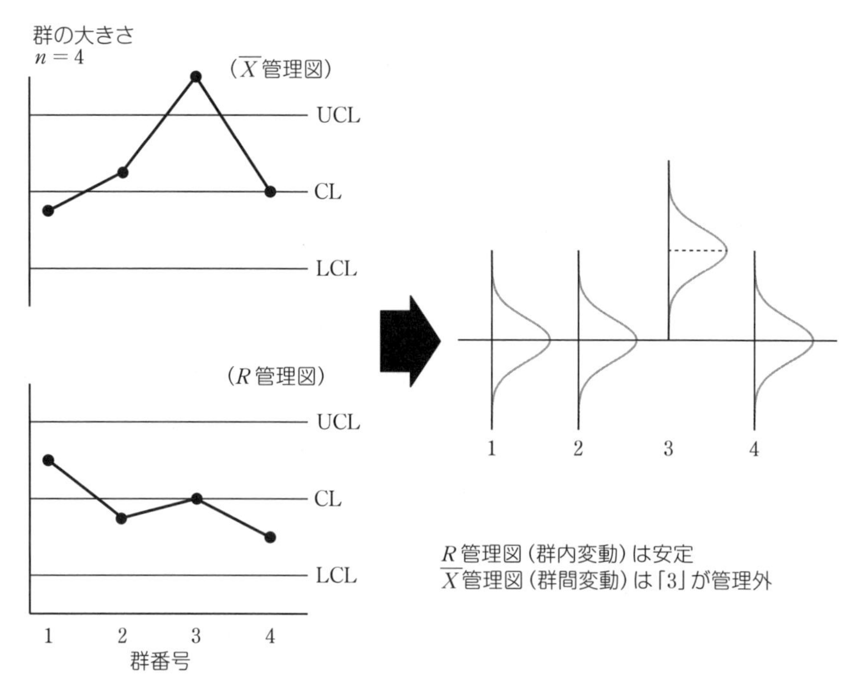

図 9.4 $\overline{X}$-R **管理図の見方**

(2) 群分けの工夫

管理図は異常の警告機能をもちます，異常を効率的に見つけ出すには，群内変動にはできるだけ偶然原因だけが入るようにし，異常原因は群間変動（群間の違い）に現れるように，合理的な**群分け**を行います．

合理的な群分けには，管理したい要因を特定しておくことが必要です．

(3) R 管理図からの標準偏差の推定

群分けを行い，R 管理図をつけるためのデータを得た場合には，次の計算式により標準偏差の推定値を求めることができます．

> R 管理図から標準偏差を推定する計算式：$\widehat{\sigma}_w = \dfrac{\overline{R}}{d_2}$

標準偏差 σ の添え字 w は群内変動（within subgroup）の略号です．R 管理図のデータから計算するので群内変動です．d_2 は係数表から値を求めます（表 9.4）．**表 9.6** のデータより標準偏差を求めると，次のようになります．

表 9.6　標準偏差を計算するためのデータ[†]

		No.8　伊藤		No.9　田中	
		$\overline{X}$	R	$\overline{X}$	R
10 日	午前 午後	34.75 33.00	2 8	35.75 39.50	7 5
11 日	午前 午後	35.50 32.50	5 7	38.50 39.25	10 9

$$\overline{R} = \frac{2+8+5+7+7+5+10+9}{8} = 6.625$$

$$\widehat{\sigma}_w = \frac{\overline{R}}{d_2} = \frac{6.625}{2.059} = 3.22$$

† 出典：中村達男『新版 QC 入門講座 7 管理図の作り方と活用』（日本規格協会，1999 年）p.107

9.3 $\overline{X}$-s 管理図と X-R_s 管理図

出題頻度 ★★★

1 $\overline{X}$-s 管理図と X-R_s 管理図の比較

計量値に関する代表的な管理図には，$\overline{X}$-R 管理図のほか，**表 9.7** の **$\overline{X}$-s 管理図**と **X-R_s 管理図**があります．

表 9.7　計量値管理図の比較

管理図名	分布	内容
$\overline{X}$-s 管理図	正規分布	・平均値と標準偏差の管理図 ・$\overline{X}$ 管理図：群間のばらつきを見ます ・s 管理図：標準偏差により群内のばらつきを見ます
X-R_s 管理図		・データが 1 回に 1 個しか得られない場合に利用 ・X 管理図：測定値の変化をそのまま見ます ・R_s 管理図：隣り合う 2 つの測定値の差（移動範囲 R_s）からばらつきを見ます

2 $\overline{X}$-s 管理図の作り方（解析用管理図）

$\overline{X}$-s 管理図は，$\overline{X}$ 管理図と s 管理図を組み合わせた管理図です．s 管理図は，群ごとの標準偏差 s によって，群内変動を監視するために用います．群の大きさが 10 以上の場合は，$\overline{X}$-R 管理図よりも $\overline{X}$-s 管理図が適します．$\overline{X}$-s 管理図の形は，群の大きさが異なるだけなので，**図 9.5** のように $\overline{X}$-R 管理図と同様です．

$\overline{X}$-s 管理図の管理線は，**表 9.8** の計算式と**表 9.9** の係数表を用いて計算します．$\overline{X}$ 管理図の係数は $\overline{X}$-R 管理図と異なります．$\overline{s}$ は群ごとの標準偏差の平均値です．

なお，9.3 節～9.5 節では，解析用管理図の作り方だけを解説します．管理用管理図の作り方は出題例がないので省きます．

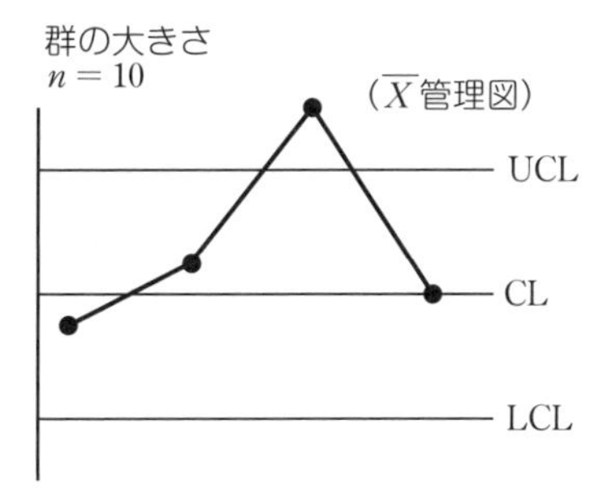

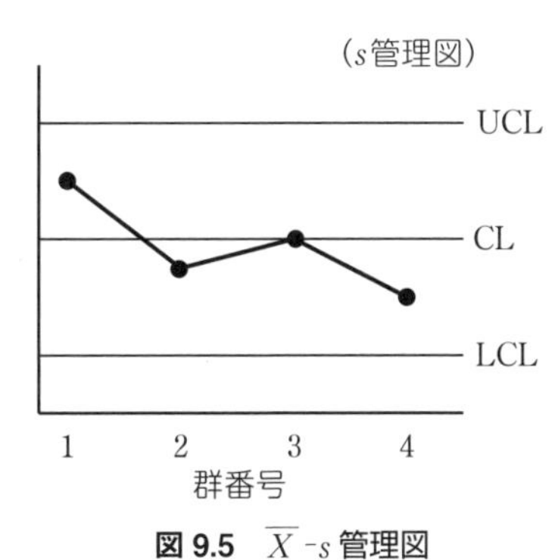

図 9.5　$\overline{X}$ -s 管理図

表 9.8　$\overline{X}$ -s 管理図における管理線の計算式

管理図名	CL	UCL	LCL
$\overline{X}$ 管理図	$\overline{\overline{x}}$	$\overline{\overline{x}}+A_3\overline{s}$	$\overline{\overline{x}}-A_3\overline{s}$
s 管理図	$\overline{s}$	$B_4\overline{s}$	$B_3\overline{s}$

表 9.9　$\overline{X}$ -s 管理図の管理限界線を計算するための係数表（抜粋）†

群の大きさ	A_3	B_3	B_4	群の大きさ	A_3	B_3	B_4
10	0.975	0.284	1.716	13	0.850	0.382	1.618
11	0.927	0.321	1.679	14	0.817	0.406	1.594
12	0.886	0.354	1.646	15	0.789	0.428	1.572

† 出典：JIZ Z 9020−2:2016「シューハート管理図」（日本規格協会，2016 年）表 2 から抜粋

例題 9.2

群の大きさが 10 の $\overline{X}$-s 管理図において，$\overline{X}$ 管理図と s 管理図の管理限界線を求めよ．$\overline{\overline{x}}=20.0$，$\overline{s}=3.0$ とする．

解答

$\overline{X}$ 管理図：UCL＝20.0＋0.975×3.0 ＝ 22.93，LCL＝20.0−0.975×3.0＝17.08

s 管理図：UCL＝1.716×3.0＝5.15，LCL＝0.284×3.0＝0.85

3 X-R_s（X-R_m）管理図の作り方（解析用管理図）

X-R_s 管理図は，1 回の検査でデータを 1 つしかとらない場合や群分けが困難な場合に利用します．X 管理図は，個々のデータを打点する管理図です．R_s 管理図は，連続する隣り合った測定値の差の絶対値（移動範囲といいます）を打点する管理図です．X 管理図は $n=1$ なので範囲が 0 となり不都合なので，前後の差によって範囲を示す R_s 管理図を組み合わせます．

なお，JIS Z 9020-2:2016 は，ISO に合わせ移動範囲の略号を R_s から R_m に変えました．よって，X-R_s 管理図と X-R_m 管理図は同じものです．

X-R_s 管理図の管理線は，**表 9.10** の計算式により計算します．$\overline{R}_s$ は移動範囲の平均です．前後の差が範囲なので，X 管理図も R_s 管理図も管理限界線は $n=2$ で考えます．係数 E_2 は 2.660，係数 D_4 は 3.267 です（E_2 係数表は省略）．

表 9.10　X-R_s 管理図における管理線の公式

管理図名	CL	UCL	LCL
X 管理図	$\overline{X}$	$\overline{X}+E_2\overline{R}_s$	$\overline{X}-E_2\overline{R}_s$
R_s 管理図	$\overline{R}_s$	$D_4\overline{R}_s$	考えない

例題 9.3

全 3 回の試験結果データが 1 回目：54，2 回目：50，3 回目：52 である場合，X 管理図の中心線（CL）と R_s 管理図の中心線（CL）を求めよ．

解答

$$\overline{X}=\frac{54+50+52}{3}=52$$

$$\overline{R}_s=\frac{|54-50|+|50-52|}{2}=3$$

9.4 np 管理図と p 管理図

1 np 管理図と p 管理図の比較

計数値の代表的な分布には，二項分布とポアソン分布があります．本節では，特性が二項分布に従う **np 管理図**と **p 管理図**を解説します．概要を**表 9.11** に示します．

表 9.11　計数値管理図（二項分布の場合）の比較

管理図名	分布	群の大きさ	内容
np 管理図	二項分布	一定	群の大きさが一定の場合に，不適合品数によって工程を管理する場合に利用
p 管理図		異なる	群の大きさが異なる場合に，不適合品率によって工程を管理する場合に利用

n は群の大きさ（1 回当たりの検査個数），p は各群の不適合品率，np は各群の不適合品数を意味します．p 管理図は，群の大きさが一定の場合も利用できますが，この場合は np 管理図と本質的な差がありません．

2 np 管理図の作り方（解析用管理図）

np 管理図は，群ごとに一定の個数を検査する場合に利用し，発見された不適合品数を管理図に打点します．群間の不適合品数の変動を監視しますが，群の大きさが一定なので，不適合品率を監視しているともいえます．この観点で np 管理図も p 管理図も目的は同じなのです．np 管理図の管理線の計算式は，**表 9.12** のとおりです．

表 9.12　np 管理図の管理線の計算式

管理図名	CL	UCL	LCL
np 管理図	$n\bar{p}$	$n\bar{p}+3\sqrt{n\bar{p}(1-\bar{p})}$	$n\bar{p}-3\sqrt{n\bar{p}(1-\bar{p})}$

中心線は群間の不適合品数の平均なので，次式により求めます．

$$n\bar{p} = \frac{\text{不適合品数の総和}}{\text{群の数}} = \frac{\sum np}{k}$$

次は，管理限界線の計算です．管理限界線（UCL と LCL）は，中心線 ±3× 標準偏差の位置に引きます（3 シグマ管理）．不適合品数が従う二項分布の標準偏差は $\sqrt{nP(1-P)}$（P は母比率）ですが，平均値 $n\bar{p}$ の標準偏差なので，$\sqrt{n\bar{p}(1-\bar{p})}$ です．よって，管理限界線は，表 9.12 のとおりになります．なお，LCL の計算結果がマイナスのときは，LCL を考慮しません．

3 p 管理図の作り方（解析用管理図）

p 管理図は，群の大きさが異なる場合に利用します．群ごとに不適合品率を求めて打点し，その異常や変化を監視します．群ごとに大きさが異なりますので，管理限界線は群ごとに求めます．よって，管理限界線には凹凸があります．一方，中心線は，群ごとに変わることがなく一定です．**表 9.13** のようなデータに対し，グラフは**図 9.6** のようになります．

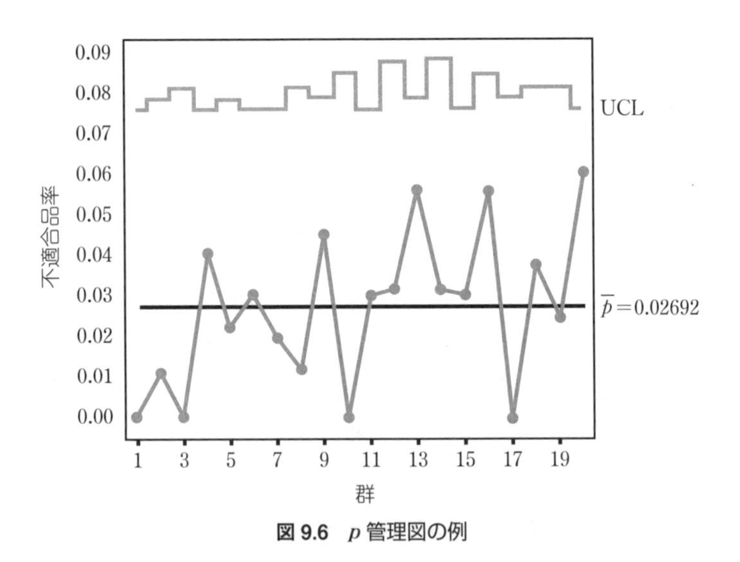

図 9.6　p 管理図の例

p 管理図の管理線の計算式は，**表 9.13** のとおりです．

表 9.13　p 管理図の管理線の計算式

管理図名	CL	UCL	LCL
p 管理図	$\overline{p}$	$\overline{p}+3\sqrt{\dfrac{\overline{p}(1-\overline{p})}{n_i}}$	$\overline{p}-3\sqrt{\dfrac{\overline{p}(1-\overline{p})}{n_i}}$

中心線は群間の不適合品率の平均なので，次式により求めます．

$$\overline{p}=\frac{\text{不適合品数の総和}}{\text{群の大きさの総和}}=\frac{\sum np}{\sum n}$$

次は管理限界線の計算です．基本的な考え方は np 管理図と同じですが，群ごとの不適合品率＝不適合品数 ÷n なので，平均値 $\overline{p}$ の分散は，np 管理図の $n\overline{p}(1-\overline{p})$ を，分散の性質より n^2 で割った $\dfrac{\overline{p}(1-\overline{p})}{n}$ です．ただし，管理限界線は群ごとに求めますので，分母の「n」を各群の大きさ「n_i」に替えます．分散を標準偏差に直すと $\sqrt{\dfrac{\overline{p}(1-\overline{p})}{n_i}}$ となりますので，管理限界線は表 9.13 のとおりです．なお，LCL の計算結果がマイナスのときは，LCL を考慮しません．

例題 9.4

ある製品の不適合個数を調査するために，1 か月 30 日間で毎日 1000 個の部品をランダムに取り出し調査を行ったところ，次のデータを得た．np 管理図の中心線（CL），上側管理限界線（UCL），下側管理限界線（LCL）の値を求めよ．

不適合品数の総和に関するデータ：$\sum np=300$

解答

・中心線（CL）の計算

$$\mathrm{CL}=n\overline{p}=\frac{\text{不適合品数の総和}}{\text{群の数}}=\frac{300}{30}=10$$

・上側管理限界線（UCL）の計算

$$\overline{p}=\frac{\text{不適合品数の総和}}{\text{群の大きさの総和}}=\frac{300}{1000\times30}=0.01$$

$$\mathrm{UCL}=n\overline{p}+3\sqrt{n\overline{p}(1-\overline{p})}=10+3\sqrt{10\times(1-0.01)}=19.44$$

・下側管理限界線（UCL）の計算

$$\mathrm{LCL}=n\overline{p}-3\sqrt{n\overline{p}(1-\overline{p})}=10-3\sqrt{10\times(1-0.01)}=0.56$$

9.5 c管理図とu管理図

1 c管理図とu管理図の比較

計数値の代表的な分布には，二項分布とポアソン分布があります．本節では，特性がポアソン分布に従う**c管理図**と**u管理図**を扱います．概要を**表 9.14** に示します．

表 9.14　c管理図とu管理図の比較

管理図名	分布	群の大きさ	内容
c管理図	ポアソン分布	一定	群の大きさが一定の場合に，不適合数によって工程を管理する場合に利用
u管理図		異なる	群の大きさが異なる場合に，単位当たりの不適合数によって工程を管理する場合に利用

cは不適合数（欠点数）を意味し，英語の count（数える）に由来します．uは単位当たりの不適合数を意味し，英語の unit（単位）に由来します．

例えば，鉄板に生じたキズの数（不適合数）を管理する場合，検査の対象となる鉄板の面積（群の大きさ）が一定のときは，発見したキズの数をc管理図に打点します．鉄板の面積が検査ごとに異なるときは，単位当たり（例えば面積 $1\,\mathrm{m}^2$ 当たり）のキズの数に直しu管理図に打点し，異常や変化を監視します．

2 c管理図の作り方（解析用管理図）

c管理図は群の大きさが一定の場合に利用しますので，管理限界線は直線になります（不良のc管理図）．c管理図の管理線の計算式は**表 9.15** のとおりです．

表 9.15　c管理図の管理線の計算式

管理図名	CL	UCL	LCL
c管理図	$\bar{c}$	$\bar{c}+3\sqrt{\bar{c}}$	$\bar{c}-3\sqrt{\bar{c}}$

中心線は群間の不適合数の平均なので，次式により求めます．

$$\bar{c} = \frac{\text{不適合数の総和}}{\text{群の数}} = \frac{\sum c}{k}$$

次は，管理限界線の計算です．管理限界線（UCL と LCL）は，中心線 ±3×標準偏差の位置に引きます（3 シグマ管理）．標本から求める不適合数の平均を $\bar{c}$ と表すと，ポアソン分布ですから分散も $\bar{c}$ となります．よって，標準偏差は $\sqrt{\bar{c}}$ です．これより，管理限界線は，表 9.15 のようになります．

3 u 管理図の作り方（解析用管理図）

u 管理図は，群の大きさが一定でなくてもよいので，管理限界線は p 管理図と同じく凹凸があります（欠陥の u 管理図）．

u 管理図の管理線の計算式は，**表 9.16** のとおりです．

表 9.16　u 管理図の管理線の計算式

管理図名	CL	UCL	LCL
u 管理図	$\bar{u}$	$\bar{u}+3\sqrt{\dfrac{\bar{u}}{n_i}}$	$\bar{u}-3\sqrt{\dfrac{\bar{u}}{n_i}}$

中心線は群間の単位当たりの不適合数の平均なので，次式により求めます．

$$\bar{u} = \frac{\text{不適合数の総和}}{\text{単位数の総和}} = \frac{\sum c}{\sum n}$$

【例】鉄板の長さ 100 mm を 1 単位とする場合，中心線は次のように計算します．

100 mm 鉄板（単位数 $n=1$）のキズの数 (c) が 4 のとき，

単位当たりのキズの数 (u)：$4 \div 1 = 4$

200 mm 鉄板（単位数 $n=2$）のキズの数 (c) が 6 のとき，

単位当たりのキズの数 (u)：$6 \div 2 = 3$

よって，$\bar{u} = \dfrac{\sum c}{\sum n} = \dfrac{4+6}{1+2} = 3.3$

次は管理限界線の計算です．標本から求める単位当たりの不適合数を u とする場合，$u = c/n$ ですから，$\bar{u}$ の分散は c 管理図の分散 $\bar{c}$ を，n^2 で割った $\bar{u}/n$ です．管理限界線は群ごとに求めますので，分母の「n」を群ごとの「n_i」に替え，分散を標準偏差に直すと $\sqrt{\bar{u}/n_i}$ です．管理限界線の計算式は，表 9.16 のようになります．

9.6 管理図の読み方

出題頻度

管理図は，打点が上限と下限の管理限界線の範囲内でばらついているのであれば偶然原因によるばらつきと判定され，工程は管理された安定状態と評価されるのが原則です．

異常と判定される場合には，**図 9.7** に示す 8 つのルールがあり，JIS 規格で示されています．端的に表すと，次のようになります．

①打点が管理限界線から外れた場合（図 9.7 のルール 1）

②管理限界線の範囲内であっても，打点に「くせ」がある場合（図 9.7 のルール 2〜8）

異常の判定は，管理限界線から外れた場合だけでなく，打点にくせがある場合を含みます．くせがある場合とは，ルール 2〜8 のように，特定の傾向がある場合です．例えば，ルール 3 に見られるのは，上昇や下降の傾向です．ばらつきはゼロにならないので，特定の傾向が発見されるときには，異常であると判定されます．また，ルール 7 のように打点が中心付近に集中し，安定しすぎている場合も，くせがあると判断され，原因の追究が必要になります．異常とは通常と異なる状態のことですから，安定しすぎていることも異常と疑われることになります．

異常が発見された場合には，原因を調査し，是正を行います（異常時の対応，17.8 節参照）．

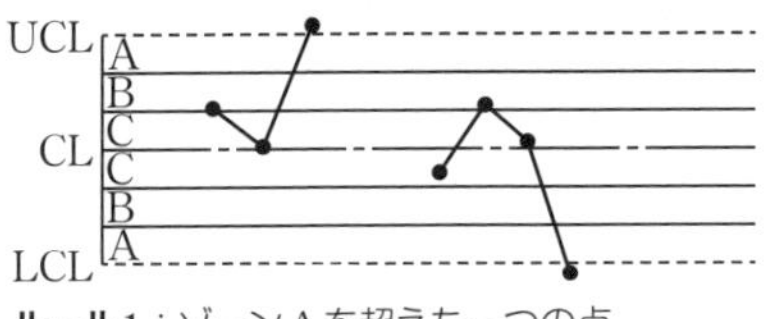

ルール1：ゾーンAを超えた一つの点

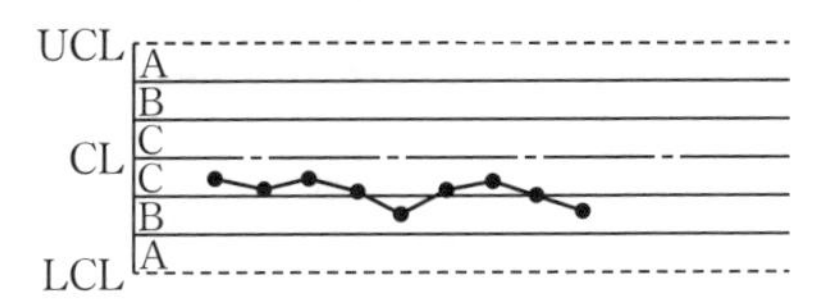

ルール2：中心線の片側上のゾーンCの中で又はそれを超えて，一列になった9点

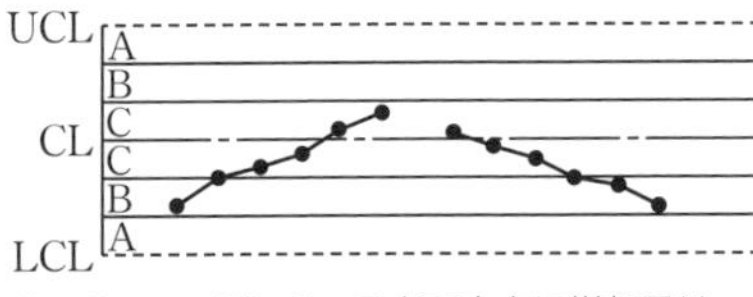

ルール3：一列になって上下方向に増加又は減少する6点

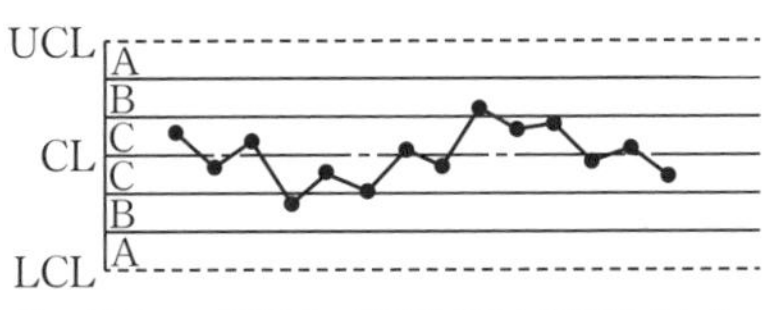

ルール4：一列になって交互に上下する14点

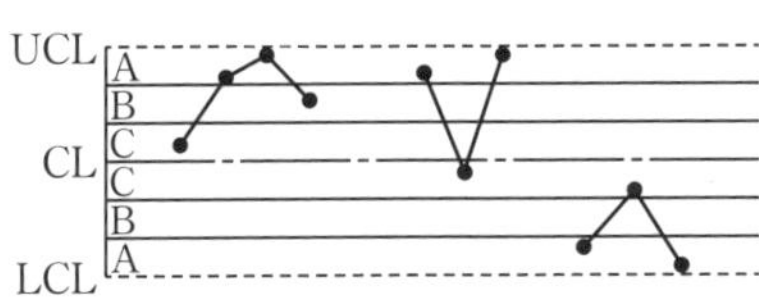

ルール5：中心線の片側上のゾーンAの中で又はそれを超えて，一列になった三つのうちの二つの点

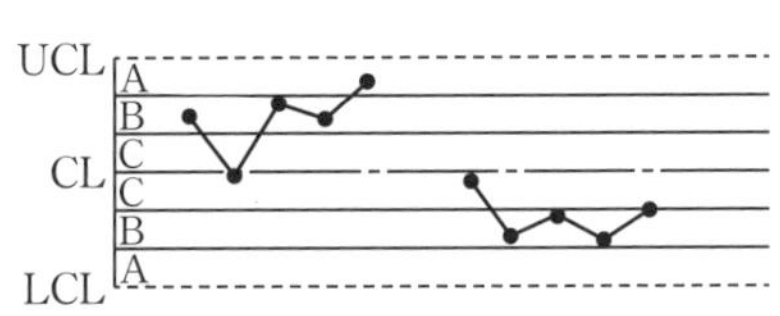

ルール6：中心線の片側上のゾーンBの中で又はそれを超えて，一列になった五つのうちの四つの点

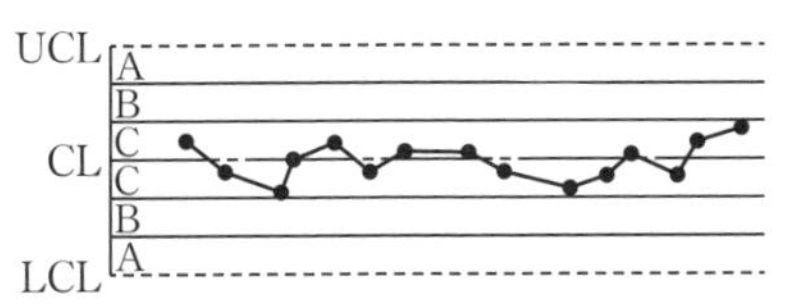

ルール7：中心線の上下のゾーンCの中で一列になった15点

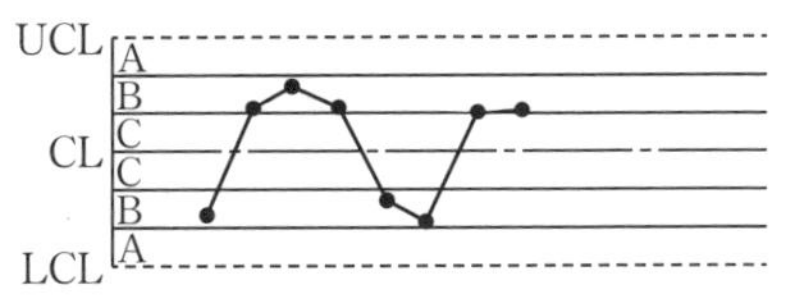

ルール8：中心線の両側上で一列になった八つの点で，ゾーンCに点はない

・CLは中心線，UCLは上側管理限界線，LCLは下側管理限界線である．
・管理限界線は，中心線から両側へ3シグマの距離にある．
・図中のA，B及びCの各ゾーンは，1シグマの幅である．

図 9.7　8つの異常判定ルール†

† JIS Z 9020-2:2016「管理図—第2部：シューハート管理図」（日本規格協会，2016年）附属書B図B.1を改変

9.7 管理図の計算式のまとめ

(1) 標準値が与えられていない場合

管理図名と概要		CL	UCL / LCL
$\overline{X}$-R管理図	$\overline{X}$管理図	$\overline{\overline{X}}$	$\overline{\overline{X}} \pm A_2\overline{R}$
	R管理図	$\overline{R}$	$D_4\overline{R} / D_3\overline{R}$
np管理図	不適合品数 nは一定	$n\overline{p}$	$n\overline{p} \pm 3\sqrt{n\overline{p}(1-\overline{p})}$
p管理図	不適合品率 nは異なる	$\overline{p}$	$\overline{p} \pm 3\sqrt{\dfrac{\overline{p}(1-\overline{p})}{n_i}}$
c管理図	不適合数 nは一定	$\overline{c}$	$\overline{c} \pm 3\sqrt{\overline{c}}$
u管理図	単位当たりの不適合数 nは異なる	$\overline{u}$	$\overline{u} \pm 3\sqrt{\dfrac{\overline{u}}{n_i}}$

※n_iは各群の大きさ．群によりnが異なる場合は群ごとに管理限界線を計算．

補足：管理限界線は「中心線±3×標準偏差」の位置に引きますが，$\overline{X}$-R管理図も同じです．標本平均は$N\left(\mu, \dfrac{\sigma^2}{n}\right)$に従うので，例えば，$\overline{X}$管理図の管理限界線の位置は$\mu \pm 3\dfrac{\sigma}{\sqrt{n}}$です．通常，母数は未知なので$\widehat{\mu} = \overline{\overline{X}}$，$\widehat{\sigma} = \dfrac{\overline{R}}{d_2}$と推定すると，管理限界線の位置は$\overline{\overline{X}} \pm 3\dfrac{\overline{R}}{d_2\sqrt{n}}$です．係数$A_2$は$\dfrac{3}{d_2\sqrt{n}}$を意味するとわかります．

(2) 標準値が与えられている場合（$\overline{X}$-R管理図のみ掲載）

管理図名		CL	UCL / LCL
$\overline{X}$-R管理図	$\overline{X}$管理図	μ_0	$\mu_0 \pm A\sigma_0$
	R管理図	$d_2\sigma_0$	$D_2\sigma_0 / D_1\sigma_0$

※μとσの添え字0は標準値を意味する．係数は表9.4の係数表を利用する．

理解度確認　問題

次の文章で正しいものには○，正しくないものには×を選べ．

① 管理図は，工程が管理された安定状態になっているかという現状と傾向を把握するための時系列グラフである．

② $\overline{X}$-R 管理図では，不適合品数を測定対象とする．

③ $\overline{X}$-R 管理図は，中心位置のずれに「範囲」を，ばらつきの程度に「平均」を活用する管理図である．

④ 1日4個のデータをとり，日間変動を $\overline{X}$-R 管理図に表す場合，群は4個であり，群の大きさは1日である．

⑤ 管理図の管理限界線は，顧客が要求する規格限界の内側に配置する．

⑥ R 管理図では，上側管理限界線と下側管理限界線が必ず引かれる．

⑦ 管理図に関する8つの異常判定ルールでは，管理限界線から外れなければ異常と判定されることはない．

⑧ np 管理図は，群の大きさが一定のとき，不適合品率によって工程を管理する場合に用いる．

⑨ p 管理図は，群の大きさが異なるとき，不適合品数によって工程を管理する場合に用いる．

⑩ c 管理図は，群の大きさが一定であるとき，不適合数によって工程を管理する場合に用いる．

⑪ u 管理図では，群の大きさが一定である．

理解度確認　解答と解説

① **正しい（○）**．管理図は，現状の悪さ加減を時系列により把握する現状分析の機能と，警告を発する傾向把握の機能をもつグラフである． ☞ 9.1 節 1

② **正しくない（×）**．$\overline{X}$-R管理図は，平均値と範囲を測定対象とする計量値の管理図である．不適合品数は計数値であるから，$\overline{X}$-R管理図の利用は適さない． ☞ 9.1 節 5

③ **正しくない（×）**．$\overline{X}$-R管理図は，中心位置のずれに「平均」を，ばらつきの程度に「範囲」を活用する管理図である． ☞ 9.2 節 1

④ **正しくない（×）**．1日4個のデータという場合，群は1日のことであり，群の大きさは4個である． ☞ 9.2 節 2

⑤ **正しい（○）**．管理限界線は，規格から外れないように事前警告を行う．事前に行うには規格限界の内側に配置する必要がある． ☞ 9.1 節 4

⑥ **正しくない（×）**．R管理図で下側管理限界線の位置を係数表により計算するとき，D_3は「考えなくて良い」とされる場合がある．この場合は下側管理限界線を引く必要はない． ☞ 9.2 節 2

⑦ **正しくない（×）**．管理図に関する8つの異常判定ルールより，管理限界線から外れなくても打点にくせがある場合は，異常となる． ☞ 9.6 節

⑧ **正しくない（×）**．np管理図は，不適合品率ではなく，不適合品数を測定対象とする． ☞ 9.4 節 1

⑨ **正しくない（×）**．p管理図は，群の大きさが異なる場合を扱うため，不適合品数では比較が困難であるから，不適合品率で管理を行う． ☞ 9.4 節 1

⑩ **正しい（○）**．c管理図は，np管理図と同様に計数値管理図の1つで，群の大きさが一定であるときに，不適合数により工程を管理する．np管理図は「不適合品数」により管理する点で異なる． ☞ 9.5 節 1

⑪ **正しくない（×）**．u管理図は群によりその大きさが異なる．群ごとに管理限界を計算することになり，管理限界線は直線ではない． ☞ 9.5 節 1

練習問題

【問 1】 管理図に関する次の文章において，[ ]内に入るもっとも適切なものを下欄の選択肢からひとつ選べ．ただし，各選択肢を複数回用いることはない．

① 品質管理におけるばらつき原因の重要性については，以下のように説明できる．
品質管理とは，製品やサービスの品質を一定の水準に保つための活動であり，品質管理を行うには，品質に影響する要因を把握し，その要因によるばらつきを管理する必要がある．品質に影響するばらつきの要因は，大きく 2 つに分けられる．
[(1)]とは，製造工程や環境などに起因する，避けられない自然なばらつきのこと．例えば，素材の硬さや質，設備のクリアランスなどが該当する．また，[(2)]とは，故障やミスなどによって発生する，通常とは異なる不自然なばらつきのことをいう．例えば，機械の故障や操作ミス，材料の欠陥などが該当する．

② [(3)]管理図は，平均値によって[(4)]変動を見る管理図であり，関連する分布は[(5)]である．

③ [(6)]管理図は，不適合品率によって[(4)]変動を見る管理図であり，関連する分布は[(7)]である．
また，[(8)]管理図は単位当たりの不適合数によって[(4)]変動を見る管理図であり，関連する分布は[(9)]である．

【選択肢】

ア．致命原因　イ．許容原因　ウ．偶然原因　エ．正常原因
オ．異常原因　カ．二項分布　キ．ポアソン分布　ク．カイ二乗分布
ケ．正規分布　コ．p　サ．R　シ．u
ス．$\overline{X}$　セ．群間　ソ．群内

【問 2】 管理図に関する次の文章において，[ ]内に入るもっとも適切なものを下欄の選択肢からひとつ選べ．ただし，各選択肢を複数回用いることはない．

計量値の代表的な管理図の 1 つに[(1)]（平均値と範囲の管理図）がある．この管理図は，群ごとの平均の変化とばらつきの変化を同時に管理する．ただし，群の大きさが 10 以上の場合は，[(1)]よりも[(2)]が適する．
計数値の管理図には，[(3)]（不適合品数の管理図），[(4)]（不適合品率の管理図），[(5)]（不適合数の管理図），[(6)]（単位当たりの不適合数の管理図）等がある．

【選択肢】

ア．$\overline{X}$-s 管理図　イ．np 管理図　ウ．$\overline{X}$-R 管理図　エ．c 管理図
オ．X 管理図　カ．p 管理図　キ．u 管理図

【問 3】 管理図に関する次の文章において，［　　］内に入るもっとも適切なものを下欄の選択肢からひとつ選べ．ただし，各選択肢を複数回用いることはない．

ある製品の重量を測定したデータ表を表 9.A に示す．得られたデータから，$\overline{X}$-R 管理図の CL，UCL，LCL を求める．解答にあたって必要であれば表 9.B の係数表を用いよ．

表 9.A　データ表

No.	X_1	X_2	X_3	X_4	小計	$\overline{X}$	R
1	3.0	5.2	3.8	6.0	18.0	4.50	3.0
2	4.3	3.0	3.7	5.0	16.0	4.00	2.0
3	4.6	4.4	4.0	7.0	20.0	5.00	3.0
4	8.0	4.0	7.2	5.8	25.0	6.25	4.0
5	7.0	3.0	5.5	5.5	21.0	5.25	4.0
6	4.0	4.0	4.0	5.0	17.0	4.25	1.0
7	4.1	3.0	5.0	3.9	16.0	4.00	2.0
8	4.6	4.0	6.0	5.4	20.0	5.00	2.0
9	6.3	5.0	8.0	6.7	26.0	6.50	3.0
10	6.0	5.0	7.0	5.0	23.0	5.75	2.0
					合計	50.50	26.0

表 9.B　係数表

n	A_2	d_2	D_2	D_3	D_4
2	1.880	1.128	3.686	−	3.267
3	1.023	1.693	4.358	−	2.575
4	0.729	2.059	4.698	−	2.282
5	0.577	2.326	4.918	−	2.114
6	0.483	2.534	5.079	−	2.004

① $\overline{X}$ 管理図

CL＝［(1)］

UCL＝［(2)］

LCL＝［(3)］

② R 管理図

CL＝［(4)］

UCL＝［(5)］

LCL＝［(6)］

【選択肢】

ア．2.05　イ．2.60　ウ．2.65　エ．3.10　オ．3.15

カ．3.20　キ．4.50　ク．5.05　ケ．5.50　コ．5.93

サ．6.05　シ．6.95　ス．7.95　セ．考慮しない

【問 4】 管理図に関する次の文章において，［　　］内に入るもっとも適切なものを下欄の選択肢からひとつ選べ．

ある製品の不適合品率を管理するために p 管理図を作成した．検査個数は毎回等しく 100 個である．不適合品数のデータ表（表 9.C）から p 管理図の中心線，管理限界線を求める．

表 9.C　データ表

サンプル No.	1	2	3	4	5	6	7	8
不適合数	5	4	6	3	7	8	2	9
不適合品率	0.05	0.04	0.06	0.03	0.07	0.08	0.02	0.09

CL＝［(1)］
UCL＝［(2)］
LCL＝［(3)］

【［(1)］の選択肢】ア．0.055　イ．0.5　ウ．0.55　エ．5.5
【［(2)］の選択肢】ア．0.124　イ．0.3　ウ．1.93　エ．3.0
【［(3)］の選択肢】ア．−0.140　イ．−0.014　ウ．0　エ．0.14

【問 5】 管理図に関する次の文章において，［　　］内に入るもっとも適切なものを下欄の選択肢からひとつ選べ．ただし，各選択肢を複数回用いることはない．

ある製品 A の製造工程では，A の寸法 x（mm）を特性として管理し，寸法 x は正規分布 $N(3.50, 0.10^2)$ に従っている．この製造工程から，決められた手順で 5 個ずつ 10 組のサンプルを抜き取り，特性である平均値を計算した表を表 9.D に示す．特性の規格値は 3.50～3.65 である．解答にあたって必要であれば表 9.E の係数表を用いよ．

表 9.D　平均値を計算した表

サンプル No.	平均値	サンプル No.	平均値
1	3.51	6	3.52
2	3.47	7	3.60
3	3.62	8	3.64
4	3.49	9	3.59
5	3.53	10	3.50

① 標準値 $\mu_0=3.50$，$\sigma_0=0.10$ として与えられた $\overline{X}$ -R 管理図により，この工程を管理することにした場合，$\overline{X}$ 管理図の中心線 CL は［(1)］となり，管理限界線 UCL＝［(2)］，LCL＝［(3)］となる．

② 表 9.D の 10 組のサンプルの平均値を用いて，この工程が統計的管理状態にあるのかどうかを判定すると，［(4)］といえる．なお，R 管理図は統計的管理状態であることを確認済である．

【選択肢】

ア．3.25　　イ．3.37　　ウ．3.47　　エ．3.50

オ．3.55　　カ．3.63　　キ．3.75

ク．統計的管理状態にある　　　　ケ．統計的管理状態にない

コ．統計的管理状態は判定できない

表 9.E　係数表

n	A	n	A
2	2.121	6	1.225
3	1.732	7	1.134
4	1.500	8	1.061
5	1.342	9	1.000
6	1.225	10	0.949

【問 6】 管理図に関する次の文章において，[　　　]内に入るもっとも適切なものを下欄の選択肢からひとつ選べ．ただし，各選択肢を複数回用いることはない．

管理図を使用して工程を管理しているが，グループ A と B で特性値に違いがありそうだという意見が QC サークルメンバーから出た．1 日あたりサンプルを 4 つ取り，グループ A と B で層別した管理図（図 9.A 及び図 9.B）を作成し，工程の状態を見ることにした．

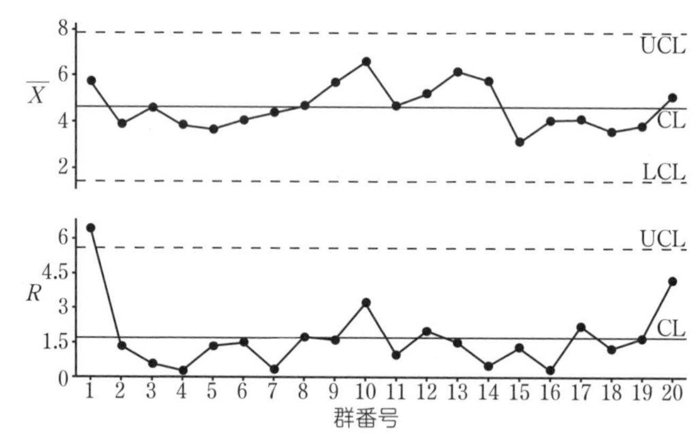

図 9.A　グループ A の $\overline{X}$-R 管理図

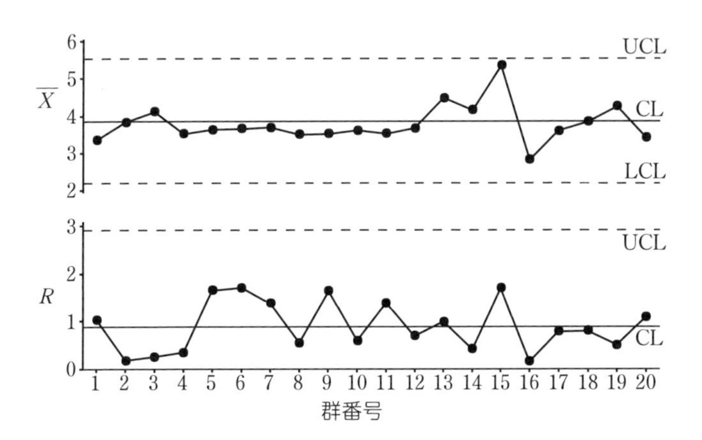

図 9.B　グループ B の $\overline{X}$-R 管理図

工程が統計的管理状態にないと判断するための基準を活用して，これらの管理図から読み取れることは，次のとおりである．

① 管理限界線を外れる点が見られるのは， (1) である．
② 上昇傾向が見られるのは， (2) である．
③ 中心傾向が見られるのは， (3) ある．
④ グループ A と B では， (4) が大きく異なるために， (5) することが望ましい．

【選択肢】

ア．グループ A の $\overline{X}$ 管理図　　イ．グループ B の $\overline{X}$ 管理図
ウ．グループ A の R 管理図　　エ．グループ B の R 管理図
オ．全体の R 管理図　　カ．製品のばらつきを是正
キ．半日ごとの管理図を作成　　ク．計量値　　ケ．範囲

練習　解答と解説

【問 1】 管理図から読み取れるばらつき原因の問題と計量値管理図と計数管理図の特徴の問題である．

解答 (1) **ウ** (2) **オ** (3) **ス** (4) **セ** (5) **ケ** (6) **コ** (7) **カ** (8) **シ** (9) **キ**

① 製品・サービスの品質には，必ずばらつきがある．製品などを同じ条件で製造してもまったく同じ製品が作られることはなく，ある程度のばらつきがある．この避けられない自然なばらつきを［(1)　**ウ．偶然原因**］によるばらつきという．他方，自然ではなく人や機械の不調などにより通常とは異なるばらつきが生じる場合がある．これを［(2)　**オ．異常原因**］によるばらつきという．

☞ 9.1 節 3

② ［(3)　**ス．$\overline{X}$**］管理図は，平均値によって［(4)　**セ．群間**］変動を見る管理図であり，関連する分布は［(5)　**ケ．正規分布**］である．

☞ 9.1 節 5

③ ［(6)　**コ．p**］管理図は，不適合品率によって群間変動を見る管理図であり，関連する分布は［(7)　**カ．二項分布**］である．また，［(8)　**シ．u**］管理図は単位当たりの不適合数によって群間変動を見る管理図であり，関連する分布［(9)　**キ．ポアソン分布**］である．

☞ 9.1 節 5

【問 2】 管理図の種類を問う問題である．

解答 (1) **ウ**　(2) **ア**　(3) **イ**　(4) **カ**　(5) **エ**　(6) **キ**

管理図は管理しようとする品質特性に応じて様々な種類がある．代表的な管理図は次のとおりである．

☞ 9.1 節 5

データの種類	適用できる管理図		分布
計量値	平均値と範囲	［(1)　**ウ．$\overline{X}$-R 管理図**］	正規分布
	平均値と標準偏差	［(2)　**ア．$\overline{X}$-s 管理図**］	
計数値	不適合品数	［(3)　**イ．np 管理図**］	二項分布
	不適合品率	［(4)　**カ．p 管理図**］	
	不適合数	［(5)　**エ．c 管理図**］	ポアソン分布
	単位当たりの不適合数	［(6)　**キ．u 管理図**］	

【問 3】 $\overline{X}$-R 管理図の管理線の計算を求める問題である．

解答 (1) **ク**　(2) **シ**　(3) **オ**　(4) **イ**　(5) **コ**　(6) **セ**

① $\overline{X}$ 管理図

$$\mathrm{CL} = \overline{\overline{X}} = \frac{50.50}{10} = [(1)\quad \textbf{ク．5.05}]$$

$\mathrm{UCL} = \overline{\overline{X}} + A_2 \overline{R}$

$= 5.05 + 0.729 \times 2.60 = 6.945$ なので，［(2)　**シ．6.95**］

$\mathrm{LCL} = \overline{\overline{X}} - A_2 \overline{R}$

$= 5.05 - 0.729 \times 2.60 = 3.154$ なので，［(3)　**オ．3.15**］

☞ 9.2 節 2

② R 管理図

$\mathrm{CL} = \overline{R} =$［(4)　**イ．2.60**］

$\mathrm{UCL} = D_4 \overline{R} = 2.282 \times 2.60 = 5.933$ なので，［(5)　**コ．5.93**］

$\mathrm{LCL} = D_3 \overline{R}$，群の大きさ 6 以下は，［(6)　**セ．考慮しない**］

R 管理図の下側管理限界線（LCL）は，群の大きさが 6 以下の場合，係数は 0 または負の値になる．この場合 LCL は 0 以下になる可能性があるが，範囲は常に 0 以上であるため LCL は意味がない．したがって，R 管理図で群の大きさが 6 以下の場合は，LCL を設定しないことが一般的である．

☞ 9.2 節 2

【問 4】 p 管理図の管理線の計算に関する問題である．

解答　(1) **ア**　(2) **ア**　(3) **ウ**

本問は，p 管理図の管理線を求める場合であるが，すべての群の大きさが等しく 100 個であるから，管理線の計算式は次のように修正する．すなわち，UCL と LCL の「n_i」の箇所は「n」に修正して計算する．

管理図名	CL	UCL	LCL
p 管理図	$\overline{p}$	$\overline{p} + 3\sqrt{\dfrac{\overline{p}(1-\overline{p})}{n}}$	$\overline{p} - 3\sqrt{\dfrac{\overline{p}(1-\overline{p})}{n}}$

中心線（CL）は，全サンプルの不適合品率 p の平均値により求める．

$$\mathrm{CL} = \overline{p} = \frac{0.05+0.04+0.06+0.03+0.07+0.08+0.02+0.09}{8} = [(1)\ \ \textbf{ア．0.055}]$$

管理限界線 UCL と LCL は，中心線から $\pm 3\sigma$ の範囲である．σ は標準偏差であり，p 管理図は二項分布に従うので標準偏差は下式で求める．

$$\sigma = \sqrt{\frac{\overline{p}(1-\overline{p})}{n}}$$

$$= \sqrt{\frac{0.055(1-0.055)}{100}} = 0.023$$

管理限界線 UCL と LCL を計算すると，以下のようになる．

$\mathrm{UCL} = \overline{p} + 3\sigma =$［(2)　**ア．0.124**］

$\mathrm{LCL} = \overline{p} - 3\sigma = -0.014$

LCL の計算結果が負の値になった場合は LCL＝［(3)　**ウ．0**］とする．すなわち LCL は設定をしないとなる．

☞ 9.4 節 3

【問 5】 標準値が与えられている場合の管理限界線の算出方法の問題である.

解答 (1) **エ** (2) **カ** (3) **イ** (4) **ケ**

管理図は，標準値が与えられていない場合と標準値が与えられている場合がある．本問は，$\overline{X}$-R 管理図における標準値が与えられている管理用管理図を対象としている問題である．

① 標準値が与えられている場合，$\overline{X}$-R 管理図の中心線 CL は，CL$=\mu_0$ となる．与えられた標準値は $\mu_0=3.50$ であるから，CL=［(1) **エ．3.50**］である．

管理限界線は UCL$=\mu_0+A\sigma_0$，LCL$=\mu_0-A\sigma_0$ により計算する．係数 A は，標準値が与えられている場合の係数表から求める．本問の群の大きさは $n=5$ であるから，係数表より $A=1.342$ とわかる．また，与えられた標準値として $\sigma_0=0.10$ であるから，管理限界線は，次のとおりである．

UCL$=\mu_0+A\sigma_0=3.50+1.342\times0.10=$［(2) **カ．3.63**］

LCL$=\mu_0-A\sigma_0=3.50-1.342\times0.10=$［(3) **イ．3.37**］

☞ **9.2 節 3**

② $\overline{X}$ 管理図によって工程が統計的管理状態であるかを判定する条件は，R 管理図が統計的管理状態であることを先に確認すること．本問では，R 管理図は統計的管理状態であることは確認されているので，$\overline{X}$ 管理図について確認すると，サンプル No.8 が 3.64 と UCL を上回っていることから，この工程は［(4) **ケ．統計的管理状態にない**］といえる．

☞ **9.2 節 3**

【問 6】 $\overline{X}$-R管理図の読み方に関する問題である．

解答 (1) **ウ** (2) **ア** (3) **イ** (4) **ケ** (5) **カ**

① 管理限界線を外れている点（プロット）が見られるのは，［(1) **ウ．グループ A の R 管理図**］の群番号 1 である（**図 9.a**）． ☞ **9.6 節**

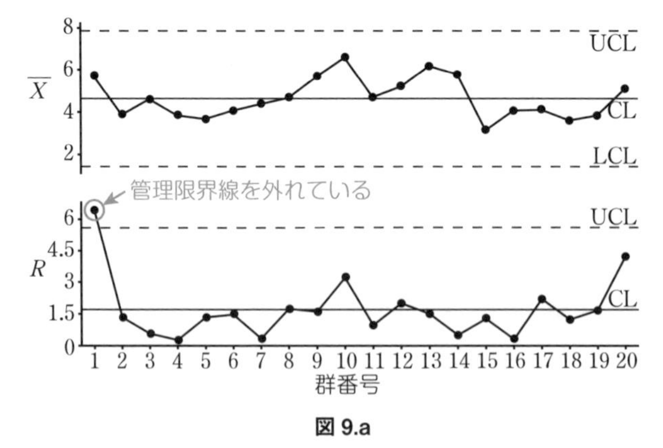

図 9.a

② 上昇傾向が見られるのは，［(2)　**ア．グループ A の $\overline{X}$ 管理図**］である（**図 9.b**）．

☞ 9.6 節

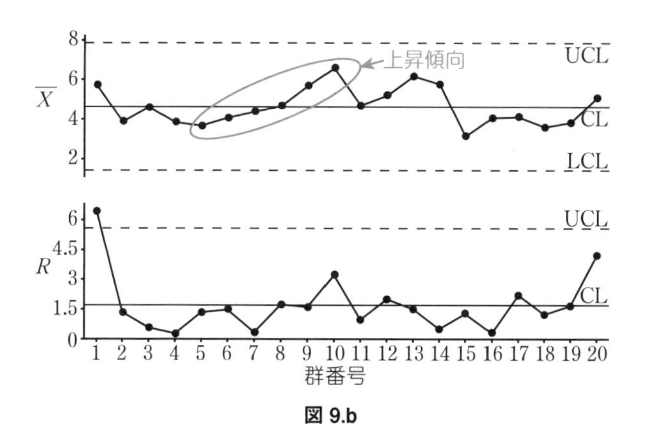

図 9.b

③ 中心傾向が見られるのは［(3)　**イ．グループ B の $\overline{X}$ 管理図**］である（**図 9.c**）．

☞ 9.6 節

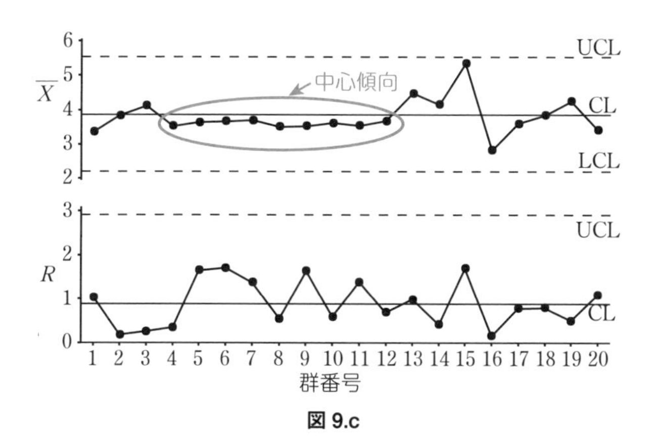

図 9.c

④ グループ A と B の R 管理図を比較すると，［(4)　**ケ．範囲**］が大きく異なることがわかる．グループ A の製品の範囲は大きいことから，グループ A の製品は「ばらつき」が大きいことがわかる．そのため，［(5)　**カ．製品のばらつきを是正**］することが望ましい．

☞ 9.6 節

手法分野

10章 工程能力指数

10.1 工程能力指数

実践分野	QC的なものの見方と考え方　16章			
	品質とは 17章	管理とは 17章	源流管理 18章	工程管理 19章
			日常管理 20章	方針管理 20章

実践分野に
分析・評価を提供

手法分野	収集計画 1章	データ収集 1章,14章	計算 1章	分析と評価 2-13章,15章

10.1 工程能力指数

1 工程能力指数とは

工程能力とは，工程において規格どおりに製品・サービスを作り出すことができる能力のことです．工程が安定状態にあることが能力測定の前提条件となります．**工程能力指数**とは，この工程能力を数値で表した指標です．なお，工程が安定状態か否かは管理図により評価できます（9.1 節）．

工程能力を数値で表す理由は，事実に基づく管理です．数値であれば，誰にでもわかりやすく客観的かつ定量的に工程能力を把握できるからです．

工程能力指数は，その数値が高いほど，規格どおりに製品が生産されている良い製造工程となります．反対に工程能力指数が低い場合には，規格はずれの不適合品が多くなることが予想され，改善が必要な製造工程といえます†．

2 工程能力指数（その 1：C_p）

工程能力は「規格どおりに」がポイントです．自社の能力が一定でも，規格（顧客要求）が変動した場合には，工程能力指数も変動します．工程能力指数は，規格と工程のばらつき具合の対比なのです．すなわち，分布の中心位置のずれとばらつきの程度（**図 10.1**）が影響します．

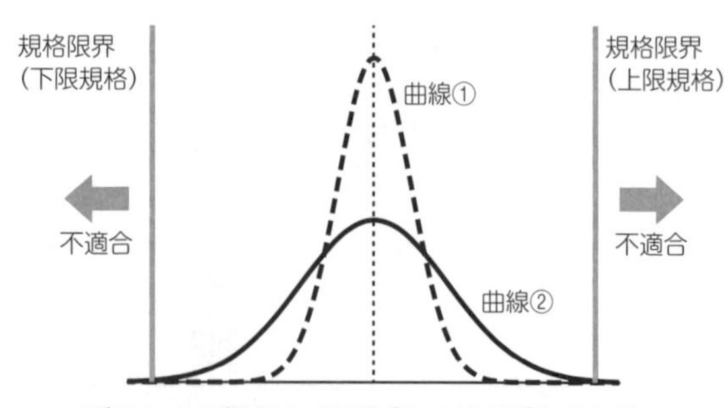

図 10.1 ばらつき具合と規格限界

まずは，「ばらつきの程度」を考えます．両側に規格があり，中心位置のずれ

† 関根嘉香『品質管理の統計学』（オーム社，2012 年）p.63

がない場合には，規格幅（公差）と工程のばらつき程度を対比し，工程能力指数を計算します．この場合，工程能力指数は，記号 $\boldsymbol{C_p}$（シーピー：Process Capability）で表します．

C_p の計算式は，次のとおりです．ただし，上限規格値は記号 S_U（エスユー：Upper Specification），下限規格値は記号 S_L（エスエル：Lower Specification）で表します．

$$C_p = \frac{\text{上限規格値} - \text{下限規格値}}{6 \times \text{標準偏差}} = \frac{S_U - S_L}{6\sigma}$$

分母の「6σ」は，工程のばらつきが $\pm 3\sigma$（幅 6σ）である，ということです（9.1節 4）．上の計算式から，$C_p = 1.00$（分母＝分子 の場合）とは，規格幅が 6σ の場合とわかります．

3 工程能力指数（その2：C_{pk}）

次は，中心位置にずれがある場合（**かたより**がある場合，ともいう）を考えます．片側だけに規格が存在する場合や，母平均が規格の中心からずれている場合です．この場合には，別の工程能力指数である $\boldsymbol{C_{pk}}$ を使用します．

C_{pk} の計算式は，次のとおりです（分母「3σ」に注意）

- **下限規格値しかない場合**

$$C_{pk} = \frac{\text{平均値} - \text{下限規格値}}{3 \times \text{標準偏差}} = \frac{\mu - S_L}{3\sigma}$$

- **上限規格値しかない場合**

$$C_{pk} = \frac{\text{上限規格値} - \text{平均値}}{3 \times \text{標準偏差}} = \frac{S_U - \mu}{3\sigma}$$

両側に規格があっても，平均値が規格の中心と一致しない場合には，C_{pk}の計算を行うのが適切です．この場合，$C_p > C_{pk}$ の関係があるので，C_pは工程能力指数が高めに計算され，適切とはいえないからです．この場合の C_{pk} には，次の2つの計算方法があります．

方法①：上の片側規格の式を用いて，下限・上限それぞれに対する C_{pk} を求め，小さい方の値を，C_{pk} として採用する

方法②：平均値に近い方の規格値と平均値との差を 3σ（標準偏差の 3 倍）で割った値を，C_{pk} として採用する

4 工程能力指数による判断基準

1 では，工程能力指数を“工程能力を数値で表した指標”と述べました．2 と 3 で工程能力指数の計算式を示しましたが，実際に，計算から得た数値が，「工程能力としてどうなのか」を判断する必要があります．

工程能力指数の判断基準は，C_p と C_{pk} で共通で**表 10.1** のとおりです．

表 10.1　工程能力の判断基準†

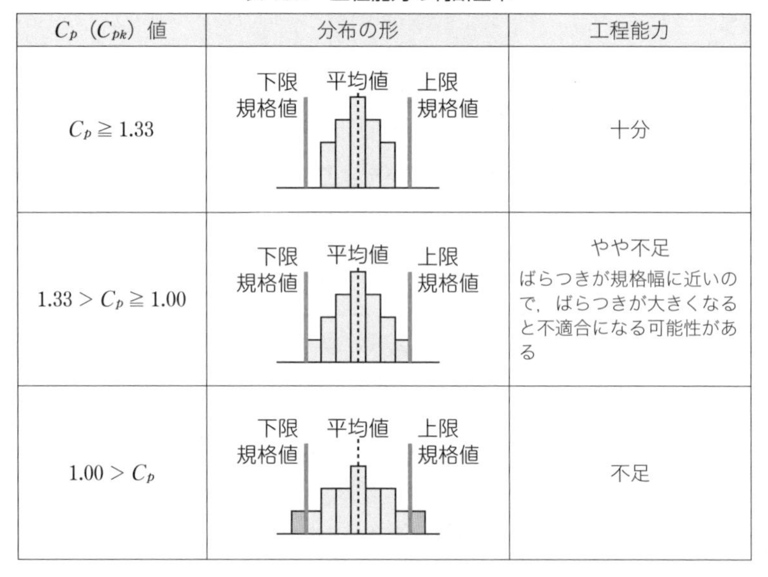

C_p（C_{pk}）値	分布の形	工程能力
$C_p \geqq 1.33$	下限規格値　平均値　上限規格値	十分
$1.33 > C_p \geqq 1.00$	下限規格値　平均値　上限規格値	やや不足 ばらつきが規格幅に近いので，ばらつきが大きくなると不適合になる可能性がある
$1.00 > C_p$	下限規格値　平均値　上限規格値	不足

表 10.1 を補足します．

† JIS Q 9027：2018「マネジメントシステムのパフォーマンス改善 − プロセス保証の指針」（日本規格協会，2018 年）4.3.3 表 2 を改変

- 工程能力指数 ＝1.00 は，工程能力が 6 σ であるのに対し，規格幅も 6 σ 分である状態です．ばらつきと規格幅が同じで余裕のない状態です．
- 工程能力指数 ＝1.33 は，工程能力が 6 σ であるのに対し，規格幅が 8 σ 分である状態です．規格の両側に 1 σ の余裕をみていることになります．

5 工程能力調査の手順

工程能力が不足ならば改善や検査の強化が必要ですし，十分ならば標準化を進めることになります．したがって，工程能力指数の評価によって，その後の行動がそれぞれ変わります．

工程能力を活用した品質管理の手順は，次のとおりです．

手順❶ 調査対象の工程を明確にして，データを収集する

手順❷ 管理図（9 章）**を作成し，工程が安定状態であることを確認する**

手順❸ ヒストグラム（2.5 節）**を作成し，工程能力指数を計算する**

手順❹ 工程能力を判断する（不足であれば改善する）

6 工程能力指数の計算

工程能力指数の計算を，例題を通して理解しましょう．

例題 10.1

ある製品のサイズを測定したところ，**図 10.2** が得られた．上限規格値 S_U は 45 mm，下限規格値 S_L は 15 mm，平均値 μ は 30 mm，標準偏差 σ は 5 mm である．工程能力指数を計算し，工程能力を評価せよ．

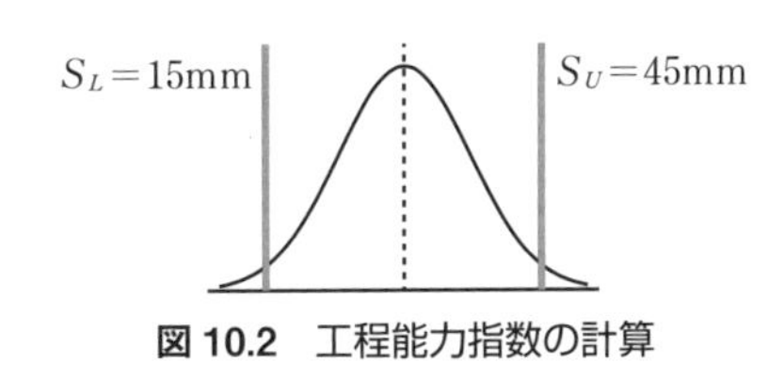

図 10.2 工程能力指数の計算

解答

試験問題では，上限規格値，下限規格値の記号 S_U，S_L が，その説明なしに示される場合があるので，S_U，S_L の意味はしっかり覚えておく必要があります．また，本問の問題文と同じ意味で「規格値は 30±15 mm」と示される場合もありますが，その場合は，上限規格値 S_U が 45 mm（＝30 mm＋15 mm），下限規格値 S_L が 15 mm（＝30 mm－15 mm）であることを押さえる必要があります．

本問では，規格の中心と平均値が一致しているので，C_p を計算します．

$$C_p = \frac{S_U - S_L}{6\sigma} = \frac{45-15}{6\times5} = 1.00$$

C_p の計算では，分母は 6×σ

この計算で得られた工程能力指数 $C_p = 1.00$ は，工程能力が「**やや不足**」と評価されます（表 10.1）．工程の改善が必要です．

例題 10.2

平均値が規格の中心から偏っている製品を測定したデータがある．S_U は 112 mm，S_L は 100 mm，標準偏差 σ は 3 mm であった．平均値 μ が 109 mm である場合，工程能力指数を計算し，工程能力を評価せよ．

解答

本問では，規格の中心（106 mm）と平均値がずれていますが，上下両側に規格があるので，下限規格と上限規格の両方の C_{pk} を計算します（本節 3）．

方法①：下限・上限それぞれに対する C_{pk} を求め，小さい方の値を，C_{pk} として採用する．

下限規格について

$$C_{pk} = \frac{\mu - S_L}{3\sigma} = \frac{109-100}{3\times3} = 1.00$$

C_{pk} の計算では，分母は 3×σ

上限規格について

$$C_{pk} = \frac{S_U - \mu}{3\sigma} = \frac{112-109}{3\times3} = 0.33$$

下限規格については 1.00，上限規格については 0.33 なので，C_{pk} は値が小さい方の **0.33** を採用します．

方法②：平均値に近い方の規格値と平均値との差を 3σ（標準偏差の 3 倍）で割った値を，C_{pk} として採用する．

言葉で書くとわかりづらいのですが，手順を分けると簡単です．

手順❶ S_U と S_L とで平均値に近い方を選択する（ここがポイント）

手順❷ 片側規格の場合と同じ方法で C_{pk} を計算する

本問の場合，$S_U=112$ mm，$S_L=100$ mm，平均値 109 mm ですから，平均値に近いのは S_U です．そこで，C_{pk} は，上限規格についてのみ計算します．

$$C_{pk}=\frac{S_U-\mu}{3\sigma}=\frac{112-109}{3\times3}=0.33$$

当然ながら，**方法①**と**方法②**とでは，結果として得られる C_{pk} は同じ値になりますが，**方法②**の方が短時間で計算できるメリットがあります．ただし，分子の差は必ず正の値としますので，注意してください．

工程能力指数 0.33 は，工程能力が「**不足**」と評価されます（表 10.1）．工程の改善が必要です．

例題 10.3

工程が統計的管理状態である場合には，$\overline{X}$-R 管理図のデータを活用して工程能力指数 C_p を求めることができる．ある工程から群の大きさ 4 のサンプルを 10 日間収集し，日々の範囲 R の平均値を計算したところ 2.6 であった．特性の規格値が 5.0 ± 2.3 である場合，工程能力指数 C_p を推定し，工程の状態を評価せよ．

【問 1】管理図と**表 10.2** を用いて標準偏差を推定せよ．

【問 2】工程能力指数 C_p を推定し，工程能力を評価せよ．

表 10.2　$\overline{X}$-R 管理図の管理限界線を計算するための係数表（抜粋）

n	d_2
4	2.059

解答

【問 1】

R 管理図のデータから標準偏差 $\widehat{\sigma}$ を推定する．$\widehat{\sigma}$ を推定する計算式は次のとおりである（9.2 節 4）．

$$\widehat{\sigma}=\frac{\overline{R}}{d_2}$$

係数表から $n=4$ の場合の d_2 は 2.059 とわかるので，値を計算式に当てはめる．

$$\widehat{\sigma} = \frac{2.6}{2.059} = 1.263$$

【問 2】

工程能力指数 C_p を推定し，工程能力を評価する．

$$\widehat{C}_p = \frac{S_U - S_L}{6\widehat{\sigma}} = \frac{7.3 - 2.7}{6 \times 1.263} = 0.61$$

したがって，$\widehat{C}_p < 1.00$ であるから工程能力は**不足**していると評価できる．

7 標本から求める工程能力指数

実際に工程能力指数を計算する場合，母数である μ や σ は未知ですから，標本から計算する平均値 $\overline{x}$ や標準偏差 s を代用することなります．標本は抽出するごとに値が変わるので，次のような推定値になります．

$$\widehat{C}_p = \frac{S_U - S_L}{6s}$$

$$\widehat{C}_{pk} = \min\left(\frac{\overline{x} - S_L}{3s}, \frac{S_U - \overline{x}}{3s}\right)$$

min はカッコ内の小さい方の値を採用することを意味します．

理解度確認 問題

次の文章で正しいものには○，正しくないものには×を選べ．

① 工程能力は，工程が安定状態であるか否かを示す能力である．

② 工程能力指数は，規格（顧客要求）と工程のばらつき程度の対比である．

③ 上下の両側に規格限界があり，中心位置に規格中心からのずれがある場合，工程能力指数はC_pの計算式により計算する．

④ C_pの計算式は，$\dfrac{上限規格値 - 下限規格値}{3 \times 標準偏差}$である．

⑤ 片側規格の工程能力指数は，C_{pk}の計算式により計算する．

⑥ $C_p = 1.00$は，規格幅が6σの場合である．

⑦ $C_p = 1.00$である場合，工程能力は十分であると評価できる．

⑧ 工程能力調査と管理図は，特に関係しない．

理解度確認　解答と解説

① **正しくない（×）**．工程能力は，工程が安定状態にあることを前提に，規格どおりに製品・サービスを作り出す能力である．工程が安定状態であるか否かを示す能力ではない．
☞ 10.1 節 1

② **正しい（○）**．工程能力指数は，規格どおりに製品を作り出す能力を数値で表す．製品を作り出す能力は，工程のばらつきから影響を受けることを踏まえ，工程能力指数は規格とばらつきの程度を対比した値で定義する．
☞ 10.1 節 2

③ **正しくない（×）**．工程能力指数 C_p は，両側に規格があり，中心位置のずれがない場合に使用する．ずれがある場合は C_{pk} を使用する．
☞ 10.1 節 3

④ **正しくない（×）**．C_p の計算式は，$\dfrac{\text{上限規格値}-\text{下限規格値}}{6\times\text{標準偏差}}$ である．分母の係数に注意してほしい．
☞ 10.1 節 2

⑤ **正しい（○）**．規格が上限値または下限値の一方だけである片側規格の場合は，C_{pk} の計算式により工程能力指数を計算する．
☞ 10.1 節 3

⑥ **正しい（○）**．$C_p=1.00$ は，計算式 $\dfrac{\text{上限規格値}-\text{下限規格値}}{6\times\text{標準偏差}}$ の分母と分子が同じ数値であることを意味する．分子は規格幅を意味し，分母は 6σ であるから，$C_p=1.00$ の場合，分子の規格幅は分母 6σ と等しい．
☞ 10.1 節 2

⑦ **正しくない（×）**．$C_p=1.00$ は，工程能力として「やや不足」である．十分と評価されるには 1.33 以上が必要である．
☞ 10.1 節 4

⑧ **正しくない（×）**．管理図を作成し、工程が安定状態であることを確認してから工程能力を測定する．
☞ 10.1 節 1

練習問題

【問 1】 工程能力指数に関する次の文章において， 内に入るもっとも適切なものを下欄の選択肢からひとつ選べ．ただし，各選択肢を複数回用いることはない．

製品Qの製作ラインからサンプルを取り100個の重量を測定したところ，平均が7.0 g，標準偏差が0.2 gであり，製作工程は安定状態とみなしてよい状態だった．この製品の上限規格値は7.6 g，下限規格値は6.6 gである．

工程能力指数C_pを計算したところ (1) であり，かたよりを考慮したC_{pk}は (2) であった．この結果，工程能力は (3) と判断できる．平均を7.0 gのままにしつつ，$C_{pk}=1.33$とするためには，標準偏差が (4) gになるように工程を改善する必要がある．

【選択肢】

ア．0.10　イ．0.20　ウ．0.38　エ．0.67
オ．0.77　カ．0.83　キ．やや不足　ク．不足

【問 2】 工程能力指数に関する次の文章において， 内に入るもっとも適切なものを下欄の選択肢からひとつ選べ．なお，解答にあたって必要であれば巻末の付表を用いよ．

あるIC用部品を製造している工程では，部品の高さ寸法のばらつき状況を確認するために，最近の検査日報の記録結果からランダムに抽出した100個のデータを用いて，ヒストグラムを作成した．さらに，基本統計量を求めたら平均値$\bar{x}=29.58$，標準偏差$s=3.97$を得た．高さ寸法xの規格値は30±6（単位略）である．

① 平均値$\bar{x}$と標準偏差sを用いて工程能力指数C_pを求めると， (1) である．

【 (1) の選択肢】

ア．0.252　イ．0.504　ウ．1.008　エ．3.023

② 規格外れとなる不適合品率Pを推定すると (2) %である．

【 (2) の選択肢】

ア．5.26　イ．6.55　ウ．7.93　エ．13.19

【問 3】 工程能力指数に関する次の文章において， 内に入るもっとも適切なものを下欄の選択肢からひとつ選べ．ただし，各選択肢を複数回用いることはない．

ある工程から群の大きさ5のサンプルを20日間収集し，$\overline{X}$-R管理図を作成した．R管理図は安定状態であり，範囲Rの平均値は12.0であった．特性の規格値が30.0～60.0である場合，表10.Aより，R管理図から推定できる標準偏差は (1) である．これを用いた工程能力指数C_pの推定値は (2) である．よって工程能力は (3) といえる．

表 10.A　$\overline{X}$-R 管理図の管理限界線を計算するための係数表（抜粋）

n	d_2
5	2.326

【選択肢】

ア．0.194　　イ．0.969　　ウ．1.938　　エ．5.159

オ．やや不足　　カ．十分　　キ．不足

練習　解答と解説

【問 1】 工程能力指数に関する計算問題である．

解答　(1) **カ**　(2) **エ**　(3) **ク**　(4) **ア**

(1)　工程能力指数 C_p の計算である．

$$C_p = \frac{\text{上限規格値} - \text{下限規格値}}{6 \times \text{標準偏差}}$$
$$= \frac{7.6 - 6.6}{6 \times 0.2}$$
$$= [(1)\ \textbf{カ．0.83}]$$

☞ 10.1 節 2

(2)　工程能力指数 C_{pk} の計算である．

C_{pk} には 2 つの計算方法があるが，本問では**方法②**で計算する．平均値 7.0 g に近いのは下限規格値の 6.6 g であるから

$$C_{pk} = \frac{\text{平均値} - \text{下限規格値}}{3 \times \text{標準偏差}}$$
$$= \frac{7.0 - 6.6}{3 \times 0.2}$$
$$= [(2)\ \textbf{エ．0.67}]$$

☞ 10.1 節 3

(3)　工程能力の判断基準は，工程能力指数が 1.00 未満ならば不足であるから，C_p と C_{pk} の両方とも 1.00 未満である本問の工程能力は［(3)　**ク．不足**］である．　☞ 10.1 節 4

(4)　平均を 7.0 g のままにしつつ，$C_{pk}=1.33$とするための標準偏差を求めるには，C_{pk} の計算式を次のように用いるとよい．

$$1.33=\frac{平均値-下限規格値}{3\times 標準偏差}$$
$$=\frac{7.0-6.6}{3\times 標準偏差}=\frac{0.4}{3\times 標準偏差}$$
$$標準偏差=\frac{0.4}{3\times 1.33}$$
$$=[(4)\quad \textbf{ア．}\ \mathbf{0.10}]$$

☞ 10.1 節 3

【問 2】　工程能力指数に関する計算問題である．

解答　(1) **イ**　(2) **エ**

①　標準偏差 $s=3.97$ であり，高さ寸法 x の規格は 30 ± 6 である．規格幅は $36-24=12$ であるから，これより工程能力指数 C_p を計算すると，下式のようになる．

$$C_p=\frac{上限規格値-下限規格値}{6\times 標準偏差}$$
$$=\frac{36-24}{6\times 3.97}$$
$$=[(1)\quad \textbf{イ．}\ \mathbf{0.504}]$$

☞ 10.1 節 2

②　規格外れとなる不適合品率 P は，正規分布の確率計算を行うことによって求める．この場合，規格上限から外れる確率 P_U と，規格下限から外れる確率 P_L が求める不適合品率 P となる．

上限から外れる確率 P_U に対応する K_P 値は

$$K_P=\frac{上限規格値-平均値}{標準偏差}$$
$$=\frac{36-29.58}{3.97}=1.62$$

巻末の付表 1 正規分布表（I）より

$$P_U=0.0526$$

規格下限から外れる確率 P_L に対応する K_P 値は

$$K_P=\frac{平均値-下限規格値}{標準偏差}$$
$$=\frac{29.58-24}{3.97}=1.41$$

巻末の付表 1 正規分布表（I）より

$$P_L=0.0793$$

以上より，

$$P=P_U+P_L=0.0526+0.0793=0.1319$$

つまり，不適合品率 P は，［(2)　**エ．13.19**］%と推定される．

☞ 10.1 節 2

【問 3】 $\overline{X}$-R 管理図のデータから工程能力指数を求める問題である．

解答 (1) **エ** (2) **イ** (3) **キ**

(1) R 管理図から標準偏差を推定する．表 10.A の係数表から $n=5$ の場合の係数 d_2 は 2.326 とわかるので，値を計算式に当てはめる．

$$\widehat{\sigma} = \frac{\overline{R}}{d_2} = \frac{12.0}{2.326} = [(1)\ \textbf{エ．5.159}]$$

☞ 10.1 節 5

(2)，(3) 工程能力指数 C_p を推定し，工程能力を評価する．

$$\widehat{C}_p = \frac{S_U - S_L}{6\widehat{\sigma}} = \frac{60.0-30.0}{6\times 5.159} = [(2)\ \textbf{イ．0.969}]$$

したがって，$\widehat{C}_p < 1.00$ であるから，工程能力は［(3)　**キ．不足**］といえる．

☞ 10.1 節 4，6

手法分野

11章 実験計画法①

11.1 実験計画法の概要

11.2 一元配置実験

分散分析の
基礎を
学習します

実践分野	QC的なものの見方と考え方　16章			
	品質とは 17章	管理とは 17章	源流管理 18章	工程管理 19章
			日常管理 20章	方針管理 20章

↑ 実践分野に分析・評価を提供

手法分野	収集計画 1章	データ収集 1章,14章	計算 1章	分析と評価 2-13章,15章

11.1 実験計画法の概要

1 実験計画法（分散分析）とは

実験計画法とは，計画的にデータを収集し，そのデータを解析するための統計的手法の総称です．広い概念ですが，試験の出題内容は主に分散分析です．

分散分析とは，3 つ以上の母平均の差に関する検定のことです．検定により，要因が特性に影響を及ぼしているといえるか否かを判定します．

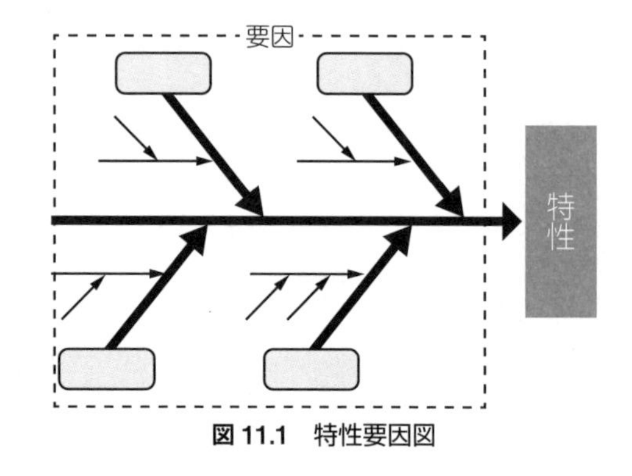

図 11.1　特性要因図

特性と要因の関係を表すツールとしては，特性要因図があります（**図 11.1**）．ただし，特性要因図で抽出された要因は仮説にすぎないので，データに基づく検証が必要です（2.7 節 2 ）．既存データによる検証が難しい場合には，新たに実験（データの収集）を行い，特性に影響を及ぼす要因といえるか否かを検定します．

実験では，特性要因図をもとに要因を選び（例：重さ），その条件を変化させ（10 g，20 g，30 g など．これを「水準をふる」といいます），特性のデータをとります．水準をふることにより母平均に差があるといえる場合には，要因は特性に影響を及ぼしている，すなわち効果があると判定します．その差が誤差程度ならば，影響を及ぼしているとは判定しません．

t 検定でも平均値の差の検定はできますが（6 章），2 つの母平均を対象とする検定です．分散分析は，2 つでもできますが，3 つ以上の母平均の差を検定するために考え出された手法であるといわれます．

2 分散分析で使用する用語

分散分析で使用する主な用語を，以下に列挙します．

- **要因**とは，特性（結果）に影響を及ぼす可能性があるものです．後に解説する因子，交互作用，誤差などを含めた総称です．
- **因子**とは，実験のために取り上げた要因のことです．
- **水準**とは，因子を量的または質的に変化させた条件のことです．

  【例】 製品の耐圧強度を高めるために，成形温度を因子と仮定し実験を行うとき，成形温度は 10℃, 20℃, 30℃ の 3 種類の水準を用いて比較します．
- **主効果**とは，因子単独による効果のことです．
- **交互作用効果**とは，複数の因子の水準組合せにより生じる効果のことです．
- **効果がある**とは，要因が特性に影響を及ぼすことです．主効果と交互作用効果があります．水準をふることにより水準の母平均に違いが生じ，それが誤差程度でない場合には，要因による効果がある，といえます（**図 11.2**）．

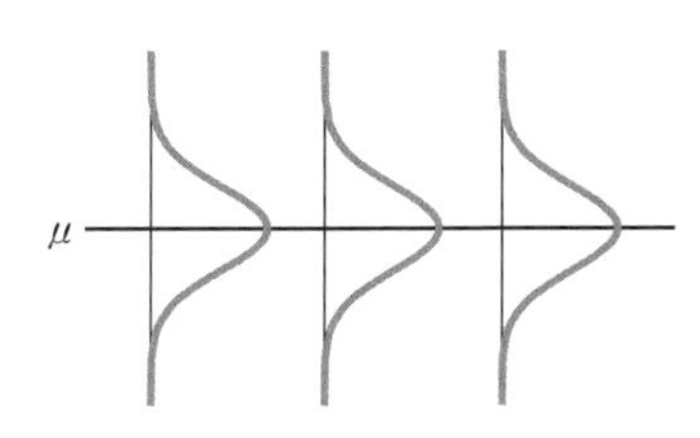

(a) 影響（効果）がない状態

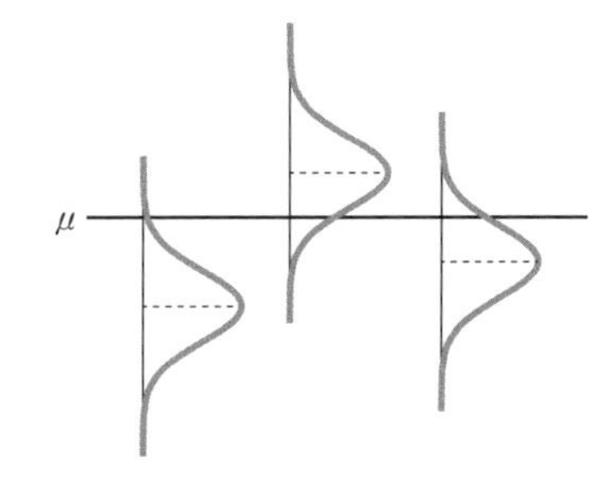

(b) 影響（効果）がある状態の例

図 11.2　分散分析の効果（μ は全データの総平均）

- **一元配置実験**とは，1 つの因子を取り上げる実験のことです．
- **二元配置実験**とは，同時に 2 つの因子を取り上げる実験のことです．
- **繰り返し**とは，同じ条件での実験を 2 回以上ランダムな順序で行うことです．

3 分散分析の考え方：データの構造

分散分析は，水準を変えることにより，因子の各水準の母平均に差があるかを見ますが，特徴的なことは，3 水準以上を同時に評価するという点です．

図 11.3 に，個々のデータの構造図を示します．個々のデータがどういう位置にあるのかを図示化したものです．

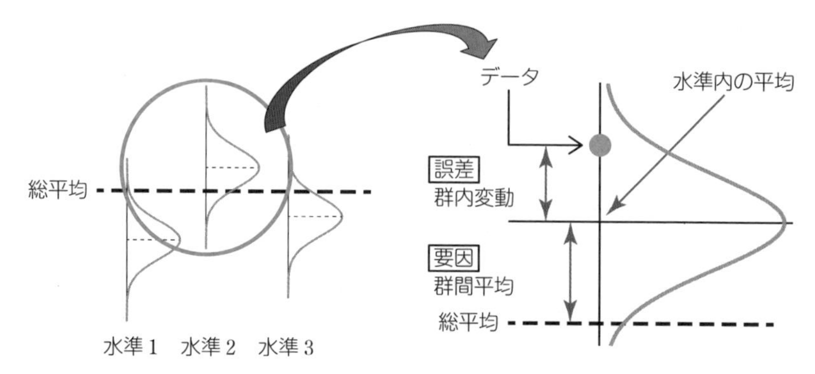

図 11.3　データの構造

図 11.3 より，次の式を導くことができます．

個々のデータ ＝ 総平均 ＋ 水準の効果 ＋ 誤差

水準の効果とは，総平均に対する水準内平均のずれのことです．

水準の効果 ＝ 水準内の平均 － 総平均

誤差 ＝ 個々のデータ － 水準内の平均

とわかりますので，水準の効果も誤差も平均との差ですから，偏差といえます．

水準の効果は，総平均からのずれなので「群間変動」といいます．誤差は，水準内平均のずれなので「群内変動」といいます．これらの用語を使うならば，個々のデータを表す式は下式で置き換えることができます．

個々のデータの変動＝群間変動＋群内変動

4　分散分析の考え方：ばらつきを分解

分散分析は，すべてのデータを，要因による効果（群間変動）と誤差（群内変動）に分けて考えます．すべてのデータを扱いますから，個々のデータの変動を総和します．しかし，偏差の総和は 0 となり，すべてのデータの変動を表す尺度としては不適切です．そこで偏差平方和を利用します．偏差平方和は偏差の 2 乗和ですから，すべてのデータの変動を表すことができます．これにより 3 水準以上のデータ全体を同時に評価できますので，総変動を群間変動と群内変動に分けて考えることもできます．これが分散分析です．分散分析は，母集団が正規分布，各水準が等分散，データが独立であることを前提とします．

群間変動に効果があるかどうかは，群間変動と群内変動の大きさを比較し検定により確認します．水準によりデータ数が異なることがありますから，比較は不偏分散に直した値で行います（このため「分散」分析と呼びます）．よって検定は，2つの母分散の比に関する検定です（F分布を用いるのでF検定といいます．7.2節）．比較の結果，群間変動（要因）が群内変動（誤差）よりも大きいとなれば，要因は特性値に影響を及ぼしている＝効果がある，とみなせます．すなわち，水準間の母平均に差があるからだと考えます．

分散分析は，上述のとおりの検定ですから，「どの水準が最適なのか」までは解決できません．この点は分散分析後の推定で扱います．

5 分散分析の手順

分散分析は，次の手順により行います．

手順❶ **分散分析表の枠を作成**

手順❷ **修正項 CT を計算**

手順❸ **偏差平方和 S を計算**

手順❹ **自由度 ϕ を計算**

手順❺ **平均平方（不偏分散 V）を計算**

手順❻ **分散比 F_0 を計算**

手順❼ **判定**

修正項の計算とは，偏差平方和を求めるための準備です．

分散分析では不偏分散のことを平均平方といいます．手順②から④は，不偏分散を求めるための計算です．

6 フィッシャーの3原則

フィッシャーの3原則とは，データの解析を行う前のデータの測定方法に関する原則です．誤差を小さくすることが目的です．R. A. Fisher が提唱しました．

- **反復**：可能な限り反復実験を行うことです．1回の測定では，測定値に違いがあっても，それが測定ミスなのか**偶然誤差**（避けられない誤差）なのかわかりません．反復測定を行うことにより，偶然誤差の大きさを把握できます．
- **無作為化**：実験を行う条件を無作為に決めることです．反復により実験の順序，時間，場所などの条件が偏り，測定結果に影響を及ぼすことがあります．無作為化により**系統誤差**（一定の傾向がある誤差）を小さくできます．
- **局所管理**：実験を行う時間や場所を，条件が均一となるようなブロックに分けることです．局所管理ができれば無作為化より系統誤差を小さくできます．

11.2 一元配置実験

1 例題とポイント

例題 11.1

ある食品用紙袋の製造元が，紙袋の強度を高めるために充填剤の含有率を取り上げて実験をすることにした．充填剤の含有量は，A_1 (10 %，現行)，A_2 (15 %)，A_3 (20 %) の 3 水準が考えられる．そこで，充填剤の含有量について各水準 6 回，合計 18 回の実験をランダムに行い，結果を測定した．実験の結果を**表 11.1** と**図 11.4** に示す．充填剤の含有率を変化させたことにより，紙袋の強度は向上したといえるか．紙袋の強度を特性値と考え，特性値は大きいほうが望ましい．

【問 1】分散分析を行い，要因効果の有無を判定せよ．

【問 2】最適水準での母平均を推定せよ（信頼率 95 %）．

表 11.1　実験の結果（データ表）

水準	データ						合計	合計の 2 乗
A_1	0.8	1.2	0.9	1.3	1.3	1.1	6.6	43.56
A_2	1.0	1.3	1.3	1.2	1.1	1.3	7.2	51.84
A_3	1.3	1.8	1.5	1.6	1.3	1.4	8.9	79.21
総計							22.7	174.61

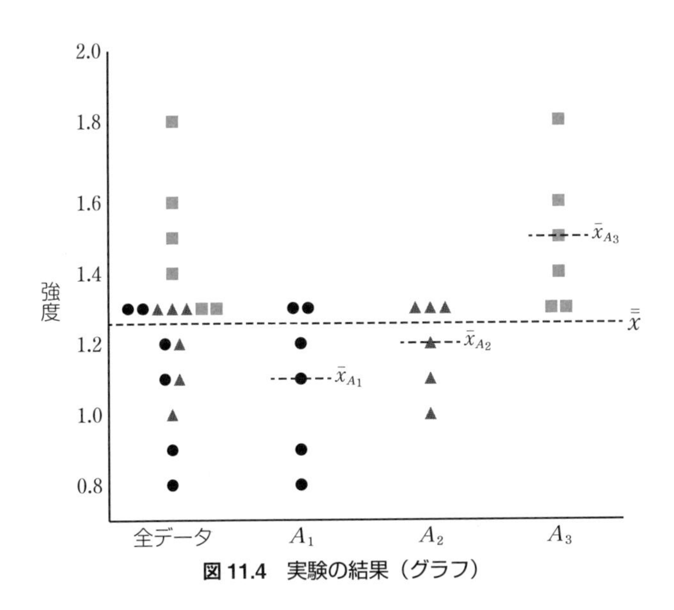

図 11.4　実験の結果（グラフ）

例題 11.1 のポイント

例題は，充填剤という 1 つの要因を取り上げる実験ですから，一元配置実験です．条件を変化させた 3 水準をふることにより，母平均に差が生じるかを検定します．3 水準ですから 2 つの母平均の差に関する検定は行えず，3 水準を同時に評価する分散分析を行います．

分散分析を行う前に，実験結果のグラフを見ます．現行の A_1 水準と比べると，水準により標本平均が変化していますので，水準の変化が袋の強度に影響を及ぼしているように見えます．そこで標本平均の変化は，要因による効果なのか，実験の誤差による効果なのかを分析します．

分散分析は F 検定です（7.2 節）．群間変動（要因）が群内変動（誤差）よりも大きいとなれば，水準条件により特性値に違いがある，すなわち要因は特性に影響を及ぼしている（効果がある）と判定できます．

分散分析は，群間効果があるかないかの検定です．帰無仮説は「群間効果がない」とするものなので，$\mu_{A_1}=\mu_{A_2}=\mu_{A_3}$ と設定します．対立仮説は「群間効果がある」とするものなので，いずれかの群間に差があると設定します．F 検定において母分散比が 1 に近いとなれば，差はないとなります．効果があるとなれば，母分散比は 1 を大きく超える数値となりますので，対立仮説は両側や下側の片側といった選択肢はなく，上側の片側検定だけとなります．

2 一元配置実験におけるデータの構造式

一元配置実験における個々のデータの構造は，11.1節 3 のとおり，総平均＋水準の効果＋誤差です．

本節では，個々のデータの構造を記号により表す構造式（モデル式）を学習します．そこでまずは，例題11.1の一元配置実験の総データを記号で表した**表11.2**を示します．

表11.2　実験の結果（データ表）

水準	繰り返し				計	平均
A_1	x_{11}	x_{12}	$\cdots$	x_{16}	T_1	$\overline{x}_1$
A_2	x_{21}	x_{22}	$\cdots$	x_{26}	T_2	$\overline{x}_2$
A_3	x_{31}	x_{32}	$\cdots$	x_{36}	T_3	$\overline{x}_3$
総計					T	$\overline{\overline{x}}$

表11.2は，A_1水準の1番目のデータをx_{11}と表しています．これを構造式で表す場合は，A_i水準のj番目のデータをx_{ij}とします．このようなルールのもとで一元配置実験におけるデータの構造式を表すと，次のようになります．

$$x_{ij}=\mu+\alpha_i+E_{ij}$$

μは総平均，α_iはA_i水準の群間変動，E_{ij}はA_i水準のj番目データの群内変動（誤差）を意味し，11.1節 3 の説明と整合します．

3 一元配置実験（分散分析）の手順

一元配置実験は分散分析により行いますので，手順は分散分析の手順（11.1節 5 ）のとおりです．以下では例題11.1の場合を解説します．

手順❶ 分散分析表の枠を作成

分散分析表の枠を作成します．試験では分散分析表が示され，空欄の一部を埋める出題が多いです．分散分析表の構造と手順との関係を**表11.3**に示します．

表 11.3　分散分析表の構造（一元配置実験）

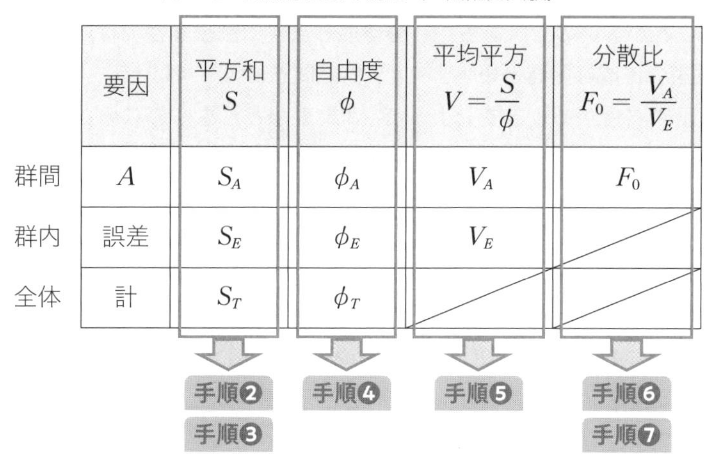

	要因	平方和 S	自由度 ϕ	平均平方 $V=\dfrac{S}{\phi}$	分散比 $F_0=\dfrac{V_A}{V_E}$
群間	A	S_A	ϕ_A	V_A	F_0
群内	誤差	S_E	ϕ_E	V_E	
全体	計	S_T	ϕ_T		

手順❷ 修正項 CT を計算

修正項の計算は，偏差平方和を求めるための準備です．偏差平方和は下式により求めますが，修正項とは式中の丸囲みの項のことです．

$$S=\sum x^2-\frac{\left(\sum x\right)^2}{n}$$

修正項

修正項（Correction Term）の略号は，CT です．修正項は下式で求めます．

$$CT=\frac{\left(\sum\sum x_{ij}\right)^2}{n}=\frac{T^2}{n}\quad\left(=\frac{(\text{個々のデータの和})^2}{\text{総データ数}}\right)$$

例題 11.1 における CT を求めます．表 11.1 より個々のデータの合計 T は 22.7，総データ数 n は 18 と判明していますので，

$$CT=\frac{22.7^2}{18}=28.6272$$

となります．

手順❸ 偏差平方和 S を計算

不偏分散 $V=\dfrac{\text{偏差平方和}S}{\text{自由度}\phi}$ により求めますので，まずは偏差平方和 S を計算します．分散分析は，ばらつきを分解しますので，総平方和 S_T，群間平方和 S_A，誤差平方和 S_E を求めます．これらは**図 11.5** のように，$S_T=S_A+S_E$ の関係があります．

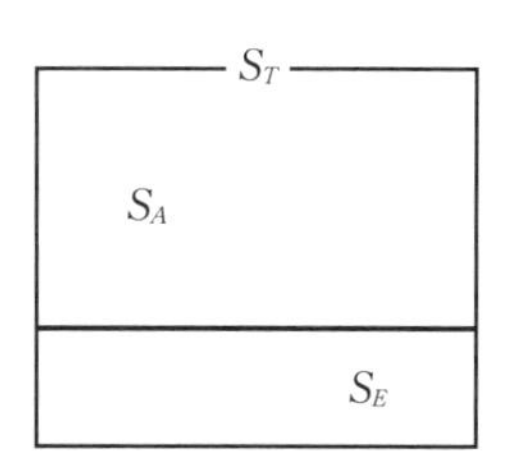

図 11.5　一元配置実験の構造（偏差平方和）

前提として，補助表（2 乗表）を作成することがあります．2 乗表とは個々の

データの 2 乗値を一覧にしたものです．偏差平方和の計算では，個々のデータを 2 乗することが多いので，あらかじめ作成します．試験本番では，時間の関係もあり 2 乗表の作成は困難と思えますが，試験問題によっては，データ表ではなく，2 乗表を示す場合があります．よって，2 乗表がどんなものなのかは知っておく必要があります．例題 11.1 における 2 乗表を**表 11.4** に示します．

表 11.4　2 乗表

水準	データ						合計
A_1	0.64	1.44	0.81	1.69	1.69	1.21	7.48
A_2	1.00	1.69	1.69	1.44	1.21	1.69	8.72
A_3	1.69	3.24	2.25	2.56	1.69	1.96	13.39
総計							29.59

例題 11.1 における偏差平方和を求めます．偏差平方和の計算は，**手順❷** で求めた修正項 CT を活用し，S_T，S_A，S_E を求めます．

1) 総平方和 S_T

総平方和とは，すべてのデータの偏差平方和です．くどいとは思いますが，再度，偏差平方和の求め方を確認しましょう．

$$S=\sum x^2-\frac{(\sum x)^2}{n}$$

総平方和 S_T は，**手順❷** で修正項 CT を計算したことを踏まえ，上式を次のように修正して求めます．

$$S_T=\sum\sum x_{ij}{}^2-CT \quad (=\text{個々のデータの 2 乗の和}-\text{修正項})$$

i には水準番号，j には繰り返し番号が入ります．このようにデータを 2 つの添字で表す場合，合計を示す計算式には 2 つの Σ を付けます．個々のデータの 2 乗の合計は，データ表から計算すると時間を要しますので，試験では「$\sum\sum x_{ij}{}^2=$ ○○」として問題文に数値が示されることがあります．$\sum\sum x_{ij}{}^2$ という記号の意味は理解しておきましょう．

例題 11.1 における総平方和 S_T を求めます．個々のデータの 2 乗の合計は，表 11.4 の 2 乗表より，29.59 です．

$$S_T=\sum\sum x_{ij}{}^2-CT$$
$$=29.59-28.6272=0.9628$$

2) 因子 A の平方和 S_A

群間平方和なので，S_A を A 間平方和ともいいます．A 間平方和は，下式により求めます．

$$S_A = \sum \frac{(A_i\text{水準のデータの和})^2}{A_i\text{水準のデータ数}} - CT$$

例題 11.1 は A_1，A_2，A_3 の 3 水準ですから，次のようになります．

$$S_A = \frac{(A_1\text{水準のデータの和})^2}{A_1\text{水準のデータ数}} + \frac{(A_2\text{水準のデータの和})^2}{A_2\text{水準のデータ数}} + \frac{(A_3\text{水準のデータの和})^2}{A_3\text{水準のデータ数}} - CT$$

表 11.1 の実験の結果（データ表）の「合計の 2 乗」の欄の数値を代入すると

$$S_A = \frac{43.56}{6} + \frac{51.84}{6} + \frac{79.21}{6} - 28.6272$$
$$= 29.1017 - 28.6272 = 0.4745$$

3) 誤差平方和 S_E

総平方和 S_T＝A 間平方和 S_A＋誤差平方和 S_E ですから，誤差平方和 $S_E = S_T - S_A$ により求めます．例題 11.1 について誤差平方和 S_E を求めます．

$$S_E = 0.9628 - 0.4745 = 0.4883$$

以上により偏差平方和の計算が完成しました．試験本番では S_T，S_A，S_E の値がそれぞれ判明し次第，直ちに分散分析表に値を埋めることが大切です．

なお，分散分析の実験は，原則として水準ごとのデータ数を同じにするためか，過去問では水準ごとのデータ数が同じ場合の出題が多く見られます．そのため，群間平方和の計算では，下式のように分母を共通化してしまいがちです．水準ごとのデータ数が異なっても正しく計算できるよう，本来の **2)** で記した計算式を用いることに注意してください．

$$\frac{43.56 + 51.84 + 79.21}{6} - 28.6272$$

手順❹ 自由度 ϕ を計算

全体の自由度：ϕ_T＝(総データ数)$-1 = 18 - 1 = 17$

因子 A の自由度：ϕ_A＝(A の水準数)$-1 = 3 - 1 = 2$

誤差の自由度：$\phi_E = \phi_T - \phi_A = 17 - 2 = 15$

手順❺ 平均平方（不偏分散 V）を計算

平均平方＝不偏分散$V=\dfrac{偏差平方和S}{自由度\phi}$ですから，

$$V_A=\frac{S_A}{\phi_A}=\frac{0.4745}{2}=0.2373$$

$$V_E=\frac{S_E}{\phi_E}=\frac{0.4883}{15}=0.0326$$

手順❻ 分散比 F_0 を計算

因子と誤差の分散の比を求めます．因子に効果があるかを検証しますので，因子を分子とします．ここで求めた分散比が 手順❼ の検定統計量となります．

$$F_0=\frac{V_A}{V_E}=\frac{0.2373}{0.0326}=7.279$$

ここまでの計算結果を，**表 11.5** のように分散分析表に埋めてみます（F_0 の値に付いた ** については後述します）．

表 11.5　分散分析表（一元配置実験）

要因	S	ϕ	V	F_0
A	0.4745	2	0.2373	7.279**
E	0.4883	15	0.0326	
T	0.9628	17		

手順❼ 判定

判定は，因子と誤差の 2 つの母分散の比に関する検定，すなわち F 検定により行います．分散分析は上側の片側検定なので，F 表（5 %, 1 %）を利用します（7.2 節 4 ）．F 表には ϕ_1, ϕ_2 と記載がありますが，例題 11.1 では，ϕ_1 を ϕ_A，ϕ_2 を ϕ_E と読み替えます．F 表（5 %, 1 %）は巻末に掲載しています．

上側の片側検定ですから，下式のように F_0 値が有意水準 α の棄却限界値よりも大きい場合には有意となり，因子 A は特性値に効果があるといえます．

$$F_0=\frac{V_A}{V_E}\geq F(\phi_A,\ \phi_E;\ \alpha)$$

分散分析の試験問題では有意水準 α が示されないこともありますが，まずは $\alpha=5\%$ で検定します．5 % で有意ならば分散分析表の「F_0」の値の右肩に "*"（アスタリスク）を付けます．5 % で有意の場合は，さらに 1 % でも検定を行います．1 % でも有意の場合は，高度に有意であるといい，"**" を付けます．

例題 11.1 における判定を行います．**表 11.6** に，付表 7 F 表（5 %, 1 %）の抜粋を示します．

有意水準 5 % の場合：$F_0 = 7.279 \geq F(2, 15; 0.05) = 3.68$

有意水準 1 % の場合：$F_0 = 7.279 \geq F(2, 15; 0.01) = 6.36$

表 11.6　F 表（5%，1%）の抜粋

$F(\phi_1, \phi_2; \alpha)$　$\alpha = 0.05$（細字）　$\alpha = 0.01$（**太字**）

ϕ_1 ＝分子の自由度　ϕ_2 ＝分母の自由度

ϕ_2 ＼ ϕ_1	1	2	3	4
15	4.54 **8.68**	3.68 **6.36**	3.29 **5.42**	3.06 **4.89**

これより，因子 A は高度に有意と判定できますので，効果があるとみなせます．充填剤の含有率を変化させることにより，**紙袋の強度は向上した**といえます（例題 11.1【問 1】の答）．

4　一元配置実験（分散分析）後の推定の手順

分散分析の結果が有意となる場合には，「どの水準が最適なのか」を知りたくなります．分散分析は群間変動に効果があるか否かの検定にすぎないため，最適水準は分散分析ではわかりません．解決のため，以下では推定の手順を解説します．

1）最適水準

例題 11.1 は「特性値（強度）は大きいほうが望ましい」としていますので，最適水準は，**表 11.7** のデータ表で水準ごとの平均を見比べ，最も値の高い $\bar{x}_i$ を選択します．これより，例題 11.1 の最適水準は A_3 とわかります．

表 11.7　データ表（表 11.1 の再掲）

水準	データ						合計	平均
A_1	0.8	1.2	0.9	1.3	1.3	1.1	6.6	1.100
A_2	1	1.3	1.3	1.2	1.1	1.3	7.2	1.200
A_3	1.3	1.8	1.5	1.6	1.3	1.4	8.9	1.483
総計							22.7	1.3

2) 点推定

各水準の母平均を点推定します．構造式は次のようになります（11.1 節 2 ）．

$$\widehat{\mu}_i = \widehat{\mu + \alpha_i} = \overline{x}_i$$

例題 11.1 における最適水準 A_3 の点推定値を求めます．

$$\widehat{\mu}_{A_3} = \overline{x}_{A_3} = \frac{8.9}{6} = 1.483^{\dagger}$$

3) 区間推定

各水準における母平均の信頼区間は，1 つの母平均に関する推定（母分散：未知）と同じように行います．このときの区間推定式（母分散：未知）は次のようでした．

$$\text{点推定値} - t(\phi, \alpha) \times \sqrt{\frac{V}{n}} \leq \mu \leq \text{点推定値} + t(\phi, \alpha) \times \sqrt{\frac{V}{n}}$$

一元配置分散分析後の区間推定では，上式を次のように修正します．

- 不偏分散 V は，誤差に関する平均平方 V_E とします．区間推定は水準内の信頼区間を求めますので，群間変動 V_A ではなく群内変動 V_E が入ります．
- 不偏分散 V に誤差に関する平均平方 V_E を入れるのに伴い，自由度 ϕ には誤差に関する自由度 ϕ_E が入ります．

以上より，区間推定は下式より求めることがわかります．

> 一元配置分散分析後：各水準における母平均の区間推定
>
> $$\text{点推定値} - t(\phi_E, \alpha) \times \sqrt{\frac{V_E}{n}} \leq \mu_i \leq \text{点推定値} + t(\phi_E, \alpha) \times \sqrt{\frac{V_E}{n}}$$
>
> ※信頼率 95 % の場合，$\alpha = 1 - (\text{信頼率 } 0.95) = 0.05$ です．
>
> ※式中の n は，各水準における繰り返し数です．

例題 11.1 の最適水準 A_3 について，母平均の 95 % 信頼区間を求めます．

$$t(\phi_E, \alpha) = t(15, 0.05) = 2.131$$

$$1.483 - 2.131 \times \sqrt{\frac{0.0326}{6}} \leq \mu_{A_3} \leq 1.483 + 2.131 \times \sqrt{\frac{0.0326}{6}}$$

よって，$1.326 \leq \mu_{A_3} \leq 1.640$（信頼率 95%）（例題 11.1【問 2】の答）

---

† $\widehat{\mu}_{A_3}$ と $\overline{x}_{A_3}$ は，構造式のとおりであれば $\widehat{\mu_3}$ と $\overline{x}_3$ と書くのが正しいのですが，わかりやすくするために $\widehat{\mu}_{A_3}$ と $\overline{x}_{A_3}$ と書いています．以下でも同様です．

理解度確認 問題

次の文章で正しいものには○，正しくないものには×を選べ.

① フィッシャーの3原則は，反復，作為化，局所管理の3つであり，より良い実験結果を得るためには重要な原則である.

② 実験を計画するときには，目的に合った特性を選択し，特性に影響を及ぼすと思われる要因（因子）を変えて実験を行う.

③ 3つ以上の母集団の平均の差に関する検定は，分散分析を活用する.

④ 一元配置実験では分散分析を行い水準が変わることによって何らかの違いがあるかどうかを調べるが，そのときに活用される分布は t 分布である.

⑤ 分散分析は，両側検定により判定を行う.

⑥ ある製品の強度に影響すると考えられる部品Aについて，寸法30 mm，40 mm，焼成時間10分，15分と設定し，各々の組合せで2回繰り返して実験を行った. この実験は一元配置実験と呼ばれる.

⑦ 一元配置実験におけるデータの構造式は，$x_{ij}=\mu+\alpha_i+\beta_j+E_{ij}$ の形で表すことができる.

⑧ 修正項 $CT=\dfrac{\text{個々のデータの2乗の和}}{\text{総データ数}}$ である.

⑨ 一元配置実験の平方和に関する構造は $S_A=S_T+S_E$ であり，データの変動 S_A を群間のばらつき S_T と群内のばらつき S_E に分けて考える.

⑩ 総平方和 S_T ＝個々のデータの合計の2乗－修正項 CT である.

⑪ 因子 A を3水準設定し，各水準で5回の実験を行った場合，因子 A の自由度は $\phi_A=5$ である.

⑫ 因子 A を3水準設定し，各水準で5回の実験を行った場合，誤差の自由度は $\phi_E=5$ である.

理解度確認 解答と解説

① **正しくない（×）**．作為化は誤りで，無作為化が正しい．　☞ 11.1 節 6

② **正しくない（×）**．要因ではなく，要因の条件（水準）を変えるほうが適切である．　☞ 11.1 節 1

③ **正しい（○）**．3 つ以上の母集団の平均の差に関する検定は，t 検定を使用することはできず，分散分析を活用する．　☞ 11.1 節 1

④ **正しくない（×）**．分散分析において使用される分布は F 分布である．　☞ 11.1 節 4

⑤ **正しくない（×）**．分散分析は，上側の片側検定だけで判定を行う．このとき使用する付表は F 表（5 %，1 %）である．　☞ 11.2 節 3

⑥ **正しくない（×）**．設問文は繰り返しのある二元配置実験の説明である（12.1 節）．　☞ 11.1 節 2

⑦ **正しくない（×）**．一元配置実験におけるデータの構造式は，$x_{ij}=\mu+\alpha_i+E_{ij}$ である．設問文の式は繰り返しのない二元配置実験のものである．　☞ 11.2 節 2

⑧ **正しくない（×）**．修正項$CT=\dfrac{\text{個々のデータの和の2乗}}{\text{総データ数}}$である．次に示す偏差平方和の公式の丸囲みの項である．2 乗の和ではない．　☞ 11.2 節 3

$$S_T=\sum x^2-\frac{(\sum x)^2}{n}$$

⑨ **正しくない（×）**．総変動 S_T は，群間変動の総和 S_A と群内変動の総和 S_E を足したもので構成される．すなわち $S_T=S_A+S_E$ である．　☞ 11.2 節 3

⑩ **正しくない（×）**．上の⑧に示したとおり，総平方和すなわち総変動 S_T=(個々のデータの 2 乗の合計)−修正項CT により求める．　☞ 11.2 節 3

⑪ **正しくない（×）**．ϕ_A=(A の水準数)$-1=5-1=4$ である．　☞ 11.2 節 3

⑫ **正しくない（×）**．ϕ_T=(総データ数)$-1=3\times5-1=14$，$\phi_A=2$ であるから，$\phi_E=\phi_T-\phi_A=14-2=12$ である．　☞ 11.2 節 3

練習問題

【問 1】 実験計画法に関する次の文章において，[　　] 内に入るもっとも適切なものを下欄の選択肢からひとつ選べ．ただし，各選択肢を複数回用いることはない．

実験を計画するときの留意点として 3 つの原則を確立したのは [(1)] である．

1 つ目の原則は，複数の実験結果を比較する際に，各実験に対して同条件で 2 回以上の繰り返し実験を行うことである．実験には誤差がつきものだが，それが特定の原因による測定値の偏りからくるもの（[(2)]）なのか，たまたま生じた違い（[(3)]）なのか判断できないので，[(4)] して実験を行い，[(3)] の大きさを評価できるようにする．

2 つ目の原則は [(5)] である．この目的は，知りたい要因の効果以外に結果に影響を与えるその他の要因の影響の偏りを，できるだけ小さくするためである．

3 つ目の原則は [(6)] である．実験を行う時間や場所を区切ってブロックを作り，そのブロック内での条件ができるだけ均一になるように管理をすることである．

【選択肢】

ア．W. A. シューハート　イ．R. A. フィッシャー　ウ．系統誤差
エ．無作為化　オ．分散分析　カ．異常原因
キ．局所管理　ク．偶然誤差　ケ．反復
コ．偶然原因

【問 2】 実験計画法に関する次の文章において，[　　] 内に入るもっとも適切なものを下欄の選択肢からひとつ選べ．なお，解答にあたって必要であれば巻末の付表を用いよ．

ある製品の製造において使用されている材料を 3 水準（A_1，A_2，A_3）について，表 11.A の特性データを得た．また，分散分析表を表 11.B に示す．

表 11.A　特性データ

水準	データ					合計	合計の 2 乗
A_1	3.8	4.2	3.4	4.6	4.8	20.8	432.64
A_2	4.4	4.5	4.6	4.4		17.9	320.41
A_3	4.8	5.0	5.1			14.9	222.01
総計						53.6	975.06

表 11.B　分散分析表

要因	平方和 S	自由度 ϕ	平均平方 V	分散比 F_0
因子 A	S_A	ϕ_A	V_A	F_0
誤差	S_E	ϕ_E	V_E	
計 T	S_T	ϕ_T		

表 11.A のデータをもとに分散分析を行った結果，分散比は [(1)] であることが判明した．棄却限界値は $F(\phi_A, \phi_E; 0.05) =$ [(2)]，$F(\phi_A, \phi_E; 0.01) =$ [(3)] であるため，この材料は水準の違いによって [(4)] といえる．

【[(1)] の選択肢】
ア．0.15　イ．0.61　ウ．1.22　エ．1.39　オ．3.96

【[(2)] の選択肢】
ア．3.96　イ．4.26　ウ．4.46　エ．9.55　オ．19.38

【[(3)] の選択肢】
ア．6.99　イ．8.02　ウ．9.69　エ．30.82　オ．99.39

【[(4)] の選択肢】
ア．有意でない　イ．有意である　ウ．高度に有意である

練習 解答と解説

【問 1】実験計画法に関する問題である．

解答 (1) **イ** (2) **ウ** (3) **ク** (4) **ケ** (5) **エ** (6) **キ**

実験計画の原則を確立した人は［(1) **イ．R. A. フィッシャー**］である．

実験には誤差がつきものである．それが特定の原因による測定値の偏り，すなわち［(2) **ウ．系統誤差**］なのか，たまたま生じた違い，すなわち［(3) **ク．偶然誤差**］なのかを判断ができないため，［(4) **ケ．反復**］して実験を行い，偶然誤差の大きさを評価できるようする．これが 1 つ目の原則である．2 つ目の原則は，［(5) **エ．無作為化**］である．この目的は，知りたい要因の効果以外に結果に影響を与えるその他の要因の影響の偏りを，できるだけ小さくするためである．3 つ目の原則は，［(6) **キ．局所管理**］である．実験を行う時間や場所を区切ってブロックを作り，そのブロック内での条件ができるだけ均一になるように管理することである．

☞ 11.1 節 6

【問 2】一元配置実験に関する問題である．

解答 (1) **オ** (2) **イ** (3) **イ** (4) **ア**

各水準においてデータ数が異なる一元配置実験である．平方和を計算をするときに各水準におけるデータの数を間違えないように注意する．必要な場合には，表 11.a のような補助表（2 乗表）を作成する．

表 11.a　2 乗表

水準	データ					合計
A_1	14.44	17.64	11.56	21.16	23.04	87.84
A_2	19.36	20.25	21.16	19.36		80.13
A_3	23.04	25.00	26.01			74.05
総計						242.02

一元配置実験の検定は，手順に従い分散分析を行う．

手順❶　分散分析表の枠を作成

問題文にて掲載済みである．

手順❷　修正項 CT を計算

$$CT=\frac{(\text{個々のデータの和})^2}{\text{データの全個数}}$$

$$=\frac{53.6^2}{12}=239.4133$$

手順❸　偏差平方和 S を計算

データ数は，A_1 水準は 5，A_2 水準は 4，A_3 水準は 3 と異なることに注意して計算する．

$$S_T=(\text{個々のデータの2乗の和})-CT$$

$$=242.02-239.4133=2.6067$$

$$S_A=\sum\frac{(A_i\text{水準のデータの和})^2}{A_i\text{水準のデータ数}}-CT$$

$$=\frac{20.8^2}{5}+\frac{17.9^2}{4}+\frac{14.9^2}{3}-239.4133=1.2205$$

$$S_E=S_T-S_A=1.3862$$

手順❹　自由度 ϕ を計算

$$\phi_T=\text{全データの個数}-1$$

$$=12-1=11$$

$$\phi_A=A\text{ の水準数}-1$$

$$=3-1=2$$

$$\phi_E=\phi_T-\phi_A$$

$$=11-2=9$$

手順❺　平均平方（不偏分散 V）を計算

$$V_A=\frac{S_A}{\phi_A}$$

$$=\frac{1.2205}{2}=0.6103$$

$$V_E=\frac{S_E}{\phi_E}$$

$$=\frac{1.3862}{9}=0.1540$$

手順❻　分散比 F_0 を計算

$$F_0 = \frac{V_A}{V_E}$$

$$= \frac{0.6103}{0.1540} = [(1)\quad \textbf{オ．}\ 3.96]$$

以上より，分散分析表は表 11.b のようになる．

表 11.b　分散分析表

要因	S	ϕ	V	F_0
A	1.2205	2	0.6103	3.96
E	1.3862	9	0.1540	
T	2.6067	11		

手順❼　判定

付表 7 F 表（5％，1％）を用いると，棄却域は次のとおりである．

有意水準 5%：$F_0 \geq F(2, 9; 0.05)$＝[(2)　**イ．** **4.26**]

有意水準 1%：$F_0 \geq F(2, 9; 0.01)$＝[(3)　**イ．** **8.02**]

したがって，分散比 F_0=3.96 は，棄却域内にないので，[(4)　**ア．有意でない**] と判定できる．因子 A は製品の特性に効果があるとはいえない．

☞ 11.2 節 3

手法分野

12章 実験計画法②

分散分析の
基礎を
学習します

実践分野

QC的なものの見方と考え方　16章

品質とは 17章

管理とは 17章

源流管理 18章

工程管理 19章

日常管理 20章

方針管理 20章

実践分野に
分析・評価を提供

手法分野

収集計画 1章

データ収集 1章,14章

計算 1章

分析と評価 2-13章,15章

12.1 繰り返しのある二元配置実験

出題頻度

1 例題とポイント

例題 12.1

鉄鋼材料の機械特性値を向上させるために，加熱時間 A に 3 水準，加工温度 B に 3 水準をふり，すべての水準組合せで 2 回ずつ，ランダムな順序で実験を行い，機械の特性値を測定した結果，**表 12.1** のデータを得た．また，データに基づき計算した補助表（AB 二元表）を**表 12.2** に，実験結果のグラフを**図 12.1** に示す．機械の特性値は大きいほうが望ましい．

【問 1】分散分析を行い，要因効果の有無を判定せよ．

【問 2】最適水準での母平均を推定せよ（信頼率 95 %）．

表 12.1　実験の結果（データ表）

	B_1	B_2	B_3	合計
A_1	19 21	24 29	20 24	137
A_2	9 15	27 28	15 18	112
A_3	3 7	13 22	11 18	74
合計	74	143	106	323

表 12.2　補助表（AB 二元表）

	B_1	B_2	B_3	合計
A_1	40	53	44	137
A_2	24	55	33	112
A_3	10	35	29	74
合計	74	143	106	323

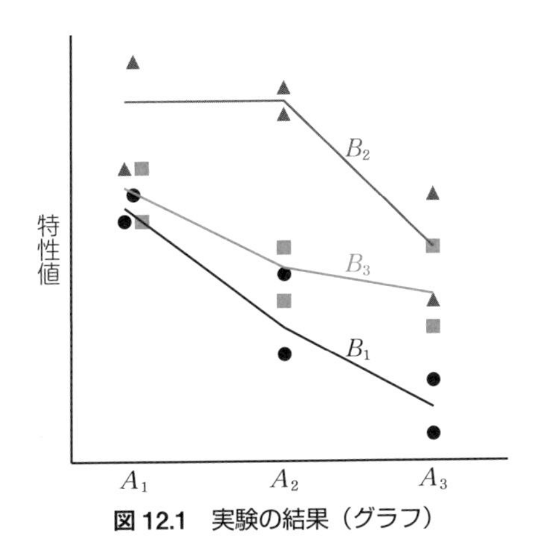

図 12.1　実験の結果（グラフ）

例題 12.1 のポイント

例題 12.1 は，A と B という 2 つの因子を取り上げる実験ですから，二元配置実験です．二元配置実験には，繰り返しがある場合と繰り返しがない場合があります．繰り返しとは，同じ条件下の実験を 2 回以上ランダムな順序で行うことです．例題 12.1 は，2 回実験する場合です．また，繰り返しがある場合には，交互作用が有意である場合と交互作用が有意でない場合があります．

二元配置実験では，このような場合分けがありますので，**図 12.2** に整理しておきます．場合分けにより，分散分析と推定の方法が異なります．試験問題がどの場合のことなのかを見極めることが大切です．

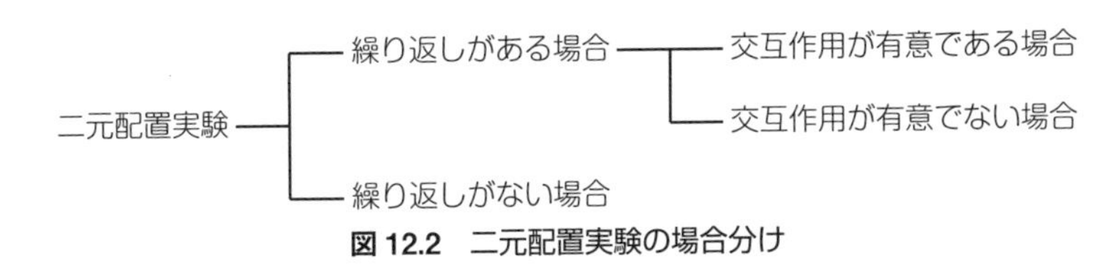

図 12.2　二元配置実験の場合分け

2　交互作用

交互作用とは，複数の因子の水準組合せにより生じる効果のことです．例えば，**図 12.3** の場合，グラフの 2 本の線が平行であれば交互作用はなく，傾斜が異なっていたり交差していたりする場合には，交互作用があることになります．交互作用には，相乗効果や相殺効果があり得ます．図 12.3 を見ると，交差作用があるといえそうです．グラフだけは交互作用の存在がはっきりしない場合には，繰り返しのある二元配置実験を用いる必要があります．交互作用は「×」を用いて $A \times B$ のように表します．

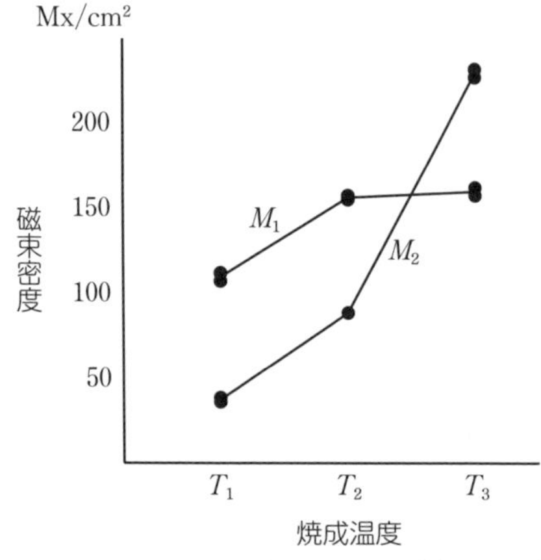

【因子】
原　　料：M_1，M_2（2 水準）
焼成温度：T_1，T_2，T_3（3 水準）

単位：Mx/cm²

水準	M_1	M_2
T_1	103 105	45 44
T_2	152 153	95 95
T_3	155 153	240 242

図 12.3　交互作用

3　繰り返しのある二元配置実験におけるデータの構造式

繰り返しのある二元配置実験のデータを記号で表した**表 12.3**（繰り返し数が 2 回の場合）と，個々のデータを記号で表した**図 12.4** を示します．

表 12.3　実験の結果（データの構造）

	B_1	B_2	B_b
A_1	x_{111} x_{112}	x_{121} x_{122}	x_{1b1} x_{1b2}
A_2	x_{211} x_{212}	x_{221} x_{222}	x_{2b1} x_{2b2}
A_3	x_{a11} x_{a12}	x_{a21} x_{a22}	x_{ab1} x_{ab2}

図 12.4　個々のデータ（繰り返しのある二元配置実験）

A_i 水準，B_j 水準の k 番目のデータを x_{ijk} と表します．表 12.3 の場合，A_1 水準，B_1 水準の 1 番目のデータは x_{111} です．このようなルールのもとで繰り返しのある二元配置実験における個々のデータの構造式を表すと，**表 12.4** のようになります．一元配置実験の構造式と比較し，違いを見てください．二元配置実験の場合は，B_j 水準の群間変動 β_j に加え，交互作用の項 $(\alpha\beta)_{ij}$ が追加されている点が特にポイントです．

表 12.4　二元配置実験におけるデータの構造式

繰り返しのある二元配置実験の場合	$x_{ijk}=\mu+\alpha_i+\beta_j+(\alpha\beta)_{ij}+E_{ijk}$
一元配置実験の場合	$x_{ij}=\mu+\alpha_i+E_{ij}$

4 繰り返しのある二元配置実験（分散分析）の手順

繰り返しのある二元配置実験も，分散分析により行います．手順は分散分析の手順と同じです（11.1 節 5）．以下では，例題 12.1 を用いて解説します．

手順❶ 分散分析表の枠を作成

分散分析表の枠を作成します．分散分析表は，分散比を計算するための過程をわかりやすくすることが目的です．分散分析表の構造を**表 12.5** に示します．表 12.5 中，要因欄の「$A\times B$」は交互作用です．

表 12.5　分散分析表の構造（繰り返しのある二元配置実験）

要因	平方和 S	自由度 ϕ	平均平方 V	分散比 F_0
A	S_A	ϕ_A	V_A	F_{0A}
B	S_B	ϕ_B	V_B	F_{0B}
$A\times B$	$S_{A\times B}$	$\phi_{A\times B}$	$V_{A\times B}$	$F_{0A\times B}$
誤差	S_E	ϕ_E	V_E	
計	S_T	ϕ_T		
	手順❷ 手順❸	手順❹	手順❺	手順❻ 手順❼

手順❷ 修正項 CT を計算

修正項の計算方法は，一元配置実験と同じです．

$$CT=\frac{(\sum\sum\sum x_{ijk})^2}{n}=\frac{T^2}{n}\quad\left(=\frac{(個々のデータの和)^2}{総データ数}\right)$$

例題 12.1 における CT を求めます．表 12.1 より，個々のデータの合計 T は 323，総データ数 n は 18 と判明していますので，

$$CT=\frac{323^2}{18}=5796.0556$$

となります．

手順❸ 偏差平方和を計算

一元配置実験では，総変動（＝群間変動＋群内変動）を偏差平方和から求めました．繰り返しのある二元配置実験では構造式を示したとおり，交互作用の平方和 $S_{A\times B}$ が加わります．**図 12.5** のような構造で，$S_T=S_A+S_B+S_{A\times B}+S_E$ の関係があります．

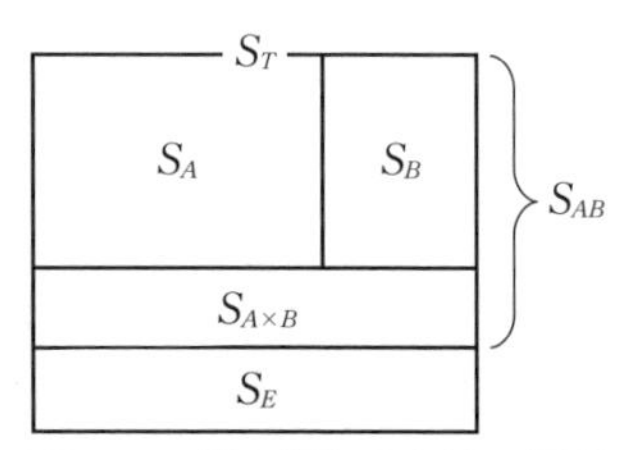

図 12.5　繰り返しのある二元配置実験の構造（偏差平方和）

前提として，表 12.2 の補助表（AB 二元表）を作成することがあります．AB 二元表は，繰り返し行われた実験データの合計を記した表です．例えば，A_1B_1 水準のデータは 19 と 21 なので，二元表には 19＋21＝40 を記します．AB 二元表を用いると，後述する計算が楽になります．もっとも，一元配置実験の場合と同じく試験本番は時間の制約上作成が困難ですが，問題ではデータ表ではなく AB 二元表だけを示す場合がありますので，AB 二元表の意味は押さえておきましょう．

以下では，例題 12.1 における分散比を求めるための計算手順を示します．

1）総平方和 S_T

総平方和 S_T の計算方法は，一元配置実験と同じです．

$$S_T=\sum\sum\sum x_{ijk}{}^2-CT\quad(＝個々のデータの2乗の和－修正項)$$

個々のデータを 2 乗した値の合計は，データ表にも補助表にも記載がありませんので，次のように頑張って計算します．計算が大変なので，試験では「$\sum\sum\sum x_{ijk}{}^2=6719$」として問題文に示されることもあります．

$$\sum\sum\sum x_{ijk}{}^2=19^2+21^2+24^2+29^2+20^2+24^2+\cdots+11^2+18^2$$
$$=6719$$

例題 12.1 における総平方和 S_T を求めます．

$$S_T = \sum\sum\sum x_{ijk}{}^2 - CT$$
$$= 6719 - 5796.0556$$
$$= 922.9444$$

2）因子 A の平方和 S_A

繰り返しのある二元配置実験の群間平方和は，A の平方和，B の平方和，交互作用の平方和の 3 つを計算することになります．群間平方和なので，A の平方和は A 間平方和，B の平方和は B 間平方和ともいいます．

A 間平方和 S_A の計算方法は，一元配置実験と同じです．表 12.1 のデータ表の「合計」欄を使用します．

$$S_A = \sum\frac{(A_i\text{水準のデータの和})^2}{A_i\text{水準のデータ数}} - CT$$
$$= \frac{137^2}{6} + \frac{112^2}{6} + \frac{74^2}{6} - 5796.0556$$
$$= 335.4444$$

3）因子 B の平方和 S_B

B 間平方和 S_B の計算方法も，一元配置実験と同じです．表 12.1 のデータ表の「合計」欄を使用します．

$$S_B = \sum\frac{(B_i\text{水準のデータの和})^2}{B_i\text{水準のデータ数}} - CT$$
$$= \frac{74^2}{6} + \frac{143^2}{6} + \frac{106^2}{6} - 5796.0556$$
$$= 397.4444$$

4）交互作用 $A\times B$ の平方和 $S_{A\times B}$

交互作用 $A\times B$ の平方和を求める方法は，これまでと異なります．まずは AB 間の平方和 S_{AB} を求め，次に $S_{A\times B}=S_{AB}-S_A-S_B$ を求めます．二元配置実験の偏差平方和が，図 12.5 のような構造だからです．

まずは，AB 間の平方和 S_{AB} を求めます．計算式は次のとおりです．

$$S_{AB} = \sum\sum\frac{(A_iB_j\text{水準のデータの和})^2}{A_iB_j\text{水準のデータ数}} - CT$$

A_iB_j 水準とは，例えば A_1B_3 水準ならば**表 12.6** における丸囲みにおける 2 つのデータの合計です．すなわち，**表 12.7** の AB 二元表における A_1B_3 の値

「44」です．

表 12.6　A_iB_j 水準（データ表）の抜粋

	B_1	B_2	B_3
A_1	19 21	24 29	20 24

表 12.7　A_iB_j 水準（AB 二元表）の抜粋

	B_1	B_2	B_3
A_1	40	53	44

例題 12.1 における AB 間の平方和 S_{AB} を求めます．

$$S_{AB}=\frac{(40)^2}{2}+\frac{(53)^2}{2}+\cdots+\frac{(29)^2}{2}-5796.0556=804.4444$$

次は，交互作用 $A\times B$ の平方和 $S_{A\times B}$ を求めます．$S_{A\times B}=S_{AB}-S_A-S_B$ により求めますので，例題 12.1 の場合は，

$$S_{A\times B}=804.4444-335.4444-397.4444$$
$$=71.5556$$

5）誤差平方和 S_E

$S_T=S_A+S_B+S_{A\times B}+S_E$ ですから，誤差平方和 $S_E=S_T-S_A-S_B-S_{A\times B}$ により求めます．

例題 12.1 における誤差平方和 S_E を計算します．

$$S_E=922.9444-335.4444-397.4444-71.5556$$
$$=118.5000$$

手順❹ 自由度 ϕ を計算

全体の自由度　：$\phi_T=$(総データ数)$-1=18-1=17$

因子 A の自由度　：$\phi_A=$(A の水準数)$-1=3-1=2$

因子 B の自由度　：$\phi_B=$(B の水準数)$-1=3-1=2$

交互作用 $A\times B$ の自由度　：$\phi_{A\times B}=\phi_A\times\phi_B=2\times2=4$

誤差の自由度　：$\phi_E=\phi_T-\phi_A-\phi_B-\phi_{A\times B}$
$=17-2-2-4=9$

手順❺ 平均平方（不偏分散 V）を計算

$$V_A=\frac{S_A}{\phi_A}=\frac{335.4444}{2}=167.7222$$

$$V_B = \frac{S_B}{\phi_B} = \frac{397.4444}{2} = 198.7222$$

$$V_{A\times B} = \frac{S_{A\times B}}{\phi_{A\times B}} = \frac{71.5556}{4} = 17.8889$$

$$V_E = \frac{S_E}{\phi_E} = \frac{118.5000}{9} = 13.1667$$

手順❻ 分散比 F_0 を計算

分散比の計算方法は一元配置実験と同じで，例題 12.1 では次のとおりです．

$$F_{0A} = \frac{V_A}{V_E} = \frac{167.7222}{13.1667} = 12.738$$

$$F_{0B} = \frac{V_B}{V_E} = \frac{198.7222}{13.1667} = 15.093$$

$$F_{0A\times B} = \frac{V_{A\times B}}{V_E} = \frac{17.8889}{13.1667} = 1.359$$

ここまでの結果を**表 12.8** の分散分析表に埋めてみます．

表 12.8　分散分析表（繰り返しのある二元配置実験のプーリング前）

要因	S	ϕ	V	F_0
A	335.4444	2	167.7222	12.738**
B	397.4444	2	198.7222	15.093**
$A\times B$	71.5556	4	17.8889	1.359
E	118.5000	9	13.1667	
T	922.9444	17		

手順❼ 判定

要因ごとに F_0 値と棄却限界値を見比べます．分散分析は上側の片側検定ですから，F_{0A} と $F(\phi_A, \phi_E; \alpha)$，$F_{0B}$ と $F(\phi_B, \phi_E; \alpha)$，$F_{0A\times B}$ と $F(\phi_{A\times B}, \phi_E; \alpha)$ を見比べ，F_0 値が棄却限界値よりも大きければ有意と判定し，効果があるといえます．

例題 12.1 について，巻末の付表 7 F 表（5 %，1 %），あるいはその抜粋である**表 12.9** の F 表を用いて有意水準 5 % と 1 % の場合を見ます．

A については，

$$F_{0A} = 12.738 \geq F(2, 9; 0.05) = 4.26, \quad F_{0A} \geq F(2, 9; 0.01) = 8.02$$

B については，

$$F_{0B} = 15.093 \geq F(2, 9; 0.05) = 4.26, \quad F_{0B} \geq F(2, 9; 0.01) = 8.02$$

$A\times B$ については，$F(4, 9; 0.05) = 3.63$ なので，$F_{0A\times B} = 1.359$ は棄却限界値よりも小さい．

表 12.9　F 表（5%，1%）の抜粋

$F(\phi_1, \phi_2 ; \alpha)$　$\alpha=0.05$（細字）　$\alpha=0.01$（**太字**）

ϕ_2 ＼ ϕ_1	1	2	3	4
9	5.12 **10.6**	4.26 **8.02**	3.86 **6.99**	3.63 **6.42**
13	4.67 **9.07**	3.81 **6.70**	3.41 **5.74**	3.18 **5.21**

分散分析の結果，因子 A と因子 B は高度に有意と判定できますので，効果がある，といえます．一方，交互作用 $A\times B$ は有意とはいえない結果となりました．

ところで，図 12.2 に示したように，繰り返しのある二元配置実験では，交互作用が有意であるかないかで場合分けが生じます．この場合分けにより，対応と判定が異なります．

交互作用が有意である場合

例題 12.1 と異なり，交互作用が有意である場合には，A，B，交互作用も有意と判定できますので，それぞれについて「効果がある」となります．

交互作用が有意でない場合

例題 12.1 のように，交互作用が有意でない場合には，**表 12.10** のように構造式を変更します．すなわち，データの構造式から項 $(\alpha\beta)_{ij}$ を取り除きます．

表 12.10　構造式の変更

場合	構造式
交互作用が有意である場合	$x_{ijk}=\mu+\alpha_i+\beta_j+(\alpha\beta)_{ij}+E_{ijk}$
交互作用が有意でない場合	$x_{ijk}=\mu+\alpha_i+\beta_j+E_{ijk}$

構造式を変更するということは，交互作用のばらつきを誤差程度とみなすことですから，交互作用の平方和と自由度を，誤差の平方和と自由度にそれぞれ加え込みます．例題 12.1 の場合は，$S_{E'}=71.5556+118.5000=190.0556$，$\phi_{E'}=9+4=13$ です．この作業を**プーリング**といいます．

プーリングを行う場合には，分散分析表を**表 12.11** のように作り直し，再度，分散分析を行います．プーリングを行った後の誤差の項は，「E」の右肩に印をつけ「E'」とし，プーリングを行った誤差の項であることを示します．

$$F_{0A}=11.472\geq F(2, 13; 0.05)=3.81,\quad F_{0A}\geq F(2, 13; 0.01)=6.70$$

$$F_{0B}=13.593\geq F(2, 13; 0.05)=3.81,\quad F_{0B}\geq F(2, 13; 0.01)=6.70$$

表 12.11　分散分析表（繰り返しのある二元配置実験のプーリング後）

要因	S	ϕ	V	F_0
A	335.4444	2	167.7222	11.472**
B	397.4444	2	198.7222	13.593**
E'	190.0556	13	14.6197	
T	922.9444	17		

因子 A も因子 B も高度に有意と判定できますので，**機械特性の向上に効果があるといえます**（例題 12.1【問 1】の答）.

5　繰り返しのある二元配置実験（分散分析）後の推定の手順

分散分析の結果が有意である場合には，「どの水準が最適なのか」を知りたくなります．分散分析は群間変動に効果があるか否かの検定にすぎないため，最適水準は分散分析ではわかりません．解決のため，以下では推定の手順を解説します．

繰り返しのある二元配置実験の推定は，交互作用が有意である場合と有意でない場合とに場合分けをして，対応します．

交互作用が有意である場合

例題 12.1 のプーリング前の数値（表 12.8）において，交互作用が有意であると仮定して計算を行います．

1）最適水準

例題 12.1 は「特性値は大きいほうが望ましい」としていますので，最適水準は，表 12.1 のデータ表の A_iB_j 水準の平均 $\overline{x}_{ij}$ を見比べ，最も大きい値を選択します．例題 12.1 の最適水準は，平均が $55 \div 2 = 27.5$ の A_2B_2 です．なお，交互作用が有意ならば A_i と B_j 単独の最適水準を求めても意味がなく，常に水準組合せとなります．

2）点推定

点推定は，A_iB_j の水準組合せごとの母平均です．構造式は次のようになります．

$$\widehat{\mu}_{ij} = \widehat{\mu + \alpha_i + \beta_j + (\alpha\beta)_{ij}} = \overline{x}_{ij}$$

最適水準 A_2B_2 の点推定値は，$\widehat{\mu}_{A_2B_2} = \overline{x}_{A_2B_2} = \dfrac{55}{2} = 27.5$ です．

12章　実験計画法②

3) 区間推定

区間推定式は，一元配置分散分析後の区間推定式と同じです．

> 繰り返しのある二元配置実験計画：交互作用が有意である場合，A_iB_j の水準組合せにおける母平均の区間推定
>
> $$点推定値 - t(\phi_E, \alpha) \times \sqrt{\frac{V_E}{n}} \leq \mu_{ij} \leq 点推定値 + t(\phi_E, \alpha) \times \sqrt{\frac{V_E}{n}}$$
>
> ※信頼率 95 % の場合，$\alpha = 1 - (信頼率\ 0.95) = 0.05$ です．
>
> ※式中の n は，最適水準における繰り返し数です．

最適水準 A_2B_2 について，95 % 信頼区間を求めます．

$$t(\phi_E, \alpha) = t(9, 0.05) = 2.262$$

$$27.5 - 2.262 \times \sqrt{\frac{13.1667}{2}} \leq \mu_{A_2B_2} \leq 27.5 + 2.262 \times \sqrt{\frac{13.1667}{2}}$$

よって，$21.696 \leq \mu_{ij} \leq 33.304$（信頼率 95 %）となります．

交互作用が有意でない場合

例題 12.1 の場合です．

1) 最適水準

交互作用が有意でない場合とは，交互作用を無視してプーリングを行った場合です．交互作用を無視しますので，最適水準は A と B に分けて求めます．ここでは，表 12.1 のデータ表を活用します．

主効果 A の最適水準は，A_i 水準の平均が最も高い水準を選択します．

主効果 B の最適水準は，B_j 水準の平均が最も高い水準を選択します．

例題 12.1 における最適水準は，A_1 と B_2 です．ただし例題 12.1 のように A と B の両方が有意である場合は，上記の方法で求めた水準組合せである A_1B_2 が最適水準となります．

2) 点推定

点推定の構造式は次のとおりです．μ が重複しますので引き算をします．

$$\widehat{\mu}_{ij} = \widehat{\mu + \alpha_i} + \widehat{\mu + \beta_j} - \mu$$

よって，点推定値の計算式は，次のようになります．

$$\widehat{\mu}_{ij} = A_i 水準の平均 + B_j 水準の平均 - 総平均\ \overline{\overline{x}}$$

例題 12.1 における点推定値を求めます．

$$\widehat{\mu}_{A_1B_2} = A_1\text{水準の平均} + B_2\text{水準の平均} - \text{総平均}$$
$$= \frac{137}{6} + \frac{143}{6} - \frac{323}{18} = 28.722$$

3）区間推定

最適水準の母平均の区間推定式は，交互作用が有意である場合の計算式と類似しますが，3 点の修正を加えます．

- 交互作用が有意である場合の区間推定式

$$\text{点推定値} - t(\phi_E,\ \alpha) \times \sqrt{\frac{V_E}{n}} \leq \mu_{ij} \leq \text{点推定値} + t(\phi_E,\ \alpha) \times \sqrt{\frac{V_E}{n}}$$

- 交互作用が有意でない場合の区間推定式の修正

修正 1：「ϕ_E」は，プーリング後の「$\phi_{E'}$」に代えます．

修正 2：「V_E」は，プーリング後の「$V_{E'}$」に代えます．

修正 3：「n」は，「n_e」（有効繰り返し数）に代えます．

有効繰り返し数を用いる理由は，点推定と同じく μ が重複するからです．

有効繰り返し数の計算式は次のとおりです．伊奈の式といいます．

$$\frac{1}{n_e} = \frac{1}{A_i\text{水準のデータ数}} + \frac{1}{B_j\text{水準のデータ数}} - \frac{1}{\text{総データ数}}$$

以上より，区間推定は下式より求めます．

> 繰り返しのある二元配置実験計画：交互作用が有意でない場合，A_iB_j の水準組合せにおける母平均の区間推定
>
> $$\text{点推定値} - t(\phi_{E'}, \alpha) \times \sqrt{\frac{V_{E'}}{n_e}} \leq \mu_{ij} \leq \text{点推定値} + t(\phi_{E'}, \alpha) \times \sqrt{\frac{V_{E'}}{n_e}}$$
>
> ※信頼率 95 % の場合，$\alpha = 1 - (\text{信頼率 } 0.95) = 0.05$ です．

例題 12.1 の最適水準 A_1B_2 について，95 % 信頼区間を求めます．

$$t(\phi_{E'}, \alpha) = t(13,\ 0.05) = 2.160$$

$$\frac{1}{n_e} = \frac{1}{6} + \frac{1}{6} - \frac{1}{18} = \frac{5}{18}$$

$$28.722 - 2.160 \times \sqrt{\frac{5 \times 14.6197}{18}} \leq \mu_{A_1B_2} \leq 28.722 + 2.160 \times \sqrt{\frac{5 \times 14.6197}{18}}$$

よって，**$24.369 \leq \mu_{A_1B_2} \leq 33.075$**（信頼率 95 %）（例題 12.1【問 2】の答）

12.2 繰り返しのない二元配置実験

出題頻度 

1 例題とポイント

例題 12.2

因子 A で 2 水準，因子 B で 4 水準をとり実験を行い，**表 12.12** のような実験結果のデータを得た．補助表（2 乗表）を**表 12.13** に，実験の結果（グラフ）を**図 12.6** に示す．特性値は大きいほうが望ましい．

【問 1】分散分析を行い，要因効果の有無を判定せよ．

【問 2】最適水準での母平均を推定せよ（信頼率 95 %）．

表 12.12　実験の結果（データ表）

	A_1	A_2	合計
B_1	8	6	14
B_2	12	10	22
B_3	16	11	27
B_4	10	7	17
合計	46	34	80

表 12.13　補助表（2 乗表）

	A_1	A_2	合計
B_1	64	36	100
B_2	144	100	244
B_3	256	121	377
B_4	100	49	149
合計	564	306	870

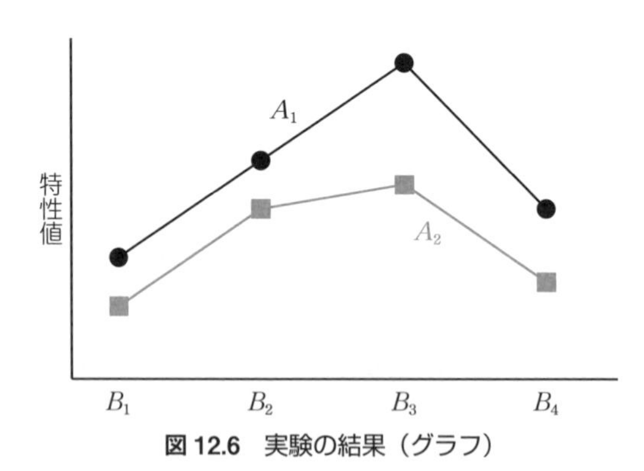

図 12.6　実験の結果（グラフ）

例題 12.2 のポイント

例題 12.2 は，A と B という 2 つの因子を取り上げる実験ですから，二元配置実験です．二元配置実験には，繰り返しがある場合と繰り返しがない場合があります．繰り返しとは，同じ条件下の実験を 2 回以上ランダムな順序で行うことです．例題 12.2 は，繰り返しがない場合です．

図 12.7 の二元配置実験の場合分け（再掲）のとおり，繰り返しのない二元配置実験の場合には，交互作用を検定することができません．

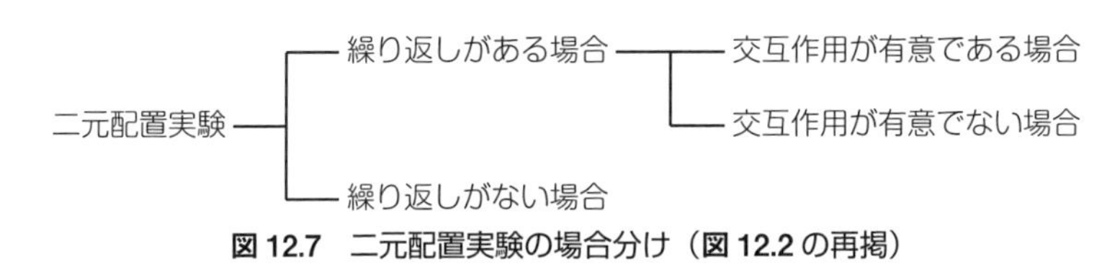

図 12.7　二元配置実験の場合分け（図 12.2 の再掲）

図 12.6 のグラフは平行ではないので，交互作用の存在を示唆します．また，A_2B_3 がもう少し大きければ平行に近くなり交互作用は誤差になるかもしません．しかし，繰り返し実験を行っていませんので，交互作用なのか，実験誤差なのかは判定できません．このように交互作用と誤差とを区別できない場合のことを，交絡（こうらく）しているといいます．

繰り返しのない二元配置実験では，交互作用を判定できませんので，構造式は**表 12.14** のようになります．繰り返しのある二元配置実験における交互作用が有意でない場合とほとんど同じであり，違いは繰り返しを表す添字 k がないことだけです．

表 12.14　構造式の比較

繰り返しのある二元配置実験	交互作用が有意である場合	$x_{ijk}=\mu+\alpha_i+\beta_j+(\alpha\beta)_{ij}+E_{ijk}$
	交互作用が有意でない場合	$x_{ijk}=\mu+\alpha_i+\beta_j+E_{ijk}$
繰り返しのない二元配置実験		$x_{ij}=\mu+\alpha_i+\beta_j+E_{ij}$

よって，繰り返しのない二元配置実験の分散分析と推定の計算は，繰り返しのある二元配置実験において交互作用が有意でない場合（すなわちプーリングを行う場合）の対応とほぼ同じです．そこで以下では，各数式の解説を省略し，例題 12.2 の計算を淡々と行います．

2 繰り返しのない二元配置実験（分散分析）の手順

手順❶ 分散分析表の枠を作成

表 12.15 分散分析表の構造（繰り返しのない二元配置実験）

要因	平方和 S	自由度 ϕ	平均平方 V	分散比 F_0
A	S_A	ϕ_A	V_A	F_{0A}
B	S_B	ϕ_B	V_B	F_{0B}
誤差	S_E	ϕ_E	V_E	
計	S_T	ϕ_T		

平方和 S → 手順❷ 手順❸　自由度 ϕ → 手順❹　平均平方 V → 手順❺　分散比 F_0 → 手順❻ 手順❼

手順❷ 修正項 CT を計算

$$CT=\frac{(\sum\sum x_{ij})^2}{n}=\frac{T^2}{n}\quad\left(=\frac{(\text{個々のデータの和})^2}{\text{総データ数}}\right)$$

$$=\frac{80^2}{8}=800$$

手順❸ 偏差平方和 S を計算

$$S_T=\sum\sum x_{ij}^2-CT$$

$$=870-800=70$$

$$S_A=\sum\frac{(A_i\text{水準のデータの和})^2}{A_i\text{水準のデータ数}}-CT$$

$$=\frac{46^2}{4}+\frac{34^2}{4}-800=18$$

$$S_B=\sum\frac{(B_j\text{水準のデータの和})^2}{B_j\text{水準のデータ数}}-CT$$

$$=\frac{14^2}{2}+\frac{22^2}{2}+\frac{27^2}{2}+\frac{17^2}{2}-800=49$$

$$S_E=S_T-S_A-S_B$$

$$=70-18-49=3$$

手順❹ 自由度 ϕ を計算

ϕ_T＝(総データ数)−1＝8−1＝7

ϕ_A＝(A の水準数)−1＝2−1＝1

ϕ_B＝(B の水準数)−1＝4−1＝3

$\phi_E=\phi_T-\phi_A-\phi_B=7-1-3=3$

手順❺ 平均平方（不偏分散 V）を計算

$$V_A=\frac{S_A}{\phi_A}=\frac{18}{1}=18$$

$$V_B=\frac{S_B}{\phi_B}=\frac{49}{3}=16.333$$

$$V_E=\frac{S_E}{\phi_E}=\frac{3}{3}=1$$

手順❻ 分散比 F_0 を計算

$$F_{0A}=\frac{V_A}{V_E}=\frac{18}{1}=18$$

$$F_{0B}=\frac{V_B}{V_E}=\frac{16.333}{1}=16.333$$

以上より，分散分析表は**表 12.16** のようにまとめられます．

表 12.16　分散分析表（繰り返しのない二元配置実験）

要因	S	ϕ	V	F_0
A	18	1	18	18*
B	49	3	16.333	16.333*
E	3	3	1	
T	70	7		

手順❼ 判定

因子 A の棄却限界値は，$F(1, 3; 0.05)=10.1$，$F(1, 3; 0.01)=34.1$

因子 B の棄却限界値は，$F(3, 3; 0.05)=9.28$，$F(3, 3; 0.01)=29.5$

因子 A も因子 B も高度に有意とはなりませんが，因子 A も因子 B も 5％有意と判定できます．A も B も**特性値に効果がある**といえます（例題 12.2【問 1】の答）．

3 繰り返しのない二元配置実験（分散分析）後の推定の手順

1）最適水準

例題 12.2 では「特性値は大きいほうが望ましい」としていますので，最適水準は，表 12.12 より主効果 A では A_1，主効果 B では B_3 とわかります．よって，A と B の両方が有意である例題 12.2 の場合，最適水準は A_1B_3 となります．

2）最適水準の点推定

$$\widehat{\mu}_{A_1B_3} = A_1\text{水準の平均} + B_3\text{水準の平均} - \text{総平均}$$

$$= \frac{46}{4} + \frac{27}{2} - \frac{80}{8} = 15.0$$

3）最適水準の区間推定

$$\frac{1}{n_e} = \frac{1}{A_1\text{水準のデータ数}} + \frac{1}{B_3\text{水準のデータ数}} - \frac{1}{\text{総データ数}}$$

$$= \frac{1}{4} + \frac{1}{2} - \frac{1}{8} = \frac{5}{8}$$

$$\text{点推定値} - t(\phi_E, \alpha) \times \sqrt{\frac{V_E}{n_e}} \leq \mu_{ij} \leq \text{点推定値} + t(\phi_E, \alpha) \times \sqrt{\frac{V_E}{n_e}}$$

$$t(\phi_E, \alpha) = t(3,\ 0.05) = 3.182$$

$$15.0 - 3.182 \times \sqrt{\frac{5 \times 1}{8}} \leq \mu_{A_1B_3} \leq 15.0 + 3.182 \times \sqrt{\frac{5 \times 1}{8}}$$

よって，$12.484 \leq \mu_{A_1B_3} \leq 17.516$（信頼率 95 %）（例題 12.2【問 2】の答）

12.3 実験計画法（分散分析）のまとめ

実験計画法の出題は，ほぼ計算問題です．用語や文章の読解・理解を問う問題と異なり，手順をしっかり押さえたうえで地道に計算していけば，正解に近づきます．以下の**表 12.17**～**表 12.20** をもとに，実験による違いを理解し得点に結びつけましょう．

表 12.17　分散分析表の基本構成

要因	平方和 S		自由度 ϕ		平均平方 V			分散比 F_0
A	S_A	÷	ϕ_A	=	V_A	$V_A \div V_E$	=	F_{0A}
B	S_B	÷	ϕ_B	=	V_B	$V_A \div V_E$	=	F_{0B}
$A \times B$	$S_{A \times B}$	÷	$\phi_{A \times B}$	=	$V_{A \times B}$	$V_{A \times B} \div V_E$	=	$F_{0A \times B}$
誤差 E	S_E	÷	ϕ_E	=	V_E			
計	S_T	÷	ϕ_T					

- 平均平方 V = 平方和 ÷ 自由度ですから，表の左から右へ計算します．
- 分散比の計算は，必ず要因を分子，誤差を分母にして計算します．

表 12.18　違いでわかる！　分散分析後の推定の計算式

<table>
<tr><td rowspan="3"></td><td rowspan="3">一元配置実験</td><td colspan="3">二元配置実験</td></tr>
<tr><td colspan="2">繰り返しあり</td><td rowspan="2">繰り返しなし</td></tr>
<tr><td>交互作用が
有意である場合</td><td>交互作用が
有意でない場合
※プーリング実施</td></tr>
<tr><td>最適水準</td><td>因子 A が有意なら，A_i 水準の平均値が最大または最小になる A_i が最適水準</td><td>A_iB_j 水準の平均値が最大または最小となる組合せが最適水準</td><td colspan="2">・因子 A が有意なら，A_i 水準の平均値が最大または最小になる A_i が最適水準
・因子 B が有意なら，B_j 水準の平均値が最大または最小になる B_j が最適水準</td></tr>
<tr><td>母平均の
点推定</td><td>$\bar{x}_{A_i}$</td><td>$\bar{x}_{A_iB_j}$</td><td colspan="2">$\bar{x}_{A_i} + \bar{x}_{B_j} - \bar{\bar{x}}$</td></tr>
<tr><td>母平均の
区間推定</td><td colspan="2">信頼区間の上下限
$$点推定値 \pm t(\phi_E,\ \alpha) \times \sqrt{\frac{V_E}{n}}$$
※ n は最適水準のデータ数（繰り返し数）</td><td colspan="2">有効繰り返し数（n_e）伊奈の式
$$\frac{1}{n_e} = \frac{1}{n_{A_i}} + \frac{1}{n_{B_j}} - \frac{1}{n_T}$$
信頼区間の上下限
$$点推定値 \pm t(\phi_{E'},\ \alpha) \times \sqrt{\frac{V_{E'}}{n_e}}$$
※繰り返しがない場合は，$\phi_{E'}$ ではなく ϕ_E，$V_{E'}$ ではなく V_E</td></tr>
</table>

表 12.19　違いでわかる！　分散分析の計算式一覧：修正項〜自由度計算

		一元配置実験	繰り返しのある二元配置実験	繰り返しのない二元配置実験
修正項 CT		$CT=\dfrac{(\text{個々のデータの和})^2}{\text{総データ数}}=\dfrac{T^2}{n}$		
平方和の計算	総平方和 S_T	$S_T=(\text{個々のデータ})^2\text{の総和}-CT$		
	S_A	$S_A=\sum\dfrac{(A_i\text{水準のデータの和})^2}{A_i\text{水準のデータ数}}-CT$		
	S_B		$S_B=\sum\dfrac{(B_j\text{水準のデータの和})^2}{B_j\text{水準のデータ数}}-CT$	
	S_{AB}		$S_{AB}=\sum\sum\dfrac{(A_iB_j\text{水準のデータの和})^2}{A_iB_j\text{水準のデータ数}}-CT$	
	$S_{A\times B}$		$S_{A\times B}=S_{AB}-S_A-S_B$	
	S_E	$S_E=S_T-S_A$	$S_E=S_T-S_A-S_B-S_{A\times B}$	$S_E=S_T-S_A-S_B$
自由度の計算	ϕ_T	$\phi_T=n-1$		
	ϕ_A	$\phi_A=(A\text{の水準数})-1$		
	ϕ_B		$\phi_B=(B\text{の水準数})-1$	
	$\phi_{A\times B}$		$\phi_{A\times B}=\phi_A\times\phi_B$	
	ϕ_E	$\phi_E=\phi_T-\phi_A$	$\phi_E=\phi_T-\phi_A-\phi_B-\phi_{A\times B}$	$\phi_E=\phi_T-\phi_A-\phi_B$

表 12.20　違いでわかる！　分散分析計算式一覧：平均平方〜検定

		一元配置実験	繰り返しのある二元配置実験	繰り返しのない二元配置実験
平均平方（分散）の計算	V_A	$V_A=\dfrac{S_A}{\phi_A}$		
	V_B		$V_B=\dfrac{S_B}{\phi_B}$	
	$V_{A\times B}$		$V_{A\times B}=\dfrac{S_{A\times B}}{\phi_{A\times B}}$	
	V_E	$V_E=\dfrac{S_E}{\phi_E}$		
分散比の計算	因子 A	$F_{0A}=\dfrac{V_A}{V_E}$		
	因子 B		$F_{0B}=\dfrac{V_B}{V_E}$	
	交互作用 $A\times B$		$F_{0A\times B}=\dfrac{V_{A\times B}}{V_E}$	
検定	因子 A	分散比 F_0 を F 表（5%，1%）の数値と比較 $F_{0A}=\dfrac{V_A}{V_E}\geq F(\phi_A,\ \phi_{E'};\ \alpha)$ であれば，有意水準 α で有意		
	因子 B		因子 B についても同様	
	交互作用 $A\times B$		交互作用 $A\times B$ についても同様 必要に応じてプーリング	

理解度確認

問題

次の文章で正しいものには○，正しくないものには×を選べ．

① 分散分析を行う場合，修正項 CT を先に計算するが，その理由は自由度を求めるときに必要だからである．

② 交互作用とは，2 つの因子が組み合わさることで初めて表れる相乗効果（特性値が大きくなること）や相殺効果（小さくなること）のことをいう．

③ 交互作用 $A \times B$ の平方和 $=A$ 間平方和 $S_A \times B$ 間平方和 S_B である．

④ 繰り返しのある二元配置実験において交互作用が有意である場合の構造式は，$x_{ij}=\mu+\alpha_i+\beta_j+E_{ij}$ である．

⑤ 繰り返しのある二元配置実験では，交互作用 $A \times B$ が有意である場合，交互作用を誤差とみなす．

⑥ 繰り返しのある二元配置実験において，交互作用が有意である場合にはプーリングを行う．

⑦ 繰り返しのある二元配置実験において，交互作用が有意である場合の最適水準は，各因子のベストな条件同士の組合せに，必ずしも最も効果があるとはいえない．

⑧ 伊奈の式は，最適水準の点推定を計算するときに必要になる．

⑨ 繰り返しのない二元配置実験における交互作用 $A \times B$ の自由度は，$\phi_{A \times B}=\phi_A \times \phi_B$ により求める．

⑩ 交互作用と誤差とを区別できないことを，交絡という．

⑪ 偶然誤差は，測定者や測定器の癖などにより生じる．一方，系統誤差は原因がわかれば取り除くことができ，ランダムにサンプリングをすることで系統誤差を入りにくくすることもできる．

⑫ 系統誤差は，測定のたびにどんな大きさの誤差になるかわからないので，個々のデータにおいて取り除くことができない．

理解度確認　解答と解説

① **正しくない（×）**．自由度の計算ではなく，平方和を求めるときに必要になる．
☞ 12.1 節 4

② **正しい（○）**．設問文のとおりである．交互作用を見るためには，繰り返し実験を行うことが必要である．
☞ 12.1 節 2

③ **正しくない（×）**．交互作用 $A \times B$ の平方和 $= AB$ 間平方和 $S_{AB} - A$ 間平方和 $S_A - B$ 間平方和 S_B である．
☞ 12.1 節 4

④ **正しくない（×）**．繰り返しのある二元配置実験の構造式は，$x_{ijk} = \mu + \alpha_1 + \beta_j + (\alpha\beta)_{ij} + E_{ijk}$ である．
☞ 12.1 節 3

⑤ **正しくない（×）**．繰り返しのある二元配置実験では，交互作用 $A \times B$ が有意でない場合（効果がない場合），交互作用を誤差とみなす．
☞ 12.1 節 4

⑥ **正しくない（×）**．繰り返しのある二元配置実験において交互作用が有意でない場合には，交互作用の平方和と自由度を，誤差の平方和と自由度にそれぞれ加え込むというプーリングを行う．
☞ 12.1 節 4

⑦ **正しい（○）**．繰り返しのある二元配置実験において，交互作用がある場合は交互作用による影響を考慮しなければならないので，各因子のベストな条件同士の組合せに必ずしも最適効果があるとはいえない．
☞ 12.2 節 5

⑧ **正しくない（×）**．伊奈の式は，点推定ではなく区間推定を求めるときに使われる計算式である．
☞ 12.2 節 5

⑨ **正しくない（×）**．繰り返しのない二元配置実験では，交互作用を検定できない．
☞ 11.2 節 1

⑩ **正しい（○）**．繰り返しのない二元配置実験では，交互作用と誤差とを区別できず，このことを交絡という．
☞ 12.2 節 1

⑪ **正しくない（×）**．設問文は系統誤差の説明である．
☞ 11.1 節 6

⑫ **正しくない（×）**．設問文は偶然誤差の説明である．
☞ 11.1 節 6

練習 問題

【問 1】 実験計画法に関する次の文章において，[　　　] 内に入るもっとも適切なものを下欄の選択肢からひとつ選べ．ただし，各選択肢を複数回用いることはない．なお，解答にあたって必要であれば巻末の付表を用いよ．

ある製品の特性値を向上させるために，因子 A を 3 水準，因子 B を 4 水準に設定し，すべての水準の組合せで 2 回ずつ，ランダムな順序で実験を行った．このときの分散分析表は表 12.A のようになった．

表 12.B は測定結果に基づき算出した繰り返し 2 回のデータの和の表，表 12.C は A_i 水準のデータの和と (A_i 水準のデータの和)^2 の一部，表 12.D は B_j 水準のデータの和と B_j 水準のデータの和)^2 の一部である．

個々のデータの合計は 958.5，A_iB_j 水準のデータの和の 2 乗は 76917.75 であった．この実験による品質特性の値は大きいほうが望ましいものとする．

表 12.A　分散分析表（の一部）

要因	平方和 S	自由度 ϕ	平均平方 V	分散比 F_0
A	45.19			
B	(1)		(3)	
$A \times B$		(2)		(4)
E		12		
合計	185.16	23		

表 12.B　繰り返し 2 回のデータの和

	B_1	B_2	B_3	B_4
A_1	76.5	84.5	73.5	78.0
A_2	81.5	89.5	83.0	81.0
A_3	73.0	88.5	75.0	74.5

表 12.C　A_i 水準のデータの和および (A_i 水準のデータの和)^2 の一部

	A_i 水準のデータの和	(A_i 水準のデータの和)^2
A_1	312.5	－
A_2	－	112225
A_3	311.0	－

表 12.D　B_j 水準のデータの和および (B_j 水準のデータの和)^2 の一部

	B_1	B_2	B_3	B_4
B_j 水準のデータの和	231	－	231.5	－
(B_j 水準のデータの和)^2	－	68906.25	－	54522.25

【選択肢】

ア．1.00　　イ．2　　ウ．2.79　　エ．3　　オ．5.24

カ．6　　キ．16.73　　ク．22.59　　ケ．38.95　　コ．116.86

分散分析の結果，因子 A および B の交互作用だけに注目すると，[(5)]となった．特性値が最大となる水準の組合せは[(6)]であり，母平均の信頼率 95％の信頼区間は次式により求めることができる．

$$\boxed{(7)} \pm t(\phi_E,\ 0.05) \times \sqrt{\frac{V_E}{\boxed{(8)}}}$$

【選択肢】

ア．高度に有意である　　イ．有意でない　　ウ．A_2B_2　　エ．A_3B_1

オ．2　　カ．12　　キ．44.25　　ク．44.75

【問 2】 実験計画法に関する次の文章において，[　　]内に入るもっとも適切なものを下欄の選択肢からひとつ選べ．ただし，各選択肢を複数回用いることもある．

製品の特性値への影響を調べるため，まずは交互作用の影響を考えずに因子 A（3 水準），因子 B（3 水準）を取り上げ，合計[(1)]回の実験をランダムな順序で行うことにした．実験データの形式は，表 12.E のとおりである．

表 12.E　実験データ

	B_1	B_2	B_3
A_1	A_1B_1	A_1B_2	A_1B_3
A_2	A_2B_1	A_2B_2	A_1B_3
A_3	A_3B_1	A_3B_2	A_1B_3

この実験の構造式は，[(2)]である．ただし，この構造式における記号の意味は，次のとおりである．

x_{ij}：実験データ

μ：平均

a_i：因子 A の主効果

b_j：因子 B の主効果

E_{ij}：[(3)]

交互作用の影響が予想されることが判明したため，実験計画をやり直すこととなり，因子 A（3 水準），因子 B（3 水準）を取り上げ，今回は水準ごとに 2 回ずつ行い，合計[(4)]回の実験をランダムな順序で行うことにした．

実験の結果，交互作用は有意ではないことが判明した．この場合の交互作用は誤差とみなし，データの構造式は[(5)]となる．交互作用を誤差とみなし再計算することを[(6)]という．

【 (1) (4) の選択肢】

ア．3　イ．6　ウ．9　エ．18

【 (2) (5) の選択肢】

ア．$x_{ij}=\mu+a_i+b_j+E_{ij}$　イ．$x_{ij}=\mu+a_i+E_{ij}$

ウ．$x_{ij}=\mu+a_i+b_j+(ab)_{ij}+E_{ij}$　エ．$x_{ij}=\mu+a_i+b_j+(a\times b)_{ij}+E_{ij}$

【 (3) (6) の選択肢】

ア．平方和の分解　イ．実験誤差　ウ．プーリング

エ．偶然誤差　オ．無作為化

練習 解答と解説

【問 1】繰り返しのある二元配置実験の分散分析に関する問題である．

解答 (1) **コ** (2) **カ** (3) **ケ** (4) **オ** (5) **ア** (6) **ウ** (7) **ク** (8) **オ**

表12.A が埋まっていないことから察しがつくかもしれないが，実際，表12.A をすべて埋めなくとも，修正項の計算と表12.a，表12.b の網掛け箇所だけの計算で (1) ～ (4) の値を答えることができる．

手順❶ 分散分析表の枠を作成

表12.a　分散分析表（の一部）

要因	S	ϕ	V	F_0
A	45.19			
B	(1)		(3)	
$A\times B$		(2)		(4)
E		12		
T	185.16	23		

表12.b　B_j 水準のデータの和および（B_j 水準のデータの和）^{2} の一部

	B_1	B_2	B_3	B_4
B_j 水準のデータの和	231	−	231.5	−
（B_j 水準のデータの和）^{2}	−	68906.25	−	54522.25

手順❷ 修正項 CT を計算

個々のデータの合計は問題文より958.5である．総データ数は，因子 A が3水準，因子 B が4水準，繰り返し2回の実験を行っているので，$3\times4\times2=24$ である．総データ数は，分散

分析表で合計の自由度 ϕ が 23 となっているので 23＋1＝24 でも求められる．

$$CT=\frac{(\text{個々のデータの和})^2}{\text{総データ数}}$$
$$=\frac{958.5^2}{24}$$
$$=38280.094$$

手順❸ 偏差平方和を計算

1）総平方和 S_T

表 12.A にあるように，$S_T=185.16$

2）A 間平方和 S_A

表 12.A にあるように，$S_A=45.19$

3）B 間平方和 S_B

$$S_B=\sum\frac{(B_j\text{水準のデータの和})^2}{B_j\text{水準のデータ数}}-CT$$
$$=\frac{231^2}{6}+\frac{68906.25}{6}+\frac{231.5^2}{6}+\frac{54522.25}{6}-38280.094$$
$$=[(1)\quad \textbf{コ．116.86}]$$

4）交互作用の平方和 $S_{A\times B}$

まずは，AB 間平方和 S_{AB} 求める．$(A_iB_j$ 水準のデータの和$)^2$ は問題文に 76917.75 と示されている．また，A_iB_j 水準のデータ数は繰り返し数であるから，本問では 2 回であるので，これらを計算式に代入する．

$$S_{AB}=\sum\sum\frac{(A_iB_j\text{水準のデータの和})^2}{A_iB_j\text{水準のデータ数}}-CT$$
$$=\frac{76917.75}{2}-38280.094$$
$$=178.781$$

次は，交互作用の平方和 $S_{A\times B}$ を求める．

$$S_{A\times B}=S_{AB}-S_A-S_B$$
$$=178.781-45.19-116.86$$
$$=16.731$$

5）誤差平方和 S_E

$$S_E=S_T-S_A-S_B-S_{A\times B}$$
$$=185.16-45.19-116.86-16.731$$
$$=6.379$$

手順❹ 自由度 ϕ を計算

$$\phi_A=(A\text{の水準数})-1=3-1=2$$
$$\phi_B=(B\text{の水準数})-1=4-1=3$$
$$\phi_{A\times B}=\phi_A\times\phi_B=2\times3=[(2)\quad \textbf{カ．6}]$$
$$\phi_E=12\ (\text{表 12.a にある})$$

手順❺ 平均平方（不偏分散 V）を計算

$$V_B=\frac{S_B}{\phi_B}=\frac{116.86}{3}=[(3)\quad \textbf{ケ．38.95}]$$

$$V_{A\times B} = \frac{S_{A\times B}}{\phi_{A\times B}} = \frac{16.731}{6} = 2.789$$

$$V_E = \frac{S_E}{\phi_E} = \frac{6.379}{12} = 0.532$$

手順❻　分散比を計算

$$F_{0A\times B} = \frac{V_{A\times B}}{V_E} = \frac{2.789}{0.532} = $$ [(4)　**オ．5.24**]

ここまでの結果を分散分析表に埋めてみると，表 12.c のようになる．

表 12.c　分散分析表（の一部）

要因	S	ϕ	V	F_0
A	45.19	2		
B	116.86	3	38.95	
$A\times B$	16.731	6	2.789	5.24
E	6.379	12	0.532	
T	185.16	23		

手順❼　判定

求めた分散比を，付表 7 F 表（5％，1％）から得られる棄却限界値 $F(\phi_{A\times B}, \phi_E; \alpha)$ と比較する．

$$F(6, 12; 0.05) = 3.00,\quad F(6, 12; 0.01) = 4.82$$

$F_{0A\times B} = 5.24 \geq F(6, 12; 0.01) = 4.82$ となるので，交互作用は，[(5)　**ア．高度に有意である**] とわかる．

手順❽　最適水準と点推定

問題文より「特性の値は大きいほうが望ましい」とあるので，表 12.B から [(6)　**ウ．A_2B_2**] が最適水準とわかる．

交互作用が有意の場合，母平均の点推定は，A_2B_2 の平均により求める．したがって，表 12.B より

$$\overline{\mu} = \frac{89.5}{2} = $$ [(7)　**ク．44.75**]

となる．

手順❾　区間推定（信頼度 95％）

$\overline{\mu} \pm t(\phi_E, 0.05) \times \sqrt{\dfrac{V_E}{2}}$ であるから，[(8)　**オ．2**] である．

☞ 12.1 節 4 5

【問 2】繰り返しのない二元配置実験に関する問題である．

解答　(1) **ウ**　(2) **ア**　(3) **イ**　(4) **エ**　(5) **ア**　(6) **ウ**

この実験は繰り返しのない二元配置実験であり，因子 A が 3 水準，因子 B が 3 水準なので，合計［(1)　**ウ．9**］回の実験を行っていることが表 12.E から読み取れる．

繰り返しのない二元配置実験のデータの構造式は，［(2)　**ア．$x_{ij}=\mu+a_i+b_j+E_{ij}$**］である．

なお，一元配置実験の構造式は，$x_{ij}=\mu+a_i+E_{ij}$ である．

また，繰り返しのある二元配置実験の構造式は，$x_{ijk}=\mu+a_i+b_j+(ab)_{ij}+E_{ijk}$ である．データの構造式において交互作用は，$(a\times b)_{ij}$ ではなく $(ab)_{ij}$ と表す．

E_{ij} は，［(3)　**イ．実験誤差**］を表す記号である．交互作用の影響を調べるために水準ごとに 2 回ずつ繰り返しているので，合計 $9\times2=$［(4)　**エ．18**］回の実験を行ったことになる．

交互作用が有意でなかった場合は，交互作用効果を誤差とみなし再計算するが，この再計算を［(6)　**ウ．プーリング**］という．このときのデータの構造式は，繰り返しのない二元配置実験と同じ形式［(5)　**ア．$x_{ij}=\mu+a_i+b_j+E_{ij}$**］となる．

☞ 12.2 節 2

手法分野

13章

相関分析・回帰分析

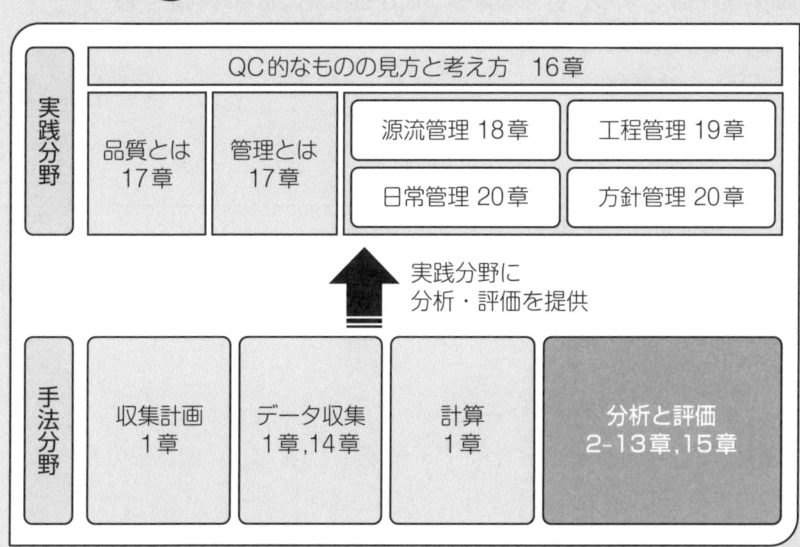

13.1 相関分析

1 相関分析とは

相関分析とは，2 種類のデータに，どの程度，直線的な関係があるかを数値で表す分析です．

2.6 節で散布図を扱った際，“2 種類のデータを散布図に表す場合，両者の間に「**直線的な関係**」がある場合のことを，「**相関関係がある**」といいます”と解説しましたが，相関分析は，この相関関係の程度を数値化するものです．そして，この相関関係の程度を数値化したものを，**相関係数**といいます．相関係数は，記号 r で表します．

2 相関分析の手順

相関分析の手順は，次のとおりです．

手順❶ 散布図を描き，異常なデータの有無や，層別の要否を判断する

手順❷ 散布図により，打点のばらつきから相関の有無を判定する

手順❸ 相関係数を計算する

手順❶ と 手順❷ は，2.6 節で扱いましたので，以下では，手順❸ の相関係数の計算を解説します．

3 相関係数の計算式

相関係数の計算では，基本統計量（1.4 節参照）の知識を活用します．相関係数の計算式は，次のとおりです．

$$\text{相関係数}\quad r=\frac{S_{xy}}{\sqrt{S_{xx}\times S_{yy}}}$$

ただし，S_{xx} は x の偏差平方和（1.6 節 3），S_{yy} は y の偏差平方和，S_{xy} は x と y の偏差積和（へんさせきわ）です．

偏差積和とは，次のような意味です．言葉を分解して解説します．

- 「偏差」とは，測定値−平均値 のこと
- 「偏差積」とは，「偏差」同士の「積」，すなわち，xの偏差とyの偏差を掛けたもの
- 「偏差積和」とは，「偏差積」の「和」，すなわち，すべての偏差積を合計したもの

相関係数の計算式と，各記号の意味は，覚えておく必要があります．偏差平方和と偏差積和は，問題文に数値が示されていない場合，上記の計算方法のほか，公式により計算することができます．公式は 13.4 節 **2** で示します．

相関係数の計算を，次の例題で理解しましょう．

例題 13.1

あるデータにおいて，$S_{xx}=28$, $S_{yy}=28$, $S_{xy}=25$ であることがわかっている．この場合の相関係数 r を計算せよ．

解答

与えられた数値を相関係数の計算式に代入して計算します．

$$r=\frac{S_{xy}}{\sqrt{S_{xx}\times S_{yy}}}$$
$$=\frac{25}{\sqrt{28\times 28}}=\frac{25}{28}=\mathbf{0.89}$$

4 相関係数の特徴

相関係数により，相関関係の程度を定量的に表すことができます．相関係数の特徴は，次のとおりです．

- 相関係数 r の値は，−1 以上 1 以下である（$-1\leq r\leq 1$）
- 相関係数 r が −1 に近いほど，分布は右下がりの直線に近くなる
- 相関係数 r が 1 に近いほど，分布は右上がりの直線に近くなる

5 相関係数の評価

散布図と相関係数の関係は，**図 13.1** のようになります．

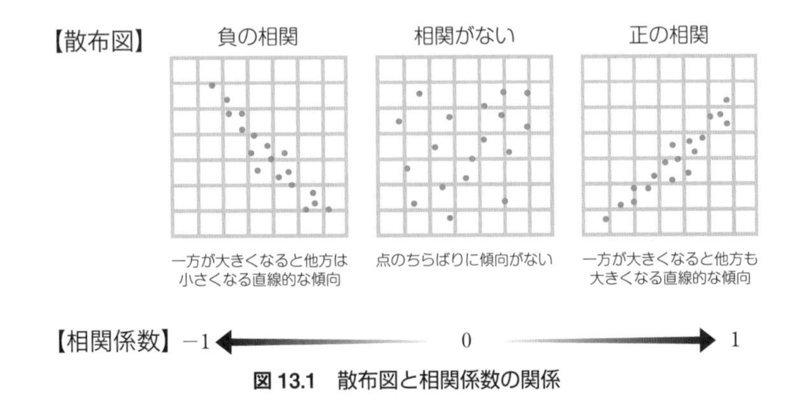

図 13.1　散布図と相関係数の関係

相関を調べた 2 種類のデータについては，相関係数により，評価を行います．評価のおおよその目安は，**表 13.1** のとおりです．

表 13.1　相関係数と相関分析の評価†

相関係数	評価
0.7〜1.0	強い正の相関がある
0.4〜0.7	正の相関がある
0.2〜0.4	弱い正の相関がある
−0.2〜0.2	ほとんど相関がない
−0.4〜−0.2	弱い負の相関がある
−0.7〜−0.4	負の相関がある
−1.0〜−0.7	強い負の相関がある

相関係数が 1 の場合は「**完全な正の相関**」，−1 の場合は「**完全な負の相関**」と評価し，いずれの場合も分布は同一直線に乗ります．一方，相関係数が 0 の場合は「**無相関**」と評価し，直線的な分布を全く示しません．なお，散布図の点のちらばりに**二次関数の傾向**が見える（放物線状に分布する）場合，傾向はありますが，直線的な関係がないため無相関と評価されることがあります．

6　相関分析の補足

（1）図解でわかる！偏差積和の意味

相関係数の計算式の分子にある偏差積和 S_{xy} は，2 つ（＝ 共）の変数の偏差積

† 佐々木隆宏『流れるようにわかる統計学』（KADOKAWA，2017 年）p.101

和なので共変動ともいいます．ちなみに，1つの変数の偏差平方和は単に変動といいます．共変動も変動（偏差平方和）も，Sで表します．

偏差積和は，**図13.2**の長方形の符号付き面積$(x_i - \overline{x}) \times (y_i - \overline{y})$を意味します．面積の合計が正ならば正の相関関係，合計が負ならば負の相関関係です．偏差積和を用いると簡便に，相関の正負を判断できます．

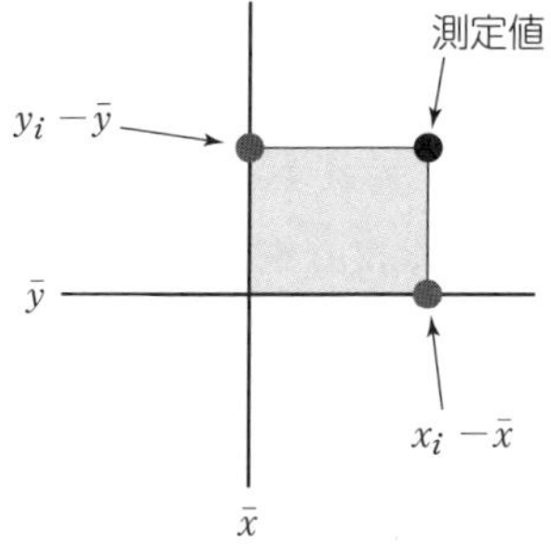

図13.2　偏差積和（共変動）

そうであれば，相関係数の式の分母は，なぜ必要なのでしょうか．

偏差積和はデータの大きさから影響を受けますので，相関の強弱の評価が困難です．データが大きくなれば値が大きくなることもあります．そこで，偏差平方和で割ることで標準化を行い，データの大きさや単位の影響を回避しています．これが分母の機能です．標準化により相関関係は$0 \leq |r| \leq 1$で表すことができます．

相関係数の計算式の分母と分子の両方を$n-1$で割ると，次のように，分母はxとyの標準偏差の積になります．

$$r = \frac{S_{xy}}{\sqrt{S_{xx} \times S_{yy}}}$$

$$= \frac{\frac{1}{n-1}\sum(x - \overline{x})(y - \overline{y})}{\sqrt{\frac{1}{n-1}\sum(x - \overline{x})^2 \times \frac{1}{n-1}\sum(y - \overline{y})^2}}$$

$$= \frac{Cov(x,\ y)}{\sqrt{V(x) \times V(y)}}$$

上式の分子は，偏差積和（共変動）を$n-1$で割っていますので「**共分散**」といいます．共分散は記号$Cov(x, y)$で表します．本節3で示した相関係数rの計算式は，標準偏差と共分散で表した相関係数の分母と分子の$\frac{1}{n-1}$を約分した結果と見ることもできます．

（2）系列相関（大波の相関，小波の相関）

系列相関とは，2つの変数の相関関係を簡便な方法で評価する手法です．この点は共変動と同じ趣旨です．系列相関の例としては，**大波の相関**と**小波の相関**があります．大波とはデータ全体の傾向（中央値）との増減を見ること（**図 13.3**(a)）で，小波とは 1 つ前との増減を見ること（図 13.3(b)）で，相関を評価する手法です．なお，2 級での出題例はありません．

図 13.3(a) を使用して，大波の相関の評価例を示します．

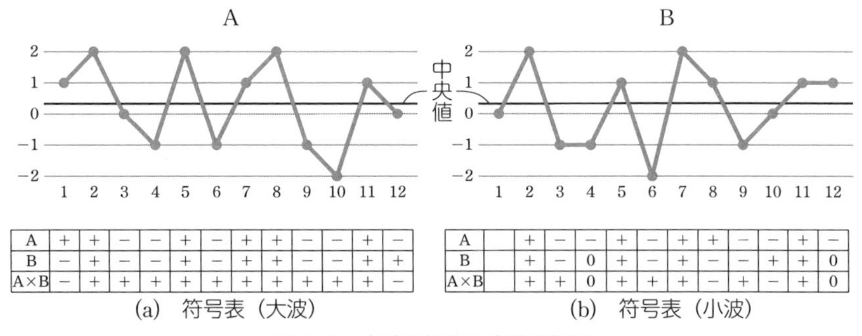

A	+	+	−	−	+	−	+	+	−	−	+	−
B	−	+	−	−	+	−	+	+	−	−	+	+
A×B	−	+	+	+	+	+	+	+	+	+	+	−

(a) 符号表（大波）

A		+	−	−	+	−	+	+	−	−	+	−
B		+	−	0	+	−	+	−	−	+	+	0
A×B		+	+	0	+	+	+	−	+	−	+	0

(b) 符号表（小波）

図 13.3　大波の相関と小波の相関

1) A，B 各グラフから符号表を作成します．大波の場合は中央値との対比で，値が大きい場合は ＋，小さい場合は －，同じ場合は 0 を記入します．さらに，A，B の符号を掛け算します．
2) 掛け算した符号について，＋の数 n_+ と－の数 n_- を数え，少ない方を選択します．図 13.3(a) の場合は，$n_+=10$，$n_-=2$ ですから，$n_{\min}=n_-=2$ を選択します．
3) 符号検定表（**表 13.2**）により棄却限界値を求めます．A×B の ＋ と － の合計数が n です．図 13.3(a) の場合は $n=12$ ですから，棄却限界値は 2 とわかります．

表 13.2　符号検定表（抜粋，有意水準 5%）

n	10	11	12
棄却限界値	1	1	2

4) 相関関係を判定します．2) で選択した値が n_+ で，$n_+ \leq$ 棄却限界値のとき，負の相関があると判定します．一方，選択した値が n_- で，$n_- \leq$ 棄却限界値のとき，正の相関があると判定します．図 13.3(a) の場合は，$n_{\min}=n_-=2 \leq$ 棄却限界値 2 ですから，正の相関があると判定します．

小波の相関の評価は，1) の比較対象が中央値ではなく，1 つ前の値と対比する点だけが異なりますが，他は同じ手順で相関関係を評価します．

13.2 無相関の検定

1 無相関の検定とは

相関係数 r はデータから計算することからもわかるように，標本に関する量です．標本は抽出するごとに異なりますので，相関係数も変わります．そこで，母集団における相関関係の有無を知りたいときは，標本を用いて検定します．母相関係数 ρ（ロー）が 0（無相関）か否かの検定なので，「**無相関の検定**」といいます．

2 無相関の検定の手順

手順❶ 仮説を設定する

帰無仮説 H_0：母相関係数 $\rho=0$

対立仮説 H_1：母相関係数 $\rho\neq0$

手順❷ 有意水準 α を決定する

手順❸ 棄却限界値を求め，棄却域を設定する

無相関の検定は t 分布を活用します．n はデータの対の数です．自由度は $\phi=n-2$ で計算します．

棄却域は両側検定なので，

$$|t_0|\geq t(\phi,\ \alpha)=t(n-2,\ \alpha)$$

となります．

手順❹ データを収集し，検定統計量を計算する

無相関の検定統計量は，下式により求めます．

$$t_0=\frac{r\sqrt{n-2}}{\sqrt{1-r^2}}$$

手順❺ 仮説の採否を判定する

例題 13.2

2 つの変数 x, y について 10 組のデータがある．相関係数 $r=0.80$ である場合につき，無相関の検定を行え．有意水準は 5 % とする．

解答

棄却域は，

$$
\begin{aligned}
|t_0| &\geq t(n-2,\ \alpha) \\
&= t(10-2,\ 0.05) \\
&= t(8,\ 0.05) = 2.306
\end{aligned}
$$

また，検定統計量は

$$
t_0 = \frac{0.80\sqrt{10-2}}{\sqrt{1-0.80^2}} = 3.771
$$

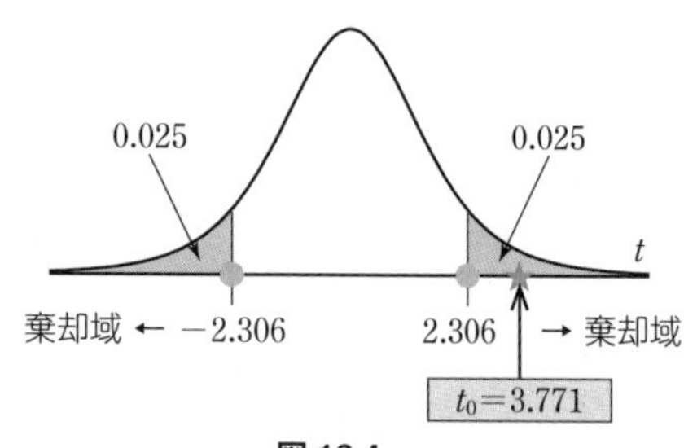

図 13.4

以上より $|t_0| = 3.771 \geq 2.306$ となるので（**図 13.4**），帰無仮説は棄却され，対立仮説を採択します（有意である）．よって，母集団においても**相関関係はある**といえます．

13.3 単回帰分析の概要

1 回帰分析とは

回帰分析とは，要因と結果（特性）の関係を数式で表す手法のことです．この数式を回帰式といい，回帰式を求め要因を指定することにより，結果（特性）の予測が可能になります．この結果の予測を行うことが回帰分析の目的です．

回帰関係とは，要因を変化させたときに結果が変化するという関係のことです．散布図では，x 軸に要因データ（「**説明変数**」といいます）を，y 軸に結果データ（「**目的変数**」といいます）を配置し，回帰関係を図示化できます（**図 13.5**）．

説明変数が 1 つの場合の回帰分析を**単回帰分析**といいます．単回帰分析は回帰式により回帰関係を直線で表します．この直線を**回帰直線**といいます．

回帰直線により示された予測値と測定値との差のことを**残差**といいます．残差は正負いずれの値もとりますから，2 乗して総和し，総和した値が最小となるように回帰直線の切片と傾きを計算し，回帰式を求めます．この方法を**最小 2 乗法**といいます．残差を最小にする最も当てはまりの良い回帰直線を引く方法です．

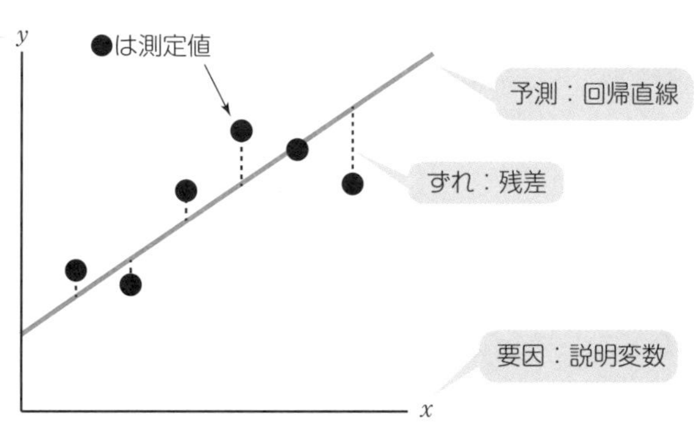

図 13.5　散布図と単回帰関係

回帰分析の目的は結果予測ですが，予測は**内挿**が原則です．**外挿**ではデータの誤差が増え，回帰式から大きくずれる可能性があるためです．なお，内挿とはデータの範囲内で予測すること，外挿とはデータの範囲外を予測することです．例えば，要因データが「0，2，4」の場合，要因「3」の結果を予測するのが内挿，要因「8」の結果を予測するのが外挿です．

2 回帰分析（分散分析）の考え方：ばらつきを分解

データが与えられると，どんな関係であっても回帰式は計算できてしまいます．そこで，回帰式に意味があるか，すなわち要因 x が結果 y に影響を及ぼしているといえるかを，分散分析により検定します．分散分析ですから，ばらつきを分解します（**図 13.6**）．目的変数 y の**総変動** S_T を，**回帰による変動**（回帰平方和，S_R）と，**回帰からの残差変動**（残差平方和，S_e）に分解し，回帰による変動が回帰からの残差変動よりも大きい場合は，要因による影響があると評価します．

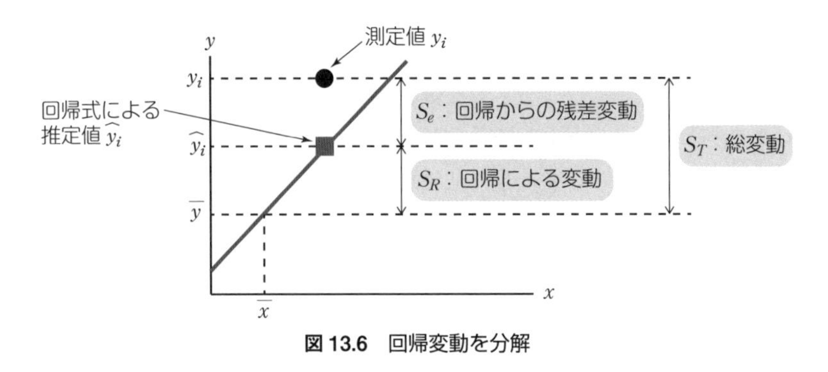

図 13.6　回帰変動を分解

そこで，まずは最小 2 乗法により回帰式 $y=a+bx$（**図 13.7** の直線）を推定します．次に回帰式に意味があるかを検定します．回帰式に意味があるかは，傾き $b=0$ かどうかを分散分析により検定します．傾きが 0 なら x 軸に平行な水平線なので，要因 x が結果 y に影響を及ぼしているとはいえません．また，残差による影響が大きいとなれば，要因による影響があるとはいえませんので，傾き 0 と同等であると評価します．

回帰直線の傾きは**回帰係数**ともいいます．また，回帰直線は点 $(\overline{x},\ \overline{y})$ を通ります．

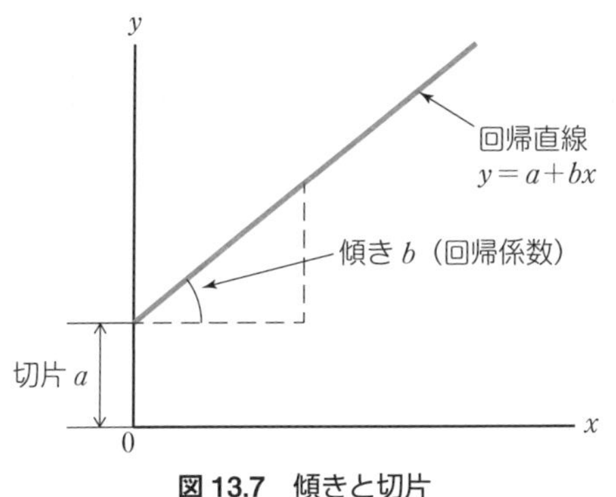

図 13.7　傾きと切片

3 単回帰分析の手順

回帰分析の考え方に基づき，単回帰分析は次の手順により行います．これらの手順の詳細は，13.4 節で，例題を通して解説します．

前　提　散布図を作成する

散布図により異常値の有無等を考察し，x と y の間に直線的な関係があるかどうかを観察します．

手順❶ 単回帰式を推定する

手順❷ 仮説を設定する

手順❸ 有意水準を決定する

手順❹ 分散分析（F 検定）を行う

手順❺ 寄与率を計算する

寄与率（記号 R^2）とは，総変動 S_T のうち回帰式により説明できる変動 S_R の割合のことです．寄与率が 100 % に近いほど回帰式の当てはまりがよいことになります．

寄与率は相関係数の 2 乗 r^2 に等しく，決定係数ともいいます．

13.4 単回帰分析

1 単回帰分析の例題

例題 13.3

30組の対応のあるデータをサンプリングして散布図（**図 13.8**）を作成したところ，直線的な傾向（相関関係）が観察された．

データからは，$\sum x = 330$，$\sum y = 628$，$\sum xy = 13669$，$\sum x^2 = 7662$，$\sum y^2 = 25026$ という値が得られている．

【問 1】回帰式を推定せよ．

【問 2】単回帰分析を行え．

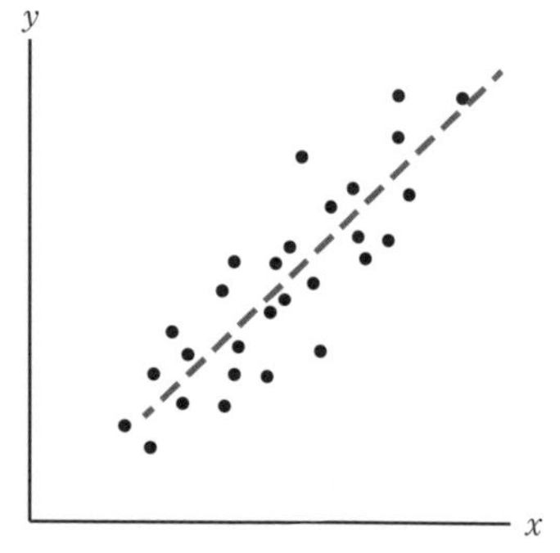

図 13.8 散布図

2 単回帰式の推定

単回帰分析を行うために，まずは単回帰式を推定します．

手順❶ 単回帰式を推定する

> 単回帰式は次の計算式により求めます．$\overline{y}$ は y の平均値，$\overline{x}$ は x の平均値です．
>
> 傾き b（回帰係数）の推定：$b = \dfrac{S_{xy}}{S_{xx}}$
>
> 切片 a の推定：$a = \overline{y} - b\overline{x}$

S_{xy} や S_{xx} の意味や計算方法は 13.1 節で述べましたが，次の公式により求めることもできます．試験では，公式により計算できることが必須です．

偏差平方和と偏差積和を求める公式：

$$S_{xx}=\sum x^2-\frac{(\sum x)^2}{n} \quad (x\text{の偏差平方和})$$

$$S_{yy}=\sum y^2-\frac{(\sum y)^2}{n} \quad (y\text{の偏差平方和})$$

$$S_{xy}=\sum xy-\frac{\sum x\sum y}{n} \quad (x\text{と}y\text{の偏差積和})$$

以上の計算式を例題 13.3 に当てはめ，単回帰式を求めます．

1) S_{xx}，S_{yy}，S_{xy} を計算

$$S_{xx}=\sum x^2-\frac{(\sum x)^2}{n}=7662-\frac{330^2}{30}=4032$$

$$S_{yy}=\sum y^2-\frac{(\sum y)^2}{n}=25026-\frac{628^2}{30}=11879.867$$

$$S_{xy}=\sum xy-\frac{\sum x\sum y}{n}=13669-\frac{330\times 628}{30}=6761$$

なお，S_{yy} の値は，単回帰式を求めるだけであれば不要ですが，手順❹ の分散分析から後で必要になるので，ここでまとめて計算しました．

2) 回帰式 $y=a+bx$ の切片 a と傾き b を計算

$$\text{傾き}b=\frac{S_{xy}}{S_{xx}}$$

$$=\frac{6761}{4032}=1.677$$

$$\text{切片}a=\overline{y}-b\overline{x}$$

$$=\frac{\sum y}{30}-1.677\times\frac{\sum x}{30}$$

$$=\frac{628}{30}-1.677\times\frac{330}{30}=2.486$$

よって，回帰直線の推定式は，

$\widehat{y}=2.49+1.68x$（例題 13.3【問 1】の答）

とわかります．$\widehat{y}$（yハット）は目的変数 y の推定値という意味です．

13章 相関分析・回帰分析

3 単回帰分析（分散分析）

手順❷ 仮説を設定する

回帰分析（分散分析）の考え方（13.3 節 2 ）より，次のように仮説を設定します．b は傾き（回帰係数）です．

帰無仮説 H_0：$b=0$

対立仮説 H_1：$b\neq0$

手順❸ 有意水準を決定する

有意水準 α は 5％と 1％の両方で検討します．

手順❹ 分散分析（F 検定）を行う

まずは分散分析表の枠（**表 13.3**）を作成します．回帰分析の考え方に基づき，総変動 S_T を回帰平方和 S_R と残差平方和 S_e に分解することから始めます．

表 13.3　回帰分析の分散分析表の枠

要因	平方和 S	自由度 ϕ	平均平方 V	分散比 F_0
回帰 R	÷	＝		
残差 e	÷	＝		／
合計 T			／	／

次に，分散分析表を計算により埋めていきます．回帰分析における分散分析の計算式を**表 13.4** に示します．平方和の欄の S_R と S_T，自由度の欄の ϕ_R がポイントです．この 3 つを覚えてしまえば，他は実験計画法（11 章，12 章）の分散分析表と同じです．

表 13.4　回帰分析における分散分析の計算式

要因	平方和 S	自由度 ϕ	平均平方 V	分散比 F_0
回帰 R	$S_R=\dfrac{S_{xy}^2}{S_{xx}}$	$\phi_R=1$	$V_R=\dfrac{S_R}{\phi_R}$	$F_0=\dfrac{V_R}{V_e}$
残差 e	$S_e=S_T-S_R$	$\phi_e=\phi_T-\phi_R$	$V_e=\dfrac{S_e}{\phi_e}$	／
合計 T	$S_T=S_{yy}$	ϕ_T ＝対のデータ数 −1	／	／

例題 13.3 に基づき計算をしてみましょう．試験本番では，個々の値を計算したら直ちに計算結果を分散分析表に書き込んでいくことが大切です．

1）偏差平方和 S を計算

全データの平方和（総変動）$S_T=S_{yy}=11879.867$

$$回帰平方和\ S_R = \frac{S_{xy}{}^2}{S_{xx}} = \frac{6761^2}{4032} = 11337.084$$

$$残差平方和\ S_e = S_T - S_R = 11879.867 - 11337.084 = 542.783$$

なお，過去には S_R と S_{xx} から S_{xy} を求める出題もありましたが，上記の回帰平方和の計算式から S_{xy} を求めることができます．$S_{xy} = \sqrt{S_R \times S_{xx}}$ です．

2）自由度 ϕ を計算

全データの自由度 ϕ_T＝対のデータ数－1＝30－1＝29

回帰の自由度 ϕ_R＝1　（常に1です）

残差の自由度 $\phi_e = \phi_T - \phi_R = 29 - 1 = 28$

3）平均平方（不偏分散 V）を計算

不偏分散ですから，偏差平方和 S を自由度 ϕ で割って求めます．

$$回帰の平均平方\ V_R = \frac{S_R}{\phi_R} = \frac{11337.084}{1} = 11337.084$$

$$残差の平均平方\ V_e = \frac{S_e}{\phi_e} = \frac{542.783}{28} = 19.385$$

4）分散比 F_0 を計算

$$分散比\ F_0 = \frac{V_R}{V_e} = \frac{11337.084}{19.385} = 584.838$$

以上の計算結果で分散分析表を埋めたものが，**表 13.5** です．

表 13.5　回帰分析における分散分析の計算結果

要因	平方和 S	自由度 ϕ	平均平方 V	分散比 F_0
回帰 R	11337.084	1	11337.084	584.838
残差 e	542.783	28	19.385	
合計 T	11879.867	29		

5）F 検定を行い判定

回帰分析は分散分析により行いますので，限界値は F 表から求めます．ここでは，巻末の付表7 F 表（5％，1％）を利用します．

有意水準5％の場合は，$F(\phi_R, \phi_e;\ 0.05) = F(1, 28;\ 0.05) = 4.20$

有意水準1％の場合は，$F(\phi_R, \phi_e;\ 0.01) = F(1, 28;\ 0.01) = 7.64$

棄却域は，有意水準5％の場合は4.20以上，有意水準1％の場合は7.64以上となりますので，$F_0 = 584.838$ は5％でも1％でも棄却域に入ります．

分散分析の結果，回帰は高度に有意となりますので，帰無仮説を棄却し，対立仮説を採択します．**回帰式には意味がある**といえます（例題 13.3【問 2】の答の一部）．

手順❺ 寄与率を計算する

回帰式には意味がある，すなわち要因 x は結果 y に影響を及ぼしていると評価できることがわかりました．ただし，回帰式は最小 2 乗法により計算していますので，残差を含みます．そこで，**寄与率** R^2 を計算します．

寄与率とは，全データの変動 S_T のうち回帰式により説明できる変動 S_R の割合です．なお，寄与率は相関係数の 2 乗に等しい値です．また，寄与率は**決定係数**ともいいます．

寄与率 R^2 の計算方法

$$R^2 = \frac{S_R}{S_T}$$

※寄与率は「相関係数 r の 2 乗」でも計算ができます．

例題 13.3 の場合，寄与率は

$$R^2 = \frac{S_R}{S_T} = \frac{11337.084}{11879.867} = 0.954$$

したがって，全体の変動のうち回帰式によって説明できる変動が 95.4％となります．**回帰直線は当てはまりが良い**といえます（例題 13.3【問 2】の答の一部）．すなわち，要因 x を指定することにより，結果 y の予測が可能になります．

回帰式 $\widehat{y} = 2.49 + 1.68x$ は当てはまりが良いので，例えば，要因 x を 100 と見込む場合には

$$\widehat{y} = 2.49 + 1.68 \times 100 = 170.49$$

と予測することができます．

理解度確認　問題

次の文章で正しいものには○，正しくないものには×を選べ．

① 相関分析とは，3つ以上の変数の関係の有無を表す分析である．

② 相関関係の関係性の度合いを -1 から $+1$ の数値で表すことを回帰係数という．

③ 相関係数を求めるための S_{xx} は，偏差積和である．

④ 相関係数を求めるために S_{xy} が必要となるが，これはデータの組（x_i, y_i）について積 x_iy_i を足し合わせた積和である．

⑤ 無相関の検定を t 検定で行う場合，自由度は $n-1$ とする．

⑥ 回帰分析とは，要因と特性の関係を $y=ab+x$ の回帰式で表す手法のことである．

⑦ 回帰分析を行う目的で描く散布図では，x 軸に目的変数（特性データ），y 軸に説明変数（要因データ）を配置する．

⑧ 最小2乗法とは，説明変数 x から目的変数 y を推定するために，最もばらつきの少ない y の推定値を得る回帰式を求めるための方法である．

⑨ 寄与率とは，特性値と目的変数の因果関係を数値で表したものである．

⑩ 回帰式により求めた y の予測値 $\widehat{y}$ と測定値 y_i の差の変動を，回帰変動という．

理解度確認　解答と解説

① **正しくない（×）**．相関分析は，2つの変数の関係性（相関関係）を分析するのであり，3つ以上ではない．　☞ 13.1 節 1

② **正しくない（×）**．回帰係数は誤りで，相関係数が正しい．　☞ 13.1 節 4

③ **正しくない（×）**．S_{xx} は変数 x の偏差平方和である．偏差積和は S_{xy} である．　☞ 13.1 節 3

④ **正しくない（×）**．S_{xy} は変数 x，y の偏差積和で，$S_{xy}=\sum(x_i-\overline{x})(y_i-\overline{y})$ である．　☞ 13.1 節 3

⑤ **正しくない（×）**．無相関の検定を t 検定で行う場合，自由度式は $n-1$ ではなく，$n-2$ とする．　☞ 13.2 節 2

⑥ **正しくない（×）**．回帰式は $y=a+bx$ が正しい．a は切片，b は回帰係数である．回帰直線は $\overline{x}$ と $\overline{y}$ を通過することにも注意する．　☞ 13.3 節 2

⑦ **正しくない（×）**．回帰分析を行う目的で描く散布図では，x 軸に説明変数（要因データ），y 軸に目的変数（特性データ）を配置する．　☞ 13.3 節 1

⑧ **正しい（○）**．最小2乗法とは，残差，すなわち回帰直線に対する各データのずれの2乗和が最小になるように切片と回帰係数を決め，最もばらつきの少ない y の推定値を得る回帰式を求める方法である．　☞ 13.3 節 1

⑨ **正しくない（×）**．寄与率は，回帰関係の強さを見るためのものである．　☞ 13.3 節 3

⑩ **正しくない（×）**．回帰式により求めた y の予測値 $\widehat{y}$ と測定値 y_i との差は残差といい，その変動は残差変動という．　☞ 13.3 節 2

練習 問題

【問 1】 単回帰分析に関する次の文章において，[　　　]内に入るもっとも適切なものを下欄の選択肢からひとつ選べ．ただし，各選択肢を複数回用いることはない．なお，解答にあたって必要であれば巻末の付表を用いよ．

部品 A の製造ラインにおいて特性 x と特性 y 間の関係を把握するため，サンプル $n=30$ 個を無作為に抽出し，散布図（図 13.A）を作成したところ，正の相関関係があるように見えた．特性 x と特性 y 間の相関係数を求め，単回帰分析を行ったところ，高度に有意であることが判明した．その結果を表 13.A に示す．

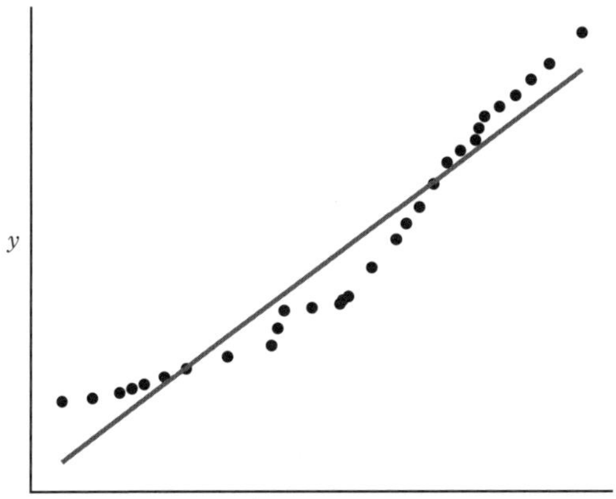

図 13.A　x と y についての散布図

表 13.A　分散分析表（の一部）

要因	S	ϕ	V	F_0
R	S_R	ϕ_R	V_R	361.799
e	$S_e=$ [(1)]	$\phi_e=$ [(2)]	$V_e=$ [(3)]	
T	S_T	29		

x の偏差平方和 S_{xx}，y の偏差平方和 S_{yy}，x と y の偏差積和 S_{xy} は次のようになった．

$S_{xx}=179.006$　　$S_{yy}=96.820$　　$S_{xy}=126.989$

x の合計 $=291.634$

y の合計 $=79.952$

寄与率 $R^2=$ [(4)]

【 [(1)] ～ [(4)] の選択肢】

ア．0.240　　イ．0.249　　ウ．0.930　　エ．0.965

オ．6.732　　カ．14.634　　キ．27　　ク．28

回帰式 $y=a+bx$ における切片 a は [(5)] となり，傾き b は [(6)] と推定される．特性 x の値が 10.00 である場合，y の推定値は [(7)] となる．

【 [(5)] ～ [(7)] の選択肢】

ア．-4.227　　イ．0.709　　ウ．0.762

エ．2.863　　オ．43.022　　カ．234.915

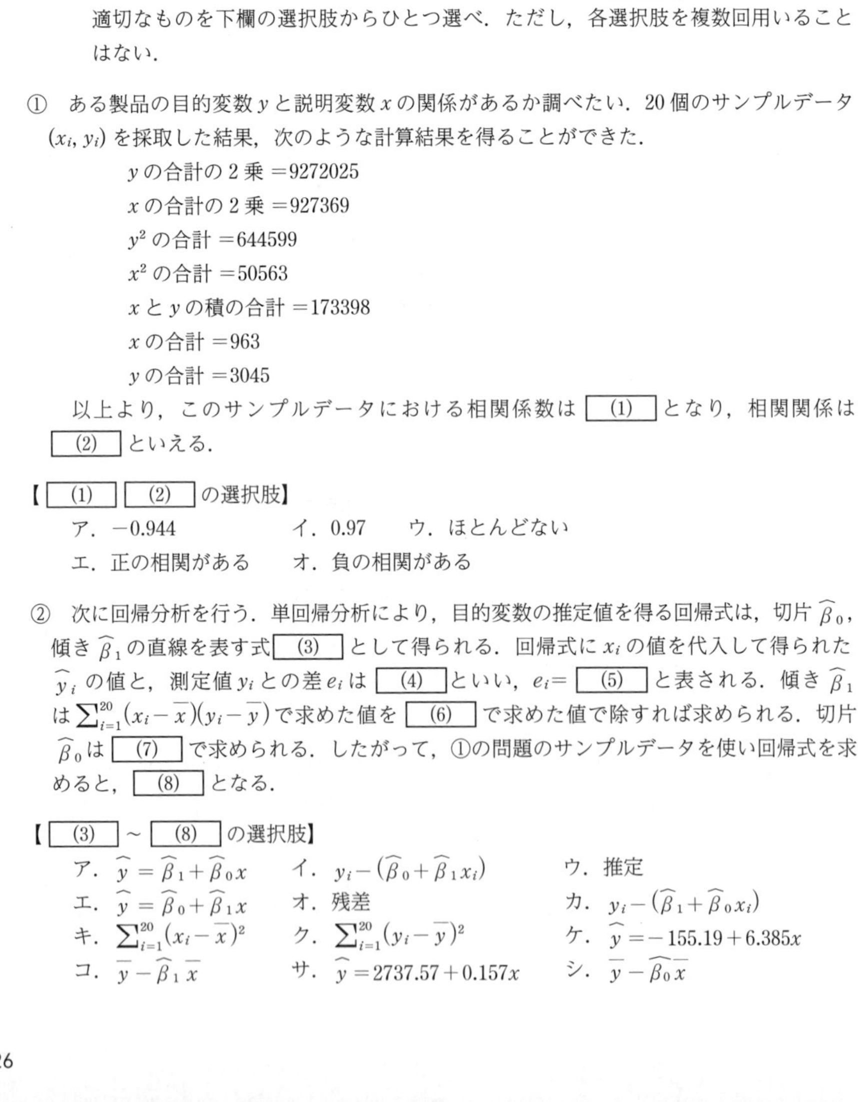

【問 2】 相関分析および単回帰分析に関する次の文章において，[　　] 内に入るもっとも適切なものを下欄の選択肢からひとつ選べ．ただし，各選択肢を複数回用いることはない．

① ある製品の目的変数 y と説明変数 x の関係があるか調べたい．20 個のサンプルデータ (x_i, y_i) を採取した結果，次のような計算結果を得ることができた．

y の合計の 2 乗 ＝9272025

x の合計の 2 乗 ＝927369

y^2 の合計 ＝644599

x^2 の合計 ＝50563

x と y の積の合計 ＝173398

x の合計 ＝963

y の合計 ＝3045

以上より，このサンプルデータにおける相関係数は [(1)] となり，相関関係は [(2)] といえる．

【 [(1)] [(2)] の選択肢】

ア．-0.944　　イ．0.97　　ウ．ほとんどない

エ．正の相関がある　　オ．負の相関がある

② 次に回帰分析を行う．単回帰分析により，目的変数の推定値を得る回帰式は，切片 $\hat{\beta}_0$，傾き $\hat{\beta}_1$ の直線を表す式 [(3)] として得られる．回帰式に x_i の値を代入して得られた $\hat{y}_i$ の値と，測定値 y_i との差 e_i は [(4)] といい，$e_i=$ [(5)] と表される．傾き $\hat{\beta}_1$ は $\sum_{i=1}^{20}(x_i-\bar{x})(y_i-\bar{y})$ で求めた値を [(6)] で求めた値で除すれば求められる．切片 $\hat{\beta}_0$ は [(7)] で求められる．したがって，①の問題のサンプルデータを使い回帰式を求めると，[(8)] となる．

【 [(3)] ～ [(8)] の選択肢】

ア．$\hat{y}=\hat{\beta}_1+\hat{\beta}_0 x$　　イ．$y_i-(\hat{\beta}_0+\hat{\beta}_1 x_i)$　　ウ．推定

エ．$\hat{y}=\hat{\beta}_0+\hat{\beta}_1 x$　　オ．残差　　カ．$y_i-(\hat{\beta}_1+\hat{\beta}_0 x_i)$

キ．$\sum_{i=1}^{20}(x_i-\bar{x})^2$　　ク．$\sum_{i=1}^{20}(y_i-\bar{y})^2$　　ケ．$\hat{y}=-155.19+6.385x$

コ．$\bar{y}-\hat{\beta}_1\bar{x}$　　サ．$\hat{y}=2737.57+0.157x$　　シ．$\bar{y}-\hat{\beta}_0\bar{x}$

練習　解答と解説

【問 1】 単回帰分析に関する問題である.

解答 (1) **オ** (2) **ク** (3) **ア** (4) **ウ** (5) **ア** (6) **イ** (7) **エ**

単回帰分析における分散分析表の計算には，いくつか覚えておくべきものがある（表 13.4）．これを活用すると以下のように計算できる．

$$S_e = S_T - S_R = S_{yy} - \frac{{S_{xy}}^2}{S_{xx}} = 96.820 - \frac{126.989^2}{179.006} = [(1)\quad \textbf{オ．}\ \mathbf{6.732}]$$

$$\phi_T = n-1 = 30-1 = 29$$

$$\phi_R = 1$$

$$\phi_e = \phi_T - \phi_R = 29-1 = [(2)\quad \textbf{ク．}\ 28]$$

$$V_e = \frac{S_e}{\phi_e} = \frac{6.732}{28} = [(3)\quad \textbf{ア．}\ \mathbf{0.240}]$$

寄与率 $R^2 = \dfrac{S_R}{S_T}$ であるから，まずは S_R と S_T を求める．

$$S_R = \frac{{S_{xy}}^2}{S_{xx}} = \frac{126.989^2}{179.006} = 90.088$$

$$S_T = S_{yy} = 96.820$$

よって，寄与率 $R^2 = \dfrac{S_R}{S_T} = \dfrac{90.088}{96.820} = [(4)\quad \textbf{ウ．}\ \mathbf{0.930}]$ となる．

以上の計算結果で分散分析表を埋めたものが，表 13.a である．

表 13.a　分散分析表（完成版）

要因	S	ϕ	V	F_0
R	$S_R=90.088$	$\phi_R=1$	$V_R=90.088$	361.799**
e	$S_e=6.732$	$\phi_e=28$	$V_e=0.240$	
T	$S_T=96.820$	$\phi_T=29$		

F 検定を実施すると，$F_0=361.799$ なので，巻末の付表 7 F 表（5 %，1 %）を用いると

$$F(\phi_R, \phi_e; 0.05) = F(1, 28; 0.05) = 4.20 \leq F_0$$

$$F(\phi_R, \phi_e; 0.01) = F(1, 28; 0.01) = 7.64 \leq F_0$$

であるから，回帰は高度に有意であることがわかる．

次に，回帰式 $y=a+bx$ について，切片 a と傾き b を求める．

$$\text{傾き}\ b = \frac{S_{xy}}{S_{xx}} = \frac{126.989}{179.006} = [(6)\quad \textbf{イ．}\ \mathbf{0.709}]$$

切片 a＝(データ y の平均)－(傾き b)×(データ x の平均)

$$=\frac{79.952}{30}-0.709\times\frac{291.634}{30}$$

$$=[(5)\quad \textbf{ア．}\ -4.227]$$

これらの値を回帰式 $y=a+bx$ に代入すると，$y=-4.227+0.709\,x$ となる．

x の値 10.00 を回帰式に当てはめ，y の推定値を求めると，[(7)　**エ．2.863**] となる．

☞ 13.3 節 2，3

【問 2】 相関分析および単回帰分析に関する問題である．

解答 (1) **イ** (2) **エ** (3) **エ** (4) **オ** (5) **イ** (6) **キ** (7) **コ** (8) **ケ**

① 相関係数を求めるために S_{xx}，S_{yy}，S_{xy} を求めなければならない．それぞれ公式に当てはめ計算すると，与えられた数値より以下のとおりになる．

$$S_{xx}=\sum x^2-\frac{(\sum x)^2}{n}=x\text{の2乗の合計}-\frac{x\text{の合計の2乗}}{\text{データ数}}$$

$$=50563-\frac{927369}{20}=4194.55$$

$$S_{yy}=\sum y^2-\frac{(\sum y)^2}{n}=y\text{の2乗の合計}-\frac{y\text{の合計の2乗}}{\text{データ数}}$$

$$=644599-\frac{9272025}{20}=180997.75$$

$$S_{xy}=\sum xy-\frac{\sum x\sum y}{n}=x\text{と}y\text{の積の合計}-\frac{x\text{の合計と}y\text{の合計の積}}{\text{データ数}}$$

$$=173398-\frac{963\times3045}{20}=26781.25$$

これらの値を，相関係数を求める公式に当てはめて計算すると，

$$\text{相関係数}\ r=\frac{S_{xy}}{\sqrt{S_{xx}\times S_{yy}}}$$

$$=\frac{26781.25}{\sqrt{4194.55\times180997.75}}=[(1)\quad \textbf{イ．}\ 0.97]$$

よって，[(2)　**エ．正の相関がある**] ことがわかる．

☞ 13.1 節 4

② 回帰式に関わる問題である．基本となる回帰式の形は $y=a+bx$ である．回帰式は，説明変数 x から目的変数の推定値 $\widehat{y}$ を得るものである．

a は切片，b は傾きであるから，目的変数の推定値 $\widehat{y}$ を表す形として正しいものは [(3)　**エ．**$\widehat{y}=\widehat{\beta}_0+\widehat{\beta}_1x$] である．なお，**ア**は切片と傾きが逆である．

回帰式に x_i の値を代入して得られた推定値 $\widehat{y}_i$ と，測定値 y_i との差は，[(4)　**オ．残差**] という（図 13.a 参照）．

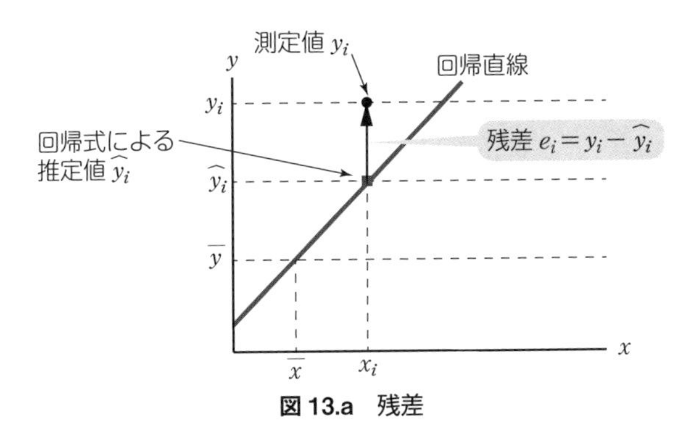

図 13.a　残差

残差 e_i は，$e_i = y_i - \widehat{y}_i$，すなわち「残差 = 測定値 − 回帰式による推定値」となる．回帰式 $\widehat{y} = \widehat{\beta}_0 + \widehat{\beta}_1 x$ より $\widehat{y}_i = \widehat{\beta}_0 + \widehat{\beta}_1 x_i$ であるから $e_i =$ [(5)　**イ．** $\boldsymbol{y_i - (\widehat{\beta}_0 + \widehat{\beta}_1 x_i)}$] となる．

回帰式の傾きは $\widehat{\beta}_1 = \dfrac{S_{xy}}{S_{xx}}$ で求められる．

問題文の $\sum_{i=1}^{20}(x_i - \overline{x})(y_i - \overline{y})$ は x と y の偏差積和 S_{xy} であるから，[(6)] は分母の x の偏差平方和 S_{xx} を表す式，[(6)　**キ．** $\boldsymbol{\sum_{i=1}^{20}(x_i - \overline{x})^2}$] となる．

切片は，(データ y の平均)−(傾き)×(データ x の平均) により求めるので，$\widehat{\beta}_0 =$ [(7)　**コ．** $\boldsymbol{\overline{y} - \widehat{\beta}_1 \overline{x}}$] となる．

$$\text{データ } y \text{ の平均 } \overline{y} = \frac{y\text{の合計}}{\text{データ数}} = \frac{3045}{20} = 152.25$$

$$\text{データ } x \text{ の平均 } \overline{x} = \frac{x\text{の合計}}{\text{データ数}} = \frac{963}{20} = 48.15$$

また，①より

$$\text{傾き } \widehat{\beta}_1 = \frac{S_{xy}}{S_{xx}} = \frac{26781.25}{4194.55} = 6.385$$

$$\text{切片 } \widehat{\beta}_0 = \overline{y} - \widehat{\beta}_1 \overline{x}$$
$$= 152.25 - 6.385 \times 48.15 = -155.19$$

$\widehat{\beta}_1 = 6.385$，$\widehat{\beta}_0 = -155.19$ を回帰式 $\widehat{y} = \widehat{\beta}_0 + \widehat{\beta}_1 x$ に代入すると，回帰式は

[(8)　**ケ．** $\boldsymbol{\widehat{y} = -155.19 + 6.385x}$]

とわかる．

☞ **13.3 節 3，4**

手法分野

14章 抜取検査

抜取検査の
やり方を
学習します

実践分野	QC的なものの見方と考え方　16章			
	品質とは 17章	管理とは 17章	源流管理 18章 / 日常管理 20章	工程管理 19章 / 方針管理 20章

↑ 実践分野に分析・評価を提供

手法分野	収集計画 1章	データ収集 1章，14章	計算 1章	分析と評価 2-13章，15章

14.1 抜取検査の概要

1 抜取検査の分類

抜取検査とは，ランダムに取り出した一部の標本により全体の合否判定を行おうという検査方式です（19.8 節 3）．**表 14.1** のような分類があります．

表 14.1　抜取検査の分類

規準型	生産者（売り手）側と消費者（買い手）側の両方の要求が満足するように規準を決める検査方式です．新しく購入する品物のように，生産者の品質水準を予測できない場合に活用されます．規準型は，計数規準型抜取検査と計量規準型抜取検査に分類されます．
調整型	過去の検査実績から消費者が生産者の品質水準を推測し，実績に応じ検査の厳しさを，ゆるい検査・なみ検査・きつい検査に調整する検査方式です．
選別型	不合格となったロットは全数検査を行う方式です．返品よりも自社による全数検査のほうが時間や経費がかからない場合に活用されます．

2 規準型の抜取検査

抜取検査を行う場合には，何を検査単位とするかを決めておく必要があります．検査単位とは，検査の目的のために選んだ単位であり，例えば，数えられる品物では 1 個のボルトであり，液体などの連続体の品物では一定の容積などです．

規準型は，この検査単位に応じて 2 つに分類されます．

計数規準型抜取検査は，抜き取った標本中の不適合品数や不適合数でロットの合否を判定する方式です．検査の結果が計数値で表されるものに用います．二項分布やポアソン分布が規準（確率）を決める基礎となっています．

計量規準型抜取検査は，抜き取った標本の平均値や標準偏差でロットの合否を判定する方式です．検査の結果が計量値で表されるものに用います．正規分布が規準（確率）を決める基礎となっています．

計量規準型抜取検査は測定や計算が大変ですが，計数規準型抜取検査よりも標本の大きさが少なく済みます．

3 生産者危険と消費者危険

抜取検査はランダムに取り出した一部の標本により全体の合否判定を行おうという検査方式ですから，その判定結果には，ある程度の間違いが起こる可能性を否定できず，次の危険（確率）が生じます．危険の関係を**表 14.2** に示します．

- **生産者危険**（記号 α）：本来は合格とすべき良いロットであるが，たまたま標本に不適合品が多く入ったので不合格としてしまう危険（第 1 種の誤り）
- **消費者危険**（記号 β）：本来は不合格とすべき悪いロットであるが，たまたま標本に適合品が多く入ったので合格としてしまう危険（第 2 種の誤り）

表 14.2　生産者危険と消費者危険

		本当に成り立っているのは	
		合格	不合格
検査結果	合格	正しい	消費者危険 β
	不合格	生産者危険 α	正しい

規準型の抜取検査では，生産者（売り手）側と消費者（買い手）側の両方の要求を満足するように検査規準を決めます．例えば計数規準型であれば，**表 14.3** の値を決めます．

表 14.3　計数規準型の検査規準

生産者保護	• なるべく合格をさせたい良いロットの不適合品率の上限（記号 p_0）． • 不適合品率 p_0 の良いロットが不合格となる確率（生産者危険 α）．JIS Z 9002 ではおよそ 5% を**規準**値としています．
消費者保護	• なるべく不合格としたい悪いロットの不適合品率の下限（記号 p_1）． • 不適合品率 p_1 の悪いロットが合格となる確率（消費者危険 β）．JIS Z 9002 ではおよそ 10% を規準値としています．

規準の値が決まったら，規準を満たすような抜取数 n と合格判定個数 c を決めます．この n と c は JIS Z 9002 の抜取検査表（**表 14.7**）から求めることができます．なお，本章では，JIS および抜取検査の慣例に従い，ロットの母不適合品率を，大文字 P ではなく，小文字 p としています．

14.2 OC曲線

出題頻度

1 OC曲線とは

前節では，計数規準型抜取検査を例にして，必要な規準として p_0，α，p_1，β があることを解説しました．$\alpha=5$ % と $\beta=10$ % の JIS 規格の規準値を利用する場合，残る p_0 と p_1 は，生産者側と消費者側とで十分な話し合いをもって決めます．

不適合品率である p_0 と p_1 を決める場合，抜取数 n と合格判定個数 c がどうなるのかは事前に知りたくなります．例えば，抜取数が多くなれば，コスト増となり，少なければ品質上の疑義となるからです．この p_0 と p_1 の変動関係は，**OC曲線**（Operating Characteristic Curve）により見ることができます．OC 曲線は，検査特性曲線ともいいます．

OC 曲線は計数規準型の場合，**図 14.1** のように二項分布に基づく分布であり，横軸にロットの不適合品率，縦軸にロットの合格率を配置します．

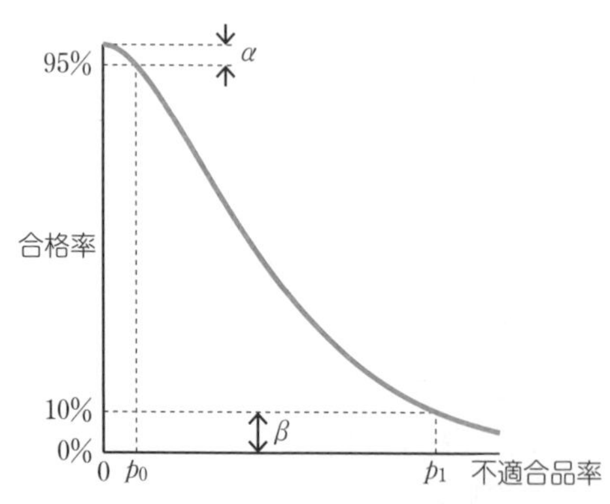

図 14.1　検査規準を決めるための OC 曲線

2 OC曲線の特性

OC 曲線からは図 14.1 のように，生産者危険 α すなわち不合格率 5 % に対応する不適合品率 p_0 が，消費者危険 β すなわち合格率 10% に対応する不適合品率

p_1 がわかりますので，検査規準の設定に役立ちます．

OC 曲線は二項分布 $B(n, p)$ ですから，抜取数 n により分布の形が変わります．また，合格判定個数 c はコストや品質に影響を及ぼしますので，これらが変動した場合に OC 曲線はどうなるのかという特性を知っておく必要があります．

ロットの不適合品率を一定とする場合，OC 曲線の特性は次のとおりです．

（1）抜取数 n が一定で，合格判定個数 c を多くする場合

合格判定個数を多くすると，合格率が高くなります．本来は不合格とすべき悪いロットの合格率が高くなり，消費者危険 β が大きくなるので，**図 14.2** のように，曲線は右に移動します．曲線の形は大きくは変わりませんが，合格判定個数の増加に伴い曲線は少し寝る形になります．

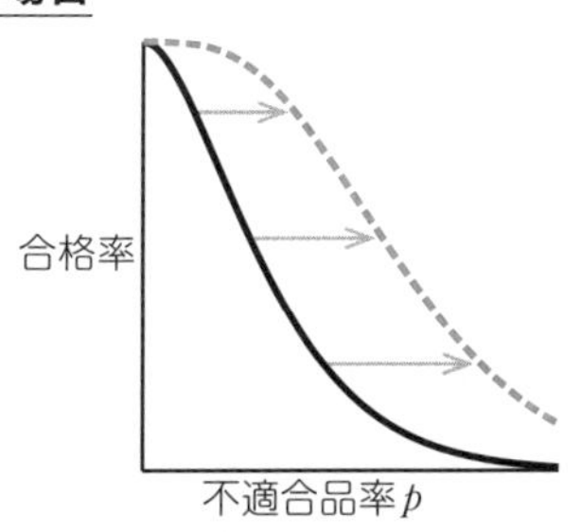

図 14.2　OC 曲線（合格判定個数を多くする場合）

（2）合格判定個数 c が一定で，抜取数 n を多くする場合

抜取数を多くすると，合格率が低くなります．本来は合格とすべき良いロットの合格率が低くなり，生産者危険 α が大きくなるので，**図 14.3** のように，曲線は左に移動します．曲線の形は抜取数が大きくなるにつれ傾きがきつくなり，曲線は立ってきます．

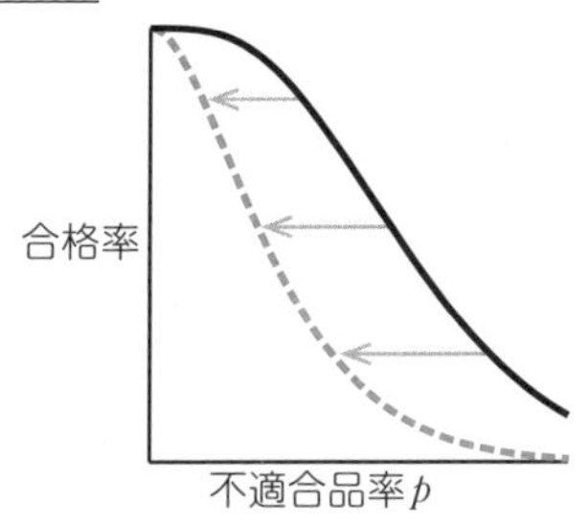

図 14.3　OC 曲線（抜取数を多くする場合）

抜取数が大きくなると検査コストは増えますが，検査の判別力は増大します．結果として検査の正確性が増し，検査の誤りによる損失を減らすことができます．検査の誤りによる損失が検査コストの増大に比べて大きければ，抜取数を大きくするという案に移行すべきと考えることができます．

14.3 計数規準型抜取検査

出題頻度

1 計数規準型抜取検査の手順

計数規準型抜取検査の手順は，以下のとおりです．

手順❶ 品質基準を決める

検査単位について適合品と不適合品を分けるための品質判定基準を定めます．検査項目が仕様書などの要求を満たしているかを判定するための基準です．

手順❷ 不適合品率 p_0 と p_1 の値を決める

検査費用や不適合品のために受ける消費者側の損害，または生産者側の事情などを考慮して，生産者側と消費者側で十分に話し合い決めます．抜取検査では，$p_0 < p_1$ でなければ標本数が多くなり経済的ではなくなります．

手順❸ 抜取検査表を用いて，抜取数 n と合格判定個数 c を求める

求めた n と c について OC 曲線を調べたり，検査費用などを検討したりし，必要な場合には 手順❷ に戻り再合議をします．

手順❹ ロットからランダムに標本を抜き取る

手順❺ 品質判定基準に基づき標本を調べ，標本の中の不適合品数を求める

手順❻ ロットの合否を判定する

標本中の不適合品数が，合格判定個数 c 以下の場合には，当該ロットは合格と判定します．

2 計数規準型の抜取検査表の使い方

計数規準型一回抜取検査表は，JIS Z 9002 に掲載されています．試験で必要な場合は，問題用紙に掲載があります．14.4 節の後に表 14.7 として掲載していますのでご利用ください．

計数規準型一回抜取検査表は，縦軸に p_0，横軸に p_1 が配置され，各欄の数値が交差する箇所に，抜取数 n と合格判定個数 c の記載があります．抜取検査表は，生産者危険 α がおよそ 5 %，消費者危険 β がおよそ 10 % となるように作られています．

例題 14.1†

$p_0=2\,\%$, $p_1=12\,\%$ と決めた場合，抜取数 n と合格判定個数 c を求めよ．

解答

表 14.7 の計数規準型一回抜取検査表より，$p_0=2\,\%$ を含む行（1.81～2.24 %）と $p_1=12\,\%$ を含む列（11.3～14.1 %）との交わる欄を見る（**表 14.4**）．

この欄中の左側の数値（細字）40 が抜取数 n であり，右側の数値（太字）**2** が合格判定個数 c である．

よって，標本の不適合品数が 2 個以下であれば，当該ロットは合格となる．

表 14.4　計数規準型一回抜取検査表（抜粋）

p_1 (%) ＼ p_0 (%)	7.11～9.00	9.01～11.2	11.3～14.1
1.41～1.80	80 **3**	50 **2**	↓
1.81～2.24	100 **4**	60 **3**	40 **2**

細字は n，**太字**は c，$\alpha \fallingdotseq 0.05$，$\beta \fallingdotseq 0.10$

例題 14.2†

$p_0=0.5\,\%$, $p_1=10\,\%$ と決めた場合，抜取数 n と合格判定個数 c を求めよ．

解答

表 14.7 の計数規準型一回抜取検査表より，$p_0=0.5\,\%$ を含む行（0.451～0.560 %）と $p_1=10\,\%$ を含む列（9.01～11.2 %）との交わる欄を見る（**表 14.5**）．

この欄は「↓」であるので，矢の方向に従って下の欄に移る．移った欄は「←」であるので，再び矢の方向に従って左横の欄に移る．この欄がさらに「↓」であるので下欄へ移り，その欄の左側の数値 50 が標本の抜取数 n であり，右側の数値 **1** が合格判定個数 c である．

よって，標本の不適合品数が 1 個以下であれば，当該ロットは合格となる．

表 14.5　計数規準型一回抜取検査表（抜粋）

p_1 (%) ＼ p_0 (%)	5.61～7.10	7.11～9.00	9.01～11.2
0.451～0.560	↓	←	↓
0.561～0.710	60 **1**	↓	←
0.711～0.900	↓	50 **1**	↓

細字は n，**太字**は c，$\alpha \fallingdotseq 0.05$，$\beta \fallingdotseq 0.10$

† JIS Z 9002:1956「計数規準型抜取検査」（日本規格協会，1956 年）

14.4 計量規準型抜取検査

出題頻度

1 計量規準型抜取検査とは

計量規準型抜取検査は，抜き取った標本の平均値や標準偏差でロットの合否を判定する方式です．計量規準型一回抜取検査（JIS Z 9003）は，標準偏差が既知の場合を予定しています．計量規準型抜取検査のポイントは，次のとおりです．

- 検査単位の品質が計量値であること
- 特性値が正規分布に従っていること
- 検査の対象となる製品がロットとして処理できる状態であること
- ロットの特性値の標準偏差がわかっていること

2 計量規準型抜取検査の手順

計量規準型抜取検査の手順は，以下のとおりです．

手順❶ 品質基準を決める

手順❷ 不適合品率 p_0 と p_1 の値を決める

手順❸ ロットを形成する

手順❹ ロットの標準偏差 σ を指定する

手順❺ 抜取検査表（表 14.8，その抜粋が表 14.6）を用いて，抜取数 n と合格判定値を計算するための係数 k を求める

表 14.6 計量規準型一回抜取検査表（抜粋）

p_0（%） ＼ p_1（%）	5.61〜7.10	7.11〜9.00	9.01〜11.2
0.901〜1.12	14 / 1.88	10 / 1.81	8 / 1.76

左下は n，右上は k，$\alpha \fallingdotseq 0.05$，$\beta \fallingdotseq 0.10$

† JIS Z 9003:1979「計量規準型一回抜取検査」（日本規格協会，1979 年）

手順❻　合格判定値を求める

上限合格判定値 $\overline{X}_U$ ＝上限規格値 $-k\times\sigma$

下限合格判定値 $\overline{X}_L$ ＝下限規格値 $+k\times\sigma$

例えば上限合格判定値であれば，上限規格値より小さな値に設定するので，$-k\times\sigma$ です．一方，下限合格判定値であれば，下限規格値より大きな値に設定するので，$+k\times\sigma$ です．

手順❼　ロットから標本 n 個をランダムに抜き取る

手順❽　標本を試験測定する

標本ごとに品質特性値 x を求め，平均値 $\overline{x}$ を求める

手順❾　ロットの合否を判定する

- 特性値が高いほうが好ましい場合，$\overline{x}$ が下限合格判定値 $\overline{X}_L$ 以上ならば，ロットは合格と判定します（**図 14.4**）．

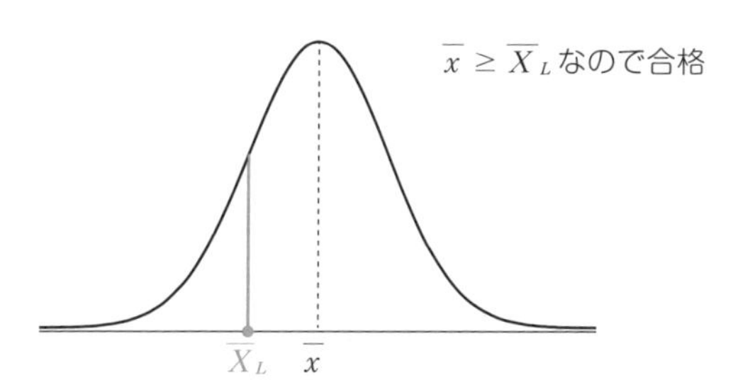

図 14.4　合格判定（特性値が高いほうが好ましい場合）

- 特性値が低いほうが好ましい場合，$\overline{x}$ が上限合格判定値 $\overline{X}_U$ 以下ならば，ロットは合格と判定します（**図 14.5**）．

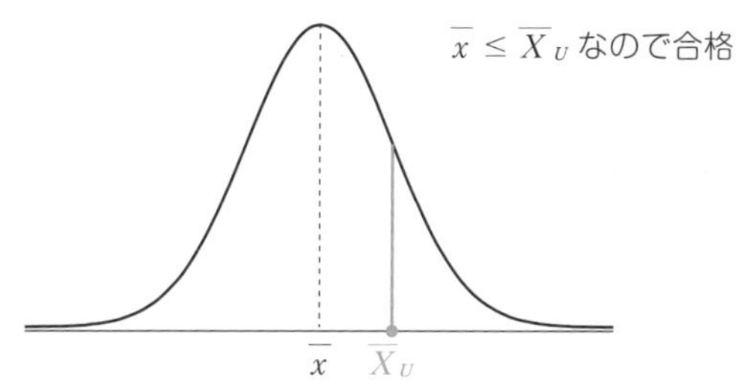

図 14.5　合格判定（特性値が低いほうが好ましい場合）

表 14.7　計数規準型一回抜取検査表†

計数規準型一回抜取検査表（JIS Z 9002:1956）

細字は n，**太字**は c　　　　$\alpha \fallingdotseq 0.05$，$\beta \fallingdotseq 0.10$

p_0(%) ＼ p_1(%)	0.71 ～ 0.90	0.91 ～ 1.12	1.13 ～ 1.40	1.41 ～ 1.80	1.81 ～ 2.24	2.25 ～ 2.80	2.81 ～ 3.55	3.56 ～ 4.50	4.51 ～ 5.60	5.61 ～ 7.10	7.11 ～ 9.00	9.01 ～ 11.2	11.3 ～ 14.0	14.1 ～ 18.0	18.1 ～ 22.4	22.5 ～ 28.0	28.1 ～ 35.5	p_1(%) ／ p_0(%)
0.090 ～ 0.112	*	400 **1**	↓	←	↓	→	60 **0**	50 **0**	←	↓	↓	←	↓	↓	↓	↓	↓	0.090 ～ 0.112
0.113 ～ 0.140	*	↓	300 **1**	↓	←	↓	→	↑	40 **0**	←	↓	↓	←	↓	↓	↓	↓	0.113 ～ 0.140
0.141 ～ 0.180	*	500 **2**	↓	250 **1**	↓	←	↓	→	↑	30 **0**	←	↓	↓	←	↓	↓	↓	0.141 ～ 0.180
0.181 ～ 0.224	*	*	400 **2**	↓	200 **1**	↓	←	↓	→	↑	25 **0**	←	↓	↓	←	↓	↓	0.181 ～ 0.224
0.225 ～ 0.280	*	*	500 **3**	300 **2**	↓	150 **1**	↓	←	↓	→	↑	20 **0**	←	↓	↓	←	↓	0.225 ～ 0.280
0.281 ～ 0.355	*	*	*	400 **3**	250 **2**	↓	120 **1**	↓	←	↓	→	↑	15 **0**	←	↓	↓	←	0.281 ～ 0.355
0.356 ～ 0.450	*	*	*	500 **4**	300 **3**	200 **2**	↓	100 **1**	↓	←	↓	→	↑	15 **0**	←	↓	↓	0.356 ～ 0.450
0.451 ～ 0.560	*	*	*	*	400 **4**	250 **3**	150 **2**	↓	80 **1**	↓	←	↓	→	↑	10 **0**	←	↓	0.451 ～ 0.560
0.561 ～ 0.710	*	*	*	*	500 **6**	300 **4**	200 **3**	120 **2**	↓	60 **1**	↓	←	↓	→	↑	7 **0**	←	0.561 ～ 0.710
0.711 ～ 0.900	*	*	*	*	*	400 **6**	250 **4**	150 **3**	100 **2**	↓	50 **1**	↓	←	↓	→	↑	5 **0**	0.711 ～ 0.900
0.901 ～ 1.12		*	*	*	*	*	300 **6**	200 **4**	120 **3**	80 **2**	↓	40 **1**	↓	←	↓	↑	↑	0.901 ～ 1.12
1.13 ～ 1.40			*	*	*	*	500 **10**	250 **6**	150 **4**	100 **3**	60 **2**	↓	30 **1**	↓	←	↓	↑	1.13 ～ 1.40
1.41 ～ 1.80				*	*	*	*	400 **10**	200 **6**	120 **4**	80 **3**	50 **2**	↓	25 **1**	↓	←	↓	1.41 ～ 1.80
1.81 ～ 2.24					*	*	*	*	300 **10**	150 **6**	100 **4**	60 **3**	40 **2**	↓	20 **1**	↓	←	1.81 ～ 2.24
2.25 ～ 2.80						*	*	*	*	250 **10**	120 **6**	70 **4**	50 **3**	30 **2**	↓	15 **1**	↓	2.25 ～ 2.80
2.81 ～ 3.55							*	*	*	*	200 **10**	100 **6**	60 **4**	40 **3**	25 **2**	↓	10 **1**	2.81 ～ 3.55
3.56 ～ 4.50								*	*	*	*	150 **10**	80 **6**	50 **4**	30 **3**	20 **2**	↓	3.56 ～ 4.50
4.51 ～ 5.60									*	*	*	*	120 **10**	60 **6**	40 **4**	25 **3**	15 **2**	4.51 ～ 5.60
5.61 ～ 7.10										*	*	*	*	100 **10**	50 **6**	30 **4**	20 **3**	5.61 ～ 7.10
7.11 ～ 9.00											*	*	*	*	70 **10**	40 **6**	25 **4**	7.11 ～ 9.00
9.01 ～ 11.2												*	*	*	*	60 **10**	30 **6**	9.01 ～ 11.2
p_0(%) ／ p_1(%)	0.71 ～ 0.90	0.91 ～ 1.12	1.13 ～ 1.40	1.41 ～ 1.80	1.81 ～ 2.24	2.25 ～ 2.80	2.81 ～ 3.55	3.56 ～ 4.50	4.51 ～ 5.60	5.61 ～ 7.10	7.11 ～ 9.00	9.01 ～ 11.2	11.3 ～ 14.0	14.1 ～ 18.0	18.1 ～ 22.4	22.5 ～ 28.0	28.1 ～ 35.5	p_0(%) ＼ p_1(%)

備考　矢印はその方向の最初の欄の n，c を用いる．＊印は表 2（本書では省略）による．空欄に対しては抜取検査方式はない．

† JIS Z 9002:1956「計数規準型抜取検査」（日本規格協会，1956 年）

表 14.8　計量規準型一回抜取検査表§

p_0(%)，p_1(%)をもとにしての試料の大きさ n と合格判定値を計算するための係数 k とを求める表（$\alpha \fallingdotseq 0.05$　$\beta \fallingdotseq 0.10$）（JIS Z 9003:1979）

左下は n，右上は k

p_0(%) 代表値	p_0(%) 範囲 \ p_1(%) 代表値	0.80	1.00	1.25	1.60	2.00	2.50	3.15	4.00	5.00	6.30	8.00	10.0	12.5	16.0	20.0	25.0	31.5
	p_1(%) 範囲	0.71～0.90	0.91～1.12	1.13～1.40	1.41～1.80	1.81～2.24	2.25～2.80	2.81～3.55	3.56～4.50	4.51～5.60	5.61～7.10	7.11～9.00	9.01～11.2	11.3～14.0	14.1～18.0	18.1～22.4	22.5～28.0	28.1～35.5
0.100	0.090～0.112	18 2.71	15 2.66	12 2.61	10 2.56	8 2.51	7 2.40	6 2.40	5 2.34	4 2.28	4 2.30	3 2.14	3 2.08	2 1.99	2 1.91	2 1.84	2 1.75	2 1.66
0.125	0.113～0.140	23 2.68	18 2.63	14 2.58	10 2.53	9 2.48	8 2.43	6 2.37	5 2.31	5 2.25	4 2.19	3 2.11	3 2.05	2 1.96	2 1.88	2 1.80	2 1.72	2 1.62
0.160	0.141～0.180	29 2.64	22 2.60	17 2.55	13 2.50	11 2.45	9 2.39	7 2.35	6 2.28	5 2.22	4 2.15	4 2.09	3 2.01	3 1.94	2 1.84	2 1.77	2 1.68	2 1.59
0.200	0.181～0.224	39 2.61	28 2.57	21 2.52	16 2.47	13 2.42	10 2.30	8 2.30	7 2.25	6 2.19	5 2.12	4 2.05	3 1.98	3 1.91	2 1.81	2 1.73	2 1.65	2 1.55
0.250	0.225～0.280	*	37 2.54	27 2.49	20 2.44	15 2.38	12 2.33	10 2.28	8 2.21	6 2.15	5 2.09	4 2.02	4 1.95	3 1.87	3 1.80	2 1.70	2 1.61	2 1.52
0.315	0.281～0.355	*	*	36 2.46	25 2.40	19 2.35	14 2.30	11 2.24	9 2.18	7 2.12	6 2.06	5 1.99	4 1.92	3 1.84	3 1.76	2 1.66	2 1.57	2 1.48
0.400	0.356～0.450	*	*	*	33 2.37	24 2.32	18 2.26	14 2.21	11 2.15	8 2.08	7 2.02	6 1.95	5 1.89	4 1.81	3 1.72	3 1.64	2 1.53	2 1.44
0.500	0.451～0.560	*	*	*	46 2.33	31 2.28	23 2.23	17 2.17	13 2.11	10 2.05	8 1.99	6 1.92	5 1.85	4 1.77	3 1.68	3 1.60	2 1.50	2 1.40
0.630	0.561～0.710	*	*	*	*	44 2.25	30 2.19	21 2.09	15 2.08	12 2.02	9 1.95	7 1.89	6 1.81	5 1.74	4 1.65	3 1.56	2 1.46	2 1.36
0.800	0.711～0.900	*	*	*	*	*	42 2.16	28 2.10	20 2.04	15 1.98	11 1.91	8 1.84	7 1.78	5 1.70	4 1.61	3 1.52	3 1.44	2 1.32
1.00	0.901～1.12		*	*	*	*	*	38 2.06	26 2.00	18 1.94	14 1.88	10 1.81	8 1.74	6 1.66	5 1.58	4 1.50	3 1.42	3 1.30
1.25	1.13～1.40			*	*	*	*	*	36 1.97	24 1.91	17 1.84	12 1.77	9 1.70	7 1.63	6 1.54	4 1.45	3 1.37	3 1.26
1.60	1.41～1.80				*	*	*	*	*	34 1.86	23 1.80	16 1.73	12 1.66	9 1.59	6 1.50	5 1.41	4 1.32	3 1.21
2.00	1.81～2.24					*	*	*	*	*	31 1.76	20 1.69	14 1.62	10 1.54	8 1.46	6 1.37	5 1.28	3 1.16
2.50	2.25～2.80						*	*	*	*	46 1.72	28 1.65	19 1.58	13 1.50	9 1.42	7 1.33	5 1.24	4 1.13
3.15	2.81～3.55							*	*	*	*	42 1.60	26 1.53	17 1.46	11 1.37	8 1.29	6 1.19	5 1.09
4.00	3.56～4.50								*	*	*	*	39 1.49	24 1.41	15 1.33	10 1.24	7 1.14	5 1.04
5.00	4.51～5.60									*	*	*	*	35 1.37	20 1.28	13 1.19	9 1.10	6 0.99
6.30	5.61～7.10										*	*	*	*	30 1.23	18 1.14	12 1.05	8 0.94
8.00	7.11～9.00											*	*	*	*	27 1.09	16 1.00	10 0.89
10.0	9.01～11.2												*	*	*	44 1.03	23 0.94	14 0.83

備考　*印の欄は付表 3（本書では省略）によりそれぞれのp_0，p_1の代表値に対するK_{p0}，K_{p1}を用いて $n=\left(\dfrac{2.9264}{K_{p0}-K_{p1}}\right)^2$，$k=0.562073K_{p1}+0.437927K_{p0}$ を計算し，n は整数に，k は小数点以下 4 けたまで計算し，2 けたに丸めたものを用いる．空欄に対しては抜取検査方式はない．

§　JIS Z 9003:1979「計量規準型一回抜取検査」（日本規格協会，1979 年）

理解度確認 問題

次の文章で正しいものには○，正しくないものには×を選べ．

① 抜取検査は，判定結果に誤りが許されない場合に使用する．

② 生産者危険αは，本来は不合格とすべきロットを合格と判定する危険をいう．

③ 消費者危険βは，本来は合格とすべきロットを不合格と判定する危険をいう．

④ 計数規準型抜取検査は，抜き取った標本の平均値や標準偏差でロットの合否を判定する方式である．

⑤ 計量規準型抜取検査は，二項分布やポアソン分布が規準（確率）を決める基礎である．

⑥ 計数規準型抜取検査は，正規分布が規準（確率）を決める基礎である．

⑦ OC 曲線は，抜取検査の不合格率を横軸に，ロットの不適合品率を縦軸にとり，これらの関係を視覚化したグラフである．

⑧ JIS が定める計数規準型一回抜取検査表は，生産者危険も消費者危険も 5％程度となるように規準値を設定している．

⑨ 計数規準型一回抜取検査表により，抜取数cと合格判定個数nが判明する．

⑩ 計数規準型一回抜取検査表の場合，標本中の不適合品数が合格判定個数c以上の場合には，当該ロットは合格と判定する．

理解度確認　解答と解説

① **正しくない（×）**．抜取検査では，判定結果にある程度の間違いが起こる可能性があることを想定する．　☞ 14.1 節 3

② **正しくない（×）**．消費者危険 β についての説明である．　☞ 14.1 節 3

③ **正しくない（×）**．生産者危険 α についての説明である．　☞ 14.1 節 3

④ **正しくない（×）**．計量規準型抜取検査の説明である．計数規準型抜取検査は，標本中の不適合品数により，ロット全体の合否を判定する．　☞ 14.1 節 2

⑤ **正しくない（×）**．計数規準型抜取検査の説明である．計量規準型抜取検査は，標本の平均値や標準偏差によりロット全体の合否を判定する．　☞ 14.1 節 2

⑥ **正しくない（×）**．計量規準型抜取検査は，検査の結果が計量値で表されるものに用いられ，正規分布が規準（確率）を決める基礎である．　☞ 14.1 節 2

⑦ **正しくない（×）**．OC 曲線は，抜取検査の合格率を縦軸に，ロットの不適合品率を横軸にとり，これらの関係を視覚化したグラフである．　☞ 14.2 節 1

⑧ **正しくない（×）**．JIS が定める計数規準型一回抜取検査表は，生産者危険 α が 5 % 程度，消費者危険 β が 10 % 程度となるように規準値を設定している．　☞ 14.3 節 2

⑨ **正しくない（×）**．抜取数の記号は n であり，合格判定個数の記号は c である．　☞ 14.3 節 1

⑩ **正しくない（×）**．標本中の不適合品数が合格判定個数 c「以下」の場合には，当該ロットは合格と判定する．　☞ 14.3 節 1

練習問題

【問 1】 抜取検査に関する次の文章において，［　　］内に入るもっとも適切なものを下欄の選択肢からひとつ選べ．ただし，各選択肢を複数回用いることはない．

図 14.A は，サンプルサイズ $n=40$，合格判定個数 $c=4$ とした計数規準型一回抜取検査方式の OC 曲線である．縦軸には［(1)］をとり，横軸には［(2)］をとる．抜取数 n が一定で，合格判定個数 c を［(3)］とすると，合格率は［(4)］となる．その代わりに，本来は不合格とすべき悪いロットであるが，たまたま標本に適合品が多く入ったので合格としてしまう危険，［(5)］も大きくなる．

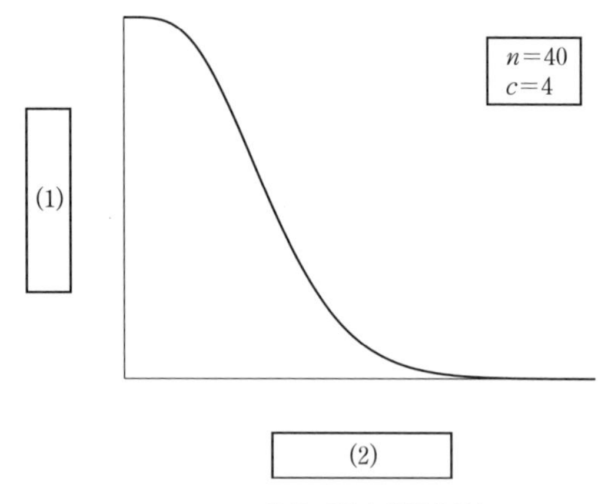

図 14.A OC 曲線（検査特性曲線）

【［(1)］［(2)］の選択肢】

ア．ロットの不適合品率（%）　　イ．ロットの合格する確率
ウ．サンプルの不適合品率（%）　エ．サンプルの合格する確率

【［(3)］～［(5)］の選択肢】

ア．低く　イ．高く　ウ．多く　エ．少なく
オ．生産者危険 α　カ．消費者危険 β

【問 2】 抜取検査に関する次の文章において，［　　］内に入るもっとも適切なものを下欄の選択肢からひとつ選べ．ただし，各選択肢を複数回用いることはない．

p_0 は，なるべく合格させたいロットの［(1)］であり，p_1 は，なるべく不合格としたいロットの［(2)］である．ロットの不適合品率（%）は［(3)］で求める．
p_0 は［(4)］が［(5)］に近しい値になるようにし，p_1 は［(6)］が［(7)］に近しい値になるように設定するとともに，工場の生産能力，コスト，あるいは製品の品質に対する要求や検査にかかる費用，労力，時間などの状況に鑑みて決定する．そして，抜取検査では必ず［(8)］でなければならない．

計数規準型一回抜取検査表（JIS Z 9002:1956）を活用して抜取数と合格判定個数を決定したい．例えば，$p_0=0.95\,\%$，$p_1=20\,\%$ と定め，$\alpha \fallingdotseq 5\,\%$，$\beta \fallingdotseq 10\,\%$ にしたい場合，抜取数 n は［(9)］であり，合格判定個数 c は［(10)］となる．

【［(1)］［(2)］の選択肢】

ア．合格確率の下限　イ．不適合品率の下限　ウ．合格判定個数の下限
エ．不適合品率の上限　オ．合格確率の上限　カ．合格判定個数の上限

【［(3)］の選択肢】

ア．$\dfrac{\text{ロットの大きさ}}{\text{ロット内の合格品の数}}\times 100$　イ．$\dfrac{\text{ロット内の不適合品の数}}{\text{ロットの大きさ}}\times 100$

ウ．$\dfrac{\text{ロットの大きさ}}{\text{ロット内の不適合品の数}}\times 100$　エ．$\dfrac{\text{ロット内の合格品の数}}{\text{ロット内の不適合品の数}}\times 100$

【［(4)］～［(7)］の選択肢】

ア．第 2 種の誤り α　イ．0.025　ウ．消費者危険 β　エ．0.05
オ．0.10　カ．生産者危険 α　キ．第 1 種の誤り β　ク．0.5

【［(8)］の選択肢】

ア．$p_0=p_1$　イ．$p_0>p_1$　ウ．$p_0 \fallingdotseq p_1$　エ．$p_0<p_1$　オ．$p_0 \neq p_1$

【［(9)］［(10)］の選択肢】

ア．0　イ．1　ウ．20　エ．25　オ．50

【問 3】 抜取検査に関する次の文章において，［　　］内に入るもっとも適切なものを下欄の選択肢からひとつ選べ．ただし，各選択肢を複数回用いることはない．

計量規準型抜取検査を適用するために満たさなければならない条件として

① 検査単位の品質が［(1)］であること．
② 特性値が［(2)］に従っていること．
③ 検査の対象となる製品が［(3)］として処理できる状態であること．
④ ロットの特性値の［(4)］がわかっていること．

があげられる．

【［(1)］～［(4)］の選択肢】

ア．標準偏差　イ．計数値　ウ．二項分布　エ．標本
オ．不適合品率　カ．計量値　キ．平均値　ク．ロット
ケ．ポアソン分布　コ．分散　サ．正規分布　シ．バッチ

この検査の手順は

手順1　適切な検査の対象となる［(5)］の測定方法の特定．その際に［(6)］の一方または双方を規定が必要となる．

手順2　p_0 と p_1 を決める（p_0：なるべく合格させたいロットの不適合品率の上限，p_1：なるべく不合格としたいロットの不適合品率の下限）．

手順3　［(7)］を形成し，［(8)］を指定する．

手順4　JIS Z 9003 の「抜取検査表」を使用し，［(9)］と［(10)］を読み取る．

手順5　n 個の標本を抜き取り，［(5)］を測定して，［(11)］を求める．

手順6　合否判定を行う．

条件 a）特性値が高いほうが望ましい場合と，条件 b）特性値が低いほうが望ましい場合があるので適切に処置する．

手順7　ロットを処置する．

ある検査では特性値が高いほうが望ましい．

$p_0 = 0.25\,\%$，$p_1 = 10.0\,\%$

S_L（下限規格）が 25（単位省略），標準偏差 σ が 2.5 の条件で検査を行ったときに，判定値を求めるための係数 k は［(12)］である．ロットの平均値 $\bar{x}$ を計算すると 30.225 であった．このロットは［(13)］となる．

【［(5)］～［(11)］の選択肢】

ア．分散値　イ．平均値　ウ．中央値　エ．ロット
オ．上限・下限規格　カ．標準偏差　キ．特性値　ク．上限・下限限界
ケ．合格判定値を計算するための係数　コ．不合格率を計算するための係数
サ．抜取数　シ．標本　ス．範囲　セ．片側規格
ソ．合格個数

【［(12)］［(13)］の選択肢】

ア．1.87　イ．1.95　ウ．2.02　エ．合格　オ．不合格　カ．廃棄

練習　解答と解説

【問 1】 抜取検査に関する問題である．

解答　(1) **イ**　(2) **ア**　(3) **ウ**　(4) **イ**　(5) **カ**

図 14.A は，サンプルサイズ $n=40$，合格判定個数 $c=4$ とした 1 回抜取検査方式の OC 曲線である．縦軸は［(1)　**イ．ロットの合格する確率**］をとり，横軸は［(2)　**ア．ロットの不適**

合品率（%）］をとる．抜取数 n が一定で，合格判定個数 c を［(3)　**ウ．多く**］すると，合格率は［(4)　**イ．高く**］なる．その代わりに，本来は不合格とすべき悪いロットであるが，たまたま標本に適合品が多く入ったので合格としてしまう危険，［(5)　**カ．消費者危険 β**］も大きくなる．

☞ **14.2 節 1**

【問 2】 計数規準型抜取検査に関する問題である．

解答　(1) **エ**　(2) **イ**　(3) **ウ**　(4) **カ**　(5) **エ**
(6) **ウ**　(7) **オ**　(8) **エ**　(9) **エ**　(10) **イ**

p_0 は，なるべく合格させたいロットの［(1)　**エ．不適合品率の上限**］である．
p_1 は，なるべく不合格としたいロットの［(2)　**イ．不適合品率の下限**］である．

ロットの不適合品率（%）は，［(3)　**ウ．** $\dfrac{\textbf{ロットの大きさ}}{\textbf{ロット内の不適合品の数}} \times 100$］で求める．

p_0 は［(4)　**カ．生産者危険 α**］が［(5)　**エ．0.05**］に近しい値になるようにし，p_1 は［(6)　**ウ．消費者危険 β**］が［(7)　**オ．0.10**］に近しい値になるように設定する．抜取検査では必ず［(8)　**エ．$p_0 < p_1$**］でなければならない．

計数規準型一回抜取検査表（JIS Z 9002:1956）を活用し，$p_0 = 0.95\,\%$，$p_1 = 20\,\%$ と定め，$\alpha \fallingdotseq 5\,\%$，$\beta \fallingdotseq 10\,\%$ にしたい場合，抜取数 n は［(9)　**エ．25**］であり，合格判定個数 c は［(10)　**イ．1**］となる．抜取検査表は章末を参照，抜粋は**表 14.a** を参照．

表 14.a　計数規準型一回抜取検査表（抜粋）

p_0（%）＼ p_1（%）	14.1〜18.0	18.1〜22.4
0.901〜1.12	←	↓
1.13〜1.40	↓	←
1.41〜1.80	25　**1**	↓

細字は n，**太字**は c，$\alpha \fallingdotseq 0.05$，$\beta \fallingdotseq 0.10$

☞ **14.3 節 2**

【問 3】 計量規準型抜取検査に関する問題である．

解答　(1) **カ**　(2) **サ**　(3) **ク**　(4) **ア**　(5) **キ**　(6) **オ**　(7) **エ**
(8) **カ**　(9) **サ**　(10) **ケ**　(11) **イ**　(12) **イ**　(13) **エ**

計量規準型抜取検査を適用するために満たさなければならない条件は

① 検査単位の品質が［(1)　**カ．計量値**］であること．
② 特性値は［(2)　**サ．正規分布**］に従っていること．
③ 検査の対象となる製品が［(3)　**ク．ロット**］として処理できる状態であること．
④ ロットの特性値の［(4)　**ア．標準偏差**］がわかっていること．

があげられる．なお，標準偏差が未知の場合は，JIS Z 9004 を参照する．

この検査の手順は

手順❶ 適切な検査の対象となる［(5)　**キ．特性値**］の測定方法の特定．その際に［(6)　**オ．上限・下限規格**］の一方または双方の規定が必要となる．

手順❷ p_0 と p_1 を決める（p_0：なるべく合格させたいロットの不適合品率の上限，p_1：なるべく不合格としたいロットの不適合品率の下限）．

手順❸ ［(7)　**エ．ロット**］を形成し，［(8)　**カ．標準偏差**］を指定する．

手順❹ JIS Z 9003 の「抜取検査表」を使用し，［(9)　**サ．抜取数**］と「(10)　**ケ．合格判定値を計算するための係数**」を読み取る．

手順❺ n 個の標本を抜き取り，特性値を測定して，［(11)　**イ．平均値**］を求める．

手順❻ 合否判定を行う．

条件 a）特性値が高いほうが望ましい場合と，条件 b）特性値が低いほうが望ましい場合があるので適切に処置する．

手順❼ ロットを処置する．

ある検査では特性値が高いほうが望ましい．

$p_0=0.25\,\%$，$p_1=10.0\,\%$，S_L（下限規格）が 25（単位省略），標準偏差 σ が 2.5 の条件で検査を行ったときに判定値を求めるための係数 k は［(12)　**イ．1.95**］である（**表 14.b** および章末の計量規準型一回抜取検査表を参照）．

ロットの平均値 $\overline{x}$ を計算すると 30.225 であった．このロットは［(13)　**エ．合格**］となる．

これは下限規格の判定値

$$\overline{X}_L=S_L(\text{下限規格})+k(\text{係数})\times\sigma(\text{標準偏差})$$

を計算して下限規格の判定値 $\overline{X}_L$ よりも，ロットの平均値 $\overline{x}$ がそれ以上，すなわち $\overline{x}\geq\overline{X}_L$ であれば合格とする．

$$\overline{X}_L=S_L(\text{下限規格})25+k(\text{係数})1.95\times\sigma(\text{標準偏差})2.5=29.875$$

ロットの平均値 $\overline{x}$ は 30.225 であるから，30.225≧29.875（$\overline{x}\geq\overline{X}_L$）が成り立つため合格とする．

表 14.b　計量規準型一回抜取検査表（抜粋）†

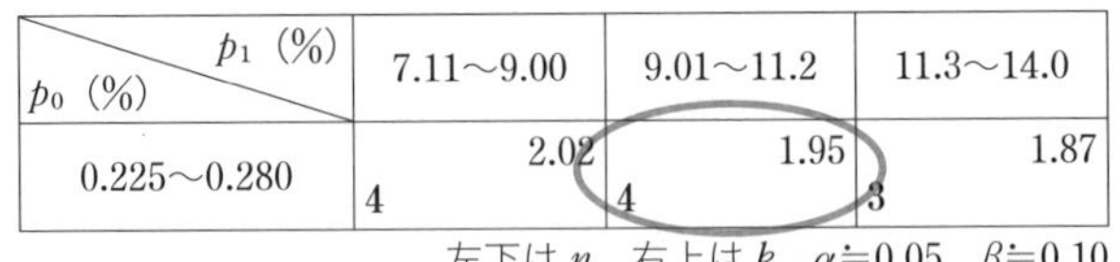

p_0（%）＼ p_1（%）	7.11〜9.00	9.01〜11.2	11.3〜14.0
0.225〜0.280	4　2.02	4　1.95	3　1.87

左下は n，右上は k，$\alpha≒0.05$，$\beta≒0.10$

☞ 14.4 節 1，2

† JIS Z 9003:1979「計量規準型一回抜取検査」（日本規格協会，1979 年）

手法分野

15章 信頼性工学

15.1 信頼性とは
15.2 保全の分類
15.3 信頼性の尺度
15.4 バスタブ曲線
15.5 信頼性モデル
15.6 信頼性データのまとめ方

信頼性の
計算方法を
学習します

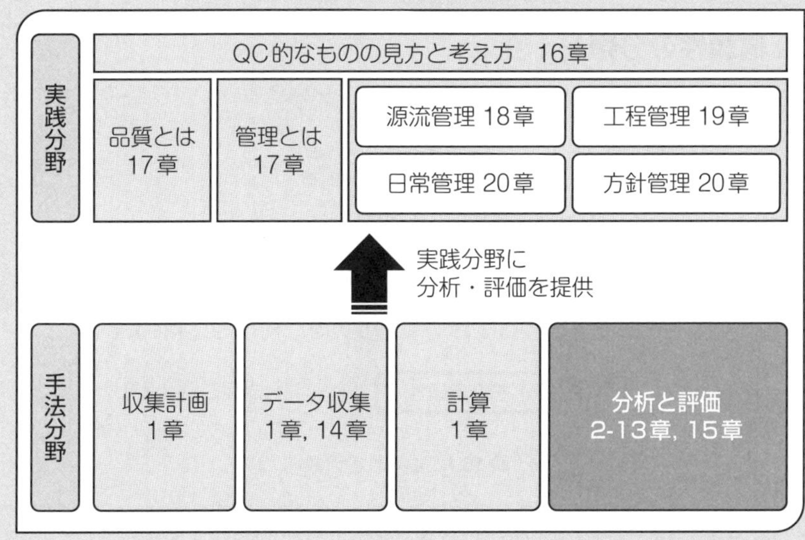

15.1 信頼性とは

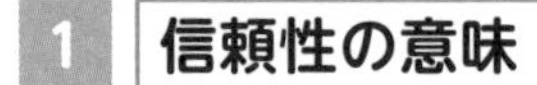

1 信頼性の意味

信頼性とは，アイテムが与えられた条件の下で，与えられた期間，要求機能を遂行できる能力です†．アイテム（機器，部品，システム）が要求された機能を失うことを故障といいます．故障せずに期待どおりに機能するならば，顧客は安心して購入することができます．信頼性は，狭義と広義の 2 通りの意味で使用されます．

狭義の信頼性とは上記の定義と類似し，アイテムが長持ちできる能力です．耐久性ともいい，信頼性の基本的な性質です．広義の信頼性は，狭義の信頼性に加え，保全性や設計信頼性を考えます．

保全性とは，短い時間で修理することができる能力です．保全性を高めるためには，定期点検により故障を予知して回復し，故障が発生した場合には短い時間で修理を行います．**設計信頼性**とは，耐久性や保全性をより高く保てるように設計・開発段階から配慮することです．デザインレビュー・FMEA・FTA などを通じて設計・開発の段階から顧客の使用品質を考えます．

2 信頼性の分類

信頼性は，**図 15.1** のように分類できます．

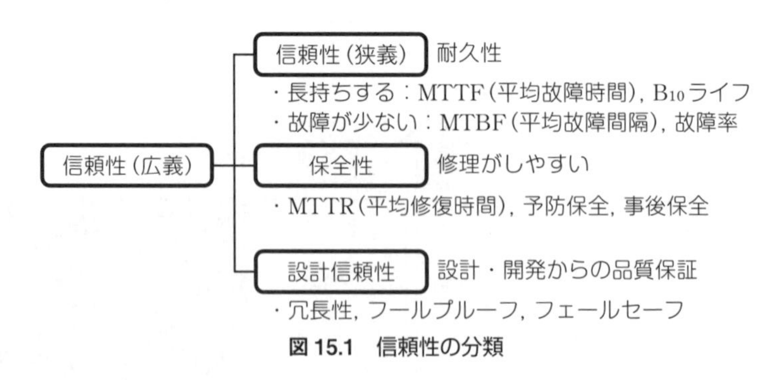

図 15.1　信頼性の分類

† JIS Z 8115:2000「ディペンダビリティ（信頼性）用語」（日本規格協会，2000 年）

15.2 保全の分類

保全とは，アイテムが故障した場合でも短い時間で修理ができるようにするための管理活動です．整備ともいいます．保全は**図 15.2** のように分類できます．

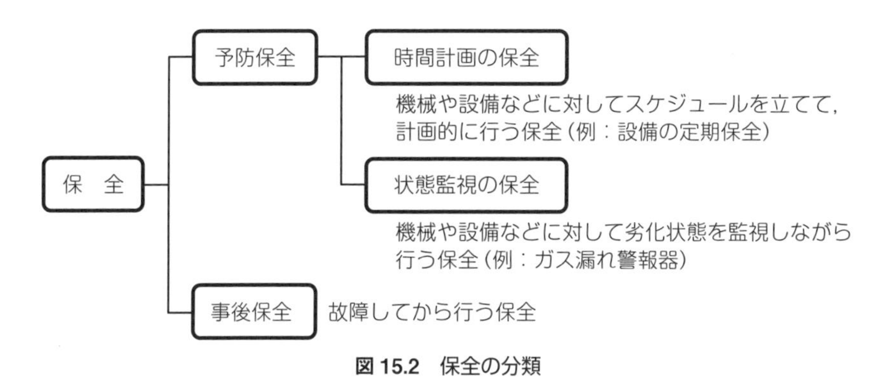

図 15.2　保全の分類

予防保全（Preventive Maintenance; PM）は，故障を予知し未然に防止する保全活動です．短い時間で修復するには，故障箇所の早期の発見（予防保全）が有効です．

事後保全（Corrective Maintenance; CM）は故障してから行う保全活動です．早く修復を完了することが重要です．

15.3 信頼性の尺度

出題頻度

信頼性を定量的に評価する尺度には様々あります．以下では，試験に出題された信頼性の尺度の例を解説します．

1 狭義の信頼性

狭義の信頼性とは，アイテムが長持ちできる能力です．狭義の信頼性の尺度は，非修理系アイテムと修理系アイテムに分けて考えます．非修理系アイテムとは，故障したら修理できない製品や部品です．例えば電球やタイヤなどの使い捨て品です．修理系アイテムとは，故障しても修理して再利用できる製品や部品です．

（1）非修理系アイテムの尺度

非修理系の「長持ちする」という特性は，**表 15.1** の尺度により評価できます．

表 15.1　非修理系の尺度

尺度	解説	計算式など
信頼度	信頼度は，単位時間内にアイテムが稼働している確率です． 耐久性を定量的に表すもので，評価には MTTF や B_{10} ライフなどが用いられます．	・製品 100 個中，ある時間で 70 個が稼働していれば信頼度は 0.70． ・システムの信頼度の計算は 15.5 節を参照． ・不信頼度 ＝1－ 信頼度
MTTF （平均故障時間）	MTTF は，Mean Time To Failure を略した語で，故障（寿命）までの平均時間です．	$\mathrm{MTTF}=\dfrac{総稼働時間}{故障件数}$
B_{10} ライフ（ビーテンライフ）	B_{10} ライフは，サンプルの 10% が故障するまでの時間です．信頼度 90% になる時間であり，交換時期の目安となります．元々の語源は，ベアリングメーカーが自社のベアリングの寿命を表す際に用いた記号であるため，略号として B（Bearing）を用います．添え字の 10 は 10% 点を意味します．	

例題 15.1

ある機械に使用している同一部品は，それぞれ 150，150，160，140 時間で故障したので交換した．MTTF は何時間か．

解答

$$\text{MTTF} = \frac{150+150+160+140}{4} = \textbf{150 時間}$$

すなわち，150 時間稼働すると平均 1 個は故障する＝寿命となる．

（2）修理系アイテムの尺度

修理系の「故障が少ない」という特性は，**表 15.2** の尺度により評価できます．

表 15.2　修理系の尺度

尺度	解説	計算式など
MTBF （平均故障間隔）	MTBF は，Mean Time Between Failure を略した語で，修理が完了してから，次の故障が発生するまでの平均時間，すなわち，稼働している時間の平均です．	$\text{MTBF} = \frac{\text{総稼働時間}}{\text{故障件数}}$ ※ MTTF と MTBF の計算式は同じです．
故障率	故障率は，単位時間内で故障する確率です．故障率は経過時間とともに変化します．右は故障率が一定とみなせる場合の計算式です．	$\text{故障率} = \frac{1}{\text{MTBF}}$

例題 15.2

ある機械は，100 時間稼働後に故障により 3 時間で修理，その後，120 時間稼働後に 2 時間の修理，その後，140 時間稼働後に再度故障したので 4 時間の修理を行い稼働した．MTBF は何時間か．

解答

$$\text{MTBF} = \frac{100+120+140}{3} = \textbf{120 時間}$$

すなわち，120 時間稼働すると平均 1 個は故障する ＝ 修理が必要になる．

例題 15.3

ある機械の MTBF は 20 時間であった．故障率はいくらか．

解答

$$\text{故障率} = \frac{1}{20} = \textbf{0.05/ 時間}$$

すなわち，1 時間当たり 5 % の確率で故障する．

2 保全性

保全性とは，故障した場合でも短い時間で修復ができる能力です．保全性の特性は，**表 15.3** の尺度により評価できます．

表 15.3　保全性の尺度

尺度	解説	計算式など
保全度	保全度は，ある規定の時間内でアイテムの修復を完了している確率です．	故障した製品 100 個中，ある時間で 70 個の修復が完了していれば保全度は 0.70．
MTTR（平均修復時間）	MTTR は，Mean Time To Repair を略した語で，アイテムが故障した場合，修復にかかった平均時間，すなわち停止時間です．MTTR が短いほど，保全性は高いことを表します．	$\text{MTTR}=\dfrac{\text{総修復時間}}{\text{修復件数}}$
アベイラビリティ（稼働率）	アベイラビリティとは，時間全体を稼働時間と停止時間に分けたとき，時間全体に占める稼働時間の割合，すなわち稼働率のことです．アベイラビリティは，信頼性に関する MTBF と保全性に関する MTTR の一方または両方の改善により向上します．	$\text{稼働率}=\dfrac{\text{MTBF}}{\text{MTBF}+\text{MTTR}}$ MTBF は稼働している時間，MTTR は修復（停止）している時間ですから，簡単にいうと次のようになります． $\text{稼働率}=\dfrac{\text{稼働時間}}{\text{全体時間}}$

例題 15.4

ある機械は，100 時間稼働後に故障により 3 時間で修理，その後，120 時間稼働後に 2 時間の修理，その後，140 時間稼働後に再度故障したので 4 時間の修理を行い稼働した．MTTR は何時間か．

解答

$$\text{MTTR}=\frac{3+2+4}{3}=3.0\ \text{時間}$$

すなわち，修理時間の平均は 1 回当たり 3.0 時間である．

なお，例題 15.2 や例題 15.4 では，誤りを防ぐために，**図 15.3** のように稼働時間と修理（停止）時間を図示するとよい．

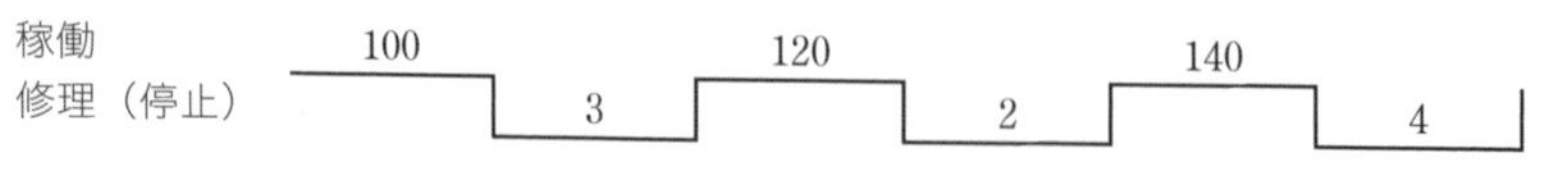

図 15.3　稼働時間と修理（停止）時間の図示

15.4 バスタブ曲線

バスタブ曲線（故障曲線）とは，機械や装置の経過時間と故障率の変化をグラフで表現したものです．お風呂の浴槽（バスタブ）のような形になることからバスタブ曲線といわれます．

修理系アイテムの故障率は，一定ではなく時間の経過により変化します．バスタブ曲線は，縦軸に故障率，横軸に経過時間を配置し，故障率の変化の状態を表します．起こる故障の状態は，設備を使用する経過時間により異なります．バスタブ曲線は，故障率と経過時間を**図 15.4** の 3 つの期間に分けて考えます．

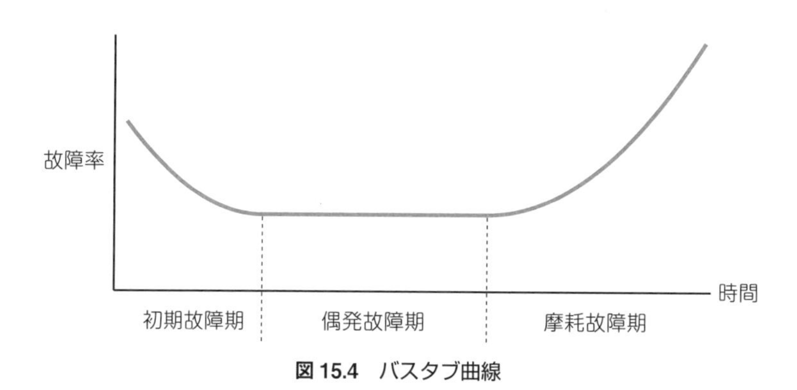

図 15.4　バスタブ曲線

表 15.4　バスタブ曲線の説明

初期故障期 (Decreasing Failure Rate; DFR)	設計や製造工程の欠陥などにより，使用開始時は故障率が高いが時間とともに減少する時期．
偶発故障期 (Constant Failure Rate; CFR)	初期故障の排除後は，ごく稀にしか故障が生じない時期．偶発故障期間のことを「耐用寿命」ともいいます．
摩耗故障期 (Increasing Failure Rate; IFR)	部品の劣化や摩耗などにより，時間経過とともに故障率が増加する時期．対策としては予防保全（PM）があります．

15.5 信頼性モデル

1 システムの信頼度の計算

信頼性モデルは，設計信頼性と関連します．後に解説する冗長性を製品の設計・開発の段階から考慮することにより，故障時間や修復時間に影響を受けずにシステムの信頼度を高めることができます．信頼度の計算問題は試験頻出です．

例として，次の信頼度を条件として，**表 15.5** に示す各システムの信頼度を求めます．

A の信頼度 ＝0.90，B の信頼度 ＝0.90，C の信頼度 ＝0.80

表 15.5　システム名と信頼度の計算

システム名と図	考え方	解答と計算方法
直列系 ─[A]─[B]─	直列系の場合には，システムの構成要素のうち 1 つでも故障すれば，システム全体の故障となります．	システムの信頼度 ＝A の信頼度×B の信頼度 ＝0.90×0.90＝0.81
並列系（冗長系） [A] と [B] の並列	冗長性とは，一部が故障してもシステム全体は故障とならない性質です．A が故障しても B によりシステム全体の稼働は維持できます．システム全体の信頼度を計算する前に，A と B 両方が故障する不信頼度を計算します．	①不信頼度＝1 －信頼度 A の不信頼度は 0.10 B の不信頼度は 0.10 ② A と B の両方が故障するという不信頼度 ＝0.10×0.10＝0.01 ③システムの信頼度 ＝1 －不信頼度 ＝1 － 0.01＝0.99
直列＋並列系 ─[C]─ と [A]・[B] の並列	直列と並列の連結型．計算できるものから計算を開始します．	①並列 A と B の信頼度 ＝0.99 ②システムの信頼度 ＝0.80×0.99＝0.792

冗長系には，並列系のほかに**待機冗長系**もあります．待機冗長系は代替を待機させ，故障した場合には代替に切り替える方式です．並列系との違いは，待機冗長系は常時接続ではなく，故障時に初めて起動して切り替える点です．

2 故障の木解析（FTA）の発生確率を計算

故障の木解析とは，顧客の製品使用時に生じる不具合を設計・開発段階から未然に防止するための手法です（18.5 節 2）．信頼性モデルの計算と同じ考え方によりトップ事象や基本事象の発生確率を計算することができます．計算ポイントは次のとおりです．

- AND ゲート：直列系により計算
- OR ゲート：並列系により計算

例題 15.5

図 15.5 におけるトップ事象の発生確率を求めよ．**AND ゲート**は，その下流の事象が全て発生した場合に上流の事象が発生することを意味する．**OR ゲート**は，下流の事象が 1 つでも発生した場合に上流の事象が発生することを意味する．

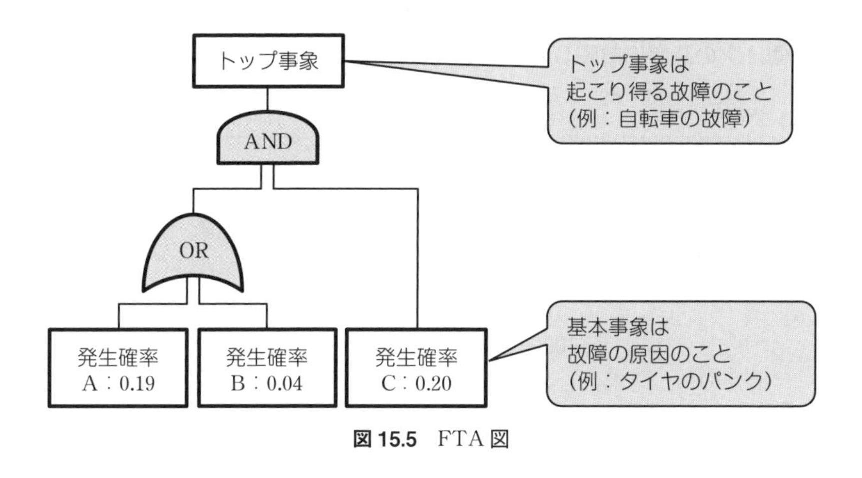

図 15.5　FTA 図

解答

① OR ゲートの発生確率を求める．

OR ゲートなので並列で計算すると，$1-(1-0.19)\times(1-0.04)=0.2224$

② AND ゲート（トップ事象）の発生確率を求める．

AND ゲートなので直列で計算すると，$0.2224\times0.20=0.04448$

以上より，トップ事象の発生確率は，**0.04448** である．

15 章 信頼性工学

15.6 信頼性データのまとめ方

出題頻度

信頼性実験は実際の使用条件によることが最も好ましいのですが，寿命を対象とするため，全データを取得するまで実験を行うことは，時間と費用を著しく要するので現実的には困難です．そこで信頼性実験に際しては，定時打ち切り実験と定数打ち切り実験の2種類があります．

定時打ち切り実験は，事前に決められた時間に達したときに実験を打ち切る方法です．**定数打ち切り実験**は，サンプル数が事前に決められた数に達したときに実験を打ち切る方法です．

例題 15.6

信頼度を得るために部品8個について1000時間の寿命試験を行ったところ，部品5個は次の時間に故障した．このデータからMTBFを求めよ．

400，500，600，700，800（時間）

解答

定時打ち切り実験の例題です．本書執筆時点で，試験での出題例はありません．

MTBF（平均故障間隔）ですから，まずは総稼働時間を求めます．

$$
\begin{aligned}
\text{総稼働時間} &= \text{故障した部品の総稼働時間} \\
&\qquad + \text{故障しなかった部品の総稼働時間} \\
&= (400 + 500 + 600 + 700 + 800) + (1000 \times 3) \\
&= 3000 + 3000 = 6000
\end{aligned}
$$

$$
\mathrm{MTBF} = \frac{\text{総稼働時間}}{\text{故障件数}}
$$

$$
= \frac{6000}{5} = \textbf{1200 時間}
$$

1200時間稼働すると平均1個は故障すると推定する（点推定）．

理解度確認　問題

次の文章で正しいものには○，正しくないものには×を選べ．

① 狭義の信頼性とは，短い時間で修理することができる能力のことである．
② 保全性とは，部品などのアイテムが長持ちできる能力のことである．
③ 予防保全は，故障してから行う保全活動である．
④ 事後保全は，故障を予知し未然に防止する保全活動である．
⑤ 設計信頼性とは，耐久性や保全性をより高く保てるように設計・開発段階から配慮することである．
⑥ MTTF は，修理を行うまでの平均時間である．
⑦ MTBF は，故障までの平均時間である．
⑧ MTTR は，アイテムが故障した場合，修復にかかった平均時間である．
⑨ OC 曲線とは，機械や装置の経過時間と故障率の変化をグラフで表現したものである．
⑩ 冗長系とは，システムの構成要素のうち 1 つでも故障すれば，システム全体の故障となるものである．

理解度確認 解答と解説

① **正しくない（×）**．保全性の説明である．狭義の信頼性とは，部品などのアイテムが長持ちできる能力のことである． ☞ 15.1 節 1

② **正しくない（×）**．狭義の信頼性の説明である．保全性とは，短い時間で修理することができる能力のことである．整備ともいう． ☞ 15.1 節 1

③ **正しくない（×）**．事後保全の説明である．予防保全は，故障を予知し未然に防止する「事前」の保全活動である．短い時間で修復するには，故障箇所の早期の発見が有効である． ☞ 15.2 節

④ **正しくない（×）**．予防保全の説明である．事後保全は，故障してから行う保全活動である．早く修復することが重要である． ☞ 15.2 節

⑤ **正しい（○）**．設計信頼性とは，耐久性や保全性をより高く保てるように設計・開発の段階から配慮することである．デザインレビュー・FMEA・FTA などを通じて行う． ☞ 15.1 節 1

⑥ **正しくない（×）**．MTTF とは平均故障時間のことで，故障（寿命）までの平均時間である．Mean Time To Failure の略である． ☞ 15.3 節 1

⑦ **正しくない（×）**．MTBF とは平均故障間隔のことで，修理が完了してから，次の故障が発生するまでの平均時間である．Mean Time Between Failure の略である． ☞ 15.3 節 1

⑧ **正しい（○）**．MTTR とは平均修復時間のことで，アイテムが故障した場合，修復にかかった平均時間である．Mean Time To Repair の略である． ☞ 15.3 節 2

⑨ **正しくない（×）**．OC 曲線は誤りで，バスタブ曲線が正しい．バスタブ曲線は故障曲線ともいう． ☞ 15.4 節

⑩ **正しくない（×）**．直列系の説明である．冗長性とは，一部が故障してもシステム全体は故障とならない性質のことである． ☞ 15.5 節 1

練習問題

【問 1】 信頼性工学に関する次の文章において，[　　]内に入るもっとも適切なものを下欄の選択肢からひとつ選べ．ただし，各選択肢を複数回用いることはない．

製品や部品の信頼性を評価する尺度として，[(1)]ことや[(2)]ことを特性と捉える．[(1)]とは，「故障したら修理できない製品や部品」についての尺度のことであり，[(2)]とは，「故障しても修理して再利用できる製品や部品」についての尺度のことである．

[(1)]ことの評価尺度として，故障（寿命）までの平均時間である[(3)]や，サンプルの 10 % が故障するまでの時間である[(4)]がある．[(3)]は，[(5)]により計算できる．[(4)]は[(6)]が 90 % になる時間のことであり，交換時期の目安とすることができる．

[(2)]ことの評価尺度としては，修理が完了してから，次の故障が発生するまでの平均時間である[(7)]や，単位時間内で故障する確率である[(8)]がある．[(8)]は時間経過ともに変化するが，一定とみなせる場合は[(9)]により計算できる．

【選択肢】

ア．保全性　イ．故障率　ウ．バスタブ曲線　エ．故障が少ない

オ．信頼度　カ．修理率　キ．B_{10} ライフ　ク．MTBF

ケ．MTTR　コ．MTTF　サ．長持ちする　シ．Best_{10} ライフ

ス．$\dfrac{総稼働時間}{故障件数}$　セ．$\dfrac{1}{\mathrm{MTBF}}$　ソ．$\dfrac{\mathrm{MTBF}}{\mathrm{MTBF}+\mathrm{MTTR}}$

【問 2】 信頼性工学に関する次の文章において，[　　]内に入るもっとも適切なものを下欄の選択肢からひとつ選べ．ただし，各選択肢を複数回用いることはない．

① 表 15.A は，ある製品の部品 10 個を寿命試験にかけて得た試験時間と故障件数をまとめたものである．

表 15.A

試験期間（時間）	中心値（時間）	故障数
0～ 400	200	0
400～ 800	600	1
800～1200	1000	4
1200～1600	1400	4
1600～2000	1800	1
合計		10

この部品のMTTFを計算したい．MTTFは［ (1) ］であるから，［ (2) ］を［ (3) ］で割れば求めることができる．各試験期間の中心値を故障時間の代表値とすると，この部品10個の［ (2) ］は表15.Aから［ (4) ］（時間）となり，MTTFを計算すると［ (5) ］（時間）となる．

【［ (1) ］～［ (3) ］の選択肢】
ア．平均故障間隔　イ．故障件数　ウ．修理件数　エ．平均故障時間
オ．信頼度　カ．平均稼働時間　キ．総稼働時間

【［ (4) ］［ (5) ］の選択肢】
ア．510　イ．1200　ウ．2100　エ．5100　オ．12000　カ．21000

② ある機械は1000時間稼働後に故障した．修理は4時間を要し復旧した．そして1300時間稼働後に故障したため，3時間かけて修理した．その後，1100時間稼働したが再度故障したので5時間をかけて修理を行い再稼働した．この状況におけるMTBFは［ (6) ］（時間）となる．

③ ②の状況におけるMTTRを計算すると［ (7) ］（時間）となる．

④ ある機械のMTBFは30時間であることがわかった．故障率を求めると［ (8) ］/時間となる．

【［ (6) ］～［ (8) ］の選択肢】
ア．0.33　イ．4　ウ．5　エ．30　オ．1133　カ．3400

【問3】 信頼性モデルに関する次の文章において，［　　］内に入るもっとも適切なものを下欄の選択肢からひとつ選べ．ただし，各選択肢を複数回用いることはない．

① 信頼性モデルは，［ (1) ］と関連している．［ (2) ］を製品の設計・開発の段階から考慮することにより，故障時間や修復時間に影響を受けずにアイテムの［ (3) ］を高めることができる．もっとも過剰な［ (2) ］は，コスト増に繋がるので注意を要する．

【［ (1) ］～［ (3) ］の選択肢】
ア．製造信頼性　イ．耐久性　ウ．設計信頼性　エ．冗長性　オ．迅速性
カ．不信頼度　キ．信頼度

② 表15.Bにおけるシステム図の信頼度は，A = 0.95，B = 0.98，C = 0.90である．

表 15.B

システム名と図	解答と計算方法
直列系 ─[A]─[B]─	このシステムの信頼度は (4) である.
並列系（冗長系） A と B の並列	A の不信頼度は (5) である. B の不信頼度は (6) である. A と B の両方が故障するという不信頼度は (7) である. このシステムの信頼度は (8) である.
直列＋並列系 C と（A, B の並列）の直列	このシステムの信頼度は (9) である.

【(4) ～ (9) の選択肢】

ア．0.001　イ．0.02　ウ．0.05　エ．0.2
オ．0.5　カ．0.8991　キ．0.931　ク．0.999

練習　解答と解説

【問 1】狭義の信頼性について，長持ちするという修理系アイテムの尺度と，故障が少ないという非修理系アイテムの尺度に区分した場合の用語に関する問題である．

解答　(1) **サ**　(2) **エ**　(3) **コ**　(4) **キ**　(5) **ス**　(6) **オ**　(7) **ク**　(8) **イ**　(9) **セ**

狭義の信頼性について，「長持ちする」という修理系アイテムの尺度と，「故障が少ない」という非修理系アイテムの尺度に区分した場合の用語に関する問題である．

製品や部品の信頼性を評価する尺度として，［(1)　**サ．長持ちする**］ことや［(2)　**エ．故障が少ない**］ことを特性と捉える長持ちするとは，「故障したら修理できない製品や部品」（非修理系アイテム）についての尺度であり，故障が少ないとは，「故障しても修理して再利用できる製品や部品」（修理系アイテム）についてである．

長持ちすることの評価尺度として，故障（寿命）までの平均時間である［(3)　**コ．MTTF**］や，サンプルの 10 % が故障するまでの時間である［(4)　**キ．B_{10} ライフ**］がある．MTTF は，［(5)　**ス．$\dfrac{\text{総稼働時間}}{\text{故障件数}}$**］により計算できる．$B_{10}$ ライフは［(6)　**オ．信頼度**］が 90 % になる時間のことであり，交換時期の目安とすることができる．

故障が少ないことの評価尺度として，修理が完了してから，次の故障が発生するまでの平均時間である［(7)　**ク．MTBF**］や，単位時間内で故障する確率である［(8)　**イ．故障率**］がある．故障率は時間経過ともに変化するが，一定とみなせる場合は［(9)　**セ．**$\dfrac{1}{\mathbf{MTBF}}$］により計算できる．

☞ 15.3 節 1

【問 2】信頼性の尺度に関する計算問題である．

解答　(1) **エ**　(2) **キ**　(3) **イ**　(4) **オ**　(5) **イ**　(6) **オ**　(7) **イ**　(8) **ア**

① MTTF とは，［(1)　**エ．平均故障時間**］のことで，Mean Time To Failure の略である．MTTF は，［(2)　**キ．総稼働時間**］を［(3)　**イ．故障件数**］で割れば求めることができる．

この部品の総稼働時間は，表 15.A から［(4)　**オ．12000**］（時間）となり，MTTF を計算すると［(5)　**イ．1200**］（時間）となる．

総稼働時間と MTTF の求め方は，次のとおりである．

$$総稼働時間 = 200\times0+600\times1+1000\times4+1400\times4+1800\times1 = 12000$$

$$\mathrm{MTTF}=\frac{総稼働時間}{故障件数}=\frac{12000}{10}=1200$$

☞ 15.3 節 1

② このような問題は間違い防止のため**図 15.a** のように図示するのがよい．

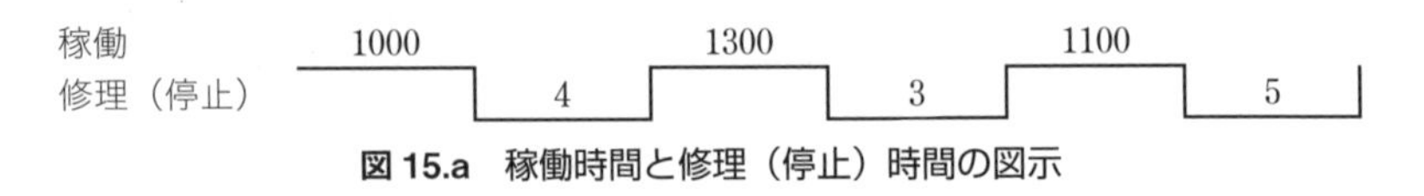

図 15.a　稼働時間と修理（停止）時間の図示

MTBF とは，平均故障間隔のことで，Mean Time Between Failure の略である．MTBF は，修理が完了してから次の故障が発生するまでの平均時間であり，次の計算により求めることができる．

$$\mathrm{MTBF}=\frac{総稼働時間}{故障件数}=\frac{1000+1300+1100}{3}=\frac{3400}{3}=1133$$

よって，［(6)　**オ．1133**］（時間）である．

☞ 15.3 節 1

③ MTTR とは，平均修復時間のことで，Mean Time To Repair の略である．MTTR は，修復にかかった平均時間である．修理にかかった時間の合計は，4 時間＋ 3 時間＋ 5 時間＝12 時間である．修理 3 件の平均時間を求めたいので，

$$\mathrm{MTTR}=\frac{総修復時間}{修復件数}=\frac{12}{3}=4$$

よって，［(7)　**イ．4**］時間である．

☞ 15.3 節 2

④ MTBFは，修理が完了してから次の故障が発生するまでの平均時間である．この問題ではMTBFが30時間とあり，故障率は次のように求める．

$$故障率 = \frac{1}{\mathrm{MTBF}} = \frac{1}{30} = 0.33$$

よって，故障率は［(8)　**ア．0.33**］/時間である．1時間当たり33％の確率で故障するとわかる．

☞ 15.3節 1

【問3】信頼性モデルに関する計算問題である．

解答　(1) **ウ**　(2) **エ**　(3) **キ**　(4) **キ**　(5) **ウ**　(6) **イ**　(7) **ア**　(8) **ク**　(9) **カ**

① 狭義の信頼性も保全性も，設計・開発の段階から作り込むことにより機能を果たし得るので，信頼性モデルは，［(1)　**ウ．設計信頼性**］と関連する．［(2)］は，過剰な部品数はコスト増に繋がるので，［(2)　**エ．冗長性**］が入る．冗長性とは，一部が故障してもシステム全体は故障とならないように，予備的なアイテムを配置する性質だからである．冗長性を考慮することにより，アイテムの［(3)　**キ．信頼度**］を高めることができる．

② 信頼性モデルの計算問題である．

（1）直列系システムの信頼度

直列系システムは，システムの構成要素のうち1つでも故障すれば，システム全体の故障となるので，直列系システムの信頼度は**図15.b**である．よって，

直列系システムの全体の信頼度 ＝Aの信頼度×Bの信頼度
＝0.95×0.98＝［(4)　**キ．0.931**］

となる．

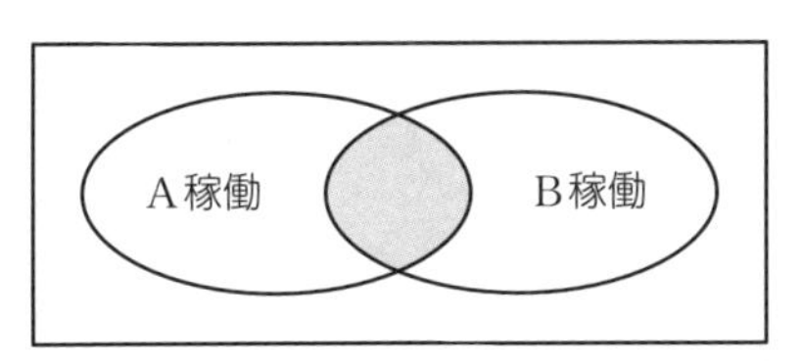

図15.b　直列系システムの信頼度（A∩B）

（2）並列系システムの信頼度

並列系システムは，一部が故障してもシステム全体は故障とならない．AとBの両方が故障となる場合だけが全体の故障であるから，

全体の信頼度 ＝1− 全体の不信頼度

により計算する．並列系システムの信頼度は**図15.c**である．

- Aの不信頼度は，1−0.95＝［(5)　**ウ．0.05**］
- Bの不信頼度は，1−0.98＝［(6)　**イ．0.02**］
- AとBの両方が故障するという全体の不信頼度 ＝0.05×0.02＝［(7)　**ア．0.001**］
- 並列系システム全体の信頼度 ＝1− 全体の不信頼度 ＝1−0.001＝［(8)　**ク．0.999**］

となる．

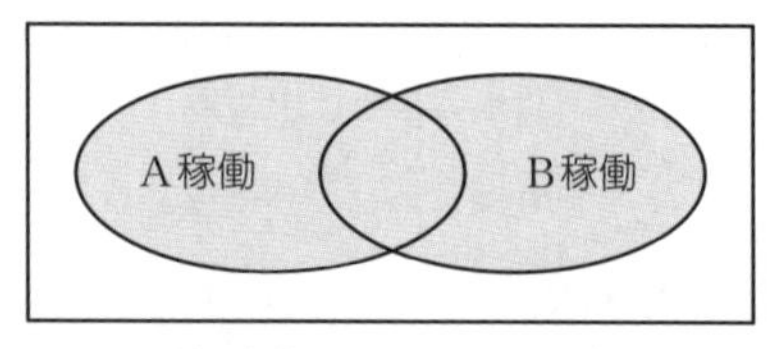

図 15.c　並列系システムの信頼度（A∪B）

（3）直列系＋並列系システムの信頼度

並列系 A と B の全体の信頼度 ＝0.999 であるから，

直列系＋並列系システム全体の信頼度 ＝0.90×0.999＝ ［(9)　**カ．0.8991**］

となる．

☞ 15.5 節 1

実践分野

16章 品質管理が必要な理由

実践分野	QC的なものの見方と考え方 16章			
	品質とは 17章	管理とは 17章	源流管理 18章	工程管理 19章
			日常管理 20章	方針管理 20章

↑ 実践分野に分析・評価を提供

手法分野	収集計画 1章	データ収集 1章, 14章	計算 1章	分析と評価 2-13章, 15章

16.1 品質管理とは何か

1 品質管理とは

品質管理とは，買い手の要求に合った品質をもつ製品やサービスを経済的に作り出すための手段です[†]．

この定義は，次のように分解するとわかりやすくなります．

品質管理とは

- 買い手の要求に合った品質をもつ製品やサービスの提供を行う活動（顧客志向）．顧客に購入いただくことは，企業の存続に不可欠です．
- 製品やサービスを経済的に作り出すための活動（経済性）．経済性とは，ムダを省いてコストを減らすことです．効率性ともいいます．
- これらの活動を行うための手段（仕組み作り，仕事のやり方を決めること）

すなわち，品質管理は，顧客志向と経済性の両立を重視する活動です．

2 品質管理に不可欠な管理項目：QCD

品質管理を実践するためには，**QCD** の実現が不可欠です（**図 16.1**）．QCD は，Quality（品質），Cost（コスト），Delivery（納期）の頭文字を取った語です．

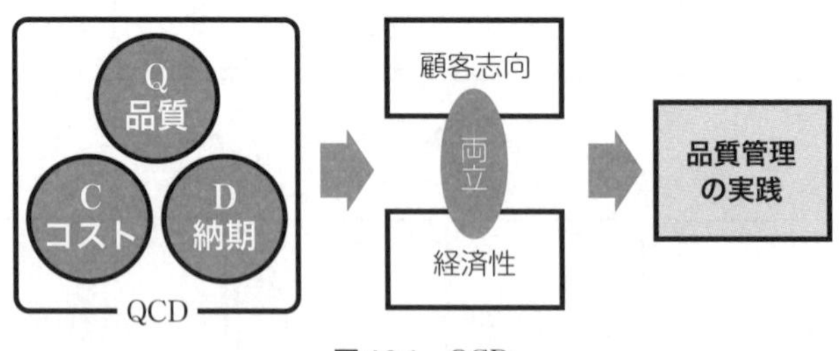

図 16.1　QCD

† JIS Z 8101:1981「品質管理用語」（日本規格協会）．現在この規格は廃止されています．

企業は，QCD のような重要な要素について，次のような結果系の管理項目を設定し，品質管理を実践できるように管理します．

- 品　質（Q）：設計どおりに作り，不適合品を減らす（品質向上）
- コスト（C）：製造に関わるコストを少しでも減らす（原価低減）
- 納　期（D）：顧客と約束した納期までに提供する（納期厳守）

例えば，不適合品が過剰に発生すると，廃棄，手直し，追加検査などが生じてコストが増えます．追加検査や手直しによって納期に間に合わなくなれば，場合によって顧客は発注先を他社へ切り替えるでしょう．そうなると，製品は全て廃棄となり，そのためのコストが上乗せされ，コストが増加します．これらの経費は，不適合品を過剰に作り出していなければ発生しないものであり，工夫によりなくすことができたはずなのです．

このように，品質管理を実践するためには，QCD を実現することが大切です．とくに，QCD の中でも，品質，すなわち不適合品を出さないことが最優先となります（この考え方を「**品質優先**」といいます）．

3 品質管理の役割と目的

企業の損失は，多くの場合，不適合品の発生から始まります．企業における品質管理の役割は，買い手の要求を満たすものを提供し，かつ，不適合品を出したり作ったりしないように，仕事のやり方（仕組み）を管理することです．

そして，品質管理の目的は，買い手の要求を満たすこと，すなわち**顧客満足**（Customer Satisfaction; CS）です．顧客満足は，顧客が企業や製品・サービスに感じる愛着や信頼である顧客ロイヤリティへ繋がります．

16.2 品質管理の変遷

品質管理は，不適合品の流出防止対策から始まった歴史があります．当初は，不適合品を顧客に提供しないために，例えば出荷時の全数検査などの「検査」（19章）が重視されていました．

検査は，不適合品の流出を防止する手段としては良いのですが，いくつか弱点があります．例えば，出荷時に全数を検査しなければならない場合

- 検査実施に費用がかさむ
- 不適合品を見つけるために人手が必要になる
- 検査時間がかかるため，出荷が延期される
- 検査待ちの製品の保管場所が必要になる

……

など，次々とコスト増を招きます．さらに，検査により，不適合品の流出を防ぐことはできても，そもそも，不適合品の発生を防ぐことはできません．

そこで，不適合品への対策は，流出防止だけでなく発生防止に，さらには適合品を作り込む工夫へと，段階的に発展しました（**図 16.2**）．この発展は，不適合品の流出防止対策について，検査という「**結果による保証**」から，仕事のやり方の工夫という「**プロセスによる保証**」に変遷してきた，と表現されます．

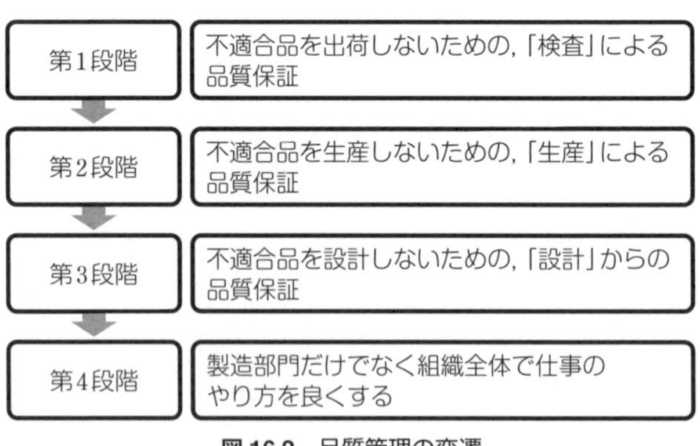

図 16.2　品質管理の変遷

16.3 QC的な見方・考え方

出題頻度

1 品質管理の全般に共通する基本思考

QC的な見方・考え方とは，品質管理を実践する場合，その全般に共通する基本思考のことです．この基本思考は，企業や組織の全部門，全員が身に付けるべき重要な考え方ですから，教育訓練が重要です．また，この基本思考は，顧客志向と経済性の両立という品質管理の目的を実現するために存在します．

以下に，基本思考の具体例を示します．

2 マーケットイン

マーケットインとは，製品・サービスを提供するにあたり，顧客・社会のニーズを優先するという考え方です．どんなに素晴らしい製品・サービスでも，顧客や社会のニーズに合致していなければ，購入・利用いただくことはできません．つまり，マーケットインは，顧客志向を表す考え方です．

マーケットインの対義語が，**プロダクトアウト**です．これは，顧客・社会のニーズを重視せず，提供側の保有技術や都合を優先するという考え方です．

3 品質優先／顧客志向

品質優先とは，QCD（16.1節2）の中でも，品質（不適合品を作らないこと）が最優先であるという考え方です．これもまた，顧客志向を表す考え方です．**図16.3**に示すPSME（Productivity（生産性），Safety（安全性），Morale（士気，モラル），Environment（環境）の頭文字を取ったもの）を土台として組織が安定してこそ，QCDが実現できます．

また，QCDとPSMEは品質管理の実践項目ですから，通常，**表16.1**のような管理項目を設定し，目標達成に向けた活動を行います．

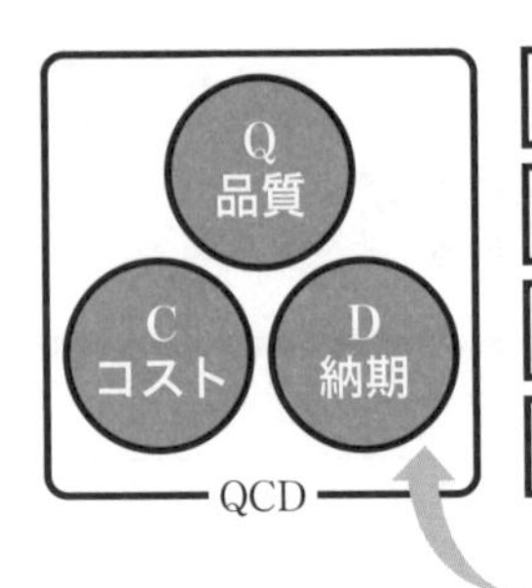

P　生産性：生産量や歩留まり

S　安全性：製品安全や職場安全

M　士　気：従業員のモラルや倫理

E　環　境：職場環境や地球環境

図 16.3　QCD と PSME

表 16.1　QCD と PSME の管理項目例

Q：品　質	Quality	不適合品率
C：コスト	Cost	コストダウン達成率
D：納　期	Delivery	納期達成率

P：生産性	Productivity	1 日あたりの生産量
S：安全性	Safety	無事故の継続日数
M：士　気	Morale	改善提案数
E：環　境	Environment	廃棄物の排出量

4　源流管理

源流管理とは，仕事の流れの源流（上流）に近いところで，製品・サービスの品質に影響を与える要因を掘り下げ，問題を未然に発見し解決できるようにすべきであるという考え方です．品質管理では，「**品質は源流で作り込め**」という用語で表現されます．

不適合品対策は，下流になるほど顧客に与える影響や対策に要するコストが大きくなります．リコールによる製品回収や修理は，その最たる例です．できるだけ上流の段階で不適合品の発生防止対策を行うことにより，不要な経費の発生も抑止することができます（**図 16.4**）．これより，源流管理は，品質管理の経済性を表す考え方といえます．

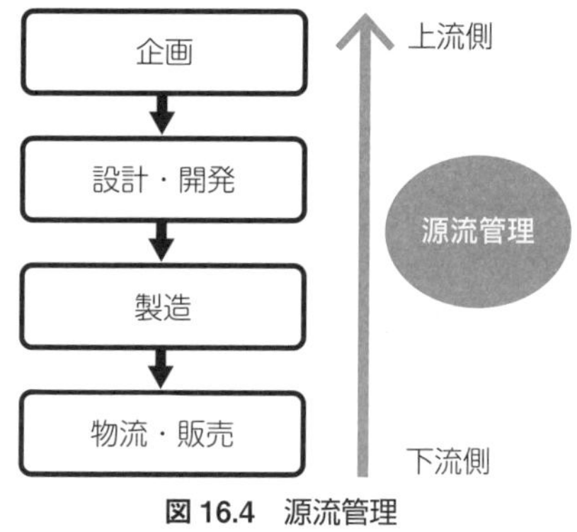

図 16.4　源流管理

5 後工程はお客様

「**後工程はお客様**」とは，品質管理における「顧客」には，外部顧客に加え，組織内部の後工程を含むという考え方です．外部顧客とは，製品・サービスの購入者や使用者です．

品質管理の変遷は，不適合品を市場に流出させないだけでなく，そもそも不適合品を作らないように工夫しようという思考への変化です．具体的には

- 製造部門は，設計どおりに作り，不適合品を作らない工夫を行う
- 設計部門は，製造部門が作りやすい設計を行う

ということです．不適合品が市場に流出する「外部の不適合」だけでなく，その前段階である組織の「内部の不適合」から発生を予防しようというものです．

この「内部の不適合」から予防しようという思考により，「顧客」の概念は，企業や組織の外部にいる従来の顧客だけでなく，内部の後工程も顧客であるとする考え方に拡大しました．組織の全員が自分の仕事を確実に行い，組織内部の後工程に不適合品を渡さないことを通じて，外部顧客への不適合品流出を防止しようとするのが，「**後工程はお客様**」思考のねらいです（**図 16.5**）．

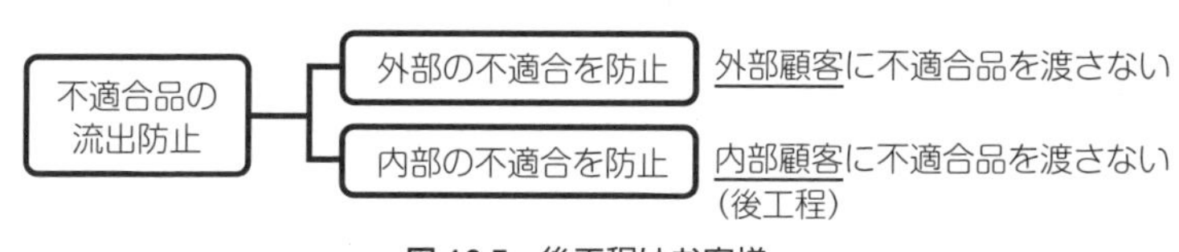

図 16.5　後工程はお客様

6 全部門，全員の参加

「**後工程はお客様**」の思考を適用する部門は，設計部門や製造部門だけではありません．人材配置の人事部門，コスト管理の経理部門，（外部）顧客に納品する物流部門，顧客の声を聴く営業部門やサポート部門，良い原材料を選択する購買部門等，全部門に適用します．全部門，全員の参加があってこそ，顧客に製品・サービスを提供できるからです．

組織全体で仕事のやり方を工夫し，不適合品を作らない，出さないようにすることを通じて，顧客満足の実現に寄与します．品質管理は，もはや会社の仕事そのものということができます．

7 重点指向

重点指向とは，数多くの課題や問題にまんべんなく取り組むのではなく，より良い結果を出すために，その結果へのインパクトが大きいと思われる事柄や要因を絞り込み，それらに注力していくことです．したがって，重点指向は，品質管理の経済性を表す考え方といえます．

絞り込みの道具としては，パレート図（**図16.6**，2.4節）が活用されます．

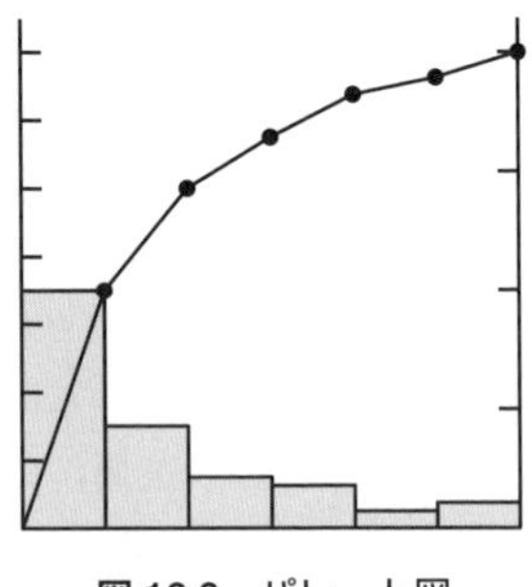

図 16.6　パレート図

8 プロセス重視（プロセスに基づく管理）

プロセスとは，結果を生み出すための過程，つまり，製造やサービスなどの仕事のやり方のことです（**図 16.7**）．プロセスは，「インプットをアウトプットに変換する，相互に関連する（または作用する）活動」と定義されています．

品質管理において，**プロセス重視**とは，結果だけを追うのではなく，結果を生み出す仕事のやり方や仕組みというプロセスに着目し，プロセスの管理を通して，ねらいどおりの結果を得るようにするという考え方です．**プロセスに基づく管理**ともいいます．

このようなプロセス重視の考え方は，品質管理では，「**品質は工程で作り込む**」という用語で表現します．品質管理の経済性を表す考え方です．

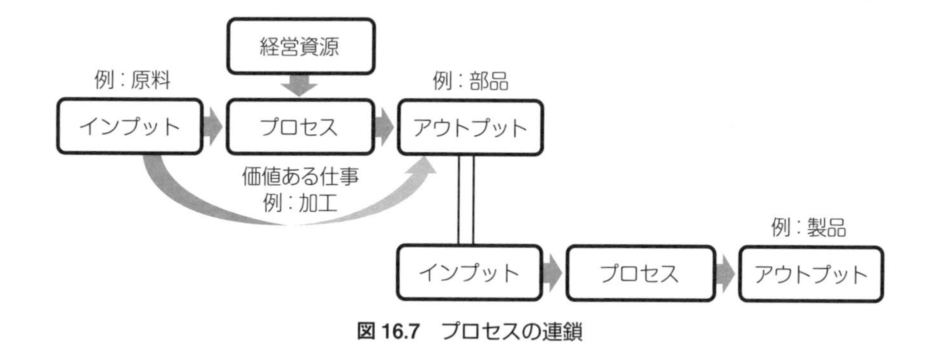

図 16.7　プロセスの連鎖

9 事実に基づく管理（ファクトコントロール）

事実に基づく管理とは，勘・経験・度胸（3 つまとめて KKD という）だけに頼るのではなく，事実やデータに基づき判断を行い管理していくという考え方です．**ファクトコントロール**ともいいます．

事実に基づく管理を行うことにより，職場の誰もが同じ判断を行うことができるので，プロセスの安定に寄与します．事実に基づく管理を実現するには，次に述べる三現主義を実践することが重要です．

10 三現主義

三現主義とは，現場で，現物を見ながら，現実的に検討を進めることを重視する考え方です．

三現主義に，原理，原則を加えた，**五ゲン主義**という考え方もあります．三現主義で問題の現状が把握できたとしても，問題解決が困難な場合，原理，原則に照らして改善を進めるという考え方です．

11 ばらつきの管理

ばらつきの管理とは，“ばらつき”を最小化することを通じて，不適合品の発生と提供を未然防止する活動です．

工場などで製造されている製品は，同じ原料，同じ機械を使って同じ作業を行ったとしても，作られた製品の品質には“ばらつき”が生じます．人によるサービスの提供は，さらに“ばらつき”が大きくなります．これらの“ばらつき”はゼロにはなりません．そして，“ばらつき”が大きくなると，**図 16.8** のとおり不適合品が発生しやすくなります．

品質管理の目的は，ばらつきの最小化を通じて不適合品の発生と提供を未然に防止し，その結果として顧客満足を達成することです．ばらつきを管理して，品質を一定の水準に安定させることが重要です．

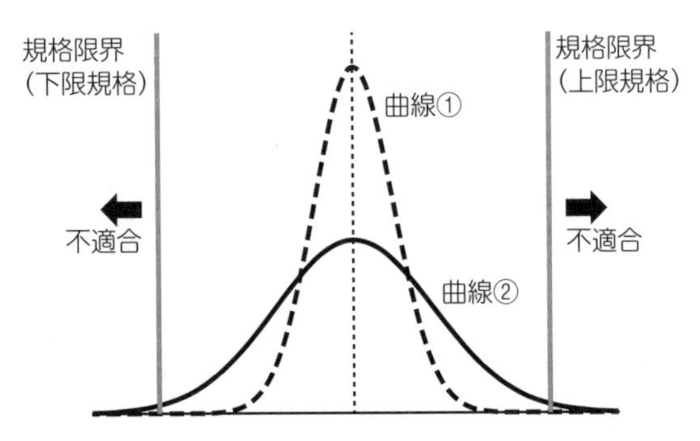

ばらつきの程度は，(曲線①)＜(曲線②) である．
ばらつきが大きくなると，分布曲線の横幅が広がり，規格限界に近づく．

図 16.8　ばらつきの管理

理解度確認 問題

品質管理に関する次の文章で正しいものには○，正しくないものには×を選べ．

① 不適合品が市場に流出しないことが重要であり，社内に留まる不適合品は増加しても仕方ない．

② QCDとは，品質，コスト，納期の略称である．

③ 品質管理の顧客とは，製品・サービスを購入くださる外部のお客様のことであり，それがすべてである．

④ 品質管理の考え方においては，品質を最優先するので，品質の追求はコスト度外視で行うべきである．

⑤ マーケットインとは，製品・サービスの提供にあたり，その提供側の保有技術や都合を優先するという考え方である．

⑥ 数多くの課題や問題がある場合，あらゆる顧客に満足いただくために，すべての課題や問題にまんべんなく取り組むことが大切である．

⑦ プロセスとは，結果を生み出すための過程を指し，工程や仕事のやり方のことである．

⑧ 品質管理は，専門的な分野なので，ベテラン社員の勘・経験・度胸による判断は貴重であり，その判断を最優先すべきである．

⑨ 事実を正しくつかみ，正しく判断するためには，現場・原理・原則の三現主義が必要である．

⑩ ばらつきを管理するとは，「ばらつきをゼロにする」ことにより，不適合品の発生を未然防止する活動である．

理解度確認　解答と解説

① **正しくない（×）**．不適合品の市場流出は防ぐべき最優先事項であるが，経済性に照らし，製造される不適合品の削減も取り組むべき重要な課題である．
☞ 16.3 節 5

② **正しい（○）**．品質管理実現の必須 3 要素は，品質（Quality），コスト（Cost），納期（Delivery）であり，それらの頭文字を取って QCD という．
☞ 16.1 節 2

③ **正しくない（×）**．品質管理における顧客には，外部顧客だけでなく，内部の後工程を含む（後工程はお客様）．
☞ 16.3 節 5

④ **正しくない（×）**．品質管理においては，品質優先ではあるが，経済性（損失軽減）も重視するため，コスト度外視ということはない．
☞ 16.1 節 1，2

⑤ **正しくない（×）**．マーケットインとは，製品・サービスの提供にあたり，顧客・社会のニーズを優先するという考え方である．なお，提供側の保有技術や都合を優先する考え方は，プロダクトアウトという．
☞ 16.3 節 2

⑥ **正しくない（×）**．品質管理は，経済性も考慮して「重点指向」を基本とし，「まんべんなく取り組む」ということはない．
☞ 16.3 節 7

⑦ **正しい（○）**．プロセスは，インプットをアウトプットに変換する，相互に関連する（または作用する）活動と定義されている．「品質は工程で作り込む」という言葉により表される．
☞ 16.3 節 8

⑧ **正しくない（×）**．品質管理は，事実に基づく管理を重視する．勘・経験・度胸（KKD）だけに頼らず，優先すべきはデータ等の事実である．
☞ 16.3 節 9

⑨ **正しくない（×）**．三現主義とは，現場・現物・現実を重視することである．これらに原理・原則を加えたものを五ゲン主義という．
☞ 16.3 節 10

⑩ **正しくない（×）**．ばらつきはゼロにはなり得ないので，ばらつきを最小化することを通じて，不適合品の発生を未然に防止する．同じ製品を製造しても，全く同じ製品は作れない．ばらつきには，避けられない偶然原因によるばらつきが含まれるからである．
☞ 16.3 節 11

練習問題

【問 1】 QC 的な見方・考え方に関する次の文章において，[　　]内に入るもっとも適切なものを下欄の選択肢からひとつ選べ．ただし，各選択肢を複数回用いることはない．

① 仕事を進めていくうえで，結果だけを追うのではなく，結果を生み出す仕組みや仕事のやり方に注目し，これを向上させるように管理していく考え方を [(1)] という．

② 品質管理の現場では，勘・経験・度胸（KKD）だけに頼って判断をするのは危険である．QC 的な考え方では [(2)] が常に求められている．

③ 品質管理にかかわる多くの課題や問題にまんべんなく取り組むのではなく，より良い結果を出すためにインパクトが大きいと思われる事柄や要因を絞り込み，それらに注力していくという考え方を [(3)] という．

④ 製品やサービスを受け取る人や組織を顧客としてとらえるが，工程においては自分が手掛けた仕事の受け手も顧客としてとらえ，その人たちに満足してもらえるものを渡すという考えを [(4)] という．

⑤ 安定して質の高い製品やサービスを提供し続けるためには，不適合品の発生をできるだけ防ぐ取り組みが必要である．そこで，工程の上流の段階で，不適合を発生させるような原因を予測し，その原因に対して是正措置や改善を施すことが重要であり，この考え方を [(5)] という．

⑥ 顧客の要求に適合する製品やサービスを企画，設計，製造，販売するという考え方を [(6)] という．一方，生産者が良いと思うものを企画，設計，製造，販売するという考え方を [(7)] という．

【選択肢】

ア．重点指向　　イ．後工程はお客様　　ウ．プロセス重視
エ．源流管理　　オ．プロダクトアウト　　カ．ファクトコントロール
キ．品質優先　　ク．マーケットイン

練習 解答と解説

【問 1】 QC 的な見方・考え方に関する問題である.

解答 (1) **ウ** (2) **カ** (3) **ア** (4) **イ** (5) **エ** (6) **ク** (7) **オ**

① 「結果だけを追うのではなく」というフレーズが現れたら，その後に置かれる語は多くの場合「プロセス」である．プロセスの連鎖によって結果が生み出されるから，結果を良くするためには，結果に至るプロセス（仕事のやり方）を良くするように管理すること，すなわち［(1) **ウ．プロセス重視**］が必要である．プロセス重視とすることで，出荷時の全数検査や市場流出後の事後対応よりも，事前対応の方がコストは安くなり，経済性が良くなる．

☞ 16.3 節 8

② 品質管理でなされる判断では，事実に基づく意思決定が必要である．この考え方を［(2) **カ．ファクトコントロール**］（事実に基づく管理）という．事実とは，データや実際に発生した現象のことである．勘・経験・度胸（KKD）が重要な場面もあるが，KKD のみでは，事実に基づかず思い込みだけで判断を行ってしまう危険性がある．

☞ 16.3 節 9

③ 品質管理は経済性も考慮するので，多くの課題や問題にまんべんなく取り組むのではなく，より良い結果を出すためにインパクトが大きいと思われる事柄や要因を絞り込み，それらに注力していくことが重要である．この考え方を［(3) **ア．重点指向**］という．重点指向の活動を行うために，普段から事実に基づく判断を行っている場合には，パレート図が役立つ．

☞ 16.3 節 7

④ 品質管理における顧客（お客様）は，実際に製品やサービスを受け取る外部顧客だけでなく，内部の後工程を含む．この考え方を［(4) **イ．後工程はお客様**］という．社内や組織の全員が自らの仕事を確実に行い，内部の不具合や不適合をなくすことにより，外部への不適合品の流出を予防できる．

☞ 16.3 節 5

⑤ 不適合品対策は，下流であるほど，顧客に与える影響や対策にかかるコストが大きくなる．そのため，できるだけ上流の段階で不適合品対策を講じることで，経済性が良くなる．ここでいう上流とは，不適合品を発生させないような製品・サービスの設計を行うこと，製造しやすい設計を行うことである．この考え方を［(5) **エ．源流管理**］という．

☞ 16.3 節 4

⑥ 顧客・社会のニーズ（要望）を満たす製品・サービスを提供していくという考え方を［(6) **ク．マーケットイン**］という．また，マーケットインの対義語が［(7) **オ．プロダクトアウト**］で，製品・サービスの提供側の保有技術や都合を優先する考え方である．

☞ 16.3 節 2

実践分野

17章 品質とは何か・管理とは何か

品質管理の
品質と管理を
学習します

実践分野	QC的なものの見方と考え方　16章			
	品質とは 17章	管理とは 17章	源流管理 18章	工程管理 19章
			日常管理 20章	方針管理 20章

↑ 実践分野に
分析・評価を提供

手法分野	収集計画 1章	データ収集 1章, 14章	計算 1章	分析と評価 2-13章, 15章

17.1 設計品質と製造品質

1 品質は顧客が評価する

品質は，“対象に本来備わっている特性の集まりが，要求事項を満たす程度”と定義されています[†]．この定義における各用語の意味は，次のとおりです．

- **対　象**：製品，サービス，業務プロセス（仕事のやり方）等
- **特　性**：製品を特徴づけている性質や性能（例：自動車ならば走ること）
- **要求事項**：顧客，法令，社会から必要とされていること（黙示又は明示）

品質は，「品質が良い」，「品質が悪い」と表現されます．「良い」，「悪い」と評価するのは顧客です．顧客満足の程度が高い製品・サービスは，品質が良いという評価を受けます．**品質を決める（満足度を評価する）のは，製品・サービスの提供側ではなく，顧客である**，という点を押さえましょう（**図 17.1**）．

例）顧客が明示した要求：可愛い自動車が欲しい．

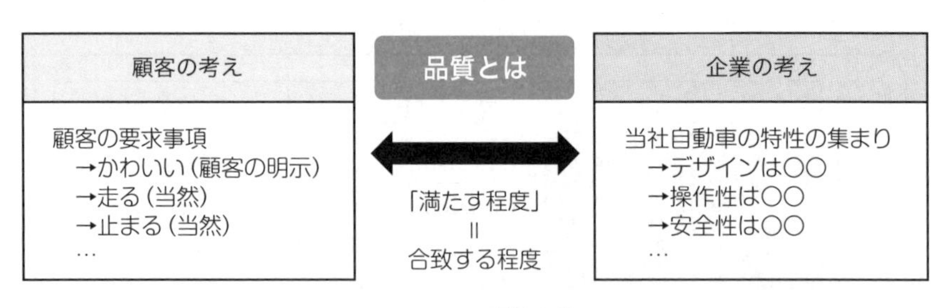

図 17.1　品質の定義

なお，品質の定義における「本来備わっている特性」とは，材料や機能など，製品が存在する限りもつ固有のものです．製品に後付けされる価格や納期は含まれません．このような特性は**品質特性**といいます．

† JIS Q 9000:2015「品質マネジメントシステム–基本及び用語」（日本規格協会，2015 年）3.6.2

2 設計品質と製造品質

顧客の求める品質は，「かわいい」のような主観的な表現が多いので，企業側が客観的に定義するのは難儀なことです．とはいえ，経済行為の主体（いわば，商売のプロ）である企業が製品やサービスを作り出すためには，次のことが必要です．

- 計画段階において，顧客が求める品質を描くこと
- 実現段階において，計画段階で描いた品質を忠実に作り出すこと

この2つの要素を企業の仕組みで表す場合，計画段階を担うのが，企画や設計・開発の部門であり，実現段階を担うのが，製造の部門です．そこで，各部門が担う品質をそれぞれ，**設計品質**，**製造品質**といいます（**図 17.2**）．これに対し，顧客が求める品質を，**要求品質**といいます（図 17.2）．

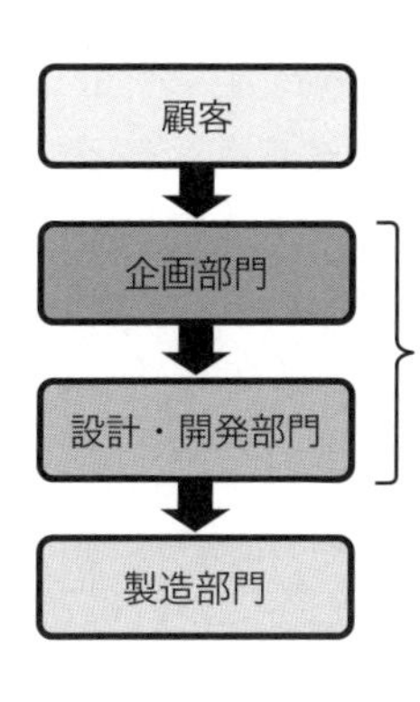

要求品質（顧客要求）

設計品質（ねらいの品質）
顧客要求に合致した設計や仕様を
作成する計画段階（企画や設計）の質．
製造の目標となる「ねらいの品質」のこと．
※企画部門を「企画品質」として分離することもある．

製造品質（できばえの品質，適合品質）
設計品質に合致した製造を行う実現段階の質．
ねらって製造した実際の「できばえの品質」のこと．
※サービス業では「製造」という言葉がなじまないため，
「適合品質」ともいう

図 17.2　品質の分類

このように，部門ごとで品質を考えることは，役割や責任が明確になるというメリットがあります．顧客にとって「品質が良い」となるには，少なくとも設計品質と製造品質のいずれも良いことが必要なのです．

17.2 魅力的品質と当たり前品質

1 顧客要求は変化する

17.1 節 1 でも述べたように，**品質**とは，“対象に本来備わっている特性の集まりが，要求事項を満たす程度”のことです．ここでの「**要求事項**」は，明示されたものだけでなく，黙示のものも含みます．

顧客の要求に合致するような製品・サービスの提供を行うのが企業の使命といえますが，顧客と顧客要求（ニーズ）は，社会とともに変化するものです．例えば，国産自動車に対するニーズは，**表 17.1** のように変遷してきました．1910 年代，自動車の競争相手は馬車や人力車でしたから，自動車がそれらより速く，故障せずに走れば，顧客は満足でした．また，1960 年代は，購買力の増強により顧客が拡大した結果，故障せずに走ることは当然とされ，顧客満足は走行性能が良い自動車に向けられました．その後も，故障せずに走るという当然に備わっている機能は維持されますが，時代の移り変わりにより，顧客は新たな要求を追加するようになります．

表 17.1　国産自動車ニーズの変遷

1910 年代頃	利用者は華族や実業家に限定
1930 年代頃	軍用・商用トラックの需要
1960 年代頃	マイカー元年（顧客の拡大）
1970 年代頃	排気ガス規制車（社会の変化）
1980 年代頃	若年層・女性ユーザーの増加（顧客の拡大）
2000 年代頃	地球環境にやさしい車（例：ハイブリッドカー）（社会の変化）
2020 年代頃	自動運転車の登場（技術の革新）

2 魅力的品質と当たり前品質

顧客要求の変化は，製品・サービスの品質に対する評価に影響を及ぼします．

例として，カーナビについて考えてみましょう．カーナビは，初めての目的地であっても安心して運転できる画期的な製品として発売されました．発売当初は渋滞した道への進路指示があるなど多少の不満はありましたが，それを補って余りある魅力的な製品でした（魅力的品質として評価）．しかし，次第にカーナビが自動車に標準装備されるようになると，オプション装備であることに不満と感じる顧客が出現するようになります（一元的品質として評価）．さらに，渋滞回避を指示する機能がないと，カーナビの意味をなさないと不満を感じるようになります（当たり前品質として評価）．

このように，顧客要求の変化に伴い，同じ製品であっても顧客の評価は，「魅力的品質」→「一元的品質」→「当たり前品質」へと変化することがあります．顧客が潜在的に何を欲しているか，企業は常に敏感である必要があるのです．

ここで，上述の3つの品質の意味を整理しておきます．

- **魅力的品質**：充足されれば満足，不充足でも仕方なし
- **一元的品質**：充足されれば満足，不充足であれば不満
- **当たり前品質**：充足されて当たり前，不充足であれば不満

また，これら3つの品質は，**図 17.3** のように図解されることがあります．図17.3は**狩野モデル**ともいいます．

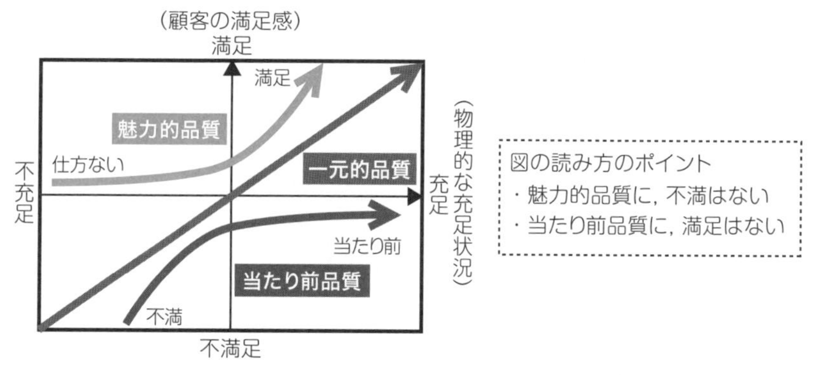

図 17.3　物理的充足状況と顧客満足感との関係[†]

† 狩野紀昭・瀬楽信彦・高橋文夫・辻新一「魅力的品質と当り前品質」（『品質』Vol.14，No.2，日本品質管理学会，1984年）p.149　図1を改変

17.3 サービスの品質，仕事の品質

1 サービスの品質

サービスの品質とは，設計・開発・製造を直接担う部門だけではなく，広告，販売，保管，納品（輸送），アフターサービス，苦情対応等のサービス業務を担う部門にまで求められる品質です．

製品やサービスが，設計品質や製造品質を満たすことができても，顧客に正しく提供されなければ，顧客満足はあり得ません．製品が破損あるいは劣化した，または誤送されたのでは，適切に提供できたとはいえませんし，誤りや不備のある広告で認知して製品を購入した場合は，当然ながら顧客は不満をもち，苦情を表明することになります．

サービスの品質は，顧客の期待と実際のサービスが合致する程度によって決まりますが，サービスは製品と異なり事前に見ることが難しく，ばらつきも大きいため，顧客の期待とサービスにはギャップを生じやすくなります．

そこで，サービスの特徴を踏まえて，ギャップを埋める対策が必要となります．サービスの特徴と対策の例は，**表 17.2** のとおりです．

表 17.2　サービスの特徴と対策の例

特徴	説明	対策の例
無形性	有形物ではないので，サービスの実態を事前に見ることができません．	作業標準，トライアル
同時性	サービスの提供と消費が同時に発生しますので，提供数に限界があります．	優先順位
異質性	誰が誰に提供するかにより，サービス品質が異なります．	作業標準，教育訓練
消滅性	提供と同時に消滅しますので，在庫をもった提供準備を行えません．	予約による需要管理

2 使用品質

使用品質とは，顧客に製品・サービスが届き，実際に顧客が使用したときの品質です．

製品・サービスは，設計品質や製造品質を満たし，正しく顧客に提供されても，顧客が正しく使用し保管しなければ，機能を発揮できず，場合によっては事故に繋がる危険が生じます．そこで，アフターサービスや苦情対応による顧客対応を適切に行うことが大切です．アフターサービスや苦情対応は，顧客の誤った使用方法や苦情が設計部門や製造部門にフィードバックされることにより，企業にとっても有益な改善情報のインプットになります．

3 仕事の品質

仕事（業務）の品質とは，品質の対象が顧客に提供する製品・サービスのみに限定されるものでなく，企業の仕事のやり方をも含むという考え方です．

間接部門であっても，「後工程はお客様」の考え方のもと，仕事のやり方を工夫して直接部門の仕事を支えます．企業は組織全体の仕事の繋がりによって，顧客満足という成果を達成していきます．顧客満足という結果を達成するためには，直接，間接を問わず，全部門の全員参加と協力が必要なのです．

4 品質概念のまとめと補足

ここまでの品質概念は，**図 17.4** のようにまとめることができます．それぞれの品質概念間の繋がりを確認しましょう．

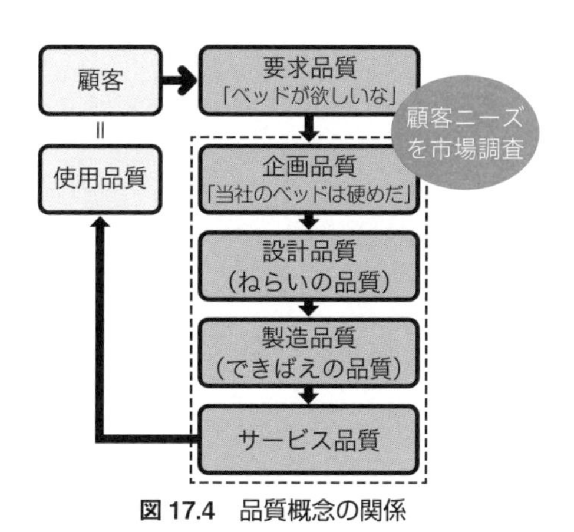

図 17.4　品質概念の関係

顧客の要求品質は，市場調査などにより，企業の企画品質となります．要求品質は主観的な言葉が多く，そのままでは企画書も設計図も書けません．**表 17.3** で，要求品質が企画品質に変換される流れを概説します．

表 17.3　要求品質から企画品質までの概要

要求品質 ↓	市場調査などにより把握した製品・サービスに対する顧客のニーズや期待（顧客の声，Voice of Customer; VOC）．	ベッドが欲しいな，最近は腰痛，寝心地が良くて，安価で…
品質要素 ↓	顧客の声は同じ意味でも様々な主観的な言葉で表されるので，要求品質を整理・分類して項目化したもの（親和図を活用）．	感性：寝心地 機能：耐久性
品質特性 ↓	品質要素を製品・サービスで実現するために，測定できる技術の用語に転換したもの． 測定が困難な場合は代用特性を活用します．	マットレスのコイル ・弾力度 ・耐久年数
企画品質	企画段階において製品・サービスのコンセプトを明確にするために決める品質． 顧客の要求品質をもとに，顧客への訴求効果，競合他社への対抗条件などを加味し，製品・サービスのコンセプトに盛り込みます．企画品質が要求品質に合致しているか否かが，「魅力的品質」を決めるポイントになります．	最近は腰痛の方が多いので，当社の新製品の特徴は，硬めのベッドにする

17.4 社会的品質

社会的品質とは，製品・サービスまたはその提供プロセスが第三者のニーズを満たす程度のことです．**第三者**とは，供給者と購入者・使用者以外の不特定多数を指します．

自動車業界（表 17.1）でいえば，1960 年代のマイカーブームにより自動車の利用者が拡大した結果，排気ガスの大量放出により光化学スモッグが社会的な問題となり，その後，排ガス法規制の対応車が登場しました．さらに，2000 年前後では温室効果ガス規制が世界規模で強化された結果，環境対応車が出現する等，企業は，製品それ自体に社会問題への対応を活発に行うようになりました．

品質の定義でいうところの**「要求事項」には，購入者・使用者だけでなく，法令や社会の要求を含みます**．企業には，第三者に迷惑をかけることのないような製品・サービスの提供が求められるのです．

このような社会的要求に対応するため，製品の企画・開発から使用後の廃棄を含む「**製品ライフサイクル**」の全過程について，企業は次のことを考慮します．

- 製品安全：危険や危害が生じるおそれがないこと（18.1 節 3）
- 製造物責任：危険や危害が生じた場合には補償をすること（18.6 節）
- 地球環境保全：地球環境を保護して安全にすること．社会全体の気候変動リスクを低減し，地球全体の生き物が住み続けられる場所であるようにします．例えば廃棄物処理はたくさんの CO_2 排出を伴い，気候変動リスクを高めます．廃棄物削減のためには**図 17.5** の 3 R への取組みが必要であり，特に Reduce が重要です．

図 17.5　3R への取組み

17.5 ばらつきの管理

出題頻度 

「**ばらつきがある**」とは，測定結果が一定ではないことです．同じ原料，同じ機械，同じ作業者で同じ製品を製造しても，必ず品質のばらつきがあります．設計がいかに良くても，ばらつきの程度により製造品質に影響が及びます．

ばらつきの管理とは，ばらつきが許容される範囲内に入るように制御し，ばらつきが小さくなるように改善していく活動のことです．これにより，不適合品の発生を予防します．本節以降では，この「管理」の概要を学習します．

ばらつきには，偶然原因によるものと異常原因によるものがあります．

- **偶然原因によるばらつき**とは，管理を十分に行っても避けることができないばらつきです．例えば，標準作業に従い同じ作業をしても発生してしまい，現在の技術や標準では抑えられないばらつきです．
- **異常原因によるばらつき**とは，避けようと思えば避けることができるばらつきです．例えば，工程で異常が発生しており，その理由が標準作業を守っていなかったり，標準そのものに異常があったりする場合に生じるばらつきです．

そもそも，**ばらつきは完全になくすことができません**（**図 17.6**）．品質管理では，偶然原因による（許容範囲内の）ばらつきを認めながら，異常原因に対処し，ばらつきの最小化をねらいます．ばらつきの最小化は，PDCA サイクル（17.6 節）を回して改善を行い，改善後は，水準維持のために「標準化」により歯止めを行い，改善前の状況に戻らないようにします．

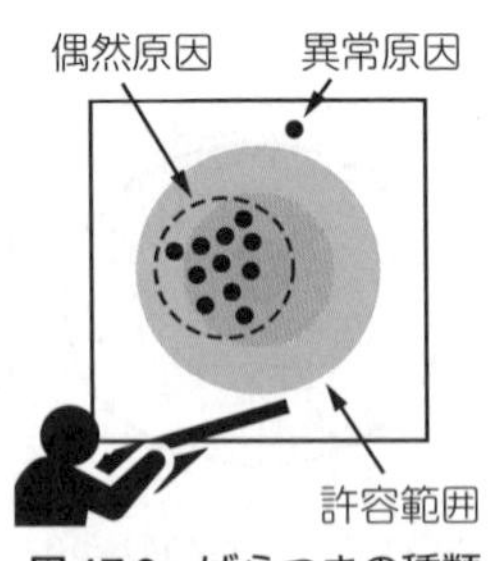

図 17.6　ばらつきの種類

17.6 平常時の管理

1 管理の方法

管理とは，目標を設定し，その目標を実現するための活動です．品質管理の文脈において，**管理には，改善と維持の二つが含まれます**．

- **改善**とは，目標を高いレベルに設定し，それを実現する活動である．改善の手順では，**PDCA** が活用される．PDCA は，計画（Plan），実行（Do），確認（Check），処置（Act）をまとめて表した語である．
- **維持**とは，結果が目標とするレベルであり続けるようにする活動である．維持の手順では，**SDCA** が活用される．SDCA は，標準化（Standardize），実行（Do），確認（Check），処置（Act）をまとめて表した語である．

改善と維持は，別々ではなく連動する活動です．特に，ばらつきを最小化するための PDCA による改善活動を行ったら，その後は改善した状態を維持する活動が大切です．いったん改善しても放っておくと，すぐに改善前の状況に戻りがちであるからです．改善後は，その水準を維持するために「標準化（S)」により歯止めを行います．ここまでを含めた活動を **PDCAS** といいます．

この「改善→維持→改善…」というサイクルを何度も繰り返すことにより，会社の管理水準（レベル）は向上します．このことを「**管理のサイクルを回す**」または「**継続的改善を行う**」といいます（**図 17.7**）．会社は，管理のサイクルを回すことにより，継続的に良い結果を出すことができるのです．

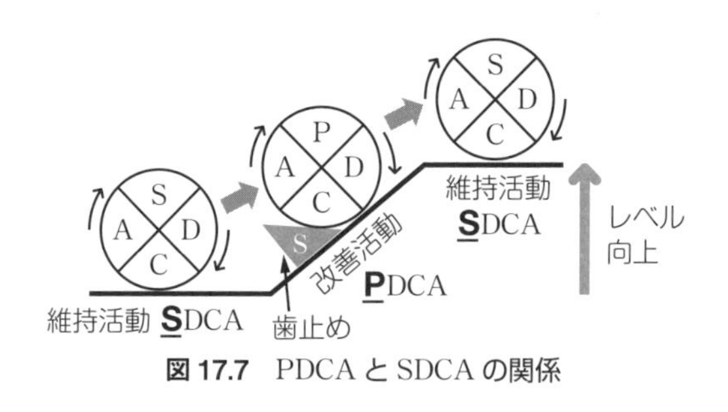

図 17.7 PDCA と SDCA の関係

2 平常時の改善活動は，PDCAサイクル

管理は，平常時と異常時により対応方法が異なります．**異常時**とは，不適合が発生したり，社内の管理限界を超えたりするなど，通常とは異なる状態にある場合です．以下では，「平常時」と「異常時」に分けて対応方法を解説します．

まず，平常時の管理方法です．平常時の対応は，1 で述べた改善活動と維持活動が，そのまま当てはまります．**平常時の改善活動は，データや観察結果に基づきPDCAサイクルを回す方法により行います**．PDCAの概要は**表17.4**のとおりです．

表17.4 PDCAサイクル

P	計画	目的と目標を定め，それを達成する方法を決める
D	実行	実行のための準備を行い，計画どおりに実行する
C	確認	実行の結果が目標どおりであったか否かを確認し，評価する
A	処置	目標を達成した場合には，維持するために標準化を図る 未達の場合には，原因を調査し再度対策を講じる

管理の活動は，目標設定から始まります．ですから，PDCAサイクルでは，最初の「P」が重要です．目標は次の**5W1H**により設定します．

- なぜ，何のために（目的）（Why）
- 誰が（Who）
- いつ（When）
- 何を（What）
- どこで（Where）
- どうやって（How）

また，管理活動の確認（Check）には，数値化した尺度（ものさし）を用意します．この尺度のことを管理項目といいます．

3 平常時の維持活動は，SDCAサイクル

平常時の維持活動は，既に「標準化（Standardize）」が図られているところから始まります．良い状態を維持するために，SDCAサイクルを回し，維持・定着を図ります．SDCAの概要は**表17.5**のとおりです．

表17.5 SDCAサイクル

S	標準化	仕事のやり方などの作業標準を定める
D	実行	標準を守ることができるよう，教育訓練を行う
C	確認	作業が標準どおりであったか否かを確認し，評価する
A	処置	作業が標準どおりの場合には，維持する 標準どおりにできなかった場合には，原因を調査し，教育訓練などを再度行う

平常時の維持活動は，日常業務の中で行われます．日常業務の中で製品・サービス業務のばらつきが小さくなるように，部署やプロセスごとに目標値を設定し，目標実現のための教育訓練と確認を繰り返し行います．

平常時の維持活動では，SDCAサイクルを回すことが基本ですが，改善のためにPDCAサイクルを回す必要が生じることがあります．例えば，決められた標準が不十分である場合や，標準で決められたルールが作業者には難しい場合などです．より良くする場合には，平常時の維持活動でもPDCAサイクルを利用します．

17.7 QCストーリー

1 QCストーリーとは

平常時の改善活動は，17.6 節で述べたように，PDCA サイクルを回すことにより行います．PDCA サイクルは，アメリカのデミング博士が紹介したとされますが，日本では，PDCA サイクルをさらに細かくステップ化した「**QC ストーリー**」という方式も広く用いられています．

QC ストーリーには，「問題解決型」と「課題達成型」があります．

2 問題と課題とは

ここで，品質管理の文脈で用いる「問題」と「課題」の意味を明らかにしておきましょう（**図 17.8**）．

- **問題**とは，目標（あるべき姿）と現実とのギャップのこと．
- **課題**とは，目標（ありたい姿）と現実とのギャップのこと．

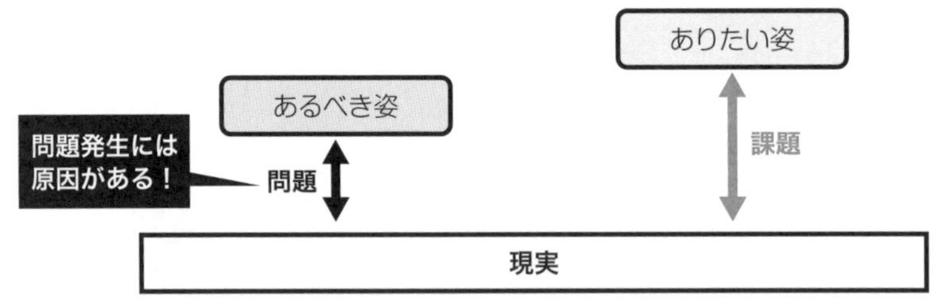

問題	課題
問題は解決するもの	課題は達成するもの
問題を発見し，発生原因を除去することで，あるべき姿に移行	攻め所を明確にし，最適方策を実施することで，ありたい姿に移行
活用例：日常管理（20.1 節）	活用例：方針管理（20.2 節）

図 17.8　問題と課題の比較

3 QCストーリーの8ステップ

問題解決型，課題達成型，それぞれのQCストーリーのステップは，**図17.9**のとおりです．いずれも8つのステップからなり，ステップ名が異なる箇所はありますが，PDCAサイクルを細かくしたものです．

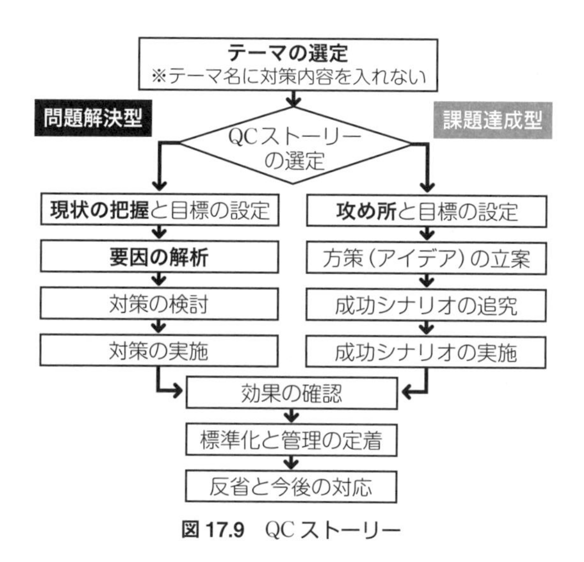

図17.9 QCストーリー

4 問題解決型QCストーリーのポイント

問題解決型QCストーリーのポイントは，**問題の発生には必ず要因がある**という点です．要因を見つけ出して対策（除去）することで，問題を解決します．

問題解決型QCストーリーでは，次のことに注意が必要です．

- **現状の把握**には，できる限り**事実やデータを用いる**．さらに，目標の設定では，抽象的にではなく，数値を用い具体的に表現する（評価指標）．
- **要因の解析**では，特性要因図（2.7節）の活用により要因を抽出することができる．特性（結果）と要因が複雑に絡み合っている場合には，連関図法（3.3節）の利用も有効である．
- 現状把握と要因解析を十分に行うことが，真の対策に結び付く．効果確認の段階で効果不足と判定されると，現状把握と要因分析のやり直しになる．

17.8 異常時の管理

1 異常時の管理とは

異常時とは，不適合品が発生したり，社内の管理限界を超えたりする等，通常とは異なる状態にある場合です．プロセス（仕事のやり方）が管理された状態ではなくなると，製品・サービスに異常が発生します．異常時には，**図 17.10** に示すフローで対応します．

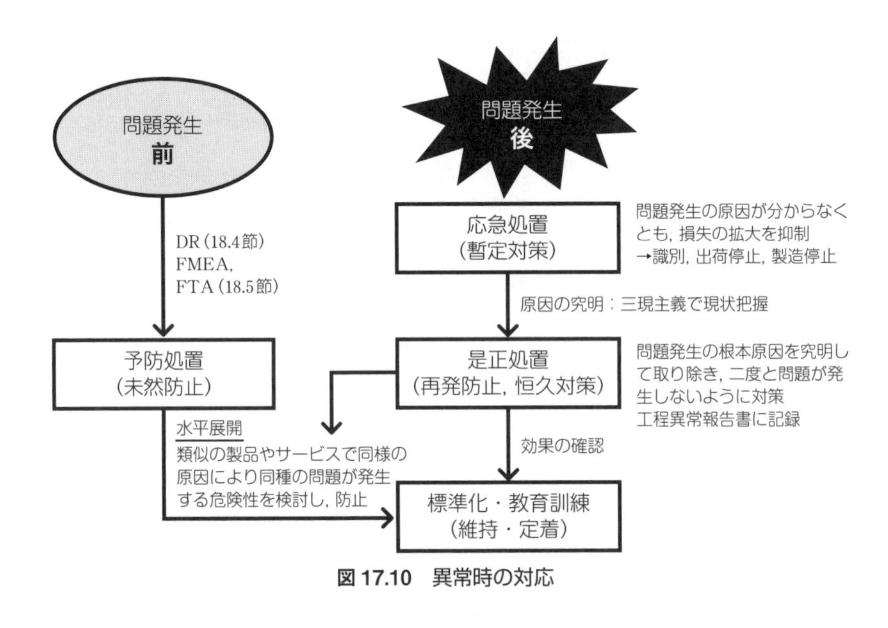

図 17.10　異常時の対応

2 異常時の対応を行うための準備

異常時には，顧客や後工程に不適合品の流出の可能性があり，また実際に流出しています．そのため，異常時には適切かつ間違いのない対応が必要です．異常が起こったときのために，組織は次のような準備を行っておくことが必要です．

- どういう場合が異常時であるか，という判断基準を定義し，曖昧さを極小化する．
- 異常発生時の対応方法は，5W1H（17.6節2）で具体的に作業標準書などに規定する．

3 応急処置

応急処置とは，損失を拡大させないために，問題の発生状況を速やかに止める活動です．応急処置はスピード重視で暫定的なものであることから，**暫定対策**ともいいます．

応急処置の手順は次のとおりです．

手順❶ 問題が発生した場合，まずは三現主義（16.3節10）に基づき，不具合の具体的内容を事実やデータで正確に把握する．

手順❷ 手順❶で把握した事実やデータをもとに，工程や製品に対して，迅速に処置を行う．

手順❷では，製造工程の停止や製品の出荷停止などを迅速に行うことが必要な場合もあります．また，異常な工程から作り出された製品は不適合品となることがあるため，正常な工程から作り出された製品と混合しないように**識別**を行います．

4 是正処置

是正処置とは，問題が発生したときに，設備や作業方法に対して原因を調査し，その発生原因を取り除き，再び同じ原因で問題が発生しないように再発防止を行う活動です．是正処置は，**再発防止策**や**恒久対策**ともいいます．

是正処置では，その対策のために，**根本原因**を探し出すことが重要です．ここが徹底されていないと，異常の再発をもたらすこともあり得ます．根本原因を突き止めるための手段として，「なぜなぜ分析」（2.7節3）等を活用します．

なお，是正処置を直ちに行うことができる場合は，応急処置を行う必要はありません．

5　予防処置

予防処置とは，不適合を起こす潜在的な原因を抽出し，対策を実施することにより，異常を未然に防止する活動です．未然防止活動ともいいます．

異常は，目に見えて現れた，いわば氷山の一角にすぎません．**図 17.11** のように，水面下には見えない数多くの原因や，問題を作り出している根本原因が潜んでいます．この根本原因を突き止めて除去する活動を，是正処置では問題発生の後に行い，予防処置では問題発生の前に行います．

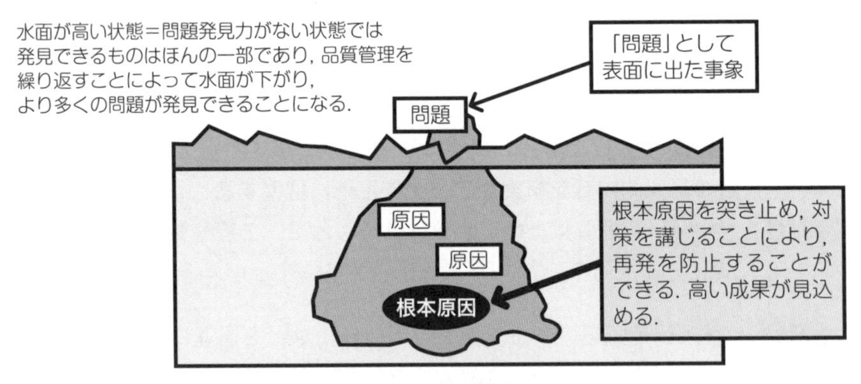

図 17.11　根本原因

ある異常に対し是正処置や予防処置を講じた後には，水平展開を行います．**水平展開**とは，実施された是正処置等や管理を，他の類似のプロセス及び製品に対して適用し，異常の発生を未然に防止することです．横展開ともいいます．なお，未然防止にはハインリッヒの原則も重要です．この原則は，「1 件の重大な事故の背景には，29 件の軽微な事故があり，その背景には 300 件のヒヤリハットがある」という考え方です．軽微なヒヤリハットも日頃から情報を収集して原因を究明し，重大事故の予防に役立てます．

理解度確認

問題

次の文章で正しいものには○，正しくないものには×を選べ．

① 品質とは，対象に備わっている個性の集まりが要求事項を満たす程度である．
② 設計品質は，できばえの品質ともいわれる．
③ 製造品質は，ねらいの品質ともいわれる．
④ 設計品質が顧客要求と合致していれば，品質は良いと評価できる．
⑤ 当たり前品質とは，充足されれば満足，不充足でも仕方がない，という品質である．
⑥ 品質に関する要求は，顧客が求めることだけを優先的に考えるべきものである．
⑦ 異常原因によるばらつきは，避けることのできないばらつきである．
⑧ 平常時の管理では，ばらつきが小さい状態を維持していくことが重要なので，改善は異常時だけの活動である．
⑨ 問題解決型 QC ストーリーは，問題の発生には原因がある，ということがポイントなので，手順の中でも現状把握とアイデア立案は特に重要である．
⑩ 応急処置のポイントはスピード対応であり，未然防止が目的である．
⑪ 是正処置のポイントは根本原因の除去であり，再発防止が目的である．

理解度確認 解答と解説

① **正しくない（×）**．品質とは，対象に本来備わっている（個性ではなく）特性の集まりが要求事項を満たす程度である．　☞ **17.1 節** 1

② **正しくない（×）**．設計品質は，ねらいの品質ともいわれる．　☞ **17.1 節** 2

③ **正しくない（×）**．製造品質は，できばえの品質，または適合品質ともいわれる．　☞ **17.1 節** 2

④ **正しくない（×）**．品質が良いと評価されるには，設計品質と製造品質の両方とも良いことが最低限必要である．設計品質が良くても，そのねらいのとおりに製造ができなければ品質が良いとはならない．　☞ **17.1 節** 2

⑤ **正しくない（×）**．当たり前品質とは，その名のとおり「当たり前」であることから，充足されても顧客は満足とならず，不充足であれば不満をおぼえるような品質である．　☞ **17.2 節** 2

⑥ **正しくない（×）**．品質に関する要求事項は，外部顧客による要求だけではない．義務としての法令要求や，第三者による社会的要求も含まれる．　☞ **17.4 節**

⑦ **正しくない（×）**．異常原因によるばらつきは，人による標準作業の間違いなど，避けることができるばらつきである．　☞ **17.5 節**

⑧ **正しくない（×）**．平常時の管理では，決められた標準の維持活動が重要であるが，決められた標準が不十分な場合の見直しなど，平常時の活動でも改善のための PDCA サイクルを回すことはある．　☞ **17.6 節** 2

⑨ **正しくない（×）**．問題とは，本来あるべき姿と現実とのギャップであり，ギャップには原因があるので，問題解決で重要なことは，原因の発見である．アイデア立案は課題達成型 QC ストーリーで重要なことである．　☞ **17.7 節** 3

⑩ **正しくない（×）**．応急処置はスピード対応が重要であり，損害拡大の防止のために一時的な暫定策を講じる．応急処置を講じる段階では，既に損害が発生しており，未然防止というわけではない．　☞ **17.8 節** 3

⑪ **正しい（○）**．是正処置は根本原因の除去が重要であり，それによる再発防止が目的である．　☞ **17.8 節** 4

練習問題

【問 1】 品質に関する次の文章において，[　　] 内に入るもっとも適切なものを下欄の選択肢からひとつ選べ．ただし，各選択肢を複数回用いることはない．

① [(1)] とは，製品またはサービスが，使用目的（機能）を満たしているかどうかを決定するための評価の対象となる固有の性質・性能の全体をいう．

② ものづくりにおいては，製造の目標として設定した品質である設計品質を [(2)] ともいい，製品規格，原材料規格などに規定して，具体的に規格値などで表される．

③ 製造した製品に対するできばえの品質を [(3)] もいい，設計品質に対して出来上がった製品がどの程度合致しているかを示すもので，工程の不適合品率，平均値，標準偏差などで表される．なお，サービス業では，[(3)] という用語は適さないため，[(4)] ともいわれる．

④ 製造工程では，工程を管理して，設計どおりで [(5)] の小さい製造品質を確保するための工夫が大切である．しかしながら，肝心の設計品質が [(6)] を外していたのでは品質管理の目的が達成できないので，設計品質が [(6)] に合致していなければならない．

【選択肢】

ア．製造品質	イ．代用特性	ウ．顧客要求
エ．ねらいの品質	オ．品質特性	カ．ばらつき
キ．魅力的品質	ク．適合品質	ケ．コスト

【問 2】 品質に関する次の図17.A において，[　　] 内に入るもっとも適切なものを下欄の選択肢からひとつ選べ．ただし，各選択肢を複数回用いることはない．

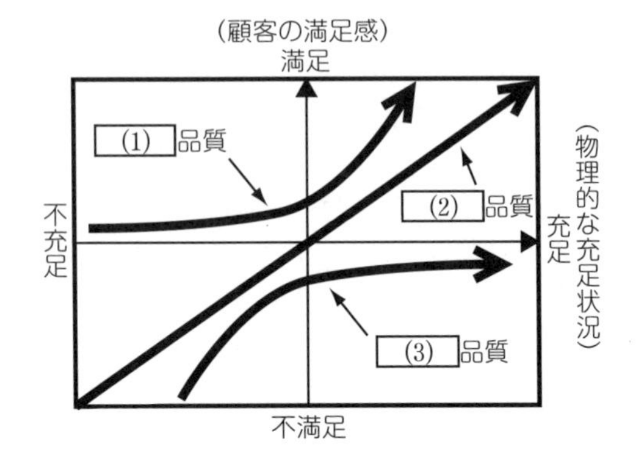

図 17.A　物理的充足状況と顧客満足感

【選択肢】

ア．魅力的　　イ．無関心　　ウ．製造
エ．一元的　　オ．当たり前　　カ．設計

【問 3】 品質に関する次の文章において，[　　] 内に入るもっとも適切なものを下欄の選択肢からひとつ選べ．ただし，各選択肢を複数回用いることはない．

① 顧客は，製品購入後のアフターサービスも，購入する際の検討項目にするため，[(1)] は疎かにできない．品質というと物理的な製品（モノ）に対するものと考えがちであるが，品質管理では [(1)] も重要視されている．すなわち，品質管理は，物理的な製品（モノ）に関する [(2)] のみで行われるものではなく，[(3)] でも行われ，両方の仕事の質に関して当てはまる．

② 顧客の期待が満たされている程度に関する顧客の受け止め方を [(4)] といい，簡単に CS ともいう．[(4)] を測る指標として顧客からの苦情があるが，苦情がないことは必ずしも [(4)] が [(5)] ことを意味するわけではない．この苦情と似た用語に [(6)] がある．両者の違いは，苦情は外に表明されるが，[(6)] は心の中に留まるという点である．

【選択肢】

ア．高い　　イ．社会的品質　　ウ．間接部門　　エ．不適合
オ．低い　　カ．使用品質　　キ．顧客満足　　ク．不満
ケ．サービスの品質　　コ．ものづくりの現場

【問 4】 異常時の対応に関する次の文章において，[　　　]内に入るもっとも適切なものを下欄の選択肢からひとつ選べ．ただし，各選択肢を複数回用いることはない．

工程で異常が発生した場合に取り急ぎ実施すべきことは，作業や設備における異常の状況を[(1)]に基づき把握し，それを踏まえ迅速に処置を行う[(2)]である．[(2)]を実施した後は，異常の発生状況を見極め，その[(3)]を取り除き，工程を[(4)]状態へ戻す必要がある．さらに，異常の影響を受けたと思われる製品やサービスに対する処置を施し，不適合品と正常な工程で作られた製品を混合しないように[(5)]を行い，後工程に流出しないよう管理することが重要である．そのうえで，二度と同じ問題が起こらないように[(6)]の策を施す．

このように，製品やサービスのできばえを確実なものとし，規準や標準，顧客ニーズを満たすために良い仕事を維持することは，第一線の職場における[(7)]の重要な要素である．さらに，工程の異常やばらつきに着目し，それらを現状より小さくするなど，仕事のやり方を工夫する[(8)]もまた，第一線の職場における[(7)]の重要な要素である．

【選択肢】

ア．再発防止　イ．課題　ウ．前工程　エ．結果　オ．改善
カ．応急処置　キ．安定　ク．異常　ケ．原因　コ．識別
サ．三現主義　シ．管理　ス．保全

練習 解答と解説

【問 1】品質の種類に関する問題である．この問題の内容は頻出である．

解答 (1) **オ**　(2) **エ**　(3) **ア**　(4) **ク**　(5) **カ**　(6) **ウ**

(1)　製品やサービスそのものがもつ，その評価の対象となる固有の性質・性能の全体は，［(1)　**オ．品質特性**］である．
☞ 17.1 節 1

(2)　設計品質を別の言葉で表すと，［(2)　**エ．ねらいの品質**］である．
☞ 17.1 節 2

(3)，(4)　できばえの品質を別の言葉で表すと，「製造品質」または「適合品質」であるが，後ろに“サービス業では，[(3)]という用語は適さない”とあることから，［(3)　**ア．製造品質**］を選択できる．したがって，［(4)　**ク．適合品質**］である．
☞ 17.1 節 2

(5)，(6)　“[(5)]の小さい製造品質”とあることから，［(5)　**カ．ばらつき**］である．なお，「コスト」を小さく抑えることは確かに重要ではあるが，“製造品質”がうける言葉としては弱い（製造品質は，コストはともかく，あくまで設計どおりか（設計品質を満たすか）が問

われる．コストを抑えるには，設計どおりであることに加え，設計の工夫や製造方法の工夫といった要素が絡む）．また，“設計品質が (6) を外していたのでは……達成できないので，設計品質が (6) 合致して”とあることから，設計以前の段階（開発，企画，顧客）を考えるのが適当である．選択肢の中でもっとも適当な語句は，［(6) **ウ．顧客要求**］である．

☞ 17.1 節 2

【問 2】 品質の種類に関する問題である．

解答 (1) **ア** (2) **エ** (3) **オ**

(1) この矢印は，不充足でも不満足にはならない，という性質があることから，この矢印が意味する品質は［(1) **ア．魅力的**］品質である．☞ 17.2 節 2

(2) この矢印は，不充足なら不満足であり，充足されれば満足である，という性質があることから，この矢印が意味する品質は［(2) **エ．一元的**］品質である．☞ 17.2 節 2

(3) この矢印は，充足しても満足にはならない，という性質があることから，この矢印が意味する品質は［(3) **オ．当たり前**］品質である．☞ 17.2 節 2

【問 3】 サービスの品質，顧客満足に関する問題である．

解答 (1) **ケ** (2) **コ** (3) **ウ** (4) **キ** (5) **ア** (6) **ク**

(1) 顧客は，製品それ自体の品質，価格，納品時期だけでなく，購入時の商品説明，運搬方法，アフターサービスなども考慮して購入を決める．したがって，それらのような［(1) **ケ．サービスの品質**］も確実に提供していくことが，競争に勝ち抜くために大切なのである．

☞ 17.3 節 1

(2)，(3) 問題文に“……で行われ”，“……でも行われ”とあることから，場所・場面に関する語句が該当しそうであり，選択肢では「ものづくりの現場」（つまり，直接部門）と「間接部門」が該当する．文脈に沿って考えると，(3) は (1) に関わる語句が入ることから，［(3) **ウ．間接部門**］であることがわかる．結果，［(2) **コ．ものづくりの現場**］である．

☞ 17.3 節 1，3

(4) “顧客の期待が満たされている程度に関する顧客の受け止め方”は［(4) **キ．顧客満足**］である．なお，その後にある“CS”は Customer Satisfaction（顧客満足）の略語である

☞ 17.3 節 1

(5) 問題文から，(5) は動詞・形容詞・形容動詞が入りそうである．選択肢で該当するのは「高い」と「低い」であるが，文脈から，［(5) **ア．高い**］である．すなわち，苦情がないことは必ずしも顧客満足が高いことを意味するわけではない．☞ 17.3 節 1

(6)　苦情と似た語は［(6)　**ク．不満**］である．苦情という外部表明がなくても，不満はあり得る，すなわち「苦情なし ＝ 顧客満足が高い」とは必ずしもいえない．苦情と不満はセットで押さえておこう（図 17.a）．

☞ 17.3 節 1，18 章補足

苦情	外に表明された場合
不満	外に出ず 心の中に留まる場合

図 17.a　苦情と不満の違い

【問 4】 異常時の管理に関する問題である．この問題の内容は頻出でもある．

解答　(1) **サ**　(2) **カ**　(3) **ケ**　(4) **キ**　(5) **コ**　(6) **ア**　(7) **シ**　(8) **オ**

(1)，(2)　工程で異常が発生した場合に何よりもまず実施すべきことは，［(2)　**カ．応急処置**］である．応急処置では，まず，［(1)　**サ．三現主義**］に基づき，作業や設備における異常の状況を事実やデータで正確に把握し，これを踏まえ必要な処置を迅速に施す．

☞ 17.8 節 3

(3)，(4)　応急処置の後に行うことは，是正処置である（(3)～(6) は是正処置に関する語句が入ることが推測できればよい）．是正処置とは，問題が発生したときに，設備や作業方法における異常の［(3)　**ケ．原因**］を調査し，その原因を取り除いて工程を［(4)　**キ．安定**］な状態へ戻して，再び同じ問題が起こらないよう再発防止を行う活動である．

☞ 17.8 節 4

(5)　異常な工程から作り出された製品は不適合品となる危険があるので，正常な工程の製品と混合しないように［(5)　**コ．識別**］を行う．

☞ 17.8 節 3

(6)　(3)，(4) の解説で述べたように，［(6)　**ア．再発防止**］の策を施すのが，是正処置である．

☞ 17.8 節 4

(7)，(8)　管理は改善と維持からなる．問題文の記述“……，仕事のやり方を工夫する ［(8)］”より，この部分で述べていることは，目的達成のために工夫すること，すなわち［(8)　**オ．改善**］である．また，“良い仕事を維持すること”と“仕事のやり方を工夫すること”（改善）はともに，［(7)　**シ．管理**］の重要な要素である．

☞ 17.6 節 1

実践分野

18章 設計・開発段階からの品質保証

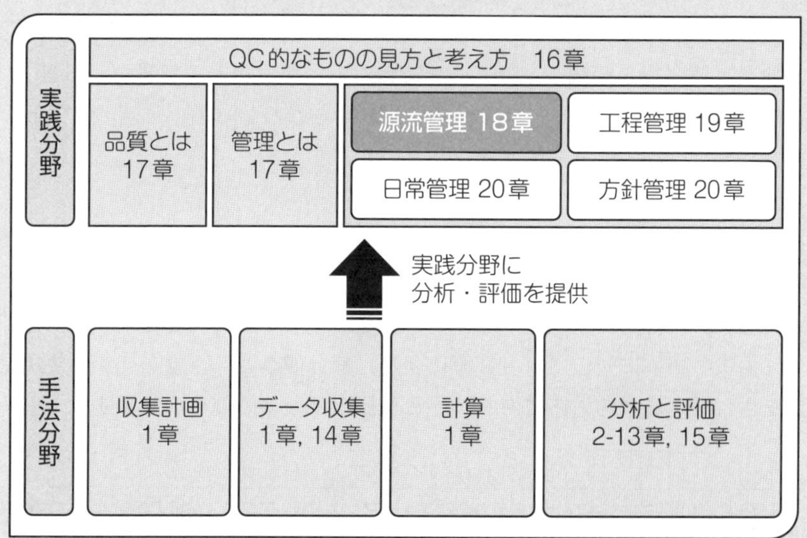

18.1 設計・開発段階からの品質保証

出題頻度

1 品質保証とは

品質保証とは，“顧客及び社会のニーズを満たすことを**確実**にし，**確認**し，**実証**するために，組織が行う体系的活動”と定義されています†.

この定義における「実証」を「確証」に置き換え，品質保証を「三確」ともいいます．また，品質保証の「確実」は，仕組みによる保証なので，「プロセス保証」ともいいます．品質とは，顧客要求と製品・サービスの特性が合致する程度のことであることを踏まえ，品質保証は次の内容からなります．

① 顧客要求に合致した設計・開発ができる仕組みをもつこと
② 設計したとおりに製造・提供できる仕組みをもつこと
③ 上記①，②を誰もができる仕組みをもち，確証（事実）を示すことができること
④ 顧客要求との合致の程度を評価し，異常があれば是正処置を講じる仕組みをもつこと

これらはいずれも，ここまで解説してきたことです．①は設計品質（17.1 節 2），②は製造品質（17.1 節 2），③は平常時の対応と事実による管理（17.6 節），④は異常時の対応（17.8 節）です．品質管理をしっかりやっていれば，結果として品質保証を行うことは実践できているといえます．

2 保証と補償

ところで，「保証」の同音異義語に「補償」があります．**補償**は，仕組みではなく，損失や損害に対して（金銭等により）補い償うという意味です．使用品質が満たされない場合の対応であり，品質保証の手段の一つといえます．

† JIS Q 9027:2018「マネジメントシステムのパフォーマンス改善–プロセス保証の指針」（日本規格協会，2018 年）3.1

3 設計・開発段階からの品質保証

本章では，設計・開発段階における品質保証の仕組みを解説します．設計・開発とは，製品やサービス等に対する要求事項を，より詳細な要求事項に変換する一連のプロセスです．設計品質を作り込みます．「設計・開発」は，1つの用語として使用され，設計と開発という2つの用語を意味するものではありません．

設計・開発段階における品質保証は，源流管理（16.3節 4 参照）に基づく活動です．なお，設計・開発段階では，次のような使用時の製品安全（17.4節）や信頼性（18.4節）も考慮します．

- **フェールセーフ**
  製品や設備の動作中にトラブルが発生しても，安全が確保できるようにする仕組みのことです．列車における緊急時の自動停止装置は，フェールセーフの一例です．
- **フールプルーフ（ポカヨケ）**
  人間が誤って行為をしようとしても，できないようにする仕組みのことです．電子レンジでは，ドアが閉じていないと動作しないようになっていますが，これはフールプルーフの一例です．
  フールプルーフのキーワードは，「人間が誤って」です．人はミスを犯す，ということを前提にした対策なのです．なお，フールプルーフは，ポカヨケまたはエラープルーフともいいます．

18.2 品質機能展開 (QFD)

1 品質機能展開とは

品質機能展開とは,「マーケットインの思想は製品開発で重要である」という考えを重視し,市場での顧客ニーズを確実に把握し,新しい製品やサービスの企画,設計・開発段階からの品質保証をねらい開発された手法です.英語のQuality Function Deployment の頭文字を取って,**QFD** ともいいます.

2 品質機能展開の用語ポイント

品質機能展開は,**図 18.1** の①から⑥の順で検討します.顧客の声がスタートであり,技術の言葉に変換する作業にまで落とし込みます.

- **①要求品質**(17.1 節 2)は,市場調査により収集した顧客の声を層別(2.8 節)し整理したもの
- **②品質特性**(17.1 節 1)は,新製品について設計者が考慮すべき技術的要素のこと
- **③品質表(二元表)**は,縦軸に要求品質,横軸に品質特性を配したマトリックス図法(3.5 節)であり,交差した欄で④重要度を評価する
- ④重要度に基づき⑤企画品質を決める
- ⑤企画品質に基づき⑥設計品質を決めると,全てが顧客要求と繋がる

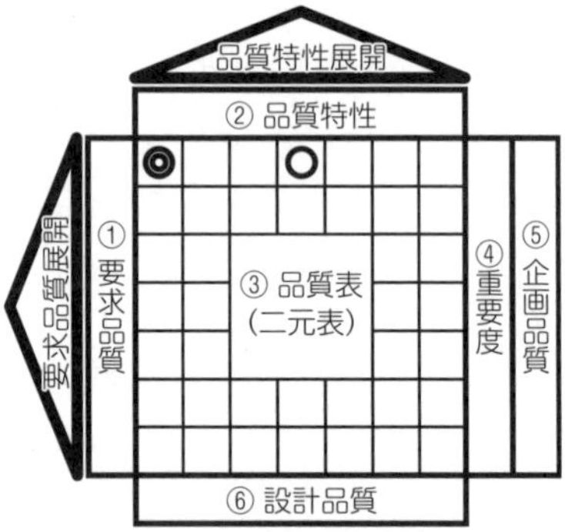

品質特性展開
② 品質特性
要求品質展開
① 要求品質
③ 品質表(二元表)
④ 重要度
⑤ 企画品質
⑥ 設計品質

図 18.1 品質機能展開図

18.3 品質保証体系図と保証の網

1 品質保証体系図とは

品質保証体系図とは，設計・開発から製造，検査，出荷，販売，アフターサービス，クレーム処理に至るまでの，各ステップにおける品質保証に関する業務を各部門に割り振った，フローチャートです．部門間の役割が明確になり，組織的な品質保証活動を効率よく推進することができます．

品質保証体系図には，多くの場合，縦方向にステップ，横方向に顧客及び組織の部門を配してフローチャートを示し，フィードバック経路を入れます（**図18.2**）．品質保証体系図を作成する際に重要なことは，次のステップに移行する際の判断基準を明確にしておくことです．判断基準の掲載に無理がある場合には，判断者を明確にすることが大切です．

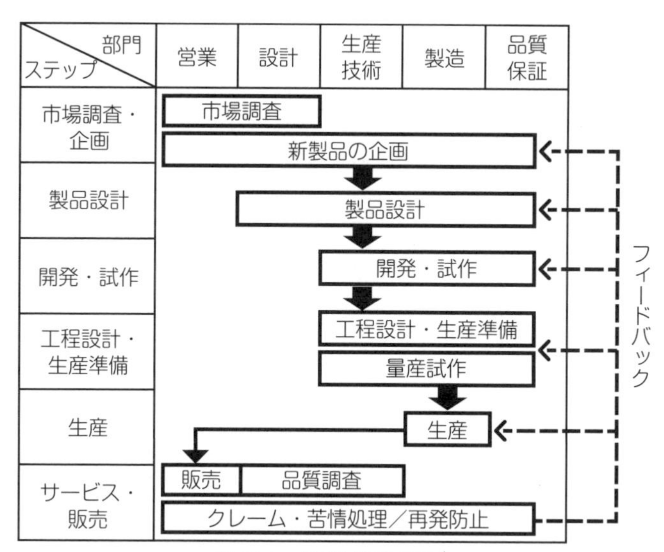

図 18.2　品質保証体系図†

† JIS Q 9027:2018「マネジメントシステムのパフォーマンス改善–プロセス保証の指針」（日本規格協会，2018 年）附属書 A，図 A.2 を改変

2 保証の網（QAネットワーク）

保証の網とは，発見すべき不適合とプロセスを二元表に配置し，仕入れから納品までのネットワークの中で，不適合品の発生防止と流出防止について，プロセスごとに行うべき役割を明確にしたマトリックス図法（**図 18.3**，3.5 節）です†.

プロセスごとの役割・責務が明確になるので，不適合品の発生・流出が工程ごとに保証され，品質保証の強化に繋がります．品質保証を強化するネットワーク図であることから，保証の網は，品質保証を表す英語 Quality Assurance の頭文字を取って **QA ネットワーク**ともいいます．

プロセス ＼ 発見すべき不適合		材料準備		金型準備		生産	出荷	保証レベル
		出庫管理	材料乾燥	部品洗浄	金型組立	射出成形	検査	
原材料管理	使用材料間違い	○						
	乾燥温度違い		◇					
金型部品	部品汚れ			◇ ○				
	部品組み間違い				◇ ○		○	A
成形品	重要寸法外れ					◇	○	A
	外観（ショート，汚れ）					◇	○	A

◇：発生防止　○：流出防止

図 18.3　保証の網

† JIS Q 9027:2018「マネジメントシステムのパフォーマンス改善–プロセス保証の指針」（日本規格協会，2018 年）5.3.1

18.4 デザインレビュー(DR)

デザインレビューは，“計画及び設計の適切な段階で，必要な知見をもった実務者及び専門家が集まって計画及び設計を見直し，（設計・開発の）担当者が気づいていない問題を指摘するとともに，次の段階に進めてよいかを確認及び決定するための会合”と定義されています†．確認（レビュー）するだけでなく，処置を決定するという点が重要です．

デザインレビューは英語 Design Review の頭文字を取って **DR** ともいいます．

デザインレビューの目的は，製品・サービスに関する問題点や改善事項を，できる限り上流段階で見つけ出し対応することです（**源流管理**，16.3 節 4）．これにより，下流段階で起こり得るトラブルを未然に防止し，問題解決のコストや時間を削減することができます（**経済性**，16.1 節 1）．

デザインレビューでは，段階に応じて確認・決定内容が異なります．例えば，**図 18.4** の例では，DR2 において次の試作段階に移行して良いかを審査します．

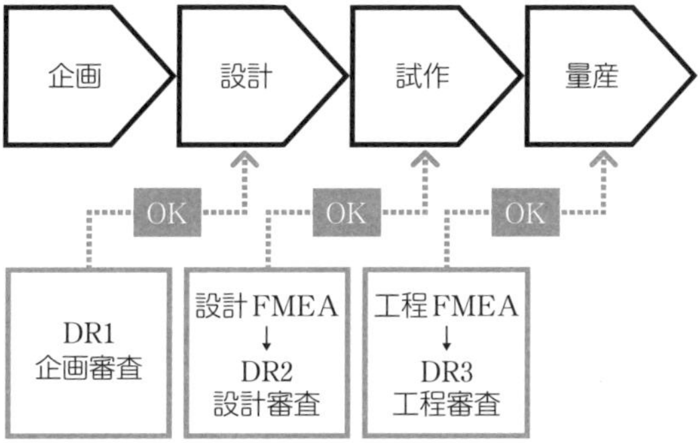

デザインレビューでは，**信頼性**（どれだけ故障せずに連続して使用できるかという性質）も確認されます．信頼性は，顧客の使用品質に関するテーマです．

企画 → 設計 → 試作 → 量産

DR1 企画審査	設計FMEA ↓ DR2 設計審査	工程FMEA ↓ DR3 工程審査
OK → 設計	OK → 試作	OK → 量産

図 18.4　デザインレビュー

設計・開発期間の短縮やコストの削減を図るために，設計・開発における複数プロセスを同時並行で進める**「コンカレント開発」**を採用する場合には，部門間の情報共有，確認，決定を一堂に会して行えるデザインレビューが非常に重要となります．

† JIS Q 9027:2018「マネジメントシステムのパフォーマンス改善−プロセス保証の指針」（日本規格協会，2018 年）4.4.4

18.5 FMEAとFTA

出題頻度

1 FMEA

FMEAとは，設計・開発の段階で，システムやプロセスの構成要素に起こり得る故障モードを予測し，その故障が及ぼす影響を表現するマトリックス図法です（3.5 節）．FMEA は，**故障モード影響解析**（Failure Mode and Effect Analysis）の略称です．

FMEA は，部品と機能の列挙，製品の「故障モード」（部品の機能低下が及ぼす製品の故障状態）の予測からスタートします．部品の故障モードごとに製品の危険優先度数（Risk Priority Number; RPN）を評価し，対策を行います．例えば，消火器の故障に関する FMEA は，**図 18.5** のように展開できます．

<table>
<tr><th>項目
※機能</th><th>故障
モード</th><th>故障の
影響</th><th>影響の
重大度</th><th>故障の
原因</th><th>発生
頻度</th><th>検出
難度</th><th>危険優
先度数</th><th>対策</th></tr>
<tr><td rowspan="2">安全ピン
※レバー誤操作の防止</td><td rowspan="2">安全ピンの破損</td><td rowspan="4">消火剤を噴射できない</td><td rowspan="2">8</td><td>ピン材質の強度不足</td><td>3</td><td>6</td><td>144</td><td>試験所による強度試験</td></tr>
<tr><td>ピン材質の劣化</td><td>3</td><td>7</td><td>168</td><td>試験所による耐久性試験</td></tr>
<tr><td rowspan="2">レバー
※消火剤噴射のためにバブル開放</td><td rowspan="2">強く握ることによるレバーの破損</td><td rowspan="2">8</td><td>レバーの強度不足</td><td rowspan="2">4</td><td rowspan="2">5</td><td rowspan="2">160</td><td rowspan="2">社内信頼性評価による強度試験</td></tr>
<tr><td>原材料の強度不足</td></tr>
</table>

図 18.5 FMEA（消火器）

2 FTA

FTA とは，製品に起こり得る故障を図のトップに置き，順次下位レベルに製品の故障原因となる部品の故障原因を掘り下げていく系統図です．FTA は，**故障の木解析**（Fault Tree Analysis）の略称です．考える起点が，FTA では製品，FMEA では部品というように互いに逆です．そこで，FTA はトップダウン解析，

FMEAはボトムアップ解析ともいわれます．

FTAの特徴は，上位と下位とを結ぶANDやORなどの論理記号です．ANDゲートは下流の事象が全て発生した場合に上流の事象が発生することを，ORゲートは下流の事象が1つでも発生した場合に上流の事象が発生することを意味します（15.5節 2）．FTAは**「故障」事象からスタート**して，部品などの故障原因を評価します．例えば，消火器の故障に関するFTAは**図18.6**のように展開できます．

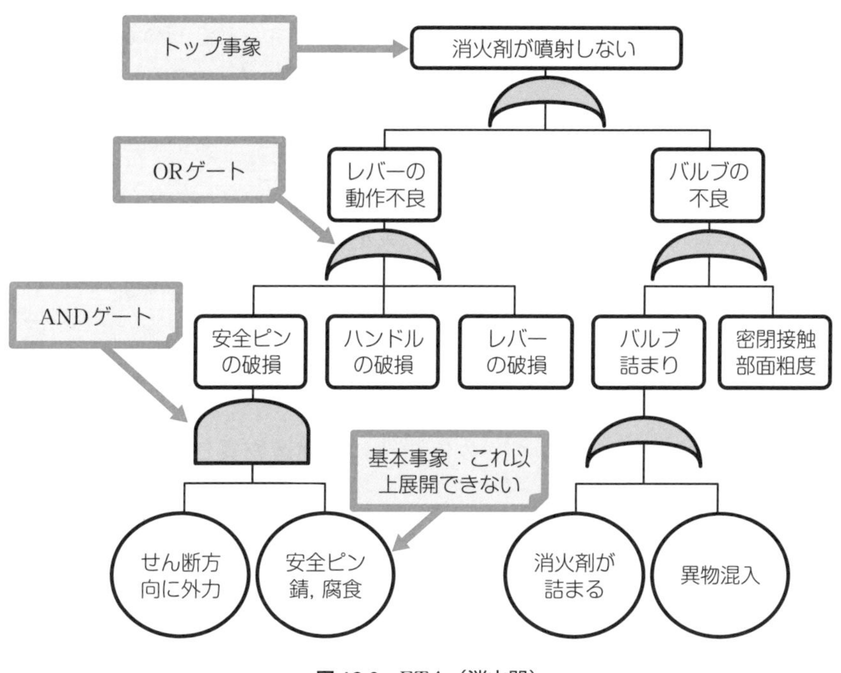

図18.6 FTA（消火器）

3 FMEAとFTAの共通点

FMEAとFTAの共通する目的は，顧客の製品使用時に生じる不具合を設計時から未然防止するという点です．「使用時」という点では**信頼性**を確保するための手段であり，「設計時から未然防止」という点では**源流管理**（16.3節 4）を実践するための技法といえます．

18.6 企業の社会的責任（CSR）

1 企業の社会的責任

企業の社会的責任とは，「企業の目的は利益の追求ばかりでなく，その活動が社会へ与える影響に責任をもつべし」という考え方です．社会的な義務（法令遵守等）はもちろん，企業価値を高めるポジティブな貢献（環境に良い製品や安全な製品の設計・開発等）も含みます．社会的責任は，英語 Corporate Social Responsibility の頭文字を取って，**CSR** ともいいます．

企業の社会的責任の目的は，企業と社会の持続的な発展（サスティナビリティ）であり，三方良しの理念，すなわち「売り手よし（Employee Satisfaction; ES），買い手よし（Customer Satisfaction; CS），世間よし（CSR）」と共通します．

2 製造物責任法（PL 法）

企業の社会的責任に関して定めた法律に，**製造物責任法**（PL（Product Liability）法）があります．

製造物責任法は，製造物の欠陥により消費者（エンドユーザー及び第三者）が損害を被った場合，消費者は小売店を飛び越え，製造者や販売元に対し無過失責任を負わせ，損害賠償責任を追求できるという法律で，1994 年に公布されました．消費者は，製造物の欠陥を立証するだけで良く，製造者の技術的な過失は（無理であることから）証明する必要がないという点が特徴です．

製造物責任法の制定により，企業は契約責任より広範な社会的責任を負担するようになり，設計・開発段階からの品質保証が重要となります．

製造物責任への対策は，事故発生を未然に防止する**製造物責任予防**（Product Liability Prevention; PLP）が重要です．設計・開発段階では，DR，FMEA，FTA 等を活用し PLP を作り込みます．

18.7 初期流動管理

初期流動とは，新製品等の生産を行う初期段階です（**図 18.7**）．この段階では，設計・開発段階や量産試作で予測ができなかった，あるいは作業者の不慣れ等により，さまざまな問題が発生します．

そこで，一定の期間を定めて，管理項目や検査項目の追加，検査頻度を高める等により早期に問題を発見し，関係部門にフィードバックを行い，迅速な是正ができるようにする特別な管理体制を構築します．この管理体制のことを**初期流動管理**といいます．この管理により，ねらいどおりの製造品質となり，製造工程が安定した場合には，特別な管理体制を解除し，本生産（量産）に移行します．

初期流動管理の重要ポイントは，次のとおりです．

- 初期流動管理は，関係部門による組織の枠を超えたプロジェクトチームで対応します．
- 初期流動管理の解除には，品質認定（目標値の実現）が必要です．

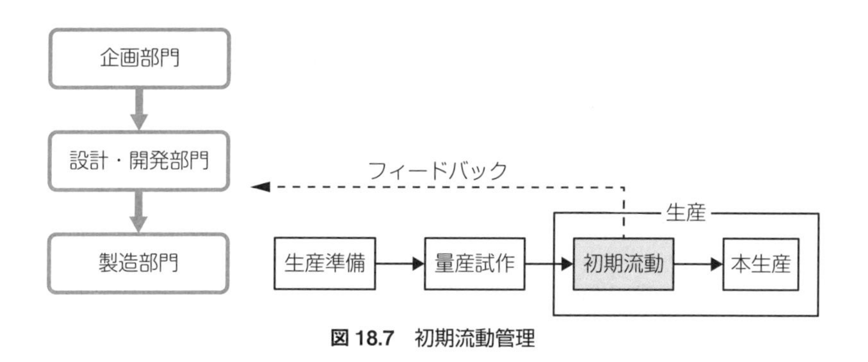

図 18.7　初期流動管理

補　足

1．品質情報の収集と苦情・不満

企業は，市場に投入した製品・サービスの改善につなげるために，顧客や市場から品質情報を収集します．品質情報はクレームや苦情が代表的ですが，アンケート調査等により不満やニーズ等の顧客の声を収集します．品質情報は，各部門にフィードバックします（18.3節 1 ）．

苦情と不満の違いは次のとおりです．

- **苦情**とは，企業や第三者（監督機関等）への不満を表明する行為です．
- **不満**とは，自分のニーズに合致していないことに対して抱く内心の状態です．不満は外部に表明すると苦情になります．

2．検証と妥当性確認

設計・開発の確認（レビュー）に関する用語としては，デザインレビュー（18.4節）のほかに，検証と妥当性確認があります．これらの意味と違いは次のとおりです．

- **検証**とは，設計からのアウトプット（図面や仕様書等）が設計のインプット（規定要求事項）を満たしているかの確認です．
- **妥当性確認**とは，製品やサービスが顧客による実際の使用方法と合致するか（機能するか）の確認です．試作品等を通じて行います．
- **デザインレビュー**は，検証や妥当性確認の結果や，それ以前の情報等により評価・判定を行い，必要な処置を決定します．

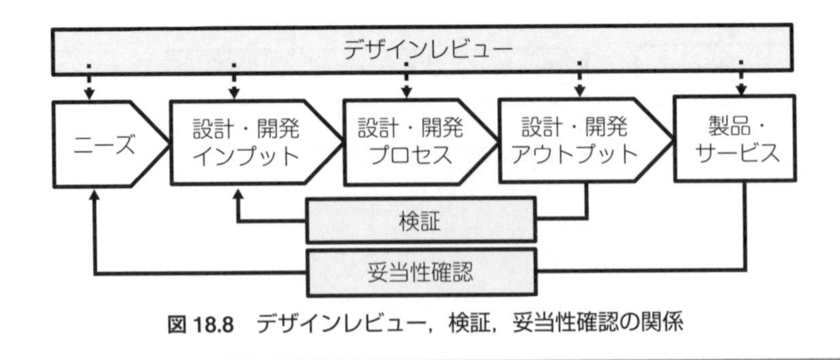

図 18.8　デザインレビュー，検証，妥当性確認の関係

理解度確認　問題

次の文章で正しいものには○，正しくないものには×を選べ．

① 品質保証は結果による保証が重要であり，設計プロセスは関係ない．

② 品質機能展開における品質表（二元表）とは，設計品質と企画品質の両方に関係する重要度を評価するための表である．

③ 品質保証体系図とは，新製品の開発に際し，顧客要求を設計品質，製造品質に繋げるための品質保証手法であり，QFD と呼ばれる．

④ QA ネットワークは，社内の各部門に品質保証に関する業務を割り振ったものである．

⑤ デザインレビューとは，設計の適切な段階で，知見をもった開発・設計者が集まって設計を見直し，顧客が気づいていない問題を指摘し改善するための会合である．DR ともいう．

⑥ FTA とは，設計・開発の段階で，システムやプロセスの構成要素に起こり得る故障モードを予測し，その故障が及ぼす影響を体系的に調べる方法である．

⑦ FMEA とは，故障等の好ましくない事象をトップに置き，その原因を AND や OR などの論理記号により下位に展開し，故障構造を表現する手法である．

⑧ フールプルーフとは，製品の機能を維持することより安全性を優先する設計の思想で，機能を停止させることに重きを置く仕組みである．

⑨ 企業の社会的責任とは，製造物の欠陥により損害を受けた場合，消費者は小売店を飛び越え製造者に対し損害賠償を請求できるとした法律（PL 法）である．

⑩ 初期流動管理とは，試作段階において，設計の妥当性，工程能力の見積り，品質への影響要因の洗い出しなどを行い，品質保証を着実に行うための特別な活動である．

理解度確認　解答と解説

① **正しくない（×）**．品質保証は，結果に限らず保証のための全社的な仕組み（設計を含む業務プロセス）をもつことが重要である．
☞ 18.1 節 1

② **正しくない（×）**．品質機能展開における品質表（二元表）は，要求品質と品質特性の両方に関係する重要度を評価するものである．
☞ 18.2 節 2

③ **正しくない（×）**．品質保証体系図は，設計からアフターサービスまでの各ステップにおける品質保証に関する業務を各部門に割り振ったフローチャートである．問題文は品質機能展開図の説明である．
☞ 18.3 節 1

④ **正しくない（×）**．QA ネットワーク（保証の網）は，発見すべき不適合とプロセスを二元表に配置し，業務フローにおける不適合品の発生や流出の防止について，プロセスごとに行うべき役割を明確にしたマトリックス図法である．問題文は品質保証体系図の説明である．
☞ 18.3 節 2

⑤ **正しくない（×）**．デザインレビュー（DR，設計審査）は，知見をもつ社内各部の実務者が集まって設計を見直し，（「顧客」ではなく）「開発・設計の担当者」が気づいていない問題を指摘する会合である．
☞ 18.4 節

⑥ **正しくない（×）**．FTA（故障の木解析）は，故障という事象を木の頂点に見立て，その原因を論理記号により下位に展開することで故障事象の発生構造を表現する手法である．問題文は FMEA（故障モード影響解析）の説明である．
☞ 18.5 節 2

⑦ **正しくない（×）**．FMEA は，設計・開発の段階で，システムやプロセスの構成要素に起こり得る故障モードを予測し，その故障が及ぼす影響を体系的に調べる方法である．問題文は FTA の説明である．
☞ 18.5 節 1

⑧ **正しくない（×）**．問題文はフェールセーフの説明である．フールプルーフとは，人間が誤った行為をしようとしても，できないようにする仕組みのことである．
☞ 18.1 節 3

⑨ **正しくない（×）**．問題文は，企業の社会的責任を具体化した製造物責任法の説明である．
☞ 18.6 節 1

⑩ **正しくない（×）**．初期流動管理は，試作の段階ではなく，量産の初期段階において，設計の妥当性，工程能力の見積り，品質への影響要因の洗い出しなどを行う未然防止のための活動である．
☞ 18.7 節

練習問題

【問 1】 品質保証に関する次の文章において，[　　]内に入るもっとも適切なものを下欄の選択肢からひとつ選べ．ただし，各選択肢を複数回用いることはない．

品質保証とは顧客の[(1)]が確実に満たされるようにするための仕組みと活動である．検査を実施することで品質を保証する[(2)]と，決められた手順・やり方どおりに作業を実施することで品質を保証する[(3)]が含まれる．品質保証は，製品・サービスに異常があれば[(4)]を行い，製品・サービスの提供後の異常については金銭的な[(5)]を行うこともある．また，品質保証の仕組みを維持していることを客観的な[(6)]で示し，顧客や社会の信頼を得ることを目的とする活動でもある．

【選択肢】

ア．プロセスによる保証　イ．全数検査　ウ．是正　エ．証拠
オ．結果による保証　カ．口頭説明　キ．補償　ク．保障
ケ．品質要求事項　コ．信頼性

【問 2】 新製品開発に関する次の文章において，[　　]内に入るもっとも適切なものを下欄の選択肢からひとつ選べ．ただし，各選択肢を複数回用いることはない．

新製品を開発する場合，顧客の要望や市場のニーズを細かく分解して，それらを実現させる方法へ変換し，設計の意図を製造プロセスまで展開するために[(1)]がツールとして活用されている．[(1)]は[(2)]や品質特性などをそれぞれ系統的に展開し，[(3)]により相互の関連性から新製品に要求される特性や仕様を見極め，[(4)]に基づき目標とするレベルを企画品質として設定する．

【選択肢】

ア．品質保証体系図　イ．重要度　ウ．要求品質　エ．二元表
オ．品質機能展開　カ．緊急度　キ．三次元マトリックス

【問 3】 新製品開発に関する次の文章において，[　　]内に入るもっとも適切なものを下欄の選択肢からひとつ選べ．ただし，各選択肢を複数回用いることはない．

設計・開発段階において，製品の信頼性を上げるために，[(1)]や[(2)]を用いる．これらは，予測される[(3)]の発生を未然に防止するために活用されることが多い．[(1)]は，製品設計や工程設計におけるトラブルを[(4)]に基づいて抽出する．[(2)]は，信頼性・安全性において好ましくない事象を[(5)]として取り上げ，その事象を引き起こす発生要因をすべて洗い出す．

【選択肢】

ア．故障モード　イ．ポカヨケ　ウ．FMEA　エ．FTA
オ．トップ事象　カ．ORゲート　キ．不具合　ク．DR

【問 4】 新製品開発に関する次の文章において，[　　　]内に入るもっとも適切なものを下欄の選択肢からひとつ選べ．ただし，各選択肢を複数回用いることはない．

① 品質保証の一環として，顧客の要求事項が製品やサービスに反映されているか評価するために[(1)]が実施される．これは[(2)]な活動であり，設計・開発の適切な段階で，各々の専門性をもった担当者が集まり，評価，改善点の提案を行い，次の段階へ移行可能かどうかの確認，決定を行う活動である．

② 品質保証項目と仕入れから納入までの工程をもとに表を作成し，表中の対応するセルに不適合品の発生防止及び流出防止の観点からとられる対策や，それらの[(3)]を記入し，それぞれの不適合についての重要度や，目標とする[(4)]を示した表を[(5)]という．

【選択肢】

ア．QA ネットワーク　　イ．組織的　　ウ．有効性
エ．デザインレビュー　　オ．保証度　　カ．トップ事象
キ．開発レビュー

【問 5】 新製品開発に関する次の文章において，[　　　]内に入るもっとも適切なものを下欄の選択肢からひとつ選べ．ただし，各選択肢を複数回用いることはない．

製品が使用される際の安全に配慮した設計を行うために適用する考え方として，[(1)]や[(2)]がある．[(1)]は安全性を優先する設計の思想が製品に反映されており，[(2)]は人為的に不適切な行為などがあっても，製品の信頼性や安全性を保持する性質を適用させたものである．このように製品の信頼性や安全性を確立しても不慮の事故が発生し，生命・身体または財産に損害を与えた場合，被害者は生産者に対して損害[(3)]を求めることができ，それは[(4)]法によって定められている．

【選択肢】

ア．フールプルーフ　　イ．フェールプルーフ　　ウ．賠償　　エ．PL
オ．フェールセーフ　　カ．フールセーフ　　キ．保証　　ク．DR

【問 6】 設計・開発段階における品質保証に関する次の文章において，[　　　]内に入るもっとも適切なものを下欄の選択肢からひとつ選べ．ただし，各選択肢を複数回用いることはない．

① 設計・開発における品質保証の活動においては，DR（[(1)]）のほかにも[(2)]や[(3)]が重要となる．[(2)]は，設計からのアウトプット（図面や仕様書等）が規定要求事項を満たしているかを確認するプロセスであり，内部的な一貫性を確認する．一方で，[(3)]は製品やサービスが顧客や社会のニーズ・使用方法と合致するかを確認するプロセスであり，外部の視点から機能の適切性を評価する．

② [(4)]は，設計・開発における複数のプロセスを同時に進め，設計・開発期間の短縮やコストの削減を図る手法である．これにより，異なるプロセスが同時に進行することで，迅速な開発サイクルの実現を可能とする．

【選択肢】

ア．パラレル開発　イ．検証　ウ．デジタルレビュー
エ．コンカレント開発　オ．デザインレビュー　カ．妥当性確認

練習 解答と解説

【問 1】 品質保証に関する問題である．

解答 (1) **ケ** (2) **オ** (3) **ア** (4) **ウ** (5) **キ** (6) **エ**

(1) 品質保証は，顧客の［(1) **ケ．品質要求事項**］が確実に満たされるようにするための仕組みと活動である．「コ．信頼性」を選択してしまうかもしれないが，信頼性とは，どれだけ故障せずに連続して使用できるかであり，品質保証は信頼性に限定されるものではない．

☞ 18.1 節 1

(2) 品質保証を実現する手段には，結果による保証とプロセスによる保証があるが，問題文の記述“検査を実施する”より，［(2) **オ．結果による保証**］である．☞ 18.1 節 1

(3) 品質保証を実現する手段が入ると考えられる．問題文の記述“決められた手順・やり方”からわかるように仕組みのことであるから，［(3) **ア．プロセスによる保証**］である．

☞ 18.1 節 1

(4)，(5) 品質保証では異常があれば是正処置を講じるが，使用者に損害を与えた場合には補償を行うこともある．問題文の記述“金銭的な [(5)] を行う”より，［(5) **キ．補償**］であり，したがって［(4) **ウ．是正**］である．なお，同音異義語「保証」，「保障」，「補償」に注意．☞ 18.1 節 1，2

(6) 仕組みの維持を顧客に示す方法は，主観的な口頭説明よりも，事実としての客観的な［(6) **エ．証拠**］が最適である．☞ 18.1 節 1

【問 2】 品質機能展開（QFD）に関する問題である．

解答 (1) **オ** (2) **ウ** (3) **エ** (4) **イ**

(1) 新製品の開発に関する問題で，顧客や社会のニーズを設計や製造にまで展開する（繋げていく）手法といえば，［(1) **オ．品質機能展開**］である．

☞ 18.2 節 1

(2)〜(4) 以下は品質機能展開の作成手順である．顧客の声を要求品質とし，設計者の声を品質特性として展開するので，［(2) **ウ．要求品質**］である．また，縦軸に要求品質，横軸に品質特性を配置するマトリックス図である［(3) **エ．二元表**］（品質表）を作成し，二元表により［(4) **イ．重要度**］評価を行い，競合分析などを加えて「企画品質」（自社製品の特徴）に繋げていく．

☞ 18.2 節 2

【問 3】 FMEA と FTA に関する問題である．前から順に空欄を埋めることが難しいが，試験本番でも同様の出題が見られる．FMEA と FTA の意味をしっかり押さえておくことが必要である．

解答 (1) **ウ** (2) **エ** (3) **キ** (4) **ア** (5) **オ**

(3) 問題文の“設計・開発段階”，“信頼性”から，(1) と (2) はそれぞれ，「ウ．FMEA」，「エ．FTA」，「ク．DR」のいずれかであることが予想される（どれが入るかは，問題文の後半で確定する）．これらに共通するのは，源流管理や使用時に起こるトラブルの未然防止であり，問題文の記述“予測される……を未然に防止する”より，［(3) **キ．不具合**］である．

☞ 18.5 節 3

(1)，(4) 問題文の“製品設計や工程設計”，“抽出する”から［(1) **ウ．FMEA**］であり，したがって，［(4) **ア．故障モード**］である．

☞ 18.5 節 1

(2)，(5) 問題文の“好ましくない事象”，“発生要因”から［(2) **エ．FTA**］であり，したがって，［(5) **オ．トップ事象**］である．

☞ 18.5 節 2

【問 4】 デザインレビュー（DR）と保証の網に関する問題である．

解答 (1) **エ** (2) **イ** (3) **ウ** (4) **オ** (5) **ア**

① 問題文の“適切な段階で，……集まり”から，［(1) **エ．デザインレビュー**］である．また，(2) は，日本語として通る語句を選ぶと［(2) **イ．組織的**］である．なお，デザインレビューは設計・開発担当者が気づかないことを，前工程（営業や企画）及び後工程（製造）の専門家が集合する組織的な活動であるから，「イ．組織的」で良いことがわかる．

☞ 18.4 節

② 問題文の“仕入れから納入までの工程をもとに表を作成”から，品質保証体系図または保

証の網（QA ネットワーク）に関する記述と推測でき，さらに“発生防止及び流出防止”から，［(5)　**ア．QA ネットワーク**］に関する記述だとわかる．(3) と (4) は少し細かな知識が必要であるが，(3) は，日本語として通る語句を選ぶと［(3)　**ウ．有効性**］であり，(4) は，保証の網のキーワードの［(4)　**オ．保証度**］である．

☞ 18.3 節 2

【問 5】　設計時の品質保証と製造物責任法に関する問題である．

解答　(1) **オ**　(2) **ア**　(3) **ウ**　(4) **エ**

(1)，(2)　どんな人でも，うっかりミスはあるので，消費者や後工程の安全に配慮した設計を行う．この場合，フェールセーフやフールプルーフの考え方を適用させる．問題文の“人為的に不適切な行為……保持する性質”から，［(2)　**ア．フールプルーフ**］（ポカヨケ）である．フールプルーフは，「人」がエラー（誤操作）しても事故が起こらないようにする機能である．キーワードは，「人」である．エラーする「人」を，「フール」や「ポカ」と表現している．(2) が「ア．フールプルーフ」であるから，［(1)　**オ．フェールセーフ**］である．

☞ 18.1 節 3

(3)，(4)　“法”に関する記述である．設計の際の信頼性や安全性がかかわる法律といえば「製造物責任法（PL 法）」くらいであるから，連想してほしい．［(3)　**ウ．賠償**］であり，［(4)　**エ．PL**］法である．

☞ 18.6 節 2

【問 6】　設計・開発段階の品質保証に関する問題である．

解答　(1) **オ**　(2) **イ**　(3) **カ**　(4) **エ**

①　DR は［(1)　**オ．デザインレビュー**］の略語である．設計・開発における品質保証の活動においては，DR のほかにも，検証や妥当性確認が重要となる．規定要求事項を満たしているかを確認するプロセスという文言より，［(2)　**イ．検証**］であり，顧客や社会のニーズ・使用方法と合致という文言より，［(3)　**カ．妥当性確認**］である．

☞ 18 章補足

②　設計・開発における複数のプロセスを同時に進め，設計・開発期間の短縮やコストの削減を図る手法を，［(4)　**エ．コンカレント開発**］という．

☞ 18.4 節

実践分野

19章 プロセス保証

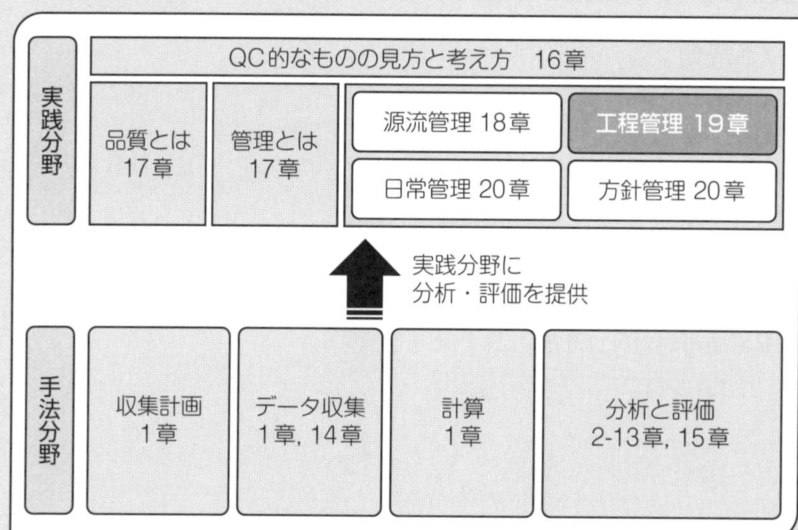

19.1 工程管理

1 品質は工程で作り込む

工程管理とは，品質の良い製品・サービスを提供するには，検査による結果の管理に加え，結果を生み出す工程（プロセス）を管理するのが合理的である，というプロセス重視に基づく思考です（経済性，16.3 節 8）．この思考は，「**品質は工程で作り込む**」と表されます．製品・サービスは複数工程の連鎖で提供されるので，工程管理の実現には「後工程はお客様」の思考による工程ごとの完結が大切です（16.3 節 5）．

2 工程管理のやり方

工程管理を行うには，プロセスの構成を明確にし，プロセスごとに管理項目を設定します．管理項目は QC 工程図等に明記されます．良い結果が維持されるなら標準を決め，標準のとおりに製造できるように教育訓練を行います．異常があれば是正します．工程管理の典型手順は，次のとおりです．

①工程解析
②工程能力の調査
③ QC 工程図の作成（管理項目と管理水準を設定）
④作業標準書の作成（標準化）
⑤教育訓練
⑥データに基づく監視（19.7 節）
⑦検査（19.8 節）
⑧異常時の対応（17.8 節）

19.2 工程解析と工程能力調査

1 工程解析とは

工程解析とは，品質を工程で作り込むために，プロセスの特性と要因との関係を明らかにする活動です（**図 19.1**）．

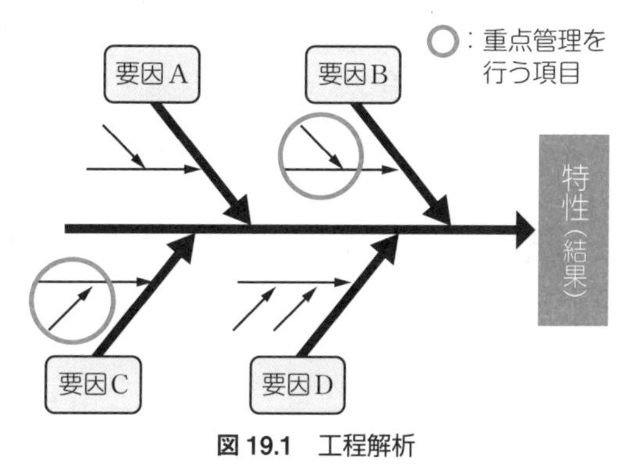

図 19.1　工程解析

品質を工程で作り込むには，工程の構成要素を明確化し，重要な要因は管理対象とすることが必要です．管理対象を選定する手順は次のとおりです．

①プロセスの特性（結果）と要因との因果関係を明確にする
②事実としてのデータを解析し，結果に大きな影響を及ぼす要因を特定する
③結果に大きな影響を及ぼす要因は，「**管理項目**」として重点管理を行う

2 工程能力調査

工程能力の調査とは，重要な品質特性を選定したうえで，プロセスから製品及びサービスをサンプリングして品質特性を計測し，工程能力を明らかにすることです．この評価には，工程能力指数を活用します（10 章）．調査結果により現状の安定性，不適合発生の危険性，検査強化や改善の必要性を評価することができます．

19.3 QC工程図と作業標準書

1 QC工程図とは

QC 工程図とは，製品・サービスの生産・提供に関する一連のプロセスの流れに沿って，プロセスの各段階で，誰が，いつ，どこで，何を，どのように管理したら良いかを一覧にまとめた計画書のことです（**図 19.2**）．

(1)　(2)

工程図 (1)	工程名	管理項目 ※点検項目 (2)	管理水準	管理方法					関連資料 (3)
				担当者	時期	測定方法	測定場所	記録	
ペレット ▽									
①	原料投入	※ミルシート		作業員	搬出時	目視	原料倉庫	出庫台帳	
②	成形	※背圧	○○ N/cm^2	作業者	開始時		作業現場	チェックシート	
		厚さ	2.0±0.05 mm	検査員	1/50個	マイクロメーター	検査室	管理図	検査標準

(3)

図 19.2　QC 工程図の例†

QC 工程図の重要ポイントは次のとおりです（番号は図 19.2 に対応）．

(1)「工程図」の欄の記号は，次のような意味をもちます．

例：○：加工，▽：貯蔵，◇：品質検査，□：数量検査，○：運搬

(2) QC 工程図には，管理者の見る「管理項目」や「管理水準」の記載があります．重要な要因については「**管理項目**」として結果（製品）を管理します．図 19.2 では，「厚さ」が管理項目に該当します．

結果に影響を及ぼす要因は「**点検項目**」として，作業者が測定，管理しま

† JIS Q 9026:2016「マネジメントシステムのパフォーマンス改善–日常管理の指針」（日本規格協会，2016 年）4.6.5，表 3 を改変

す．図 19.2 では，原料投入時の「ミルシート」や成形時の「背圧」です．

(3) QC 工程図は，製品が完成するまでの全体工程図です．何十，何百もある作業標準書の目次的な機能を果たします．図 19.2 では，「検査標準」が作業標準書に該当します．

2 作業標準書とは

作業標準書とは，作業のやり方の標準を定めた文書のことです．顧客の要求をできるだけ効率的に実現するための作業及びその手順を文書化します．作業担当者が交替した場合でも同じ作業が行われ，その結果，**同じ成果を得られることを確実にするための取り決め**です．

作業標準書には，次のような分類があります．

- 製造技術標準：生産上の物を対象とした技術事項を取り決めたもの
- 製造作業標準：生産上の作業者を対象とした作業方法を取り決めたもの
- 作業指示書：監督者，作業者を対象に具体的指示を行うもの

QC 工程図との最も大きな違いは，作業標準書には，作業のやり方が**具体的かつ詳細**に書かれていることです．作業標準書は標準が守られるように，適宜，周知や教育を実施することが重要です．標準のとおりに作業を行って問題が発生した場合には，標準の内容を検討し，改訂（是正）を行うことが必要です．

作業標準書には，次の内容を記載します（**図 19.3**）．

- 作成目的，作成年月日，作成者及び承認者
- 作業の手順及び方法
- 品質，作業安全，生産性等の観点から，なぜその手順・方法になるのかという理由
- 応急処置及びプロセスの改善の必要性を判断できるようにするための，結果の評価方法と基準
- 不適合や異常が発生した場合の対応方法

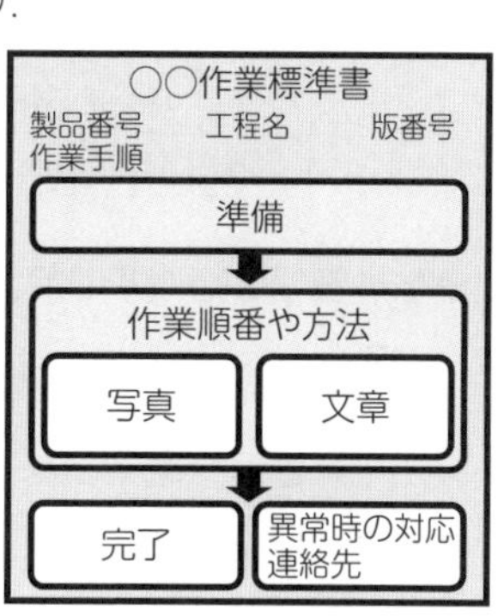

図 19.3　作業標準書

19.4 変化点管理

変化点管理とは，製造工程において重要な条件の変化があった場合，通常よりも特別な注意を払って管理を行うことです．工程内で変化が起こると，失敗や不具合等の異常が発生しやすくなり，QCD や安全の実現に影響を及ぼすので，このトラブルを未然に防ぐことが目的です．

変化点管理の対象となる重要な条件は，**5M1E** が典型です．5M1E とは，人（Man），機械・設備（Machine），材料（Material），作業方法（Method）の **4M** に，測定（Measurement），環境（Environment）を加えた6要素をいいます．5M1E は，QCD（結果）に影響を及ぼす重要な要因です．工程を構成する 5M1E を適切に管理することにより，品質を工程で作り込むことができます．5M1E の具体例を**表 19.1** に示します．

表 19.1　5M1E 変化点の具体例

項目	具体例
作業者（Man）	作業者の入れ替わり（昼夜勤務の交代，代理の作業者が担当等）
機械・設備（Machine）	設備の入れ替え 機械の再稼働
材料（Material）	ロットの切り替え 製造品種の切り替わり
作業方法（Method）	作業手順の変更
測定（Measurement）	検査や測定方法の変更
環境（Environment）	作業環境の温度や湿度の変化

変化点管理と類似する用語として，**変更管理**があります．意味の違いは次のとおりです．

- 変化点管理：意図しない変化への事前管理
- 変更管理：意図した変更への事前管理

意図した変更や気付いた変化は，あらゆる関係者と事前に共有・対処することが未然防止のために重要です．

19.5 標準化

1 標準化とは

標準とは，製品やプロセス（仕事のやり方）について，統一または単純化する目的で定めた**取り決め**です．「**標準化**」とは，標準を定め，これを組織的に活用する行為です．統一または単純化することにより，製品やサービスのばらつきを最小化し，一定レベル以上にすることができます．標準化の活用例は**表 19.2** のとおりです．

表 19.2　標準化の活用例

相互理解の促進	用語，記号，製図等を統一することにより，設計者の意図を関係者に伝達しやすくなる．
互換性の確保	蛍光灯やボルト等，寸法・形状・機能が品種ごとに統一されているので，交換品が入手しやすい．
多様性の調整	品種が増えることにより複雑化，混乱を招かないように品種を抑制する（例：円筒型乾電池は単 1～単 5（単 6））．

2 標準の分類

標準を適用範囲で分類したものが，**図 19.4** です．

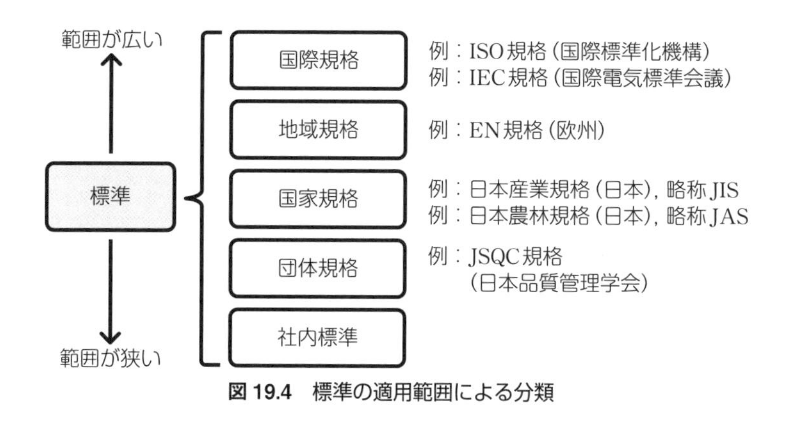

図 19.4　標準の適用範囲による分類

3 社内標準

製造部門が顧客要求を満たすためには，ばらつきを許容される範囲内に抑え，設計品質のとおりの製品品質を安定的に作り出すことが必要です．製品品質を安定的に作り出すためには，結果が好ましくなるような標準を設定し，従業員全員が守ることが不可欠です．

社内標準とは，従業員全員が順守すべき社内における取り決めです．通常，社内においては強制力をもたせています．社内標準は標準が守られるように，適宜，周知や教育を実施することが重要です．標準のとおりに業務を行って問題が発生した場合には，標準の内容を検討し，改訂（改善）を行います．

社内標準の設定にあたって留意すべきことは，次のとおりです．

- 実行可能なこと
- 内容が具体的で作業標準に規定されていること
- 関係者の合意によって決められていること
- 常に最新版が維持されていること
- 技術の蓄積が図られるような仕組みになっていること
- 順守しなければならないという権威付けがあること

4 国家規格

国家規格とは，国家標準化機関が制定する規格です．日本では，日本産業標準調査会が審議し，経済産業大臣等が制定している日本産業規格（Japanese Industrial Standards; JIS）が代表的です．

日本産業規格は，従前は「鉱工業品」等を対象とする「日本工業規格」（略称JIS）という名称でしたが，新たに「データやサービス」を加え，2018年公布の産業標準化法により，「日本産業規格」へと名称が改正されました（英語名と略称は変更ありません）．

5 国際規格

国際規格とは，国際標準化機関で制定される規格です．例えば，国際標準化機構（International Organization for Standardization; ISO）は，電気・電子・通信分野を除く幅広い分野の国際規格を制定しています．

19.6 教育訓練

1 教育訓練とは

作業標準を決めても，作業者が決まったとおりに作業できなければ，製品品質のばらつきの最小化は実現できません．工程管理の実現には，従業員が役割を果たすことができるようにする教育訓練が不可欠です．

教育とは，知らないことを伝える活動です．例えば，作業手順書を説明し，説明者がやってみせることです．

訓練とは，伝えたことができるようになる活動です．例えば，作業者にやってもらう，ほめながらアドバイスする，アドバイスなしで手順どおりにできることを確認する，繰り返し行う（反復），フォローアップ，の順で行います．

2 教育訓練の重要ポイント

教育訓練の体系には，**階層別**（部課長向け教育訓練，一般従業員向け教育訓練等）や，**職能別**（設計者向け等の専門教育訓練）があります．

教育訓練の方法は，会社が主体的に行う教育訓練である**職場内訓練（OJT）**や**職場外訓練（OFF-JT）**と，個人やグループが自主的に行う「**学習**」に分類することができます．OJT では**図 19.5** に示す 3 つの能力の育成を目指します．

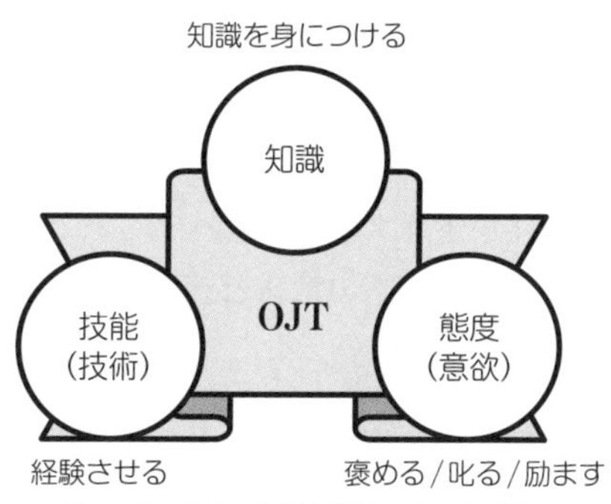

図 19.5　OJT で育成する 3 つの能力

19.7 データに基づく監視

★

1 プロセスの実施状況を監視する

工程管理は標準化と教育訓練を行ったら終わりではありません．業務プロセスは内部・外部の環境から影響を受け，常に変動します．データを継続的に測定し，プロセスと結果の両方が上手くいっているかを監視することが必要です（**図 19.6**）．

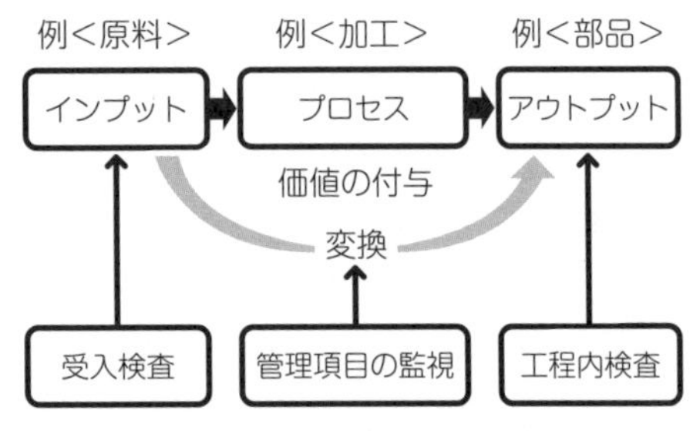

図 19.6　プロセスと結果の両方を監視

2 工程異常

プロセスの監視は，管理図（**図 19.7**，9章）等により行うことができます．監視の過程では，工程異常が発生することがあります．**工程異常**とは，工程を構成する 4 M 等が通常と異なる状態となり，その結果，品質特性が管理水準から外れることです．

以下は，用語の意味と活用ポイントです．

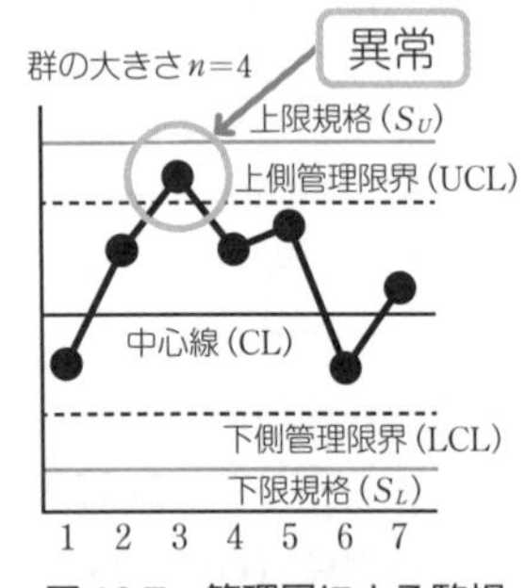

図 19.7　管理図による監視

- 異常とは，プロセスが管理状態にないこと
- 良すぎる場合も異常として原因を追究する
- 工程異常と不適合は区別する（異常は，不適合とは限らないが不適合である可能性が高い）

19.8 検査

出題頻度

1 検査とは

検査とは，製品等の一つ以上の特性値に対し，測定，試験またはゲージ合わせ等を行い，**規定要求事項に適合しているかどうかを判定する活動**です†．

検査の目的は，後工程や顧客に対し，不適合品を渡さないことです．また，検査結果の記録を前工程にフィードバックすることにより，予防に役立てることもできます．なお，検査は，適合・不適合（合格・不合格ともいう）を判定する行為です．「**不適合**」とは要求事項を満たさないことであり，図 19.7 の上限または下限の規格限界線を超える場合をいいます．

検査は不適合流出を止める砦（とりで）として，とても重要です．しかし，品質管理の変遷（16.2 節）で解説したとおり，検査はコスト高を招き，不適合品の流出予防はできても，発生を防ぐことができないことが最大の弱点です．

2 検査時期による分類

検査は，時期と方法により分類することができます．**図 19.8** は，検査時期による分類の例です．最後の出荷検査に加えて前工程でも検査を行うことにより，不適合が発生している工程を早期に特定でき，無駄なコストを抑えることができます．

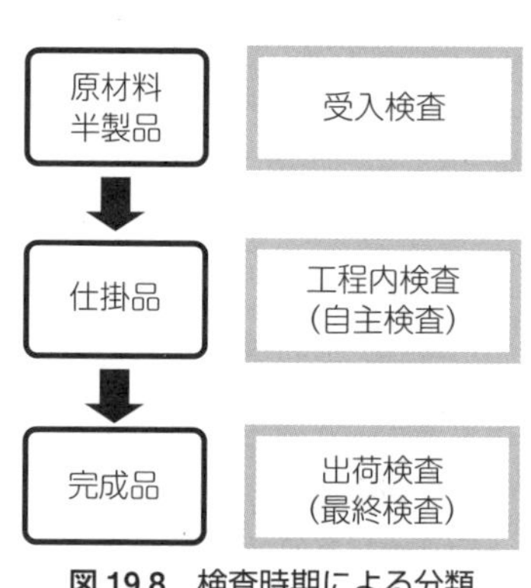

図 19.8　検査時期による分類

† JIS Q 9027:2018「マネジメントシステムのパフォーマンス改善–プロセス保証の指針」（日本規格協会，2018 年）3.9

3 検査方法による分類

次は，検査方法による分類です．用語の意味と相違を理解してください．

- **全数検査**

全ての製品を検査することです．不適合品流出の砦となる検査の目的からすると，全数検査が本来，理想的かつ原則的です．しかし，時間がかかり，コスト高を招くことから全数検査は現実的ではなく，経済性を勘案して抜取検査が利用されます．この論理が大切です．経済性を加味すべきではない場面では，原則に戻り全数検査が行われます．

- **抜取検査**

ロットの中からあらかじめ決められた方式により標本（サンプル）を抜き取り，ロットの合否判定を行う検査方法です．**ロット**とは，等しい条件下で生産され，または生産されたと思われる品物の集まりです．経済性を加味した検査方法です．全数検査と抜取検査とを比較します（**表 19.3**）.

表 19.3　全数検査と抜取検査の比較

	全数検査	抜取検査
検査個数	多い	少ない
検査費用	多い	少ない
判定の誤り	許されない	ある程度の不適合品が後工程に流れてしまうことはやむを得ない
適用場面	・不適合品の混入が許されない場合 ・不適合品が多い場合	・大量生産のため，全数検査では著しくコスト高になる場合 ・破壊検査を行わざるを得ない場合

- **間接検査**

メーカーが実施した検査結果を書面で確認することにより，購入者側の受入検査を省略する方法です．

- **無試験検査**

実績があり後工程への影響が少ない場合，受入検査を省略する方法です．

4 破壊検査

検査の性質は，非破壊検査と破壊検査に分類できます．通常の検査は，製品を破壊せずに行う**非破壊検査**です．

破壊検査とは，強度や，製品内部の欠陥，例えばキズの有無等を検査するために製品を破壊せざるを得ない場合に行う検査方法です．破壊検査を行うと当該製品が使えなくなりますから，全数検査に適さず，用いるのは，抜取検査を行わざるを得ない場合です（表 19.3）．

破壊検査では，代用特性により検査を行う場合があります．**代用特性**による検査とは，対象となる品質特性の直接測定が困難な場合，同等または近似の品質特性を代用して行う検査方法です．検査や測定に際し，製品を破壊しなければならない場合や，多くの時間やコストがかかる場合等に利用されます．例えば，溶接の強度測定を超音波により代用する場合や，検査自体を安価なサンプルで行う場合等です．

5 官能検査

官能検査とは，検査員の五感（視覚・聴覚・味覚・嗅覚・触覚）により測定し，標準見本や限度見本を使用して判定基準に基づき良否を判定する検査です．例えば，食品のおいしさ，車の乗り心地，印刷デザインの美しさを測ります．

官能検査を活用する場面は，次のとおりです．

- 数値化が困難な場合
- 測定可能だが，測定器が高価であったり，測定時間がかかったりする場合
- 測定器よりも，人の五感の検出精度の方が優れている場合

官能検査の例は，次のとおりです．

- 目視検査：製品のキズを検査
- 打音検査：ねじのゆるみを検査
- 味覚検査：料理の味付けを検査

官能検査の短所は，検査員が異なる場合や検査員の体調による合否判定のばらつきです．限度見本の活用等により，ばらつきを抑止します．

6 検査における測定・試験

検査では，測定や試験の結果をもとに適合・不適合の判定を行いますので，測定や試験は重要です．測定と試験の意味や違いは，次のとおりです．

- **測定**とは，基準と比較し数値化することです．単に測るだけの行為です．
  - ▶測定と類似の用語として「計測」があります．**計測**とは，測るだけでなく，測定結果をもとに判定までを行います．
  - ▶例えば，身長計，体重計による身長と体重の測定は測るだけなので，「測定」です．他方で，身長，体重の測定結果を利用したBMI計測は，測った結果でBMI判定を行うので「計測」です．
  - ▶測定は，現状の姿や目標とする水準を定量的に決めるために，極めて重要な行為です．「測定なくして改善なし」ともいいます．
- **試験**とは，サンプルの特性や性質を調べるだけの行為です．

検査では，このような測定や試験の結果をもとに判定を行います．

7 不確かさ

測定の結果としてデータを得ますが，測定誤差を伴います．誤差＝測定値－真の値ですが，真の値は未知です．そこで，誤差を定量的に推定した「不確かさ」が用いられます．不確かさは，測定できる標本平均やばらつきから，母平均の存在区間（範囲）を推定する際に用い，例えば，次のように表現します．

測定値：200 mm，不確かさ：±1 mm（信頼度 95 %）

事実に基づく判定を行うためには，測定誤差を小さくすることが大切です．

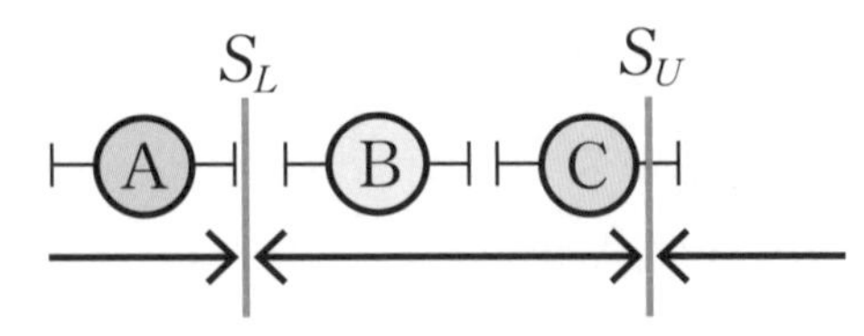

凡例：A・B・Cは測定値，├─┤は不確かさ
判定：Aは不適合である，Bは適合である，Cは適合とはいえない．

図 19.9　測定誤差

理解度確認　問題

次の文章で正しいものには○，正しくないものには×を選べ.

① 工程管理は，「品質は検査第一」という用語で表される.
② 品質を工程で作り込むためには，工程を構成する特性と要因との因果関係を解析し，特性に大きな影響を及ぼす要因を重点的に管理すべきである.
③ 工程管理に際して特性に大きな影響を及ぼす要因は，管理図の管理項目と尺度(管理水準) によって監視されている.
④ 作業標準とは，製品やプロセスについて作業担当者ごとの現状のばらつきを記録するための取り決めである.
⑤ 変化点管理は，通常，QCD を活用して管理されている.
⑥ 職員が自主的に能力向上を図る教育訓練には，OJT と OFF-JT がある.
⑦ プロセスの監視は，結果の監視までを必要とするものではない.
⑧ 検査は，不適合品流出の砦であるから，抜取検査といえども，ある程度の不適合品が後工程に流れてしまうことはやむを得ないとすることはない.
⑨ 無試験検査とは，経済性から検査を省略することである.
⑩ 官能検査は，数値による測定が困難な場合等に行われる人の五感を活用する検査方法である.

理解度確認 解答と解説

① **正しくない（×）**．工程管理は，結果（検査）だけでなく，結果を生み出す工程を管理することで果たされる．この思考は，「品質は工程で作り込む」と表される．

☞ 19.1 節 1

② **正しい（○）**．工程管理は，ばらつきを封じ込める活動である．ばらつき（結果）の発生の要因を見出し，影響の大きい要因から順に重点管理を行う．

☞ 19.2 節 1

③ **正しくない（×）**．管理項目と尺度（管理水準）は，管理図ではなく，通常は QC 工程図に明記される．

☞ 19.3 節 1

④ **正しくない（×）**．作業標準は作業担当者のばらつきを記録するためではなく，ばらつきを予防することが目的である．

☞ 19.3 節 2

⑤ **正しくない（×）**．変化点管理の対象は，変化をきたすと異常を生みやすい重要要因である．重要要因は，通常，QCD ではなく，5M1E（作業者，材料，設備，作業方法，測定，環境）の変化である．

☞ 19.4 節

⑥ **正しくない（×）**．教育訓練は，会社としての教育と，職員の自主的な学習の 2 分類がある．OJT と OFF-JT は，会社としての教育の例である．

☞ 19.6 節 2

⑦ **正しくない（×）**．プロセスの監視は，プロセスと結果の両方の監視を行う．結果の監視によりプロセス（仕事のやり方）の他人評価をできるからである．なお結果の監視には，顧客や後工程からの「苦情」等の言語データによるフィードバックの活用を含む．

☞ 19.7 節 1

⑧ **正しくない（×）**．検査は不適合品流出の砦であるが，全数検査ができない場合（破壊検査等）や，全数検査を行うことで経済性があまりにも損なわれる場合は，抜取検査が許容される．抜取検査はサンプリングであり，ある程度の不適合品流出があり得ることを前提とする検査方式である．

☞ 19.8 節 3

⑨ **正しくない（×）**．無試験検査は，納入先の実績や信頼関係に基づき，受入検査を省略する方式であり，経済性から検査の全てを省略するものではない．

☞ 19.8 節 3

⑩ **正しい（○）**．官能検査は，味わい等の数値測定が困難な場合に活用される，人の五感による検査方式である．

☞ 19.8 節 5

練習問題

【問 1】工程管理に関する次の文章において，[　　]内に入るもっとも適切なものを下欄の選択肢からひとつ選べ．ただし，各選択肢を複数回用いることはない．

① 品質管理の基本は，[(1)]で品質を作り込むことである．この基本は，QC 的なものの考え方の中の[(2)]に沿った考え方である．

② 安定状態の良いプロセスを実現するためには，特性と要因の因果関係を明らかにする[(3)]を行い，特性に与える影響が大きな要因には[(4)]を設定して[(5)]等に明確に記し，重点指向で管理する．

【[(1)]～[(5)]の 選択肢】

ア．工程解析　イ．プロセス重視　ウ．工程　エ．検査
オ．工程能力　カ．ファクトコントロール　キ．QCD　ク．経験
ケ．管理項目　コ．品質保証体系図　サ．QC 工程図

③ 詳細な作業手順は作業標準書に定める．作業標準書は，できる限りわかりやすく[(6)]に表現する．わかりやすくするための工夫として[(7)]を使用することも効果的である．作業者によって作業のやり方が異なり，その結果，品質特性に[(8)]を発生させてはならない．作業標準書は決められたとおりに作業を行えば，ねらいどおりの製品が[(9)]して作られることが目的である．

④ 作業標準を決めても，作業者が決まったとおりに作業できなければ，製品品質の[(8)]の最小化は実現できない．工程管理の実現には，従業員が役割を果たすことができるようにする[(10)]が不可欠である．

【[(6)]～[(10)]の選択肢】

ア．抽象的　イ．図や写真　ウ．ばらつき　エ．安定
オ．具体的　カ．統計分析　キ．教育訓練　ク．ポスター
ケ．不適合　コ．是正処置

【問 2】工程管理に関する次の文章において，[　　]内に入るもっとも適切なものを下欄の選択肢からひとつ選べ．ただし，各選択肢を複数回用いることはない．

製造工程は計画に基づき生産されているが，様々な変更により計画どおりにいかないことがある．変更点の周知の遅れ，見過ごしにより，品質，コスト，納期，[(1)]へ多大な影響を与える．作業者（Man），部品・材料（Material），設備（Machine），作業方法（Method），測定（Mesurement），環境（Environment）の 5M1E においての[(2)]は異常発生の可能性を高める．工程における 5M1E 等の[(3)]を明確にし，異常を検出するための監視，管理を行うことで異常の発生を未然に防ぐことができる．このような管理は，[(4)]という．[(3)]の具体的な例は昼夜勤務の交代，設備の入れ替え，ロットの切り替え，製造品種の切り替わり，作業手順の更新・変更等があげられる．

【選択肢】

ア．変化点管理　イ．変化点　ウ．安全　エ．状況への対応
オ．条件の変化　カ．更新管理　キ．更新　ク．QCD

【問 3】標準化に関する次の文章において，[　　]内に入るもっとも適切なものを下欄の選択肢からひとつ選べ．ただし，各選択肢を複数回用いることはない．

① 社内標準とは，従業員全員が順守しなければならない社内における [(1)] である．社内標準の設定に際しては，次のことに留意する．

・[(2)] が可能なこと
・内容が [(3)] で作業標準書に規定されていること
・関係者の [(4)] によって決められていること
・常に最新版が維持されていること
・技術の蓄積が図られるような仕組みになっていること
・順守しなければならないという [(5)] があること

【[(1)]～[(5)] の選択肢】

ア．法令　イ．取り決め　ウ．具体的　エ．抽象的　オ．伝承
カ．合意　キ．保証　ク．実現　ケ．権威付け

② 社内標準は標準が守られるように，適宜，周知や教育を実施することが重要である．標準のとおりに業務を行って問題が発生した場合には，標準の内容を検討し，[(6)] を行う．

③ 標準を適用範囲で分類する場合，ISO9001 等の [(7)]，JIS 等の [(8)]，企業内で行う社内標準等がある．JIS は 2018 年に改正法が公布され，2024 年現在の正式名称は [(9)] である．この改正により，データやサービス等が適用範囲として追加された．

【[(6)]～[(9)] の選択肢】

ア．見える化　イ．国際規格　ウ．日本産業規格　エ．改訂
オ．団体規格　カ．国家規格　キ．日本工業規格　ク．地域規格

【問 4】検査に関する次の文章において，[　　]内に入るもっとも適切なものを下欄の選択肢からひとつ選べ．ただし，各選択肢を複数回用いることはない．

製品・サービスの１つ以上の特性値に対して，[(1)]，試験，またはゲージ合わせ等を行い，[(2)] と比較し，一つひとつに対して適合や [(3)] を判定する，または，ロット判定基準と比較して，ロットに対して合格や不合格を判定する，この一連の活動が [(4)] である．[(4)] の重要な目的は [(3)] を含む製品やサービスを顧客や [(5)] に提供することによる損失を防止することである．

【選択肢】

ア．検査　イ．前工程　ウ．規定要求事項
エ．測定　オ．不適合　カ．法令
キ．誤差　ク．後工程　ケ．審査

【問 5】検査に関する次の文章において，［　　］内に入るもっとも適切なものを下欄の選択肢からひとつ選べ．ただし，各選択肢を複数回用いることはない．

① 検査の実施段階は，［(1)］，中間検査，［(2)］に分類できる．［(1)］は，材料や部品の購入時に実施する検査である．
② ［(1)］等で，供給者の実施したロットについての検査成績をそのまま使用して確認することにより，自社側の試験・測定を省略する検査を［(3)］という．
③ 検査員の五感を使用して良否を判定する検査を［(4)］という．
④ 検査で不適合品を発見した場合，適合品との混入，後工程への流出を防止するために，タグの取付け等により［(5)］する．

【選択肢】

ア．官能検査　イ．破壊検査　ウ．非破壊検査　エ．廃棄
オ．感覚検査　カ．抜取検査　キ．最終検査　ク．識別
ケ．受入検査　コ．間接検査

練習　解答と解説

【問 1】工程管理の総合問題である．

解答 (1) **ウ**　(2) **イ**　(3) **ア**　(4) **ケ**　(5) **サ**　(6) **オ**　(7) **イ**　(8) **ウ**　(9) **エ**　(10) **キ**

① 工程管理は，結果のみを追うのではなく，結果を生み出す仕事のやり方や仕組みというプロセスに着目し，これを向上させるように管理することである．工程管理は［(2)　**イ．プロセス重視**］に基づく仕組みであり，品質管理では「品質は［(1)　**ウ．工程**］で作り込む」という用語で表される．品質管理の経済性を表す考え方である．

☞ 19.1 節 1

② プロセスは，インプットをアウトプットに変換する活動の連鎖である．結果を良くするためには，プロセスを分解，特定した後，要因と特性（結果）の因果関係を明らかにする［(3)　**ア．工程解析**］を行う．特性に与える影響が大きな要因には［(4)　**ケ．管理項目**］を設定し，［(5)　**サ．QC 工程図**］等に明記する．管理項目は作業標準書や管理項目一覧表に記載されることもあるが，選択肢を見ると適切なものは QC 工程図だけであるから選択を確定できる．

☞ 19.2 節 1，19.3 節 1

③ 作業標準書は新入社員研修でも活用するツールでもあるから，わかりやすく，[(6) **オ．具体的**] に表現されていないと機能しない．わかりやすくする工夫としては，[(7) **イ．図や写真**]，動画等が活用されている．作業標準は，行うべき作業手順を決め，決められたとおりに作業を行うことにより，作業の [(8) **ウ．ばらつき**] を最小化し，ねらいどおりの製造品質を [(9) **エ．安定**] して提供することが目的である．言い換えれば，不良を提供しないことである．

☞ 19.3 節 2

④ 作業標準は，人が「決められたとおりに作業する」ことの徹底が必須であるから，作業者への [(10) **キ．教育訓練**] が不可欠である．

☞ 19.6 節 1

【問 2】 変化点管理に関する問題である．変化点管理は，ISO9001:2015 改正や DRBFM（トヨタ自動車の FMEA）でも注目されている重要分野である．

解答 (1) **ウ** (2) **オ** (3) **イ** (4) **ア**

製造工程における様々な変更は，変更点の周知の遅れ，見過ごし等によって，品質，コスト，納期，[(1) **ウ．安全**] へ多大なる影響を与える．

作業者（Man），部品・材料（Material），設備（Machine），作業方法（Method），測定（Mesurement），環境（Environment）の 5M1E における [(2) **オ．条件の変化**] は異常発生の可能性を高める．よって，工程における 4 M 等の [(3) **イ．変化点**] を明確にし，異常を検出するための監視，管理を行うことにより，異常の発生を未然に防ぐことができる．変化点の例として，昼夜勤務の交代，設備の入れ替えロットの切り替え，製造品種の切り替わり，作業手順の更新・変更等があげられる．このような管理を，[(4) **ア．変化点管理**] という．

☞ 19.4 節

【問 3】 標準化に関する問題である．

解答 (1) **イ** (2) **ク** (3) **ウ** (4) **カ** (5) **ケ** (6) **エ** (7) **イ** (8) **カ** (9) **ウ**

① 社内標準に限らず「標準」は [(1) **イ．取り決め**] である．取り決めであるから，関係者の [(4) **カ．合意**] によってのみ拘束力が生じる．社内標準では，順守しないと製品の安定提供ができず企業には死活問題となるので，[(5) **ケ．権威付け**] を行い，順守を必須とする．社内標準は，将来こうしたいという目標ではなく，現実に行うべき作業手順であるから，[(2) **ク．実現**] が可能な内容で，[(3) **ウ．具体的**] であることが求められる．

☞ 19.5 節 1，3

② 社内標準は維持するだけでは異常発生の危険がある．問題が発生した場合や危惧がある場合には，必要により [(6) **エ．改訂**] を行う．

☞ 19.5 節 3

③ 標準の適用範囲による分類には，ISO9001 等の［(7) **イ．国際規格**］，JIS 等の［(8) **カ．国家規格**］，社内標準（社内規格ともいう）がある．JIS は工業標準化法から産業標準化法への改正に伴い，正式名称が日本工業規格から［(9) **ウ．日本産業規格**］に変わり，サービスやデータが適用範囲に追加された．法改正後も JIS という略称は従前の通りである（産業標準化法は 2018 年公布）．

☞ 19.5 節 2，4，5

【問 4】 検査の定義に関する問題である．

解答 (1) **エ** (2) **ウ** (3) **オ** (4) **ア** (5) **ク**

(1) 問題文の本文だけを見ると何の問題かわからないが，【問 4】の直後に“検査”とある．これはヒントである．検査に不可欠なものは［(1) **エ．測定**］である．

☞ 19.8 節 1

(2) 検査の基準になるのは［(2) **ウ．規定要求事項**］である．規定要求事項とは法令や組織が合意した要求事項である．

☞ 19.8 節 1

(3) 検査は，適合・不適合を判定する活動である．［(3) **オ．不適合**］である．

☞ 19.8 節 1

(4) 定義の結論であるから，［(4) **ア．検査**］である．

☞ 19.8 節 1

(5) 不適合には外部に出る不適合と内部に留まる不適合がある．後者は［(5) **ク．後工程**］に流れる不適合である．不適合が内部に留まる場合も手直し等により QCD の実現を阻害することになる．

☞ 19.8 節 1

【問 5】 検査に関する混合問題である．

解答 (1) **ケ** (2) **キ** (3) **コ** (4) **ア** (5) **ク**

① 検査の段階（実施時期）の分類である．後の文章から購入時の検査であるから［(1) **ケ．受入検査**］である．そうすると，既に中間検査は問題文に出ているので，［(2) **キ．最終検査**］である．

☞ 19.8 節 2

② 供給者の検査成績を活用して受入側の試験や測定を省略するのは［(3) **コ．間接検査**］である．供給者による検査を間接利用するのである．

☞ 19.8 節 3

③ 問題文に“五感”とあることから，［(4) **ア．官能検査**］である．「感覚検査」とは言わないことに注意．

☞ 19.8 節 5

④ 異常時の対応に共通する内容である．不適合の危険を拡散しないためには，早期の［(5) **ク．識別**］が必要となる．廃棄よりも分離や識別の方が早く対応できるからである．

☞ 17.8 節 3

実践分野

20章 日常管理・方針管理

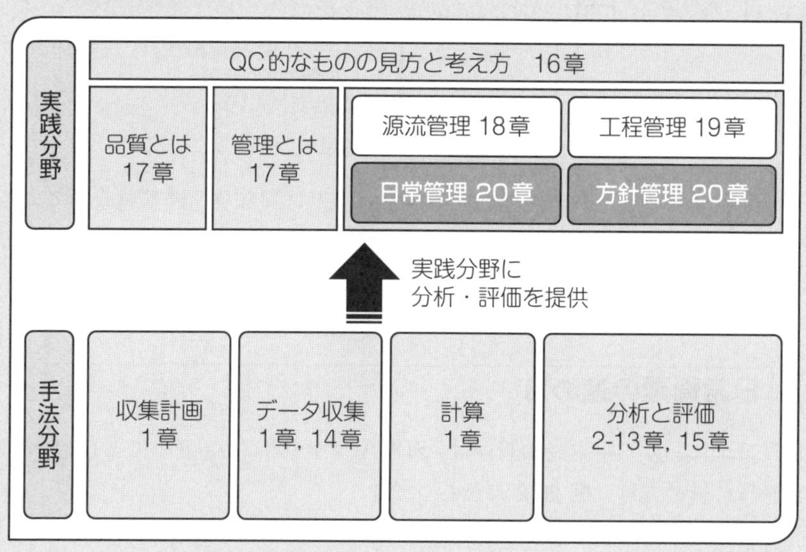

20.1 日常管理

1 日常管理とは

日常管理とは，組織の各部門が業務分掌について，良い現状を維持向上するための管理活動です．日常管理は，各部門の自主管理が前提となることから，部門別管理ともいいます．全ての**業務分掌**が対象となります．

日常管理では，プロセスが標準で決めたとおりに機能しているかを，QC 工程図（19.3 節）や管理項目一覧表に記されている，**管理項目**と**管理水準**により監視します．異常の原因となりやすい 5M1E（19.4 節）の変化点は，重点的に管理します．

管理項目は，**図 20.1** のように，**管理点**と**点検点**（点検点は点検項目ともいいます）に分けられます．

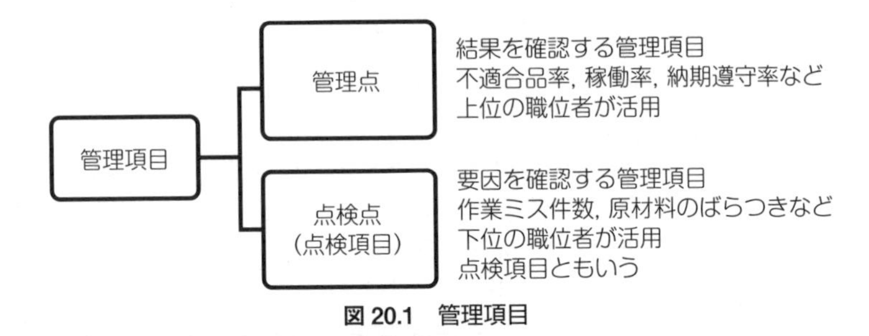

図 20.1　管理項目

一方，管理水準は，顧客が要求する規格水準とは異なり，通常達成している水準をもとに設定する尺度です．管理項目と管理水準の活用例は，19.3 節の QC 工程図を参照してください．

2 日常管理の進め方

日常管理における平常時の管理は，SDCA サイクル（17.6 節）により行います．日常管理の進め方は，**図 20.2** のとおりです．

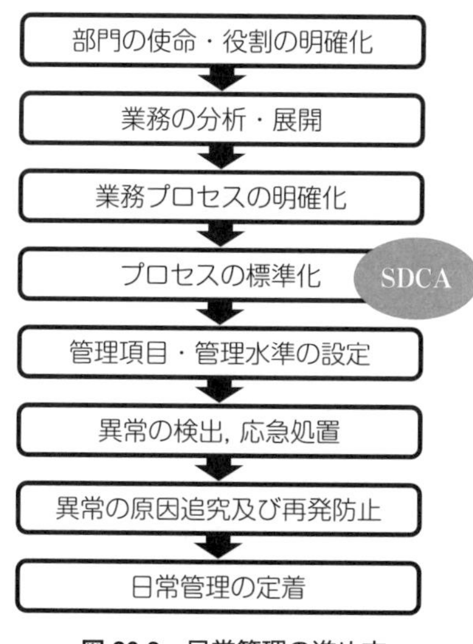

図 20.2　日常管理の進め方

3　20章の全体構造

日常管理は，現在の良い状態の維持を基本としますが，維持だけでは組織レベルは下落します．内外の経営環境は常に変化するからです．企業は変化に対応できるよう，**重点指向のレベルアップや革新を目指す活動**を展開します（**図 20.3**）．この点については，次節以降で解説します．

5S とは，整理，整頓，清潔，清掃，躾（しつけ）のことです．5S は全ての管理の土台となる重要な活動です．

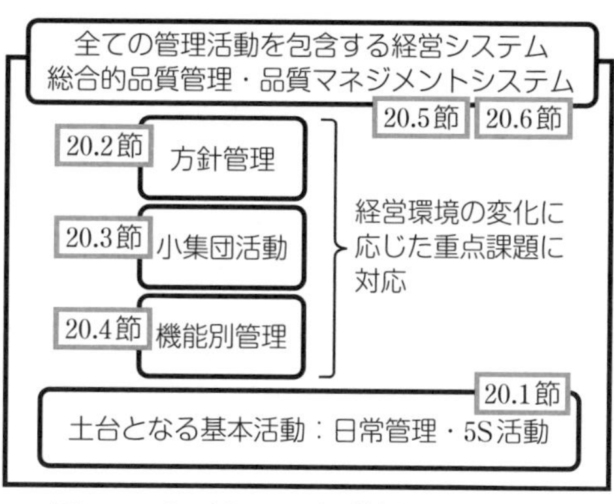

図 20.3　レベルアップや革新を目指す活動

20.2 方針管理

出題頻度 ★★★

1 方針管理とは

方針管理とは，組織の方針（重点課題，目標及び方策）を達成するためにPDCA サイクル（17.6 節）を回す管理活動です．トップマネジメントは，全部門・全階層の参画のもと，重点指向に基づく組織方針を示し，部門は組織方針の達成に向けた部門方針を設定し，実施計画と管理項目を決めて活動を展開します．この展開活動を方針展開といいます．

2 方針管理の進め方

方針管理の進め方のポイントは，次のとおりです（**図 20.4**，**表 20.1**）．

- 方針管理では，組織方針を展開するに際し，上位の管理者と下位の管理者が集まって**すり合わせ**を行い，上位と下位との方針との間に**一貫性**をもたせるようにします．
- 方針が確実に実施されるようにするため，具体的な実施計画と，進捗状況を評価するための管理項目を設定します．トップマネジメントも適宜，現地に出向き，進捗状況を診断します．
- 期中，実施計画が上手く進んでいない場合には，原因を追究し，方針・実施計画の変更を含む処置をとります．
- 期末にはトップマネジメントが方針の達成・実施状況を評価し，次期に反映すべく PDCA サイクルを回します．

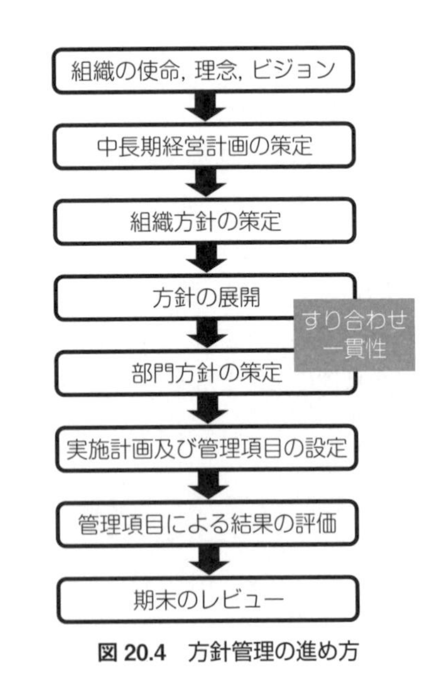

図 20.4　方針管理の進め方

表 20.1　方針管理における重要な用語

方針とは†	・組織の使命，理念とビジョン，または中長期経営計画の達成を目指し，具体化した期単位の事業計画を達成するために，**日常管理（維持向上）では不足する**部分に関する組織と部門の全体的な意図と方向付けを，トップマネジメントが表明したもの． ・方針には，通常，次の 3 つの要素が含まれます． 　▸**重点課題** 　▸**目標** 　▸**方策**
重点課題とは	・組織として重点的に取組み，達成すべき事項のこと． ・重点課題の結論だけを表明するのではなく，取り上げた背景や目的も明確にする必要があります． ・重点課題の対象は品質だけではありません．コスト，生産量，納期，**安全**，**環境**，やる気など，全ての経営要素が対象となります．
目標とは	・達成すべき**測定可能**な到達点のこと． ・実現が可能なことも必要です．
方策とは	・目標を達成するための手段． ・方針管理では現状を打破する挑戦的な目標が設定される場合が多いので，十分な調査を行い，方策は**具体的な手段**であることが必要です． ・目標を達成する手段は一つではありません．
トップ診断とは	・トップマネジメントは，期の適切な時点で，各部門又は部門横断チームに対して診断を行います．組織の人々に方針を浸透させ，参画意識をもたせるための活動です． ・この診断は，三現主義（現場，現物と現実）により診断を行います．事実に基づく管理です．
期末レビュー	・期末のレビューや期中の診断では，結果だけでなく，方策の結果寄与度を分析し，評価を行います． 　　例：良い結果だが，方策の寄与度は低いので，偶然である． ・プロセス重視の考え方です．

† JIS Q 9023：2018「マネジメントシステムのパフォーマンス改善−方針管理の指針」（日本規格協会，2018 年）3.2

20.3 小集団活動（QCサークル）

1 小集団活動とは

小集団活動とは，日常管理や方針管理を通じて明らかとなった様々な課題及び問題について，コミュニケーションが図りやすい少人数によるチームを構成した上で，特定の課題及び問題についてスピード感のある取組みを行い，その中で各人の能力向上及び自己実現，ならびに信頼関係の醸成を図るための活動です†.

小集団活動は，**図 20.5** のように分類できます.

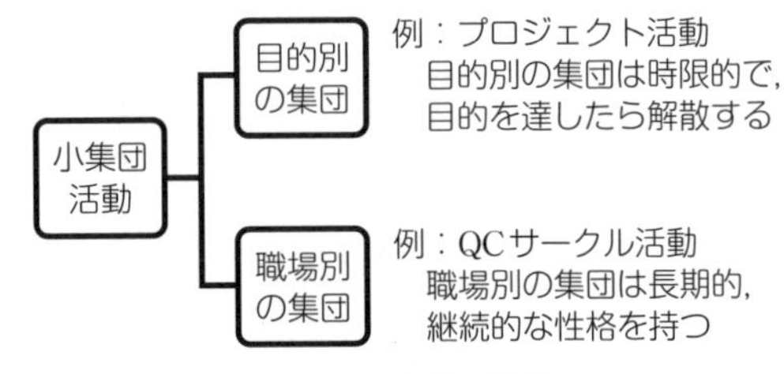

図 20.5　小集団活動

2 QCサークル活動

QC サークル活動については，推進母体である日本科学技術連盟より，「QC サークルの基本」と題し，内容と基本理念が示されていますので，次のページに原文のまま掲載します.

なお，QC サークル活動は，第一線の職場で働く人々の自主的な活動ですが，経営者・管理者も指導・支援により関与する点に注意を要します.

† JIS Q 9023:2018「マネジメントシステムのパフォーマンス改善–方針管理の指針」（日本規格協会，2018 年）附属書 A，A.2

～QC サークルの基本～†

QC サークル活動とは

QC サークルとは,
第一線の職場で働く人々が
継続的に製品・サービス・仕事などの質の管理・改善を行う
小グループである.

この小グループは,
運営を自主的に行い
QC の考え方・手法などを活用し
創造性を発揮し
自己啓発・相互啓発をはかり
活動を進める.

この活動は,
QC サークルメンバーの能力向上・自己実現
明るく活力に満ちた生きがいのある職場づくり
お客様満足の向上および社会への貢献
をめざす.

経営者・管理者は,
この活動を企業の体質改善・発展に寄与させるために
人材育成・職場活性化の重要な活動として位置づけ
自ら TQM などの全社的活動を実践するとともに
人間性を尊重し全員参加をめざした指導・支援
を行う.

QC サークル活動の基本理念

人間の能力を発揮し，無限の可能性を引き出す.
人間性を尊重して，生きがいのある明るい職場をつくる.
企業の体質改善・発展に寄与する.

† QC サークル本部編『QC サークルの基本―QC サークル綱領―』(日本科学技術連盟，1996 年) p.1

20.4 機能別管理

機能別管理とは，部門の壁をなくし，品質，納期，コスト，安全，環境等の機能ごとに組織としての目標を設定し，部門横断的に実践する管理活動です．機能別という言葉が誤解を招くという理由から，近年は部門横断的管理（クロスファンクショナル・マネジメント）とも呼ばれています．機能別管理活動は，**図 20.6** のように分類できます．

機能別管理，方針管理，日常管理の関係は，**図 20.7** のとおりです．

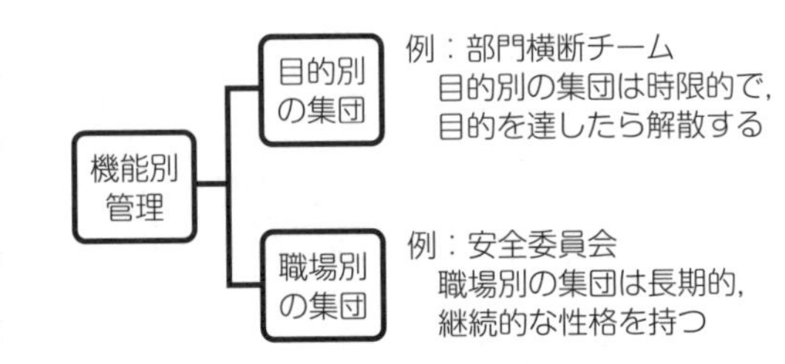

図 20.6　機能別管理の分類

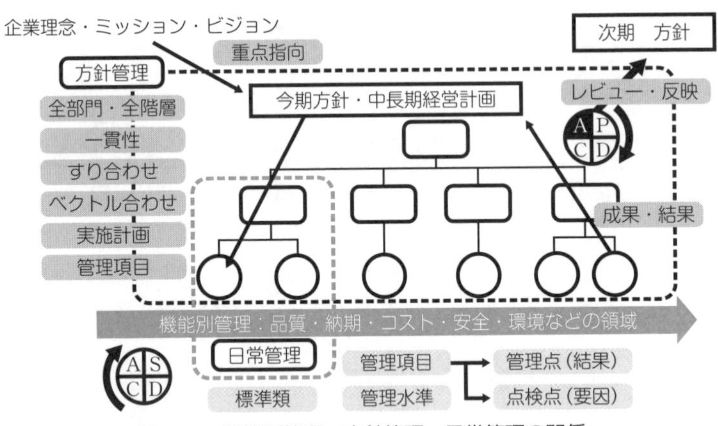

図 20.7　機能別管理，方針管理，日常管理の関係

20.5 総合的品質管理 (TQM)

出題頻度

1 総合的品質管理とは

総合的品質管理（Total Quality Management; TQM）とは，“顧客及び社会のニーズを満たす製品及びサービスの提供並びに働く人々の満足を通した組織の長期的な成功を目的とし，プロセス及びシステムの維持向上，改善及び革新を，全部門・全階層の参加を得て行うことで，経営環境の変化に適した効果的かつ効率的な組織運営を実現する活動”をいいます†.

TQMと品質マネジメントシステム（QMS，20.6節）は，全ての品質管理活動を包含する経営システムという点で共通します．しかし，TQMでは，考え方や手法を具体的に示して推奨し，企業と人々が活用しやすく工夫している点において，QMSと異なる大きな特徴をもちます．

2 TQMのフレームワーク

1996年，日本科学技術連盟は，TQC（Total Quality Control，全社的品質管理）という言葉を，より普遍的に使える表現であるTQMに変更しました．TQMのフレームワークは，基本的にはそれまでのTQCを継承するものとされています．**表20.2**は，TQMが推奨する考え方・手法のフレームワークの例です．

表20.2 TQMのフレームワーク

原則		活動	手法
マーケットイン	事実に基づく管理	プロセス保証	QCストーリー
後工程はお客様	源流管理	日常管理	QC七つ道具
品質優先	重点指向	方針管理	QFD，FMEA
プロセス重視	PDCAサイクル	小集団改善活動	QC工程表
標準化	全員参加　等	品質管理教育　等	作業標準　等

† JIS Q 9023：2018「マネジメントシステムのパフォーマンス改善－方針管理の指針」（日本規格協会，2018年）附属書A，A.1

20.6 品質マネジメントシステム(QMS)

1 品質マネジメントシステムとは

品質マネジメントシステム(Quality Management System; QMS)とは，品質の良い製品・サービスを提供するために，組織が方針および目標を定め，その目標を達成するための仕組みです．仕組みとは仕事のやり方です．

国際標準化機構(International Organization for Standardization; ISO)は，国際規格である **ISO9001** を発行し，QMS に関する顧客要求の標準を定めています．わが国では，ISO9001 と同等性を維持した国家規格である JIS Q 9001 を発行し，QMS の仕組みを日本語で紹介しています．

2 国際規格 ISO9001 の特徴

ISO9001 では，**図 20.8** のような QMS の標準を規定しています．企業は，ISO9001 要求事項に適合する仕組みを自社に当てはめて構築・運用することができます．さらに，第三者監査を通じて，自社の仕組みが ISO9001 要求事項に適合していることを実証することができます．企業はこの実証により，国際及び国内取引上の信頼を得ることができます．このような第三者監査制度が国際的に整備されている点は，TQM と異なる QMS の大きな特徴といえます．

ISO9001 の目的は，顧客要求事項や法令・規制要求事項への適合の保証を通じて，取引の安全と顧客満足の向上を図ることです．

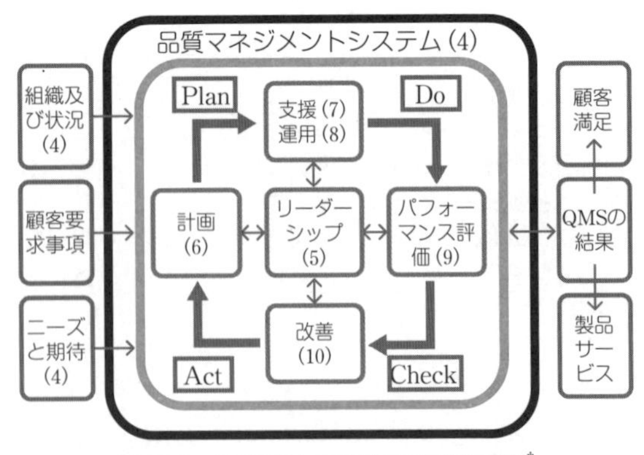

図 20.8 ISO9001 に規定する要求事項†

ISO9001 の体系は図 20.8 のとおりです．例えば，計画には方針管理が，運用には日常管理に関する要求事項の標準が規定されています．カッコ内の数字は規格の箇条番号です.

3 品質マネジメントシステムの7原則

ISO9001は，QMSの基本的な考え方として，**表20.3**の7原則を規定します.

表20.3 QMSの7原則†

顧客重視	品質マネジメントシステムの主眼は，顧客の要求事項を満たすこと及び顧客の期待を超えるよう努力すること.
リーダーシップ	全ての階層のリーダーは，目指す方向を一致させ，人々が品質目標達成に積極的に参加する状況を作り出す.
人々の積極的参加	品質目標の達成には全階層の人々の積極的参加が必要.
プロセスアプローチ	意図した結果の達成には，組織は適切なプロセスを決定し，その繋がりを明確にして運用管理することが必要.
改善	改善は，現在のパフォーマンスを維持し，内外の状況の変化に対応し，新たな機会を創造するために必要.
客観的事実に基づく意思決定	事実に基づく管理，そのもの.
関係性管理	持続的な成功には，供給者だけでなく，密接に関連する利害関係者との関係をマネジメントすることが必要.

4 マネジメントシステムの監査

監査とは，監査基準が満たされている程度を判定するために，監査証拠を収集し，それを客観的に評価するための，体系的で，独立し，文書化されたプロセスのことです．ISO9001やISO14001（環境マネジメントシステム）を監査基準とするマネジメントシステム監査のやり方は，ISO19011という指針に定められています．QMSは，**第三者監査**（**表20.4**）が予定されていることが特徴です.

表20.4 監査の分類

内部監査	第一者監査	マネジメントレビュー及びその他の内部目的のために，その組織自体又は代理人によって行われる監査.
外部監査	第二者監査	サプライヤー監査．顧客など，組織の利害関係者又はその代理人によって行われる監査.
	第三者監査	規制当局又は認証機関のような，外部の独立した監査機関によって行われる監査.

† JIS Q 9001:2015「品質マネジメントシステムー要求事項」（日本規格協会，2015年），図14.8は0.3.2図2を改変，表14.3は0.2を改変

理解度確認 問題

次の文章で正しいものには○，正しくないものには×を選べ．

① 方針管理とは，方針を部門ごと，あるいは階層ごとで作成し，緊急課題に重きを置いて達成していこうとする活動である．
② 方針を展開・実施する場合は，上意下達で展開し，方針に強制力をもたせるようにしなければならない．
③ 方針を確実に実施するためには，状況判断による監督者からの指示とパフォーマンス評価項目を設定する．
④ 日常管理は，標準が決まっていることが前提であるから，平常時は主にPDCAサイクルを適用する．
⑤ 日常管理の管理対象は「品質」だけでよい．
⑥ 日常管理における管理項目とは，計画の達成状況を判定するための数値基準である．
⑦ QCサークル活動は自主的な活動であるから，目指すゴールは自由であると定義されている．
⑧ TQMでは，全社的な品質管理の成功のみを目指している．
⑨ 品質マネジメントシステムの目的は，特に，ばらつきの低減や不適合品の撲滅である．
⑩ 監査は，監査業務の経験が豊富な監査官の経験に基づき評価を行う．

理解度確認　解答と解説

① **正しくない（×）**．方針管理とは，組織方針と部門方針を作成し，重点指向で達成していこうとする活動である．緊急課題に重きを置くわけではない．

☞ 20.2 節 1

② **正しくない（×）**．方針を展開・実施する場合は，上位の管理者と下位の管理者が集まってすり合わせを行い，上位と下位の方針に一貫性をもたせるようにしなければならないが，強制するものではない． ☞ 20.2 節 2

③ **正しくない（×）**．方針を確実に実施するためには，具体的な実施計画と，進捗状況を評価するための管理項目を設定して行う． ☞ 20.2 節 2

④ **正しくない（×）**．日常管理は維持活動が基本であるから，平常時はSDCAサイクルを回すことが原則となる．なお，日常管理でも標準の見直しが必要となる場合等は，例外的にPDCAサイクルを回すこともある． ☞ 20.1 節 2

⑤ **正しくない（×）**．日常管理の管理対象は品質だけでなく，コスト，納期，安全なども管理対象となる． ☞ 20.1 節 1

⑥ **正しくない（×）**．管理項目は，目標の達成を管理するための評価尺度として選定した項目（例：厚さ）である．なお，計画の達成状況を判定するための数値基準（例：1.0±0.2 mm）は，管理水準である． ☞ 20.1 節 1

⑦ **正しくない（×）**．QCサークル活動は，自主的な活動を通じて組織の体質改善・発展への貢献，人の可能性を引き出すこと，生きがいのある明るい職場づくりを目指す． ☞ 20.3 節 2

⑧ **正しくない（×）**．TQMは，全社的な品質管理（TQC）に全階層の参加を加え，総合的としていることが特徴である．設問では不十分といえるので誤り．

☞ 20.5 節 1

⑨ **正しくない（×）**．品質マネジメントシステムの目的は，品質保証を通じて顧客満足の向上を図ることである．ばらつきの低減や不適合品の撲滅も含まれるが，“特に”ということではない． ☞ 20.6 節 1

⑩ **正しくない（×）**．監査は，監査基準を満たしているかどうかを客観的な証拠を用いて評価する判定プロセスである． ☞ 20.6 節 4

練習 問題

【問 1】 日常管理に関する次の文章において，[　　] 内に入るもっとも適切なものを下欄の選択肢からひとつ選べ．ただし，各選択肢を複数回用いることはない．

① 職場において，各部門に課せられた責任や権限を明確にし，業務範囲を整理することを [(1)] という．日常管理では，各部門が [(1)] について，[(2)] を守りながら品質の維持・管理を行っていく．

② 維持・管理に際しては，目標達成を管理するための評価尺度となる項目である [(3)] と，[(3)] が安定状態であるか否かを客観的に判定するための数値基準である [(4)] を選定する．この [(3)] は結果系と要因系に区分することができ，要因系の [(3)] を [(5)] ということが多い．

【選択肢】

ア．標準偏差　イ．業務分掌　ウ．点検点　エ．管理水準
オ．業務委託　カ．管理項目　キ．標準

【問 2】 方針管理に関する次の文章において，[　　] 内に入るもっとも適切なものを下欄の選択肢からひとつ選べ．ただし，各選択肢を複数回用いることはない．

① 方針管理は，トップマネジメントによって正式に表明された方針を，[(1)] の参画のもとで，ベクトルを合わせ，[(2)] で達成していく活動である．方針とは，組織の使命，理念とビジョン，または中長期経営計画の達成を目指し，具体化した期単位の事業計画を達成するために，従来の活動では足りない部分に関する組織と部門の全体的な意図と方向付けを，トップマネジメントが表明したものである．

② 方針には，通常，重点課題，[(3)]，[(4)] の 3 つの要素が含まれる．重点課題の対象は品質だけでなく，コスト，生産量，納期，[(5)]，環境，やる気等，全ての経営要素が対象となる．[(3)] は，測定可能であることが必要である．[(4)] とは，[(3)] を達成するための手段であり，具体的であることが重要である．

③ 方針展開では，組織方針を展開するに際し，上位の管理者と下位の管理者が集まって [(6)] を行い，上位と下位との方針との間に [(7)] をもたせるようにする．期末には，トップマネジメントが方針の達成・実施状況を評価し，次期に反映させられるように [(8)] サイクルを回していく．

【選択肢】

ア．全部門・全階層　イ．専門家　ウ．安全　エ．SDCA
オ．すり合わせ　カ．一貫性　キ．方策　ク．PDCA
ケ．重点指向　コ．競争　サ．目標

【問 3】 TQM に関する次の文章において，[　　] 内に入るもっとも適切なものを下欄の選択肢からひとつ選べ．ただし，各選択肢を複数回用いることはない．

① 顧客や社会の [(1)] を満たす製品及びサービスの提供，[(2)] を通して組織の長期的な成功を目指して，プロセスやシステムの [(3)]，改善や [(4)] を全社的な参加を得て行う組織運営活動が，TQM（Total Quality Management）であり，[(5)] ともいう．

② 日本では TQM を経営のツールとして活用している企業が多く，この実践は，経営の基本方針に基づき，長中期や短期の [(6)] を定め，それらを効果的かつ効率的に達成することを目的に，組織全体の協力のもとに行われることが重要である．

【選択肢】

ア．維持向上　イ．総合的品質管理　ウ．革新　エ．従業員満足
オ．経営計画　カ．総合的品質保証　キ．斬新　ク．ニーズ

【問 4】 QC サークル活動に関する次の文章において，[　　] 内に入るもっとも適切なものを下欄の選択肢からひとつ選べ．ただし，各選択肢を複数回用いることはない．

① QC サークル活動とは，品質向上，[(1)]，納期短縮等に焦点を当てた改善活動である．

② QC サークルの運営は [(2)] に行い，QC の考え方・手法等を活用し，[(3)] を発揮し，自己啓発と相互啓発を図りながら進められる．

③ この活動の目指すところは，組織の体質改善・発展への貢献，[(4)] を引き出すこと，生きがいがある明るい [(5)] を目指している．

④ QC サークル活動は，小グループが [(2)] に運営を行うが，活動を企業の体質改善・発展に寄与させるためには，[(6)] が全員参加を目指す指導・支援を行う必要がある．

【選択肢】

ア．品質保証　イ．職場づくり　ウ．自主的
エ．コスト削減　オ．経営者・管理者　カ．強制的
キ．創造性　ク．人の可能性　ケ．社会

【問 5】 品質マネジメントシステムに関する次の文章において，[　　] 内に入るもっとも適切なものを下欄の選択肢からひとつ選べ．ただし，各選択肢を複数回用いることはない．

① 品質マネジメントシステムの 7 つの原則とは，[(1)]，リーダーシップ，[(2)]，プロセスアプローチ，[(3)]，[(4)]，関係性管理である．[(1)] は顧客の要求事項を満たすこと及び顧客の期待を超える努力をすることにあり，[(2)] は品質目標に対する人々の理解の向上とそれを達成するための意欲の向上につながる．[(3)] は，組織が，現状のパフォーマンスレベルを維持し，内外の状況の変化に対応し，新たな機会を創造するために必要である．[(4)] を行うことで，データ及び情報の分析及び評価に基づく意思決定によって，望む結果が得られる可能性が高まる．

【 (1) ～ (4) の選択肢】

ア．客観的事実に基づく意思決定　イ．顧客重視　ウ．改善
エ．人々の積極的参加　オ．三現主義　カ．コスト最小化

② 品質マネジメントシステムの7つの原則は，ISO9001という (5) 規格により明記されている．このISO9001の目的は，顧客要求事項及び適用される法令・規制要求事項への適合の (6) を通じて，顧客満足の向上を図ることである．適合の (6) は外部機関が行う (7) 監査によっても評価を受けることができる．

【 (5) ～ (7) の選択肢】

ア．第三者　イ．第二者　ウ．国家　エ．団体
オ．国際　カ．保証　キ．補償

③ 監査とは， (8) が満たされている程度を判定するために， (9) を収集し，それを客観的に評価するために行うプロセスである．品質マネジメントシステムにおける (8) となるものは， (10) ，社内標準，法規制等がある．また，品質マネジメントシステムおよび環境マネジメントシステムの監査に関する指針は， (11) により示されている．

【 (8) ～ (11) の選択肢】

ア．ISO9001　イ．ISO14001　ウ．ISO19011　エ．監査基準
オ．経験　カ．証拠　キ．手順

練習 解答と解説

【問 1】 日常管理における管理項目，管理水準に関する問題である．

解答 (1) **イ** (2) **キ** (3) **カ** (4) **エ** (5) **ウ**

(1)，(2) 職場において，各部門に課せられた責任や権限を明確にし，業務範囲を整理することを［(1) **イ．業務分掌**］という．日常管理では，各部門が業務分掌について，［(2) **キ．標準**］を守りながら品質の維持・管理を行っていく．

☞ 20.1 節 1

(3) 各プロセスの目標達成を管理するための評価尺度となる項目は，［(3) **カ．管理項目**］である．

☞ 20.1 節 1

(4) 管理項目が安定状態であるか，異常であるかを判定するための数値基準は，［(4) **エ．管理水準**］である．例えば，年間の売上目標を達成するため，管理項目として「毎月の売上」を，管理水準として「毎月 1 億円 ±1,000 万円」を設定する，といったことである．

☞ 20.1 節 1

(5) 管理項目は，結果系と要因系に区分することができ，結果系を管理点，要因系を［(5) **ウ．点検点**］ということが多い．点検点は「点検項目」ということもある． ☞ 20.1 節 1

【問 2】 方針管理に関する問題である．

解答 (1) **ア** (2) **ケ** (3) **サ** (4) **キ** (5) **ウ** (6) **オ** (7) **カ** (8) **ク**

① 方針管理は，トップマネジメントが表明した年度方針等を，［(1) **ア．全部門・全階層**］の参画のもとで，ベクトルを合わせ，［(2) **ケ．重点指向**］で達成していく活動である．方針管理により現状打破を行っても，日常管理で定着させないと元に戻ってしまう．方針管理は，基本となる日常管理と相互に連係することにより，顧客や経営環境の変化に対応できる組織を作り上げることができる． ☞ 20.2 節 1

② 方針には，通常，重点課題，［(3) **サ．目標**］，［(4) **キ．方策**］の 3 要素が含まれる．重点課題は品質だけなく，コスト，生産量，納期，［(5) **ウ．安全**］，環境，やる気等，全ての経営要素が対象になる．目標は，測定可能で実現可能であることが必要である．方策とは，目標を達成するための手段であり，方針管理では挑戦的な目標が設定されることがあるが，それでも方策は具体的であることが重要である． ☞ 20.2 節 2

③ 上位から下位への方針展開を行うに際しては，上位の管理者と下位の管理者が集まって［(6) **オ．すり合わせ**］を行い，上位と下位との方針の間に［(7) **カ．一貫性**］をもたせるようにする．トップマネジメントは方針を組織内に浸透させるために期中でもトップ診断を行う．期末には方針の達成・実施状況を評価（レビュー）・反省し，次期の方針管理に反映させられるように［(8) **ク．PDCA**］サイクルを回す． ☞ 20.2 節 2

【問 3】 TQM に関する問題である．

解答 (1) **ク** (2) **エ** (3) **ア** (4) **ウ** (5) **イ** (6) **オ**

① TQM とは，顧客や社会の［(1) **ク．ニーズ**］を満たす製品及びサービスの提供，［(2) **エ．従業員満足**］を通して組織の長期的な成功を目指して，プロセスやシステムの［(3) **ア．維持向上**］，改善や［(4) **ウ．革新**］を全社的な参加を得て行う組織運営活動のことである．TQM は，全部門かつ全階層を対象とする［(5) **イ．総合的品質管理**］を意味する．

☞ 20.5 節 1

② TQM の実践は，経営の基本方針に基づき，長中期や短期の［(6) **オ．経営計画**］を定め，それらを効果的かつ効率的に達成することを目的に，組織全体の協力のもとに行われることが重要である． ☞ 20.2 節 2，20.5 節 1

【問 4】 QCサークルに関する問題である.

解答 (1) **エ** (2) **ウ** (3) **キ** (4) **ク** (5) **イ** (6) **オ**

① QCサークル活動とは，品質向上，[(1) **エ．コスト削減**]，納期短縮等のQCDに焦点を当てた改善活動である.
☞ 20.3節 2

② QCサークル活動の運営は[(2) **ウ．自主的**]に行い，QCの考え方・手法等を活用し，[(3) **キ．創造性**]の発揮，自己啓発と相互啓発を図りながら進める.
☞ 20.3節 2

③ QCサークル活動の目指すところは，組織の体質改善・発展への貢献，[(4) **ク．人の可能性**]を引き出すこと，生きがいがある明るい[(5) **イ．職場づくり**]である.
☞ 20.3節 2

④ QCサークル活動は，小グループが自主的に運営を行うが，活動を企業の体質改善・発展に寄与させるためには，[(6) **オ．経営者・管理者**]が全員参加を目指す指導・支援を行う必要がある．なお，試験では，「QCサークル活動においては，経営者や管理者の関与は不要である」の正誤判断が過去に見られたが，これは誤りなので注意を要する.
☞ 20.3節 2

【問 5】 品質マネジメントシステムに関する問題である.

解答 (1) **イ** (2) **エ** (3) **ウ** (4) **ア** (5) **オ** (6) **カ**
(7) **ア** (8) **エ** (9) **カ** (10) **ア** (11) **ウ**

① 品質マネジメントシステムの7原則は，次のとおりである.

1. [(1) **イ．顧客重視**]：要求事項の充足だけではなく，顧客の期待を超える努力を原則とすることがポイント.
2. リーダーシップ：トップマネジメントだけではなく，全ての階層のリーダーに対し，リーダーシップが求められることがポイント.
3. [(2) **エ．人々の積極的参加**]：参加するだけではなく，参加による意欲（モチベーション）の向上が図られることがポイント.
4. プロセスアプローチ：プロセス重視の考え方である．プロセス保証には，新製品の開発・設計に関する源流管理と，製造・サービスの提供を主とする工程管理の両方を含む．プロセスを決定し，決定したプロセスのとおりに製造・サービス提供を行うことにより，意図した結果を達成することができる．意図した結果の達成により，組織は，品質保証を通じた顧客満足を図ることができる.
5. [(3) **ウ．改善**]：改善は新たな機会の創造にもなることがポイント.
6. [(4) **ア．客観的事実に基づく意思決定**]：事実に基づく管理である.
7. 関係性管理：原材料や部品の提供を受ける供給者だけなく，広く利害関係者を視野に入れてリスクと機会を特定し，その対応について優先順位を考え，組織の品質マネジメントの計画に反映させる.

☞ 20.6節 3

② ISO9001 は［(5) **オ．国際**］規格である．ISO9001 と同等性をもつ JIS Q 9001 は国家規格である．ISO9001 の目的は，顧客要求事項及び適用される法令・規制要求事項への適合の［(6) **カ．保証**］を通じて，顧客満足の向上を図ることである．適合の保証は，外部機関が行う［(7) **ア．第三者**］監査によっても評価を受けることができることは，ISO9001 の特徴でもある．

☞ 20.6 節 2

③ 品質マネジメントシステムの国際標準は ISO9001 に定められ，ISO9001 の要求事項に適合しているかは，以下のように様々な手段により監視や評価を行う．これにより，継続的な改善を行うための機会を提供する．

社内
- 自部門による評価（監視・測定・分析・評価）
- 他部門による評価（内部監査）
- 経営者による評価（マネジメント・レビュー）

社外
- 取引先による評価（第二者監査）
- 認証機関による評価（第三者監査）

③は，これらのうち「監査」に関するものである．監査結果への信頼を得るためには，客観性・独立性が大切である．監査は客観性を担保するために［(8) **エ．監査基準**］を特定して行う．監査基準としては，［(10) **ア．ISO9001**］，法規制，社内標準，顧客契約等がある．この監査基準が満たされている程度を判定するために，監査員は勘や経験ではなく，監査［(9) **カ．証拠**］を収集する．

ISO9001 を支援する国際規格は多々あるが，以下に例示する．

- ISO9000：基本および用語
- ISO9004：組織の持続的成功のための運営管理
- ISO19011：マネジメントシステム監査のための指針

以上より，［(11) **ウ．ISO19011**］が入る．

☞ 20.6 節 4

実践分野

21章 品質管理周辺の実践活動

品質管理の
関連分野を
学習します

<table>
<tr><td rowspan="3">実践分野</td><td colspan="4">QC的なものの見方と考え方　16章</td></tr>
<tr><td rowspan="2">品質とは
17章</td><td rowspan="2">管理とは
17章</td><td>源流管理 18章</td><td>工程管理 19章</td></tr>
<tr><td>日常管理 20章</td><td>方針管理 20章</td></tr>
</table>

↑ 実践分野に
分析・評価を提供

<table>
<tr><td>手法分野</td><td>収集計画
1章</td><td>データ収集
1章, 14章</td><td>計算
1章</td><td>分析と評価
2-13章, 15章</td></tr>
</table>

21.1 商品企画七つ道具

1 商品企画七つ道具とは

商品企画七つ道具（略称，P7）とは，真に顧客が望むニーズを捉え，そこから優れた新製品・新サービスのコンセプトを創り上げる企画を行うための七つの手法をパッケージ化し，新製品・新サービスの企画プロセスのどこでどのように用いるかの指針を与え，体系化したものです．

商品企画七つ道具は**図 21.1** のように，企画品質を定め，設計品質につなぐ活動で使用するツールといえます（17.3 節 4）．

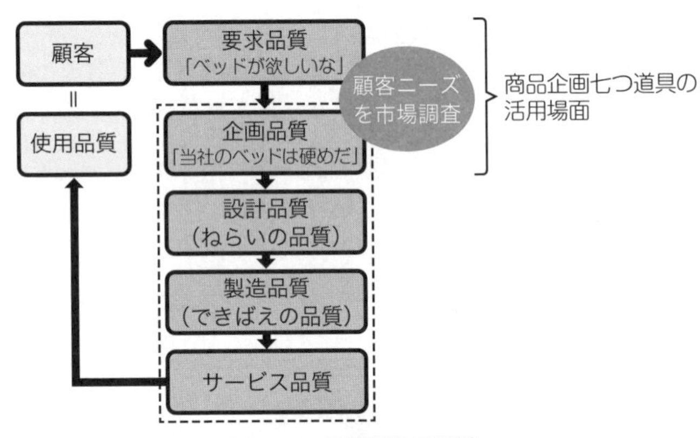

図 21.1　品質概念の関係

2 商品企画七つ道具の体系と用語

企画プロセスと商品企画七つ道具は，**図 21.2** のように関連します．商品企画七つ道具は，個々の道具間がそれぞれ仮説の構築と仮説の検証という関係にあることが特色です．例えば，インタビュー調査（P1）で仮説の構築を行い，アンケート調査（P2）で仮説の検証を定量的に行います．アンケートの検証結果を用いて，アイデア発想法で仮説の構築を行い，アイデア選択法やコンジョイント分析で仮説の検証を行います．企画の最適コンセプトの結果を顧客の要求事項として品質表に展開し，設計・開発へのスムーズなリンクを図るという構造です．

調　査	P1：インタビュー調査
	P2：アンケート調査
	P3：ポジショニング分析
発　想	P4：アイデア発想法
	P5：アイデア選択法
最適化	P6：コンジョイント分析
リンク	P7：品質表

図 21.2　企画プロセスと商品企画七つ道具

図 21.2 の用語については，**表 21.1** により補足します．

表 21.1　商品企画七つ道具の用語

<table>
<tr><td colspan="2">ポジショニング分析</td><td>顧客の購入要因と競合製品との関係を調査し，自社の新製品・サービスの位置づけを探し出す方法です．</td></tr>
<tr><td rowspan="3">アイデア発想法で活用する手法の例
↓
多くのアイデアを出すことが重要</td><td>自由連想</td><td>思いつくままに自由にアイデアを発想する手法です．
例：ブレーンストーミング法，希望点列挙法</td></tr>
<tr><td>強制連想</td><td>テーマと関係のないヒント（チェックリスト項目や焦点）とテーマを強制的に結びつけアイデアを発想する手法です．
例：チェックリスト法（オズボーン），焦点法</td></tr>
<tr><td>類似発想</td><td>テーマの本質に似たものをヒントにアイデアを発想する手法です．
例：NM 法（中山正和氏）</td></tr>
<tr><td colspan="2">コンジョイント分析</td><td>発想した有望なアイデアを顧客に評価してもらい，そのデータから新製品・新サービスの最適コンセプトを選定する方法です．</td></tr>
<tr><td colspan="2">品質表</td><td>要求品質と品質特性の交差により重要度を評価し，企画品質を求める手法．品質機能展開で活用するマトリックス図法です（18.2 節）．</td></tr>
</table>

21.2 生産保全(TPM)と生産工学(IE)

出題頻度

1 生産保全(TPM)

生産保全とは，設備の保守を専門スタッフだけに任せるのではなく，オペレーターも自ら日常保全を行うことで，設備効率の向上を図り，究極のコスト削減を目指す全員参加型の活動です．TPM（Total Productive Maintenance）ともいいます．**5S**活動等により，6大ロス（**図21.3**）の発生を予防します．5Sとは，職場管理の前提となる5つの活動「整理・整頓・清掃・清潔・躾（しつけ）」のことです（20.1節 3）．

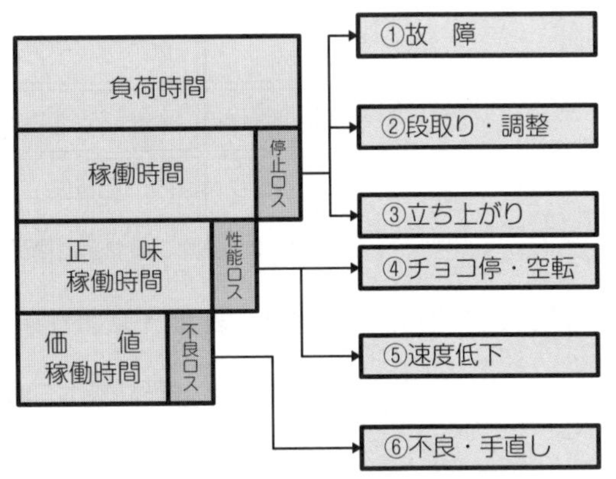

図21.3　設備の稼働を阻害する6大ロス

2 生産工学(IE)

生産工学とは，無駄のない最善の方法を作り出すための手法です．生産性向上と原価低減を行うことができます．IE（Industrial Engineering）ともいいます．ここでは，サイクルタイムとタクトタイムの用語の意味を押さえます．

サイクルタイムとは，1つの製品を製造するのに実際にかかる時間です．**タクトタイム**とは，納期に間に合わせるために1つの製品の製造にかけることができる計画時間です．サイクルタイムとタクトタイムは同じ時間が理想です．サイクルタイムがタクトタイムより長い場合には，欠品となる可能性があります．サイクルタイムがタクトタイムより短い場合には，過剰生産となる可能性があります．

理解度確認　問題

次の文章で正しいものには○，正しくないものには×を選べ．

① 商品企画の七つ道具は，設計品質を定め，製造品質につなぐ活動で使用する．
② 商品企画の七つ道具は，調査，発想，最適化，リンクという企画プロセスと関連し，設計・開発にスムーズなリンクを図る構造になっている．
③ 企画プロセスの調査に対応する商品企画七つ道具のステップは，ポジショニング分析→インタビュー調査→アンケート調査の順である．
④ 商品企画七つ道具のアイデア発想法は，数少なくても精度の高いアイデアを出すことが重要である．
⑤ 商品企画七つ道具のコンジョイント分析とは，発想した有望なアイデアを顧客に評価してもらい，そのデータから新製品・新サービスの最適コンセプトを選定する方法である．
⑥ 商品企画七つ道具の品質表は，マトリックス図法である．
⑦ TPMとは「全員参加の生産保全」のことであり，設備の保守を専門スタッフだけに任せることである．
⑧ 設備の稼働を阻害する「6大ロス」の極小化を目指して，「5S活動」を社外の設備メンテナンス会社へ委託することが多い．
⑨ タクトタイムとは，1つの製品を製造するのに実際にかかる時間である．
⑩ サイクルタイムとは，1つの製品の製造にかけることができる計画時間である．

理解度確認 解答と解説

① **正しくない（×）**．商品企画七つ道具は，企画品質を定め，設計品質につなぐ活動で使用する．
☞ 21.1 節 1

② **正しい（○）**．商品企画七つ道具は，設計・開発という設計品質にスムーズなリンクを図る構造になっている．
☞ 21.1 節 2

③ **正しくない（×）**．商品企画七つ道具のステップは，仮説と検証を繰り返す構造になっているので，インタビュー調査→アンケート調査→ポジショニング分析の順が正しい．
☞ 21.1 節 2

④ **正しくない（×）**．商品企画七つ道具のアイデア発想法は，多くのアイデアを出すことが重要である．アイデア発想法の道具には，ブレーンストーミング法もある．
☞ 21.2 節 2

⑤ **正しい（○）**．コンジョイント分析は，前のステップ「アイデア選択法」と，次のステップ「品質表」とをつなぐ最適化のステップであるから，新製品・新サービスの最適コンセプトを選定する役割を担う．
☞ 21.1 節 2

⑥ **正しい（○）**．品質表は，新 QC 七つの道具のマトリックス図法である．
☞ 21.1 節 2

⑦ **正しくない（×）**．TPM は，設備の保守を専門スタッフだけに任せるのではなく，オペレーターも自ら日常保全を行うことで，設備効率の向上を図り，究極のコスト削減を目指す全員参加型の活動である．
☞ 21.2 節 1

⑧ **正しくない（×）**．TPM はオペレーターも自ら日常保全を行う活動であるから，「5 S 活動」は自ら行うことが重要となる．
☞ 21.2 節 1

⑨ **正しくない（×）**．サイクルタイムの説明である．
☞ 21.2 節 2

⑩ **正しくない（×）**．タクトタイムの説明である．サイクルタイムとタクトタイムは同じ時間が理想である．サイクルタイムがタクトタイムより長い場合には，欠品となる可能性がある．
☞ 21.2 節 2

練習問題

【問 1】 商品企画七つ道具に関する次の文章において，[　　]内に入るもっとも適切なものを下欄の選択肢からひとつ選べ．ただし，各選択肢を複数回用いることはない．

商品企画七つ道具は，個々の道具間がそれぞれ仮説の構築と仮説の検証という関係にあることが特色である．例えば商品企画の調査では，[(1)]で仮説の構築を行い，[(2)]で仮説の検証を定量的に行う．その検証結果を用いて，顧客の購入要因と競合製品との関係を調査し，自社の新製品・サービスの位置づけを探し出す[(3)]を行う．

アイデア選択法には，思いつくままにアイデアを発想する，ブレーンストーミングや希望点列挙法等の[(4)]，テーマと関係のないヒント（チェックリスト項目や焦点）とテーマを結びつけアイデアを発想する[(5)]，テーマの本質に似たものをヒントにアイデアを発想する[(6)]がある．そして企画の最適コンセプトの結果を顧客の要求事項として[(7)]に展開し，設計・開発へのスムーズなリンクを図るという構造になっている．

【選択肢】

ア．品質表　イ．アイデア発想　ウ．強制連想　エ．アンケート調査
オ．FMEA　カ．インタビュー調査　キ．ポジショニング分析
ク．類似発想　ケ．自由連想

【問 2】 商品企画七つ道具に関する次の文章において，[　　]内に入るもっとも適切なものを下欄の選択肢からひとつ選べ．ただし，各選択肢を複数回用いることはない．

① 企画の元となる品質要求と品質特性とを品質表といわれる[(1)]にまとめ，技術者が設計段階で活用する．
② 顧客の購入要因と競合製品との関係を調査し，自社の新製品・サービスの位置づけを探し出す方法を[(2)]という．
③ アイデア発想では，自由連想させる[(3)]，強制連想させる[(4)]，類似発想させる[(5)]等の手法がある．
④ 発想した有望なアイデアを顧客に評価してもらい，そのデータから新製品・新サービスの最適コンセプトを選定する方法を[(6)]という．

【選択肢】

ア．チェックリスト法　イ．コンジョイント分析　ウ．マトリックス図
エ．系統図　オ．ポジショニング分析　カ．ブレーンストーミング法
キ．NM 法　ク．KJ 法

練習 解答と解説

【問 1】 商品企画七つ道具に関する問題である.

解答 (1) **カ** (2) **エ** (3) **キ** (4) **ケ** (5) **ウ** (6) **ク** (7) **ア**

商品企画七つ道具は, 個々の道具間がそれぞれ仮説の構築と仮説の検証という関係である. 企画の調査では, [(1) **カ. インタビュー調査**] で仮説の構築を行い, [(2) **エ. アンケート調査**] で仮説の検証を定量的に行う. その検証結果を用いて, [(3) **キ. ポジショニング分析**] やアイデア選択法で仮説の検証を行う. アイデア選択法には, [(4) **ケ. 自由連想**], [(5) **ウ. 強制連想**], [(6) **ク. 類似発想**] がある. そして企画の最適コンセプトの結果を顧客の要求事項として [(7) **ア. 品質表**] に展開し, 設計・開発へのスムーズなリンクを図る.

☞ 21.1 節 2

【問 2】 商品企画七つ道具に関する問題である.

解答 (1) **ウ** (2) **オ** (3) **カ** (4) **ア** (5) **キ** (6) **イ**

① 企画の元となる品質要求と品質特性とを品質表といわれる [(1) **ウ. マトリックス図**] にまとめ, 技術者が設計段階で活用する.

② 顧客の購入要因と競合製品との関係を調査し, 自社の新製品・サービスの位置づけを探し出す手法を [(2) **オ. ポジショニング分析**] という.

③ アイデア発想では, 自由連想させる [(3) **カ. ブレーンストーミング法**], 強制連想させる [(4) **ア. チェックリスト法**], 類似発想させる [(5) **キ. NM 法**] 等の手法がある.

④ 発想した有望なアイデアを顧客に評価してもらい, データから新製品等の最適コンセプトを選定する手法を [(6) **イ. コンジョイント分析**] という.

☞ 21.1 節 2

22章 試験2か月前から当日まで

22.1 一発合格の計画

1 一発合格は甘くない

2級試験は全体の70％が正解であれば合格しますが，合格率が25％程度の難関です．3級試験とのレベル差は大きく，この点に初めて受検する方の多くは驚くかと思います．2級試験は，次のような傾向があります．

① 計算問題は3級とのレベルの差が大きい（多くの追加知識を要する）
② 試験問題は問題文が長く，問題文を分析するだけでも時間がかかる
③ テキストや過去問題集に掲載がない知識が出題される

2級試験は社会人，特に管理職に登用直前の方の受検も多いと聞きます．普段の業務が多忙の中で受検勉強をせざるを得ず，大変な苦労をされます．ですから，できるだけ短期間で集中的に勉強をして，必ず一発合格を果たしていただきたいと思います．“短期間は我慢して集中的に勉強”すれば合格できると確信します．

2 お奨めの学習計画

ここでは，社会人にお奨めの一発合格スケジュールを示します．期間は2か月間です．1年間等の長期にわたる受検勉強はお奨めしません．

以下，**表22.1**を解説します．

- 最も重要な学習は，「過去問題の学習」です．手法分野だけ12回分を3回解きます．12回分×3回＝36回分です．計画は，週の休日だけを充てます．土日が休日であれば，土曜日に3回分，日曜日に3回分（週に6回分）と決めます．この6週間は本当に辛いのですが，我慢です．やむを得ずやり残した場合は，平日の間で必ずやり遂げます．解く時間に制限を設けず，全問を納得してから次の問題に進むことが大切です．9月試験は夏休みを，3月試験は2月の祝日を上手く使うのもポイントです．
- 平日は仕事を頑張ります．ただし，通勤時等のすき間時間では，実践分野の

テキスト素読や問題練習，計算知識ノートの記憶に努めましょう．

表 22.1　学習計画の例

		学習内容
6 月	12 月	• 受検申込
7 月上旬	1 月下旬	• 必須教材を入手（テキストと，過去問題 12 回分（『過去問題で学ぶ QC 検定 2 級』2 冊分））． • 用語の理解とつながりを意識してテキストを 1 回読みます．計算式は一読してわかりづらければ「計算知識ノート」を作りながら読みます（22.2 節）．
7 月下旬～ 1 週間前	2 月上旬～ 1 週間前	• 過去問題の学習：手法分野だけ 12 回分を 3 回解きます．「我慢の期間」です．最初はノートを見て修正しながら解くのがよいです．時間を気にせずに解きます．3 回解いても忘れている知識は，ノートに「忘れてる！」マークを付けましょう． • 実践分野はテキスト素読を最低 3 回やります．実践分野の過去問題は解く時間がなくても仕方ないと思ってよいです．
1 週間前～ 前日	1 週間前～ 前日	• 平日は計算式ノートと実践分野のテキスト見返しを毎日行います．試験前日の土曜日は知識系が多い手法分野の過去問題 1～2 回分を解きます．この時期になると解く時間も相当早くなっているはずです．
9 月上旬 試験当日	3 月下旬 試験当日	• 試験当日は忘れ物がないように確認して出発です．試験の時間計画は事前の作戦どおりにします．

3　試験本番の時間計画

前項の学習により，2 級試験の傾向①②が対策できます．それでも③もありますし，本番時は②により自宅学習よりも解く時間を要します．おそらく，とばした問題を解く時間はないでしょう．合格のためには，解けそうもない問題や時間を要しそうな問題は「とばす決断」も大切です．満点を目指すことは考えません．目的は合格です．本番の時間配分（全 90 分）は，例えば次のように設定し，必ず守ります．

- 手法分野：60 分間（解いた問題は正解を目指します）
- 実践分野：20 分間（かなりのスピードです！）
- マークシートの点検ととばした問題のマーキング：10 分（大切です）

まずは 1 回，合格することが重要です．合格することが実務に活かすスタートです．知識定着には 2 級試験の連続 3 回受検と合格がお奨めです．

22.2 これだけは覚えたい！計算式

手法分野の「計算知識ノート」の例（22.1節 2）を示します．これは，グローバルテクノの直前対策講座の受講者が，講座テキストをもとに作成した，実例です．この受講者は文系の社会人であり，初回の受検に向けて作成しました．このような計算知識ノートを自分で作成し，書いて覚えることをお奨めします．

1 データの収集と計算

（1）母数と統計量

母数		統計量	
母平均	μ（ミュー）	標本平均	$\bar{x}$
母分散	σ^2	不偏分散	V
母標準偏差	σ（シグマ）	標本標準偏差	s
母比率	P（大文字）	標本比率	p（小文字）

（2）基本統計量

- 偏差平方和 $S = \sum x_i^2 - \dfrac{(\sum x_i)^2}{n}$

カッコなし	カッコあり
2乗の合計	合計の2乗

- 不偏分散 $V = \dfrac{\text{偏差平方和}}{\text{データ数} - 1}$
- 標準偏差 $s = \sqrt{\text{不偏分散}}$，$s^2 =$ 不偏分散
- 変動係数 $CV = \dfrac{\text{標本標準偏差}}{\text{標本平均}}$
- 四分位範囲 ＝Q3－Q1，Q2：中央値

2 統計的方法の基礎

(1) 期待値と分散の性質（a と b は定数）

期待値	分散	MEMO
$E(ax)=aE(x)$	$V(ax)=a^2V(x)$	E は a 倍，V は a^2 倍
$E(x+b)=E(x)+b$	$V(x+b)=V(x)$	E は b 増，V は増なし
$E(x+y)=E(x)+E(y)$ $E(x-y)=E(x)-E(y)$	x と y が互いに独立ならば $V(x+y)=V(x)+V(y)$ $V(x-y)=V(x)+V(y)$	分散の加法性 －も＋で計算 標準偏差は四則不可
x と y が互いに独立ならば $E(xy)=E(x)E(y)$	$V(x)=E(x^2)-E(x)^2$	$Cov(x, y)$ は x と y が独立ならば「0」

(2) 正規分布

略号	正規分布 N(母平均 μ, 母分散 σ^2)
確率	標準化した値 K_P →正規分布表 $K_P=\dfrac{x-\mu}{\sigma}$
期待値	期待値：母平均 μ，分散：σ^2

(3) 二項分布

略号	二項分布 $B(n, P)$
確率	母不適合品率 P である場合，n 個のうち r 個が発生する確率 $\Pr(x=r)={}_nC_r\times P^r\times(1-P)^{n-r}$　　${}_nC_r=\dfrac{n!}{r!(n-r)!}$ 0 の階乗 $0!=1$
期待値	期待値：nP，分散：$nP(1-P)$

(4) ポアソン分布

略号	ポアソン分布 $\mathrm{Po}(\lambda)$
確率	単位当たりの母不適合数が λ 個の場合，k 個が発生する確率 $\Pr(x=k)=\dfrac{\lambda^k}{k!}e^{-\lambda}$　　$e^{-\lambda}=\dfrac{1}{e^{\lambda}}$
期待値	期待値：λ，分散：λ

(5) 標本平均の分布

母集団が正規分布である場合	母集団が正規分布ではない場合（中心極限定理）
正規分布 $N\left(\mu, \dfrac{\sigma^2}{n}\right)$ に従う	n が大きい場合には 近似的に正規分布 $N\left(\mu, \dfrac{\sigma^2}{n}\right)$ に従う
標準化すると $K_P=\dfrac{\overline{x}-\mu}{\sqrt{\sigma^2/n}}$	

22章 試験2か月前から当日まで

3 母平均値の検定と推定

- 既知の場合は正規分布表（上側の片側確率），未知の場合は t 表（両側確率）

種類	条件	検定統計量	信頼区間（信頼率 95%）
1 つの母平均の検定	母分散既知	$u_0=\dfrac{\overline{x}-\mu_0}{\sqrt{\dfrac{\sigma^2}{n}}}$	$\overline{x}\pm 1.960\sqrt{\dfrac{\sigma^2}{n}}$
	母分散未知	$t_0=\dfrac{\overline{x}-\mu_0}{\sqrt{\dfrac{V}{n}}}$	$\overline{x}\pm t(\phi,\ \alpha)\sqrt{\dfrac{V}{n}}$

種類	条件		検定統計量	信頼区間（信頼率 95%）
2 つの母平均の検定	母分散既知		$u_0=\dfrac{\overline{x}_A-\overline{x}_B}{\sqrt{\dfrac{\sigma_A{}^2}{n_A}+\dfrac{\sigma_B{}^2}{n_B}}}$	$(\overline{x}_A-\overline{x}_B)\pm 1.96\sqrt{\dfrac{\sigma_A{}^2}{n_A}+\dfrac{\sigma_B{}^2}{n_B}}$
	母分散未知	$\sigma_A{}^2=\sigma_B{}^2$ の場合 ＜等分散＞	$t_0=\dfrac{\overline{x}_A-\overline{x}_B}{V\left(\dfrac{1}{n_A}+\dfrac{1}{n_B}\right)}$ →分散をプールして計算	$(\overline{x}_A-\overline{x}_B)\pm t(\phi,\ \alpha)\sqrt{V\left(\dfrac{1}{n_A}+\dfrac{1}{n_B}\right)}$
		$\sigma_A{}^2\neq\sigma_B{}^2$ の場合 ＜Welch＞	$t_0=\dfrac{\overline{x}_A-\overline{x}_B}{\sqrt{\dfrac{V_A}{n_A}+\dfrac{V_B}{n_B}}}$ →分散を分けて計算	$(\overline{x}_A-\overline{x}_B)\pm t(\phi^*,\ \alpha)\sqrt{\dfrac{V_A}{n_A}+\dfrac{V_B}{n_B}}$
		対応がある場合	$t_0=\dfrac{\overline{d}}{\sqrt{\dfrac{V_d}{n}}}$ →$\overline{d}$ は対のデータ d_i の差の平均 →n はデータの対の数	$\overline{d}\pm t(\phi,\ \alpha)\sqrt{\dfrac{V_d}{n}}$

【MEMO】

対応がない場合	等分散	$\phi=n_A+n_B-2$
		$V=\dfrac{S_A+S_B}{n_A+n_B-2}$
	Welch	$\phi^*=\left(\dfrac{V_A}{n_A}+\dfrac{V_B}{n_B}\right)^2\Big/\left\{\left(\dfrac{V_A}{n_A}\right)^2/\phi_A+\left(\dfrac{V_B}{n_B}\right)^2/\phi_B\right\}$
対応がある場合 ※2 つの異なる条件で同じ標本を測定したときのデータ		$\phi=n-1$,「n」はデータの対の数
		$\overline{d}=\dfrac{\sum d_i}{n}$　　$V_d=\dfrac{S_d}{n-1}$

4 母分散の検定と推定

（1）棄却域：χ^2 表は上側の片側確率

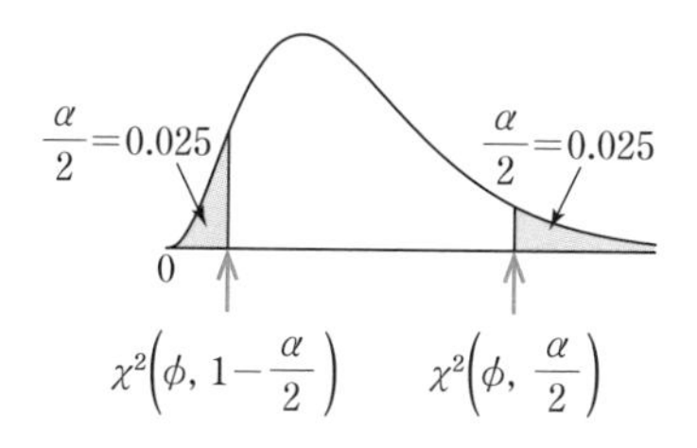

（2）検定統計量

$$\chi_0{}^2=\frac{\text{偏差平方和}}{\text{母分数}}=\frac{S}{\sigma_0{}^2}$$

（3）点推定

$$\widehat{\sigma}_2=V=\frac{\text{偏差平方和}}{\text{自由度}}=\frac{S}{n-1}$$

（4）区間推定

$$\frac{S}{\chi^2(\phi,\ \alpha/2)}\leq\sigma^2\leq\frac{S}{\chi^2(\phi,\ 1-\alpha/2)}$$

5 計数値の検定と推定

- 計数値でも n が大きい場合には，正規分布近似→期待値と分散を利用

種類	検定統計量	信頼区間（信頼率 95%）
1 つの母不適合品率	$u_0=\dfrac{p-P_0}{\sqrt{\dfrac{P_0(1-P_0)}{n}}}$	$p\pm1.960\times\sqrt{\dfrac{p(1-p)}{n}}$
2 つの母不適合品率の違い	$u_0=\dfrac{p_A-p_B}{\sqrt{\bar{p}(1-\bar{p})\left(\dfrac{1}{n_A}+\dfrac{1}{n_B}\right)}}$ $\bar{p}=\dfrac{x_A+x_B}{n_A+n_B}$	$(p_A-p_B)\pm1.960$ $\times\sqrt{\dfrac{p_A(1-p_A)}{n_A}+\dfrac{p_B(1-p_B)}{n_B}}$

6 一元配置実験

水準	繰り返し		計
A_1	2	4	6
A_2	3	5	8
計			14

(1) 分散分析表

要因	S		ϕ		V		F_0
A	1	÷	1	＝	1	$\frac{V_A}{V_E}$	0.5
E	4	÷	2	＝	2		
T	5		3				

(2) 分散分析

修正項	$S=\sum x^2-\frac{\sum x^2}{n}$ ← 修正項 $CT=\frac{(\sum x)^2}{n}=\frac{T^2}{n}=\frac{14^2}{4}=49$
平方和	• $S_T=\sum\sum x_{ij}{}^2-CT$ ＝(個々のデータの2乗和)$-CT$ $=2^2+4^2+3^2+5^2-49=5$ • $S_A=\sum\frac{(A_i\text{水準のデータの合計})^2}{A_i\text{水準のデータ数}}-CT$ $=\frac{(2+4)^2}{2}+\frac{(3+5)^2}{2}-49=1$ • $S_E=S_T-S_A=5-1=4$
自由度	• ϕ_T＝(総データ数)$-1=4-1=3$ • ϕ_A＝(A の水準数)$-1=2-1=1$ • $\phi_E=\phi_T-\phi_A=3-1=2$
平均平方	• $V_A=\frac{S_A}{\phi_A}=\frac{1}{1}=1$ • $V_E=\frac{S_E}{\phi_E}=\frac{4}{2}=2$
分散比	$F_0=\frac{V_A}{V_E}=\frac{1}{2}=0.5$

• 棄却域

$$F_0\geq F(\phi_A,\phi_E;\alpha)$$

7 繰り返しのある二元配置実験

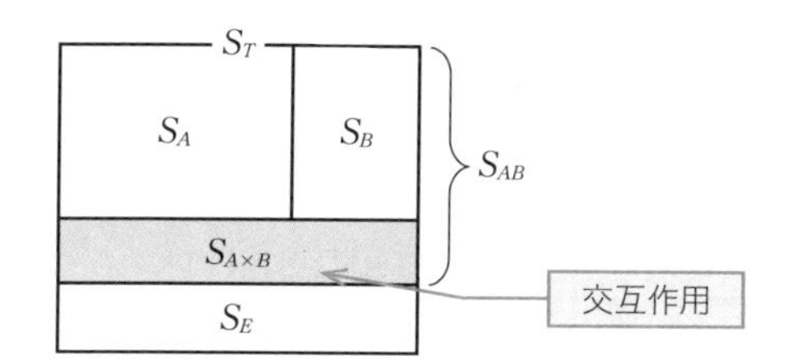

水準	B_1	B_2	計
A_1	2 3	6 7	18
A_2	4 5	8 9	26
計	14	30	44

(1) 分散分析表

要因	S	ϕ	V	F_0
A	8	1	8	16
B	32	1	32	64
$A\times B$	0	1	0	0
E	2	4	0.5	
T	42	7		

(2) 分散分析

修正項	$CT=\dfrac{T^2}{n}=\dfrac{44^2}{8}=242$
平方和	• $S_T=\sum\sum\sum x_{ijk}{}^2-CT$ $=$(個々のデータの2乗和)$-CT$ $=284-242=42$ • $S_A=\sum\dfrac{(A_i\text{水準のデータの合計})^2}{A_i\text{水準のデータ数}}-CT$ $=\dfrac{18^2}{4}+\dfrac{26^2}{4}-242=8$ • $S_B=\dfrac{14^2}{4}+\dfrac{30^2}{4}-242=32$ • $S_{A\times B}=S_{AB}-S_A-S_B$ $S_{AB}=\sum\sum\dfrac{(A_iB_j\text{水準のデータの合計})^2}{A_iB_j\text{水準のデータ数}}-CT$ $=\dfrac{5^2}{2}+\dfrac{13^2}{2}+\dfrac{9^2}{2}+\dfrac{17^2}{2}-242=40$ $S_{A\times B}=S_{AB}-S_A-S_B=40-8-32=0$ • $S_E=S_T-S_A-S_B-S_{A\times B}=42-8-32-0=2$
自由度	• $\phi_T=$(総データ数)$-1=8-1=7$ • $\phi_A=$(Aの水準数)$-1=2-1=1$ • $\phi_B=$(Bの水準数)$-1=2-1=1$ • $\phi_{A\times B}=\phi_A\times\phi_B=1\times1=1$ • $\phi_E=\phi_T-\phi_A-\phi_B-\phi_{A\times B}=7-1-1-1=4$
平均平方	• $V_A=\dfrac{S_A}{\phi_A}=\dfrac{8}{1}=8$ • $V_B=\dfrac{S_B}{\phi_B}=\dfrac{32}{1}=32$ • $V_{A\times B}=\dfrac{S_{A\times B}}{\phi_{A\times B}}=\dfrac{0}{1}=0$ • $V_E=\dfrac{S_E}{\phi_E}=\dfrac{2}{4}=0.5$
分散比	• $F_{0A}=\dfrac{V_A}{V_E}=\dfrac{8}{0.5}=16$ • $F_{0B}=\dfrac{V_B}{V_E}=\dfrac{32}{0.5}=64$ • $F_{0A\times B}=\dfrac{V_{A\times B}}{V_E}=\dfrac{0}{0.5}=0$

• 棄却域

$$F_{0A}\geq F(\phi_A,\ \phi_E;\ \alpha)$$
$$F_{0B}\geq F(\phi_B,\ \phi_E;\ \alpha)$$
$$F_{0A\times B}\geq F(\phi_{A\times B},\ \phi_E;\ \alpha)$$

- $A \times B$が有意ではない場合には，プーリングを行い，分散分析表を再計算
  $S_{A \times B}$ の値を S_E に加える
  $\phi_{A \times B}$ の値を ϕ_E に加える

8 繰り返しのない二元配置実験

繰り返しのない二元配置実験は，$A \times B$を計算しないので，分散分析は繰り返しのある二元配置実験（プーリングあり）と同じ

9 分散分析後の推定

<table>
<tr><td rowspan="3"></td><td rowspan="3">一元配置実験</td><td colspan="3">二元配置実験</td></tr>
<tr><td colspan="2">繰り返しあり</td><td rowspan="2">繰り返しなし</td></tr>
<tr><td>交互作用が
有意である場合</td><td>交互作用が
有意でない場合
※プーリング実施</td></tr>
<tr><td>最適水準</td><td>要因Aが有意なら，$\overline{A}_i$が最大または最小になるA_iが最適水準</td><td>A_iB_j水準の平均値を見比べ，最大または最小となる組合せが最適水準</td><td colspan="2">①要因Aが有意なら，$\overline{A}_i$が最大または最小になるA_iが最適水準
②要因Bが有意なら，$\overline{B}_j$が最大または最小になるB_jが最適水準</td></tr>
<tr><td>母平均の点推定</td><td>$\overline{x}_{A_i}$</td><td>$\overline{x}_{A_iB_j}$</td><td colspan="2">$\overline{x}_{A_i}+\overline{x}_{B_j}-\overline{\overline{x}}$</td></tr>
<tr><td rowspan="2">母平均の区間推定</td><td colspan="2" rowspan="2">点推定値$\pm t(\phi_E, \alpha) \times \sqrt{\frac{V_E}{n}}$
nは最適水準のデータ数（繰り返し数）</td><td colspan="2">有効繰り返し数（n_e）伊奈の式
$\frac{1}{n_e}=\frac{1}{n_{A_i}}+\frac{1}{n_{B_j}}-\frac{1}{n_T}$</td></tr>
<tr><td colspan="2">点推定値$\pm t(\phi_{E'}, \alpha) \times \sqrt{\frac{V_{E'}}{n_e}}$
繰り返しがない場合は，
$\phi_{E'}$ではなくϕ_E，$V_{E'}$ではなくV_E</td></tr>
</table>

- 枠の形で覚える
  Ⓐ問題文はどの枠に該当するかを考える．
  次はⒷ右の2つなら「伊奈の式あり」というように覚える．

<table>
<tr><td rowspan="2">Ⓐ</td><td rowspan="2">一元配置実験</td><td colspan="3">二元配置実験</td></tr>
<tr><td>プーリングなし</td><td>プーリングあり</td><td>繰返しなし</td></tr>
<tr><td>Ⓑ</td><td colspan="2">伊奈の式なし（通常）</td><td colspan="2">伊奈の式あり</td></tr>
</table>

10 単回帰分析

(1) 回帰式 $y=a+bx$ を推定

- 傾き b（回帰係数）の推定：$b=\dfrac{S_{xy}}{S_{xx}}$

$$S_{xx}=\sum x^2-\frac{(\sum x)^2}{n} \qquad (x \text{ の偏差平方和})$$

$$S_{yy}=\sum y^2-\frac{(\sum y)^2}{n} \qquad (y \text{ の偏差平方和})$$

$$S_{xy}=\sum xy-\frac{\sum x\sum y}{n} \qquad (x \text{ と } y \text{ の偏差積和})$$

- 切片 $a=\overline{y}-b\overline{x}$

(2) 回帰分析（分散分析）

要因	平方和 S	自由度 ϕ	平均平方 V	分散比 F_0
回帰 R	$S_R=\dfrac{{S_{xy}}^2}{S_{xx}}$	$\phi_R=1$	$V_R=\dfrac{S_R}{\phi_R}$	$F_0=\dfrac{V_R}{V_e}$
残差 e	$S_e=S_T-S_R$	$\phi_e=\phi_T-\phi_R$	$V_e=\dfrac{S_e}{\phi_e}$	
計 T	$S_T=S_{yy}$	$\phi_T=$データ対の数-1		

- $S_{xy}=\sqrt{S_R\times S_{xx}}$
- 棄却域

$$F_0\geq F(\phi_R,\phi_e;\alpha)$$

- 寄与率 $R^2=$相関係数 r の 2 乗

$$R^2=\frac{S_R}{S_T}$$

$$r=\frac{S_{xy}}{\sqrt{S_{xx}\times S_{yy}}}$$

11 無相関の検定

- H_0：母相関係数 $\rho=0$, H_1：母相関係数 $\rho\neq 0$
- 自由度 $\phi=n-2$, n はデータ対の数
- 検定統計量 $t_0=\dfrac{r\sqrt{n-2}}{\sqrt{1-r^2}}$

12 管理図の管理線の計算

（1）標準値が与えられていない場合

管理図名		CL	UCL/LCL
$\overline{X}$-R 管理図	$\overline{X}$ 管理図	$\overline{\overline{X}}$	$\overline{\overline{X}} \pm A_2\overline{R}$
	R 管理図	$\overline{R}$	$D_4\overline{R}/D_3\overline{R}$
np 管理図	不適合品数 n は一定	$n\overline{p}$	$n\overline{p} \pm 3\sqrt{n\overline{p}(1-\overline{p})}$
p 管理図	不適合品率 n は異なる	$\overline{p}$	$\overline{p} \pm 3\sqrt{\dfrac{\overline{p}(1-\overline{p})}{n_i}}$
c 管理図	不適合数 n は一定	$\overline{c}$	$\overline{c} \pm 3\sqrt{\overline{c}}$
u 管理図	単位当たりの不適合数 n は異なる	$\overline{u}$	$\overline{u} \pm 3\sqrt{\dfrac{\overline{u}}{n_i}}$

※ n_i は各群の大きさ，群により n が異なる場合は群ごとに UCL/LCL を計算.

（2）標準値が与えられている場合

管理図名		CL	UCL／LCL
$\overline{X}$-R 管理図	$\overline{X}$ 管理図	μ_0	$\mu_0 \pm A\sigma_0$
	R 管理図	$d_2\sigma_0$	$D_2\sigma_0／D_1\sigma_0$

※ μ と σ の添字 0 は標準値.

（3）$\overline{X}$-R 管理図の管理限界線の語呂合わせ例

標準値が与えられていない場合	$\overline{X}$ 管理図	$\overline{\overline{X}} \pm A_2\overline{R}$	絵日記でシミ えに（っき）でしみ A2 D4 3
	R 管理図	$D_4\overline{R}/D_3\overline{R}$	
標準値が与えられている場合	$\overline{X}$ 管理図	$\mu_0 \pm A\sigma_0$	えーで兄ちゃん えーでにい（ちゃん） A D2 1
	R 管理図	$D_2\sigma_0/D_1\sigma_0$	

（4）管理図から標準偏差を計算する公式

$$\hat{\sigma} = \frac{\overline{R}}{d_2}$$

13 工程能力指数

中心位置にずれがない場合		$C_p = \dfrac{S_U - S_L}{6\sigma}$
中心位置にずれがある場合	S_U しかない場合	$C_{pk} = \dfrac{S_U - \mu}{3\sigma}$
	S_L しかない場合	$C_{pk} = \dfrac{\mu - S_L}{3\sigma}$
	S_U と S_L がある場合	$C_{pk} = \min\left(\dfrac{S_U - \mu}{3\sigma}, \dfrac{\mu - S_L}{3\sigma}\right)$

凡例：S_U は上限規格値，S_L は下限規格値，σ は母標準偏差，μ は母平均

コラム

計算問題では何桁まで求めるのか？

- 計算の途中では，できるだけ多めに桁数をとって計算します．最終的な計算結果の桁数は，問題の選択肢を参照します．
- 計算の途中では，できるだけ四捨五入を行わずに計算します．計算途中の四捨五入により計算誤差が増えるからです．電卓のメモリー機能を活用します．
- 計算の途中の段階で四捨五入を行わざるを得ない場合やメモリー機能が上手く使えない場合には，計算の結果と選択肢が一致しないことが生じます．これは仕方ないので，最も近い数値を選択肢から解答として選びます．

付表

付表１　正規分布表（Ⅰ）
付表２　正規分布表（Ⅱ）
付表３　正規分布表（Ⅲ）
付表４　t 表
付表５　χ^2 表
付表６　F 表（2.5%）
付表７　F 表（5%，1%）

【出典】
付表 1，2 は，森口繁一編『新編 統計的方法 改訂版』（日本規格協会，1989 年）p.262「付表 1 正規分布表 1.1，1.2」より記号を変えて引用.
付表 3〜7 は，森口繁一編『新編 日科技連数値表（第 2 版）』（日科技連出版社，2009 年）より記号を変えて引用.

付表1　正規分布表（I）

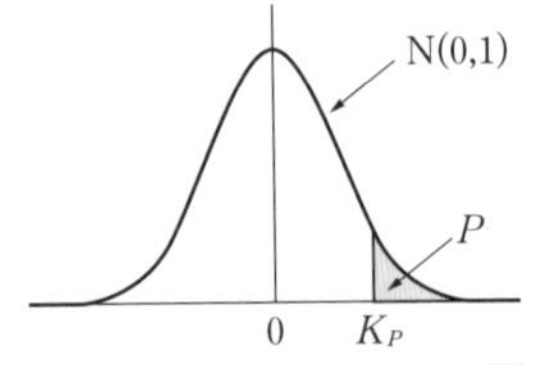

K_P から P を求める表

K_P	*=0	1	2	3	4	5	6	7	8	9
0.0*	**.5000**	.4960	.4920	.4880	.4840	**.4801**	.4761	.4721	.4681	.4641
0.1*	**.4602**	.4562	.4522	.4483	.4443	**.4404**	.4364	.4325	.4286	.4247
0.2*	**.4207**	.4168	.4129	.4090	.4052	**.4013**	.3974	.3936	.3897	.3859
0.3*	**.3821**	.3783	.3745	.3707	.3669	**.3632**	.3594	.3557	.3520	.3483
0.4*	**.3446**	.3409	.3372	.3336	.3300	**.3264**	.3228	.3192	.3156	.3121
0.5*	**.3085**	.3050	.3015	.2981	.2946	**.2912**	.2877	.2843	.2810	.2776
0.6*	**.2743**	.2709	.2676	.2643	.2611	**.2578**	.2546	.2514	.2483	.2451
0.7*	**.2420**	.2389	.2358	.2327	.2296	**.2266**	.2236	.2206	.2177	.2148
0.8*	**.2119**	.2090	.2061	.2033	.2005	**.1977**	.1949	.1922	.1894	.1867
0.9*	**.1841**	.1814	.1788	.1762	.1736	**.1711**	.1685	.1660	.1635	.1611
1.0*	**.1587**	.1562	.1539	.1515	.1492	**.1469**	.1446	.1423	.1401	.1379
1.1*	**.1357**	.1335	.1314	.1292	.1271	**.1251**	.1230	.1210	.1190	.1170
1.2*	**.1151**	.1131	.1112	.1093	.1075	**.1056**	.1038	.1020	.1003	.0985
1.3*	**.0968**	.0951	.0934	.0918	.0901	**.0885**	.0869	.0853	.0838	.0823
1.4*	**.0808**	.0793	.0778	.0764	.0749	**.0735**	.0721	.0708	.0694	.0681
1.5*	**.0668**	.0655	.0643	.0630	.0618	**.0606**	.0594	.0582	.0571	.0559
1.6*	**.0548**	.0537	.0526	.0516	.0505	**.0495**	.0485	.0475	.0465	.0455
1.7*	**.0446**	.0436	.0427	.0418	.0409	**.0401**	.0392	.0384	.0375	.0367
1.8*	**.0359**	.0351	.0344	.0336	.0329	**.0322**	.0314	.0307	.0301	.0294
1.9*	**.0287**	.0281	.0274	.0268	.0262	**.0256**	.0250	.0244	.0239	.0233
2.0*	**.0228**	.0222	.0217	.0212	.0207	**.0202**	.0197	.0192	.0188	.0183
2.1*	**.0179**	.0174	.0170	.0166	.0162	**.0158**	.0154	.0150	.0146	.0143
2.2*	**.0139**	.0136	.0132	.0129	.0125	**.0122**	.0119	.0116	.0113	.0110
2.3*	**.0107**	.0104	.0102	.0099	.0096	**.0094**	.0091	.0089	.0087	.0084
2.4*	**.0082**	.0080	.0078	.0075	.0073	**.0071**	.0069	.0068	.0066	.0064
2.5*	**.0062**	.0060	.0059	.0057	.0055	**.0054**	.0052	.0051	.0049	.0048
2.6*	**.0047**	.0045	.0044	.0043	.0041	**.0040**	.0039	.0038	.0037	.0036
2.7*	**.0035**	.0034	.0033	.0032	.0031	**.0030**	.0029	.0028	.0027	.0026
2.8*	**.0026**	.0025	.0024	.0023	.0023	**.0022**	.0021	.0021	.0020	.0019
2.9*	**.0019**	.0018	.0018	.0017	.0016	**.0016**	.0015	.0015	.0014	.0014
3.0*	**.0013**	.0013	.0013	.0012	.0012	**.0011**	.0011	.0011	.0010	.0010

付表 2　正規分布表（Ⅱ）

P から K_P を求める表

P	.001	.005	.01	.025	.05	.1	.2	.3	.4
K_P	3.090	2.576	2.326	1.960	1.645	1.282	.842	.524	.253

付表 3　正規分布表（Ⅲ）

P から K_P を求める表

P	*** = 0**	1	2	3	4	**5**	6	7	8	9
0.00*	∞	3.090	2.878	2.748	2.652	**2.576**	2.512	2.457	2.409	2.366
0.0*	∞	2.326	2.054	1.881	1.751	**1.645**	1.555	1.476	1.405	1.341
0.1*	**1.282**	1.227	1.175	1.126	1.080	**1.036**	.994	.954	.915	.878
0.2*	**.842**	.806	.772	.739	.706	**.674**	.643	.613	.583	.553
0.3*	**.524**	.496	.468	.440	.412	**.385**	.358	.332	.305	.279
0.4*	**.253**	.228	.202	.176	.151	**.126**	.100	.075	.050	.025

付表 4　t 表

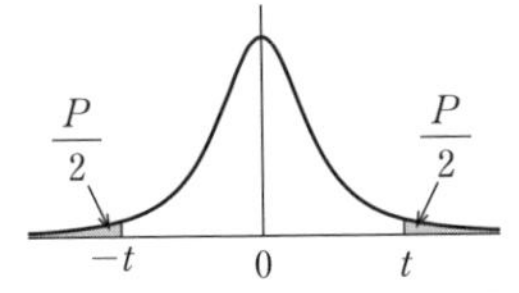

自由度 ϕ と両側確率 P とから t を求める表

ϕ ＼ P	0.50	0.40	0.30	0.20	0.10	**0.05**	0.02	**0.01**	0.001	P ／ ϕ
1	1.000	1.376	1.963	3.078	6.314	**12.706**	31.821	**63.657**	636.619	1
2	0.816	1.061	1.386	1.886	2.920	**4.303**	6.965	**9.925**	31.599	2
3	0.765	0.978	1.250	1.638	2.353	**3.182**	4.541	**5.841**	12.924	3
4	0.741	0.941	1.190	1.533	2.132	**2.776**	3.747	**4.604**	8.610	4
5	0.727	0.920	1.156	1.476	2.015	**2.571**	3.365	**4.032**	6.869	5
6	0.718	0.906	1.134	1.440	1.943	**2.447**	3.143	**3.707**	5.959	6
7	0.711	0.896	1.119	1.415	1.895	**2.365**	2.998	**3.499**	5.408	7
8	0.706	0.889	1.108	1.397	1.860	**2.306**	2.896	**3.355**	5.041	8
9	0.703	0.883	1.100	1.383	1.833	**2.262**	2.821	**3.250**	4.781	9
10	0.700	0.879	1.093	1.372	1.812	**2.228**	2.764	**3.169**	4.587	10
11	0.697	0.876	1.088	1.363	1.796	**2.201**	2.718	**3.106**	4.437	11
12	0.695	0.873	1.083	1.356	1.782	**2.179**	2.681	**3.055**	4.318	12
13	0.694	0.870	1.079	1.350	1.771	**2.160**	2.650	**3.012**	4.221	13
14	0.692	0.868	1.076	1.345	1.761	**2.145**	2.624	**2.977**	4.140	14
15	0.691	0.866	1.074	1.341	1.753	**2.131**	2.602	**2.947**	4.073	15
16	0.690	0.865	1.071	1.337	1.746	**2.120**	2.583	**2.921**	4.015	16
17	0.689	0.863	1.069	1.333	1.740	**2.110**	2.567	**2.898**	3.965	17
18	0.688	0.862	1.067	1.330	1.734	**2.101**	2.552	**2.878**	3.922	18
19	0.688	0.861	1.066	1.328	1.729	**2.093**	2.539	**2.861**	3.883	19
20	0.687	0.860	1.064	1.325	1.725	**2.086**	2.528	**2.845**	3.850	20
21	0.686	0.859	1.063	1.323	1.721	**2.080**	2.518	**2.831**	3.819	21
22	0.686	0.858	1.061	1.321	1.717	**2.074**	2.508	**2.819**	3.792	22
23	0.685	0.858	1.060	1.319	1.714	**2.069**	2.500	**2.807**	3.768	23
24	0.685	0.857	1.059	1.318	1.711	**2.064**	2.492	**2.797**	3.745	24
25	0.684	0.856	1.058	1.316	1.708	**2.060**	2.485	**2.787**	3.725	25
26	0.684	0.856	1.058	1.315	1.706	**2.056**	2.479	**2.779**	3.707	26
27	0.684	0.855	1.057	1.314	1.703	**2.052**	2.473	**2.771**	3.690	27
28	0.683	0.855	1.056	1.313	1.701	**2.048**	2.467	**2.763**	3.674	28
29	0.683	0.854	1.055	1.311	1.699	**2.045**	2.462	**2.756**	3.659	29
30	0.683	0.854	1.055	1.310	1.697	**2.042**	2.457	**2.750**	3.646	30
40	0.681	0.851	1.050	1.303	1.684	**2.021**	2.423	**2.704**	3.551	40
60	0.679	0.848	1.046	1.296	1.671	**2.000**	2.390	**2.660**	3.460	60
120	0.677	0.845	1.041	1.289	1.658	**1.980**	2.358	**2.617**	3.373	120
∞	0.674	0.842	1.036	1.282	1.645	**1.960**	2.326	**2.576**	3.291	∞

例：$\phi=10$ の両側 5％点（$P=0.05$）に対する t の値は 2.228 である．

付表5　χ^2 表

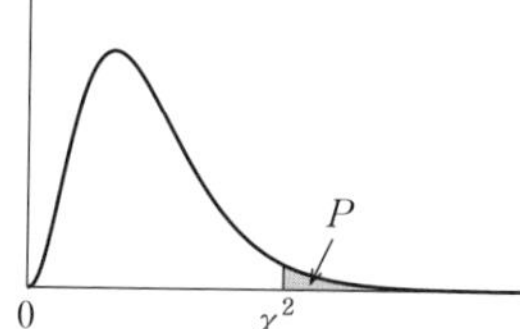

自由度 ϕ と上側確率 P とから χ^2 を求める表

ϕ \ P	.995	.99	.975	.95	.90	.75	.50	.25	.10	**.05**	.025	**.01**	.005	P / ϕ
1	0.0^4393	0.0^3157	0.0^3982	0.0^2393	0.0158	0.102	0.455	1.323	2.71	**3.84**	5.02	**6.63**	7.88	1
2	0.0100	0.0201	0.0506	0.103	0.211	0.575	1.386	2.77	4.61	**5.99**	7.38	**9.21**	10.60	2
3	0.0717	0.115	0.216	0.352	0.584	1.213	2.37	4.11	6.25	**7.81**	9.35	**11.34**	12.84	3
4	0.207	0.297	0.484	0.711	1.064	1.923	3.36	5.39	7.78	**9.49**	11.14	**13.28**	14.86	4
5	0.412	0.554	0.831	1.145	1.610	2.67	4.35	6.63	9.24	**11.07**	12.83	**15.09**	16.75	5
6	0.676	0.872	1.237	1.635	2.20	3.45	5.35	7.84	10.64	**12.59**	14.45	**16.81**	18.55	6
7	0.989	1.239	1.690	2.17	2.83	4.25	6.35	9.04	12.02	**14.07**	16.01	**18.48**	20.3	7
8	1.344	1.646	2.18	2.73	3.49	5.07	7.34	10.22	13.36	**15.51**	17.53	**20.1**	22.0	8
9	1.735	2.09	2.70	3.33	4.17	5.90	8.34	11.39	14.68	**16.92**	19.02	**21.7**	23.6	9
10	2.16	2.56	3.25	3.94	4.87	6.74	9.34	12.55	15.99	**18.31**	20.5	**23.2**	25.2	10
11	2.60	3.05	3.82	4.57	5.58	7.58	10.34	13.70	17.28	**19.68**	21.9	**24.7**	26.8	11
12	3.07	3.57	4.40	5.23	6.30	8.44	11.34	14.85	18.55	**21.0**	23.3	**26.2**	28.3	12
13	3.57	4.11	5.01	5.89	7.04	9.30	12.34	15.98	19.81	**22.4**	24.7	**27.7**	29.8	13
14	4.07	4.66	5.63	6.57	7.79	10.17	13.34	17.12	21.1	**23.7**	26.1	**29.1**	31.3	14
15	4.60	5.23	6.26	7.26	8.55	11.04	14.34	18.25	22.3	**25.0**	27.5	**30.6**	32.8	15
16	5.14	5.81	6.91	7.96	9.31	11.91	15.34	19.37	23.5	**26.3**	28.8	**32.0**	34.3	16
17	5.70	6.41	7.56	8.67	10.09	12.79	16.34	20.5	24.8	**27.6**	30.2	**33.4**	35.7	17
18	6.26	7.01	8.23	9.39	10.86	13.68	17.34	21.6	26.0	**28.9**	31.5	**34.8**	37.2	18
19	6.84	7.63	8.91	10.12	11.65	14.56	18.34	22.7	27.2	**30.1**	32.9	**36.2**	38.6	19
20	7.43	8.26	9.59	10.85	12.44	15.45	19.34	23.8	28.4	**31.4**	34.2	**37.6**	40.0	20
21	8.03	8.90	10.28	11.59	13.24	16.34	20.3	24.9	29.6	**32.7**	35.5	**38.9**	41.4	21
22	8.64	9.54	10.98	12.34	14.04	17.24	21.3	26.0	30.8	**33.9**	36.8	**40.3**	42.8	22
23	9.26	10.20	11.69	13.09	14.85	18.14	22.3	27.1	32.0	**35.2**	38.1	**41.6**	44.2	23
24	9.89	10.86	12.40	13.85	15.66	19.04	23.3	28.2	33.2	**36.4**	39.4	**43.0**	45.6	24
25	10.52	11.52	13.12	14.61	16.47	19.94	24.3	29.3	34.4	**37.7**	40.6	**44.3**	46.9	25
26	11.16	12.20	13.84	15.38	17.29	20.8	25.3	30.4	35.6	**38.9**	41.9	**45.6**	48.3	26
27	11.81	12.88	14.57	16.15	18.11	21.7	26.3	31.5	36.7	**40.1**	43.2	**47.0**	49.6	27
28	12.46	13.56	15.31	16.93	18.94	22.7	27.3	32.6	37.9	**41.3**	44.5	**48.3**	51.0	28
29	13.12	14.26	16.05	17.71	19.77	23.6	28.3	33.7	39.1	**42.6**	45.7	**49.6**	52.3	29
30	13.79	14.95	16.79	18.49	20.6	24.5	29.3	34.8	40.3	**43.8**	47.0	**50.9**	53.7	30
40	20.7	22.2	24.4	26.5	29.1	33.7	39.3	45.6	51.8	**55.8**	59.3	**63.7**	66.8	40
50	28.0	29.7	32.4	34.8	37.7	42.9	49.3	56.3	63.2	**67.5**	71.4	**76.2**	79.5	50
60	35.5	37.5	40.5	43.2	46.5	52.3	59.3	67.0	74.4	**79.1**	83.3	**88.4**	92.0	60
70	43.3	45.4	48.8	51.7	55.3	61.7	69.3	77.6	85.5	**90.5**	95.0	**100.4**	104.2	70
80	51.2	53.5	57.2	60.4	64.3	71.1	79.3	88.1	96.6	**101.9**	106.6	**112.3**	116.3	80
90	59.2	61.8	65.6	69.1	73.3	80.6	89.3	98.6	107.6	**113.1**	118.1	**124.1**	128.3	90
100	67.3	70.1	74.2	77.9	82.4	90.1	99.3	109.1	118.5	**124.3**	129.6	**135.8**	140.2	100

付表 6　F 表（2.5%）

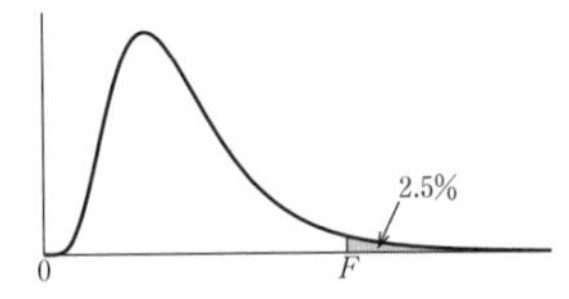

$F(\phi_1, \phi_2 ; \alpha)$　$\alpha=0.025$

ϕ_1＝分子の自由度　　ϕ_2＝分母の自由度

ϕ_2 \ ϕ_1	1	2	3	4	5	6	7	8	9	10	12	15	20	24	30	40	60	120	∞	ϕ_1 / ϕ_2
1	648.	800.	864.	900.	922.	937.	948.	957.	963.	969.	977.	985.	993.	997.	1001.	1006.	1010.	1014.	1018.	1
2	38.5	39.0	39.2	39.2	39.3	39.3	39.4	39.4	39.4	39.4	39.4	39.4	39.4	39.5	39.5	39.5	39.5	39.5	39.5	2
3	17.4	16.0	15.4	15.1	14.9	14.7	14.6	14.5	14.5	14.4	14.3	14.3	14.2	14.1	14.1	14.0	14.0	13.9	13.9	3
4	12.2	10.6	9.98	9.60	9.36	9.20	9.07	8.98	8.90	8.84	8.75	8.66	8.56	8.51	8.46	8.41	8.36	8.31	8.26	4
5	10.0	8.43	7.76	7.39	7.15	6.98	6.85	6.76	6.68	6.62	6.52	6.43	6.33	6.28	6.23	6.18	6.12	6.07	6.02	5
6	8.81	7.26	6.60	6.23	5.99	5.82	5.70	5.60	5.52	5.46	5.37	5.27	5.17	5.12	5.07	5.01	4.96	4.90	4.85	6
7	8.07	6.54	5.89	5.52	5.29	5.12	4.99	4.90	4.82	4.76	4.67	4.57	4.47	4.42	4.36	4.31	4.25	4.20	4.14	7
8	7.57	6.06	5.42	5.05	4.82	4.65	4.53	4.43	4.36	4.30	4.20	4.10	4.00	3.95	3.89	3.84	3.78	3.73	3.67	8
9	7.21	5.71	5.08	4.72	4.48	4.32	4.20	4.10	4.03	3.96	3.87	3.77	3.67	3.61	3.56	3.51	3.45	3.39	3.33	9
10	6.94	5.46	4.83	4.47	4.24	4.07	3.95	3.85	3.78	3.72	3.62	3.52	3.42	3.37	3.31	3.26	3.20	3.14	3.08	10
11	6.72	5.26	4.63	4.28	4.04	3.88	3.76	3.66	3.59	3.53	3.43	3.33	3.23	3.17	3.12	3.06	3.00	2.94	2.88	11
12	6.55	5.10	4.47	4.12	3.89	3.73	3.61	3.51	3.44	3.37	3.28	3.18	3.07	3.02	2.96	2.91	2.85	2.79	2.72	12
13	6.41	4.97	4.35	4.00	3.77	3.60	3.48	3.39	3.31	3.25	3.15	3.05	2.95	2.89	2.84	2.78	2.72	2.66	2.60	13
14	6.30	4.86	4.24	3.89	3.66	3.50	3.38	3.29	3.21	3.15	3.05	2.95	2.84	2.79	2.73	2.67	2.61	2.55	2.49	14
15	6.20	4.77	4.15	3.80	3.58	3.41	3.29	3.20	3.12	3.06	2.96	2.86	2.76	2.70	2.64	2.59	2.52	2.46	2.40	15
16	6.12	4.69	4.08	3.73	3.50	3.34	3.22	3.12	3.05	2.99	2.89	2.79	2.68	2.63	2.57	2.51	2.45	2.38	2.32	16
17	6.04	4.62	4.01	3.66	3.44	3.28	3.16	3.06	2.98	2.92	2.82	2.72	2.62	2.56	2.50	2.44	2.38	2.32	2.25	17
18	5.98	4.56	3.95	3.61	3.38	3.22	3.10	3.01	2.93	2.87	2.77	2.67	2.56	2.50	2.44	2.38	2.32	2.26	2.19	18
19	5.92	4.51	3.90	3.56	3.33	3.17	3.05	2.96	2.88	2.82	2.72	2.62	2.51	2.45	2.39	2.33	2.27	2.20	2.13	19
20	5.87	4.46	3.86	3.51	3.29	3.13	3.01	2.91	2.84	2.77	2.68	2.57	2.46	2.41	2.35	2.29	2.22	2.16	2.09	20
21	5.83	4.42	3.82	3.48	3.25	3.09	2.97	2.87	2.80	2.73	2.64	2.53	2.42	2.37	2.31	2.25	2.18	2.11	2.04	21
22	5.79	4.38	3.78	3.44	3.22	3.05	2.93	2.84	2.76	2.70	2.60	2.50	2.39	2.33	2.27	2.21	2.14	2.08	2.00	22
23	5.75	4.35	3.75	3.41	3.18	3.02	2.90	2.81	2.73	2.67	2.57	2.47	2.36	2.30	2.24	2.18	2.11	2.04	1.97	23
24	5.72	4.32	3.72	3.38	3.15	2.99	2.87	2.78	2.70	2.64	2.54	2.44	2.33	2.27	2.21	2.15	2.08	2.01	1.94	24
25	5.69	4.29	3.69	3.35	3.13	2.97	2.85	2.75	2.68	2.61	2.51	2.41	2.30	2.24	2.18	2.12	2.05	1.98	1.91	25
26	5.66	4.27	3.67	3.33	3.10	2.94	2.82	2.73	2.65	2.59	2.49	2.39	2.28	2.22	2.16	2.09	2.03	1.95	1.88	26
27	5.63	4.24	3.65	3.31	3.08	2.92	2.80	2.71	2.63	2.57	2.47	2.36	2.25	2.19	2.13	2.07	2.00	1.93	1.85	27
28	5.61	4.22	3.63	3.29	3.06	2.90	2.78	2.69	2.61	2.55	2.45	2.34	2.23	2.17	2.11	2.05	1.98	1.91	1.83	28
29	5.59	4.20	3.61	3.27	3.04	2.88	2.76	2.67	2.59	2.53	2.43	2.32	2.21	2.15	2.09	2.03	1.96	1.89	1.81	29
30	5.57	4.18	3.59	3.25	3.03	2.87	2.75	2.65	2.57	2.51	2.41	2.31	2.20	2.14	2.07	2.01	1.94	1.87	1.79	30
40	5.42	4.05	3.46	3.13	2.90	2.74	2.62	2.53	2.45	2.39	2.29	2.18	2.07	2.01	1.94	1.88	1.80	1.72	1.64	40
60	5.29	3.93	3.34	3.01	2.79	2.63	2.51	2.41	2.33	2.27	2.17	2.06	1.94	1.88	1.82	1.74	1.67	1.58	1.48	60
120	5.15	3.80	3.23	2.89	2.67	2.52	2.39	2.30	2.22	2.16	2.05	1.94	1.82	1.76	1.69	1.61	1.53	1.43	1.31	120
∞	5.02	3.69	3.12	2.79	2.57	2.41	2.29	2.19	2.11	2.05	1.94	1.83	1.71	1.64	1.57	1.48	1.39	1.27	1.00	∞
ϕ_2 / ϕ_1	1	2	3	4	5	6	7	8	9	10	12	15	20	24	30	40	60	120	∞	ϕ_2 \ ϕ_1

例：$\phi_1=5$, $\phi_2=10$ の $F(\phi_1, \phi_2 ; 0.025)$ の値は，$\phi_1=5$ の列と $\phi_2=10$ の行の交わる点の値 4.24 で与えられる．

付表 7　F 表（5%，1%）

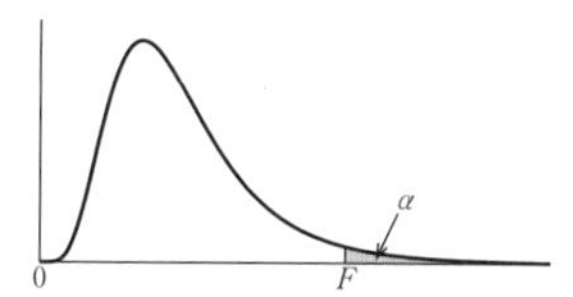

$F(\phi_1, \phi_2\,;\,\alpha)$　$\alpha=0.05$（細字）　$\alpha=$**0.01（太字）**

$\phi_1=$分子の自由度　　$\phi_2=$分母の自由度

ϕ_2 \ ϕ_1	1	2	3	4	5	6	7	8	9	10	12	15	20	24	30	40	60	120	∞	ϕ_1 / ϕ_2
1	161. **4052.**	200. **5000.**	216. **5403.**	225. **5625.**	230. **5764.**	234. **5859.**	237. **5928.**	239. **5981.**	241. **6022.**	242. **6056.**	244. **6106.**	246. **6157.**	248. **6209.**	249. **6235.**	250. **6261.**	251. **6287.**	252. **6313.**	253. **6339.**	254. **6366.**	1
2	18.5 **98.5**	19.0 **99.0**	19.2 **99.2**	19.2 **99.2**	19.3 **99.3**	19.3 **99.3**	19.4 **99.4**	19.4 **99.4**	19.4 **99.4**	19.4 **99.4**	19.4 **99.4**	19.4 **99.4**	19.4 **99.4**	19.5 **99.5**	19.5 **99.5**	19.5 **99.5**	19.5 **99.5**	19.5 **99.5**	19.5 **99.5**	2
3	10.1 **34.1**	9.55 **30.8**	9.28 **29.5**	9.12 **28.7**	9.01 **28.2**	8.94 **27.9**	8.89 **27.7**	8.85 **27.5**	8.81 **27.3**	8.79 **27.2**	8.74 **27.1**	8.70 **26.9**	8.66 **26.7**	8.64 **26.6**	8.62 **26.5**	8.59 **26.4**	8.57 **26.3**	8.55 **26.2**	8.53 **26.1**	3
4	7.71 **21.2**	6.94 **18.0**	6.59 **16.7**	6.39 **16.0**	6.26 **15.5**	6.16 **15.2**	6.09 **15.0**	6.04 **14.8**	6.00 **14.7**	5.96 **14.5**	5.91 **14.4**	5.86 **14.2**	5.80 **14.0**	5.77 **13.9**	5.75 **13.8**	5.72 **13.7**	5.69 **13.7**	5.66 **13.6**	5.63 **13.5**	4
5	6.61 **16.3**	5.79 **13.3**	5.41 **12.1**	5.19 **11.4**	5.05 **11.0**	4.95 **10.7**	4.88 **10.5**	4.82 **10.3**	4.77 **10.2**	4.74 **10.1**	4.68 **9.89**	4.62 **9.72**	4.56 **9.55**	4.53 **9.47**	4.50 **9.38**	4.46 **9.29**	4.43 **9.20**	4.40 **9.11**	4.36 **9.02**	5
6	5.99 **13.7**	5.14 **10.9**	4.76 **9.78**	4.53 **9.15**	4.39 **8.75**	4.28 **8.47**	4.21 **8.26**	4.15 **8.10**	4.10 **7.98**	4.06 **7.87**	4.00 **7.72**	3.94 **7.56**	3.87 **7.40**	3.84 **7.31**	3.81 **7.23**	3.77 **7.14**	3.74 **7.06**	3.70 **6.97**	3.67 **6.88**	6
7	5.59 **12.2**	4.74 **9.55**	4.35 **8.45**	4.12 **7.85**	3.97 **7.46**	3.87 **7.19**	3.79 **6.99**	3.73 **6.84**	3.68 **6.72**	3.64 **6.62**	3.57 **6.47**	3.51 **6.31**	3.44 **6.16**	3.41 **6.07**	3.38 **5.99**	3.34 **5.91**	3.30 **5.82**	3.27 **5.74**	3.23 **5.65**	7
8	5.32 **11.3**	4.46 **8.65**	4.07 **7.59**	3.84 **7.01**	3.69 **6.63**	3.58 **6.37**	3.50 **6.18**	3.44 **6.03**	3.39 **5.91**	3.35 **5.81**	3.28 **5.67**	3.22 **5.52**	3.15 **5.36**	3.12 **5.28**	3.08 **5.20**	3.04 **5.12**	3.01 **5.03**	2.97 **4.95**	2.93 **4.86**	8
9	5.12 **10.6**	4.26 **8.02**	3.86 **6.99**	3.63 **6.42**	3.48 **6.06**	3.37 **5.80**	3.29 **5.61**	3.23 **5.47**	3.18 **5.35**	3.14 **5.26**	3.07 **5.11**	3.01 **4.96**	2.94 **4.81**	2.90 **4.73**	2.86 **4.65**	2.83 **4.57**	2.79 **4.48**	2.75 **4.40**	2.71 **4.31**	9
10	4.96 **10.0**	4.10 **7.56**	3.71 **6.55**	3.48 **5.99**	3.33 **5.64**	3.22 **5.39**	3.14 **5.20**	3.07 **5.06**	3.02 **4.94**	2.98 **4.85**	2.91 **4.71**	2.85 **4.56**	2.77 **4.41**	2.74 **4.33**	2.70 **4.25**	2.66 **4.17**	2.62 **4.08**	2.58 **4.00**	2.54 **3.91**	10
11	4.84 **9.65**	3.98 **7.21**	3.59 **6.22**	3.36 **5.67**	3.20 **5.32**	3.09 **5.07**	3.01 **4.89**	2.95 **4.74**	2.90 **4.63**	2.85 **4.54**	2.79 **4.40**	2.72 **4.25**	2.65 **4.10**	2.61 **4.02**	2.57 **3.94**	2.53 **3.86**	2.49 **3.78**	2.45 **3.69**	2.40 **3.60**	11
12	4.75 **9.33**	3.89 **6.93**	3.49 **5.95**	3.26 **5.41**	3.11 **5.06**	3.00 **4.82**	2.91 **4.64**	2.85 **4.50**	2.80 **4.39**	2.75 **4.30**	2.69 **4.16**	2.62 **4.01**	2.54 **3.86**	2.51 **3.78**	2.47 **3.70**	2.43 **3.62**	2.38 **3.54**	2.34 **3.45**	2.30 **3.36**	12
13	4.67 **9.07**	3.81 **6.70**	3.41 **5.74**	3.18 **5.21**	3.03 **4.86**	2.92 **4.62**	2.83 **4.44**	2.77 **4.30**	2.71 **4.19**	2.67 **4.10**	2.60 **3.96**	2.53 **3.82**	2.46 **3.66**	2.42 **3.59**	2.38 **3.51**	2.34 **3.43**	2.30 **3.34**	2.25 **3.25**	2.21 **3.17**	13
14	4.60 **8.86**	3.74 **6.51**	3.34 **5.56**	3.11 **5.04**	2.96 **4.69**	2.85 **4.46**	2.76 **4.28**	2.70 **4.14**	2.65 **4.03**	2.60 **3.94**	2.53 **3.80**	2.46 **3.66**	2.39 **3.51**	2.35 **3.43**	2.31 **3.35**	2.27 **3.27**	2.22 **3.18**	2.18 **3.09**	2.13 **3.00**	14
15	4.54 **8.68**	3.68 **6.36**	3.29 **5.42**	3.06 **4.89**	2.90 **4.56**	2.79 **4.32**	2.71 **4.14**	2.64 **4.00**	2.59 **3.89**	2.54 **3.80**	2.48 **3.67**	2.40 **3.52**	2.33 **3.37**	2.29 **3.29**	2.25 **3.21**	2.20 **3.13**	2.16 **3.05**	2.11 **2.96**	2.07 **2.87**	15
16	4.49 **8.53**	3.63 **6.23**	3.24 **5.29**	3.01 **4.77**	2.85 **4.44**	2.74 **4.20**	2.66 **4.03**	2.59 **3.89**	2.54 **3.78**	2.49 **3.69**	2.42 **3.55**	2.35 **3.41**	2.28 **3.26**	2.24 **3.18**	2.19 **3.10**	2.15 **3.02**	2.11 **2.93**	2.06 **2.84**	2.01 **2.75**	16
17	4.45 **8.40**	3.59 **6.11**	3.20 **5.18**	2.96 **4.67**	2.81 **4.34**	2.70 **4.10**	2.61 **3.93**	2.55 **3.79**	2.49 **3.68**	2.45 **3.59**	2.38 **3.46**	2.31 **3.31**	2.23 **3.16**	2.19 **3.08**	2.15 **3.00**	2.10 **2.92**	2.06 **2.83**	2.01 **2.75**	1.96 **2.65**	17
18	4.41 **8.29**	3.55 **6.01**	3.16 **5.09**	2.93 **4.58**	2.77 **4.25**	2.66 **4.01**	2.58 **3.84**	2.51 **3.71**	2.46 **3.60**	2.41 **3.51**	2.34 **3.37**	2.27 **3.23**	2.19 **3.08**	2.15 **3.00**	2.11 **2.92**	2.06 **2.84**	2.02 **2.75**	1.97 **2.66**	1.92 **2.57**	18
19	4.38 **8.18**	3.52 **5.93**	3.13 **5.01**	2.90 **4.50**	2.74 **4.17**	2.63 **3.94**	2.54 **3.77**	2.48 **3.63**	2.42 **3.52**	2.38 **3.43**	2.31 **3.30**	2.23 **3.15**	2.16 **3.00**	2.11 **2.92**	2.07 **2.84**	2.03 **2.76**	1.98 **2.67**	1.93 **2.58**	1.88 **2.49**	19
20	4.35 **8.10**	3.49 **5.85**	3.10 **4.94**	2.87 **4.43**	2.71 **4.10**	2.60 **3.87**	2.51 **3.70**	2.45 **3.56**	2.39 **3.46**	2.35 **3.37**	2.28 **3.23**	2.20 **3.09**	2.12 **2.94**	2.08 **2.86**	2.04 **2.78**	1.99 **2.69**	1.95 **2.61**	1.90 **2.52**	1.84 **2.42**	20
21	4.32 **8.02**	3.47 **5.78**	3.07 **4.87**	2.84 **4.37**	2.68 **4.04**	2.57 **3.81**	2.49 **3.64**	2.42 **3.51**	2.37 **3.40**	2.32 **3.31**	2.25 **3.17**	2.18 **3.03**	2.10 **2.88**	2.05 **2.80**	2.01 **2.72**	1.96 **2.64**	1.92 **2.55**	1.87 **2.46**	1.81 **2.36**	21
22	4.30 **7.95**	3.44 **5.72**	3.05 **4.82**	2.82 **4.31**	2.66 **3.99**	2.55 **3.76**	2.46 **3.59**	2.40 **3.45**	2.34 **3.35**	2.30 **3.26**	2.23 **3.12**	2.15 **2.98**	2.07 **2.83**	2.03 **2.75**	1.98 **2.67**	1.94 **2.58**	1.89 **2.50**	1.84 **2.40**	1.78 **2.31**	22
23	4.28 **7.88**	3.42 **5.66**	3.03 **4.76**	2.80 **4.26**	2.64 **3.94**	2.53 **3.71**	2.44 **3.54**	2.37 **3.41**	2.32 **3.30**	2.27 **3.21**	2.20 **3.07**	2.13 **2.93**	2.05 **2.78**	2.01 **2.70**	1.96 **2.62**	1.91 **2.54**	1.86 **2.45**	1.81 **2.35**	1.76 **2.26**	23
24	4.26 **7.82**	3.40 **5.61**	3.01 **4.72**	2.78 **4.22**	2.62 **3.90**	2.51 **3.67**	2.42 **3.50**	2.36 **3.36**	2.30 **3.26**	2.25 **3.17**	2.18 **3.03**	2.11 **2.89**	2.03 **2.74**	1.98 **2.66**	1.94 **2.58**	1.89 **2.49**	1.84 **2.40**	1.79 **2.31**	1.73 **2.21**	24
25	4.24 **7.77**	3.39 **5.57**	2.99 **4.68**	2.76 **4.18**	2.60 **3.85**	2.49 **3.63**	2.40 **3.46**	2.34 **3.32**	2.28 **3.22**	2.24 **3.13**	2.16 **2.99**	2.09 **2.85**	2.01 **2.70**	1.96 **2.62**	1.92 **2.54**	1.87 **2.45**	1.82 **2.36**	1.77 **2.27**	1.71 **2.17**	25
26	4.23 **7.72**	3.37 **5.53**	2.98 **4.64**	2.74 **4.14**	2.59 **3.82**	2.47 **3.59**	2.39 **3.42**	2.32 **3.29**	2.27 **3.18**	2.22 **3.09**	2.15 **2.96**	2.07 **2.81**	1.99 **2.66**	1.95 **2.58**	1.90 **2.50**	1.85 **2.42**	1.80 **2.33**	1.75 **2.23**	1.69 **2.13**	26
27	4.21 **7.68**	3.35 **5.49**	2.96 **4.60**	2.73 **4.11**	2.57 **3.78**	2.46 **3.56**	2.37 **3.39**	2.31 **3.26**	2.25 **3.15**	2.20 **3.06**	2.13 **2.93**	2.06 **2.78**	1.97 **2.63**	1.93 **2.55**	1.88 **2.47**	1.84 **2.38**	1.79 **2.29**	1.73 **2.20**	1.67 **2.10**	27
28	4.20 **7.64**	3.34 **5.45**	2.95 **4.57**	2.71 **4.07**	2.56 **3.75**	2.45 **3.53**	2.36 **3.36**	2.29 **3.23**	2.24 **3.12**	2.19 **3.03**	2.12 **2.90**	2.04 **2.75**	1.96 **2.60**	1.91 **2.52**	1.87 **2.44**	1.82 **2.35**	1.77 **2.26**	1.71 **2.17**	1.65 **2.06**	28
29	4.18 **7.60**	3.33 **5.42**	2.93 **4.54**	2.70 **4.04**	2.55 **3.73**	2.43 **3.50**	2.35 **3.33**	2.28 **3.20**	2.22 **3.09**	2.18 **3.00**	2.10 **2.87**	2.03 **2.73**	1.94 **2.57**	1.90 **2.49**	1.85 **2.41**	1.81 **2.33**	1.75 **2.23**	1.70 **2.14**	1.64 **2.03**	29
30	4.17 **7.56**	3.32 **5.39**	2.92 **4.51**	2.69 **4.02**	2.53 **3.70**	2.42 **3.47**	2.33 **3.30**	2.27 **3.17**	2.21 **3.07**	2.16 **2.98**	2.09 **2.84**	2.01 **2.70**	1.93 **2.55**	1.89 **2.47**	1.84 **2.39**	1.79 **2.30**	1.74 **2.21**	1.68 **2.11**	1.62 **2.01**	30
40	4.08 **7.31**	3.23 **5.18**	2.84 **4.31**	2.61 **3.83**	2.45 **3.51**	2.34 **3.29**	2.25 **3.12**	2.18 **2.99**	2.12 **2.89**	2.08 **2.80**	2.00 **2.66**	1.92 **2.52**	1.84 **2.37**	1.79 **2.29**	1.74 **2.20**	1.69 **2.11**	1.64 **2.02**	1.58 **1.92**	1.51 **1.80**	40
60	4.00 **7.08**	3.15 **4.98**	2.76 **4.13**	2.53 **3.65**	2.37 **3.34**	2.25 **3.12**	2.17 **2.95**	2.10 **2.82**	2.04 **2.72**	1.99 **2.63**	1.92 **2.50**	1.84 **2.35**	1.75 **2.20**	1.70 **2.12**	1.65 **2.03**	1.59 **1.94**	1.53 **1.84**	1.47 **1.73**	1.39 **1.60**	60
120	3.92 **6.85**	3.07 **4.79**	2.68 **3.95**	2.45 **3.48**	2.29 **3.17**	2.18 **2.96**	2.09 **2.79**	2.02 **2.66**	1.96 **2.56**	1.91 **2.47**	1.83 **2.34**	1.75 **2.19**	1.66 **2.03**	1.61 **1.95**	1.55 **1.86**	1.50 **1.76**	1.43 **1.66**	1.35 **1.53**	1.25 **1.38**	120
∞	3.84 **6.63**	3.00 **4.61**	2.60 **3.78**	2.37 **3.32**	2.21 **3.02**	2.10 **2.80**	2.01 **2.64**	1.94 **2.51**	1.88 **2.41**	1.83 **2.32**	1.75 **2.18**	1.67 **2.04**	1.57 **1.88**	1.52 **1.79**	1.46 **1.70**	1.39 **1.59**	1.32 **1.47**	1.22 **1.32**	1.00 **1.00**	∞
ϕ_2 / ϕ_1	1	2	3	4	5	6	7	8	9	10	12	15	20	24	30	40	60	120	∞	ϕ_2 \ ϕ_1

例：$\phi_1=5$，$\phi_2=10$ の $F(\phi_1, \phi_2\,;\,0.05)$ の値は，$\phi_1=5$ の列と $\phi_2=10$ の行の交わる点の上段の値（細字）3.33 で与えられる．

索　引

■ 記号・数字・欧文文字

■ あ行

■ か行

■ さ行

■ た行

■ な行

■ は行

■ ま行

■ や行

■ ら行

引用・参考文献等

規格票

- JIS Q 9000:2015「品質マネジメントシステム－基本及び用語」(日本規格協会, 2015年)
- JIS Q 9001:2015「品質マネジメントシステム－要求事項」(日本規格協会, 2015年)
- JIS Q 9023:2018「マネジメントシステムのパフォーマンス改善－方針管理の指針」(日本規格協会, 2018年)
- JIS Q 9026:2016「マネジメントシステムのパフォーマンス改善－日常管理の指針」(日本規格協会, 2016年)
- JIS Q 9027:2018「マネジメントシステムのパフォーマンス改善－プロセス保証の指針」(日本規格協会, 2018年)
- JIS Z 9020－2:2016「管理図－第2部：シューハート管理図」(日本規格協会, 2016年)

基本書

- 栗原伸一『入門 統計学（第2版）検定から多変量解析・実験計画法・ベイズ統計学まで』(オーム社, 2021年)
- 永田靖『入門 統計解析法』(日科技連出版社, 1992年)
- 永田靖『統計的方法の考え方を学ぶ―統計的センスを磨く3つの視点―』(日科技連出版社, 2016年)

過去問題集

- 仁科健 監修, QC検定過去問題解説委員会『過去問題で学ぶQC検定2級　2021年版』(日本規格協会, 2020年) ※24回～30回の試験問題を掲載
- 仁科健 監修, QC検定過去問題解説委員会『過去問題で学ぶQC検定2級　2024年版』(日本規格協会, 2023年) ※31回～36回の試験問題を掲載

試験対策

- グローバルテクノ 編『QC検定® 3級　一発合格！　最強テキスト＆問題集』(オーム社, 2020年)
- グローバルテクノ 編『QC検定® 2級・直前対策講座』テキスト（2024年）

編者紹介

株式会社グローバルテクノ

1992 年の創業から現在に至るまで，ISO マネジメントシステムに関する審査員や内部監査員の養成を行う日本最大級の ISO 研修機関です．東京・大阪をはじめ日本全国で ISO 研修を開催する他，リーンシックスシグマ（LSS:LeanSixSigma）や QC 検定® の通学セミナーも開催しています．さらに，オンラインセミナー，e ラーニング，講師派遣による企業内セミナーやコンサルテーションも展開し，組織と社会人の学びを応援しています．

Web サイト　https://www.gtc.co.jp/

執筆：（株）グローバルテクノ　LSS&QC 技術委員会

岩﨑　一仁（講師・コンサルタント，LSS ブラックベルト）

小林　　孝（講師・コンサルタント，LSS ブラックベルト）

中村　正明（講師・コンサルタント，LSS ブラックベルト）

尾池　成人（執行役員）

※肩書は執筆時点のものです．

QC 検定® 2 級　一発合格！　最強テキスト & 問題集

2024 年 6 月 25 日　第 1 版第 1 刷発行

編　者　株式会社グローバルテクノ
発行者　村 上 和 夫
発行所　株式会社 オーム社
郵便番号　101-8460
東京都千代田区神田錦町 3-1
電話　03(3233)0641(代表)
URL　https://www.ohmsha.co.jp/

組版　BUCH+　　印刷・製本　三美印刷
ISBN978-4-274-23196-4　Printed in Japan